淀粉
非化学改性技术

第2版

赵 凯 编著

化学工业出版社
·北京·

图书在版编目（CIP）数据

淀粉非化学改性技术/赵凯编著 .—2 版 .—北京：化学工业出版社，2023.6

ISBN 978-7-122-43107-3

Ⅰ.①淀…　Ⅱ.①赵…　Ⅲ.①淀粉-改性-研究　Ⅳ.①TS234

中国国家版本馆 CIP 数据核字（2023）第 041915 号

责任编辑：邵桂林　　装帧设计：韩　飞

责任校对：宋　夏

出版发行：化学工业出版社（北京市东城区青年湖南街 13 号　邮政编码 100011）

印　　装：河北鑫兆源印刷有限公司

787mm×1092mm　1/16　印张 17¾　字数 438 千字　　2023 年 6 月北京第 2 版第 1 次印刷

购书咨询：010-64518888　　售后服务：010-64518899

网　　址：http://www.cip.com.cn

凡购买本书，如有缺损质量问题，本社销售中心负责调换。

定　　价：75.00 元

前言

本书第一版于2009年1月在化学工业出版社出版，受到广大读者的欢迎与厚爱，成为淀粉化学与加工领域的重要参考书。该书于2011年3月获中国石油和化学工业联合会颁发的中国石油和化学工业优秀出版物奖（图书奖）二等奖，2011年6月获黑龙江自然科学技术成果二等奖。近十几年来，淀粉原料的开发、新的非化学改性淀粉品种及生产工艺等都有很大发展，为能及时反映这些新的进展，以满足读者的要求，特对本书第一版进行修订。

本书在介绍淀粉化学基础、物理改性技术、酶改性技术后，重点介绍非化学改性淀粉的生产、性质及应用，包括抗性淀粉、缓慢消化淀粉、糊精、预糊化淀粉、微波改性淀粉、超高压改性淀粉、超声波改性淀粉、微细化淀粉等。书中列举了一些非化学改性淀粉的制备技术与应用实例，介绍了相关的检测和评价方法，较全面地反映了国内外非化学改性淀粉的生产、开发和应用现状。

此次修订大幅增加了淀粉化学基础部分的内容，包括淀粉复合物、中间级分，玻璃化转变及应用等内容；各论部分新增了电离辐射改性淀粉、多孔淀粉、淀粉球晶三种非化学改性淀粉，重新改写了抗性淀粉部分；现代分析技术部分补充了微观结构分析部分内容。书中还论述了淀粉科学技术的最新进展，可以很好地适应科研及产业应用的需求。

本书适合改性淀粉生产企业的生产及应用人员参考，亦可供相关销售及推广部门的人员及大专院校相关专业师生参考。

本书的出版得到了黑龙江省自然科学基金项目“取代基在颗粒内分布对淀粉物化特性影响机理（LH2020C062）”及哈尔滨商业大学攀登计划项目的支持，在此表示感谢。

由于本书涉及面广，加之编者水平有限，书中如有疏漏之处，恳请广大读者批评指正。

赵凯

2023年1月

于哈尔滨

第一版前言

淀粉作为一种重要的工业原料，广泛地应用于食品、化工、纺织及建材等行业中。本书主要侧重淀粉在食品工业中的应用，兼顾其他行业。纵观淀粉加工及应用的历史，最初的应用主要是以原淀粉为主。但随着食品加工技术的进步及淀粉科学研究的深入，发现原淀粉在应用中具有很大的局限性。如现代食品加工操作中，通常要经历高温加热、剧烈搅拌或低温冷冻等工艺环节，这些操作将导致淀粉黏度降低和胶体性能破坏，原淀粉的性质不能满足上述加工条件的要求。于是工业上有必要对淀粉进行改性处理，改善其抗热、抗酸和抗剪切力的能力，提高其稳定性。同时，淀粉作为食品工业中的重要基础原料，除了提高食品加工性能外，还有一个重要的作用是提供营养，但原淀粉在体内消化速率较快并易导致餐后血糖迅速升高，属于高血糖生成指数（glycemic index，GI）食品，不适合一些特定人群长期食用，而其对食品口感和质构的调整效果往往是其他食品原料所不能替代的，因此，需要通过对其进行改性处理，以改善消化吸收速度、增强营养价值，如近几年兴起的抗性淀粉、缓慢消化淀粉以及难消化糊精等都属于此类改性产品。国外改性淀粉的品种已达数千种，应用遍及各行各业，而我国改性淀粉的研究起步较晚，但发展迅速，目前已形成一定规模。

对原淀粉进行改性，主要通过化学改性、物理改性、酶改性及复合改性进行。目前，国内外的改性淀粉产品主要以化学改性为主，一般通过交联、稳定化、转化、亲脂取代等途径进行。但在淀粉化学改性的过程中，要改变淀粉的化学结构或引入新的基团，需加入化学试剂，因此，将化学改性淀粉应用于食品工业中时，要考虑和评价其安全性问题。而淀粉经物理改性和酶改性后不含化学试剂的残留，并且可大大改善产品的理化性质，提高产品应用范围和附加值。目前，国外淀粉的非化学改性技术已成为研究热点之一，而国内的相关研究则刚刚起步，具有广阔的发展前景和应用空间。

本书侧重于非化学改性淀粉的生产、性质及应用，以便使淀粉行业对非化学改性淀粉有一个较全面的了解。书中列举了一些非化学改性淀粉的制备与应用的实例，介绍了相关的检测和评价方法，较全面地反映了国内外非化学改性淀粉的生产、开发和应用的现状，适合改性淀粉生产企业的生产和应用人员参考，也可供从事改性淀粉研究的相关人员参考。

本书的出版，得到了黑龙江省十一五重大攻关项目“玉米综合加工关键技术研究（GA06B401）”及国家自然科学基金项目“抗性淀粉抑制大鼠高血脂形成及影响食品流变学机理研究（30271117）”的支持，在此表示感谢。

在本书的编写过程中，一直得到张守文教授、方桂珍教授的关心和鼓励。缪铭参与了本书第五章第三节部分初稿的编写。另外，编写过程中还得到张甜、梁北珂、谷广烨、孟庆虹、杨春华、刘宁、陈凤莲、刘涛、丁文明、汪志强、张德元等人的帮助。在此一并表示感谢。

由于本书涉及面广，加之编者水平有限，书中不当之处在所难免，敬请广大读者批评指正。

赵凯
2008 年 8 月
于哈尔滨

目 录

第一章
淀粉化学基础

第一节　淀粉的结构与化学组成

一、淀粉的基本结构

淀粉是高分子碳水化合物，呈白色粉末状，在显微镜下观察，是些形状和大小都不同的透明小颗粒，其基本构成单位为D-葡萄糖，葡萄糖脱去水分子后经由糖苷键连接在一起所形成的共价聚合物就是淀粉分子。

淀粉属于多聚葡萄糖，游离葡萄糖的分子式以$C_6H_{10}O_6$表示，脱水后葡萄糖单位（AGU）则为$C_6H_{10}O_5$，因此，淀粉分子可写成（$C_6H_{10}O_5$）$_n$，n为不定数。严格地讲，淀粉的分子式应该是（$C_6H_{10}O_6$）（$C_6H_{10}O_5$）$_n$，因为末端的一个葡萄糖单位没有脱去水，但因为n的数值很大，故简便起见，用（$C_6H_{10}O_5$）$_n$表示淀粉分子，组成淀粉分子的结构体（脱水葡萄糖单位）的数量称为聚合度，以DP表示。

组成淀粉的主要有两种类型的分子，呈直链和分支两种结构，两种类型分子对应的淀粉分别称之为直链淀粉和支链淀粉。不同来源和种类的淀粉中，两种分子的含量和比例不同，这也是不同淀粉之间性质存在差异的原因之一。近年来的研究发现，在淀粉中还有一部分介于二者之间的中间级分，但含量较少，不同淀粉的中间级分含量和结构也存在一定差异。

基本的葡萄糖结构单元为环形分子，内有6个原子。通常为了简便，把它画成平面结构，但是事实上这个环是可动的且在折叠过程中能变成多种构象。其中椅式是最为常见的一种。其具有两种立体异构：α-D-葡萄糖和β-D-葡萄糖。

二、淀粉的化学组成

在以谷类或薯类等作物为原料生产淀粉的时候，在现有的生产工艺和设备条件下，还不能将非淀粉物质完全除去，因此，在商品淀粉中还存在少量的非淀粉成分。表1-1为工业生产不同品种淀粉的一般化学组成。

表1-1 淀粉化学组成

淀粉来源	水分/%	组分(干基重)/%			
		脂肪	蛋白质	灰分	磷
玉米	13	0.60	0.35	0.10	0.015
蜡质玉米	13	0.20	0.25	0.07	0.007
小麦	14	0.80	0.40	0.15	0.060
马铃薯	19	0.05	0.06	0.40	0.080
木薯	13	0.10	0.10	0.20	0.010

一般商品淀粉水分含量在10%～20%范围，淀粉颗粒的水分含量主要受两方面因素影响，其一为淀粉所处环境中的相对湿度，其二为不同淀粉分子中羟基与水分子的结合程度。淀粉颗粒的水分是与周围空气中水分呈平衡状态存在的，如果环境中空气潮湿（相对湿度大），则淀粉颗粒会吸收其中的水分，从而导致水分含量增大；反之，如果空气干燥（相对湿度小），则淀粉颗粒将会散失部分水分。在通常情况下，水分的吸收和散失是可逆的，不会影响淀粉的分子结构。在空气相对湿度相同的情况下，不同淀粉的水分含量不同，主要是因为不同淀粉分子中的羟基与水的结合程度不同，结合程度高的，其水分含量也较高（如马铃薯淀粉），而结合程度低的，其颗粒的水分含量也较低（如玉米淀粉）。工业上应用的商品淀粉，其呈干燥的粉末状，具有较好的流动性，无潮湿感，就是因为其中的水分是经氢键与淀粉颗粒结合的，而并非游离存在。

淀粉颗粒含有微量的非碳水化合物，如蛋白质、脂肪酸、无机盐等，其中除脂肪酸被直链淀粉分子吸附、磷酸与直链淀粉分子呈酯化结合以外，其他物质都是混杂在一起。谷物淀粉（玉米、小麦、高粱、大米）中的脂类化合物含量较高（0.8%～0.9%），马铃薯和木薯淀粉的脂类化合物含量则低得多（≤0.1%）。淀粉中含有的脂类化合物对淀粉物理性质有影响，脂类化合物与直链淀粉分子结合成络合结构，对淀粉颗粒的糊化、膨胀和溶解有较强的抑制作用。不饱和脂类化合物的氧化产物会产生令人讨厌的气味。薯类淀粉一般只含有少量的脂类化合物，因而受到上述不利影响较小。

淀粉的灰分组成主要为钠、钾、镁和钙无机化合物。天然马铃薯淀粉含有磷酸基，因此其灰分含量相对较高，而其他品种淀粉的灰分含量就相对较低。

淀粉分子中还含有一定量的磷，淀粉中的磷主要以磷酸酯的形式存在，马铃薯淀粉含磷量最高，它以共价键结合存在于淀粉中，与构成淀粉的葡萄糖的C_6碳原子结合成酯结构存在，约200～400个葡萄糖单位就有一个磷酸酯基，相应的磷酸基取代度约0.003。马铃薯淀粉上磷酸酯的平衡离子主要是钾、钠、钙、镁离子，其分布取决于马铃薯淀粉生产过程中所使用的水的成分。这些离子对马铃薯淀粉的糊化过程起重要作用。带负电荷的磷酸基赋予马铃薯淀粉一些聚电解质的性质，磷酸酯基间电荷存在的排斥作用，使淀粉颗粒易于糊化、膨胀，所形成淀粉糊的黏度高、透明度好。

第二节 直链淀粉

原淀粉（native starch）由直链淀粉（amylose，简称AM）、支链淀粉（amylopectin，简称AP）和中间级分（intermediate，简称IM）组成。这三种淀粉分子的结构都属于α-D-葡聚糖。直链淀粉是脱水葡萄糖单位间经α-1，4糖苷键连接，支链淀粉的支叉位置是α-1，

6 糖苷键连接，其余为 α-1，4 糖苷键连接。一般直链淀粉含量在 20%～25%之间，支链淀粉的含量在 75%～80%之间。同一品种间直链淀粉和支链淀粉的组成和比例基本相同。三种组分中直链淀粉的分子量最小，一般在几万到几百万之间，支链淀粉的分子量最大，约在几百万到几亿之间。中间级分大小介于二者之间。

一、直链淀粉的结构

直链淀粉分子基本结构为 α-(1→4)-D-葡聚糖，由 700～5000 个葡萄糖单元所组成，直链淀粉的分子结构如图 1-1 所示。

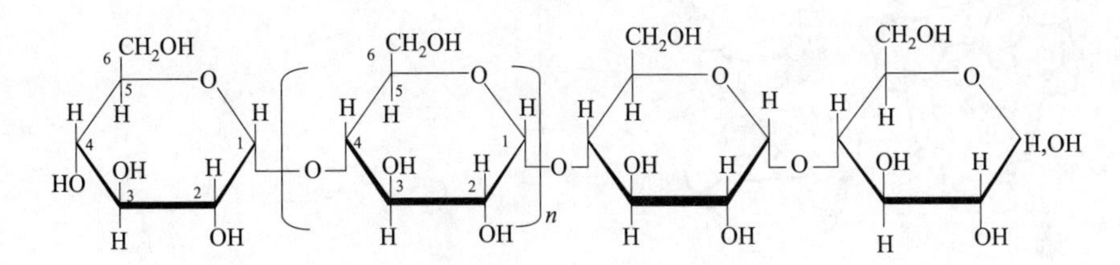

图 1-1　直链淀粉的分子结构（n 约为 1000）

早期的研究认为直链淀粉仅有一个还原端与非还原端，故推测其为直链，但 Hizukuri 等（1981）证实直链淀粉依然会有部分以 α-1，6 糖苷键的分支点存在，但侧链数量很少，而且较长，对直链淀粉性质无影响。Cura 等（1995）也通过 GC-MS 检测经甲基化后的直链淀粉，由 2，3-二甲基葡萄糖百分比得知直链淀粉确有分支，分支的比例约为 2.2%。Hizukuri（1996）以稻米为例，提出直链淀粉分支结构的模型（图 1-2）。

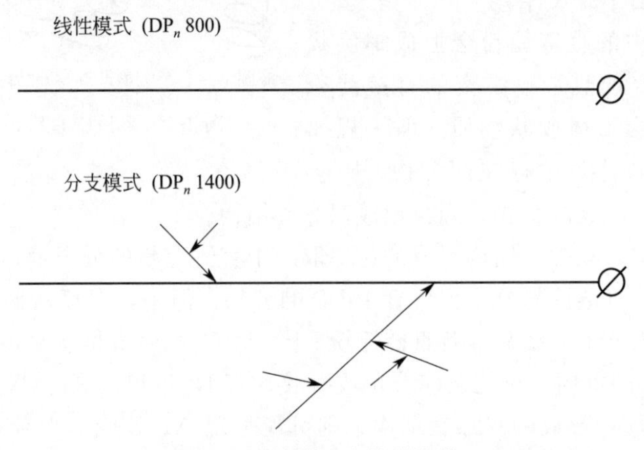

图 1-2　稻米直链淀粉结构模型

直链型之数均聚合度约 DP 800，具有分支的则为 1400，经脱支处理后除长侧链 1（LS1）及长侧链 2（LS2）两长链部分外，其侧链之聚合度集中于 DP 21。

实际上，直链淀粉并不是线性分子，并非一根直的长链，而是由分子内的氢键使链卷曲成螺旋状，形成空心螺旋结构。根据淀粉的 X 射线衍射图谱，提出了淀粉的双螺旋结构学说，即所谓右双螺旋结构及左双螺旋结构。这两种双螺旋结构上每一股上都有 3 个吡喃型葡萄糖基，它们构成 1 个环，按单螺旋体看即含有 6 个吡喃型葡萄糖基，两环间距 0.8nm（图 1-3）。

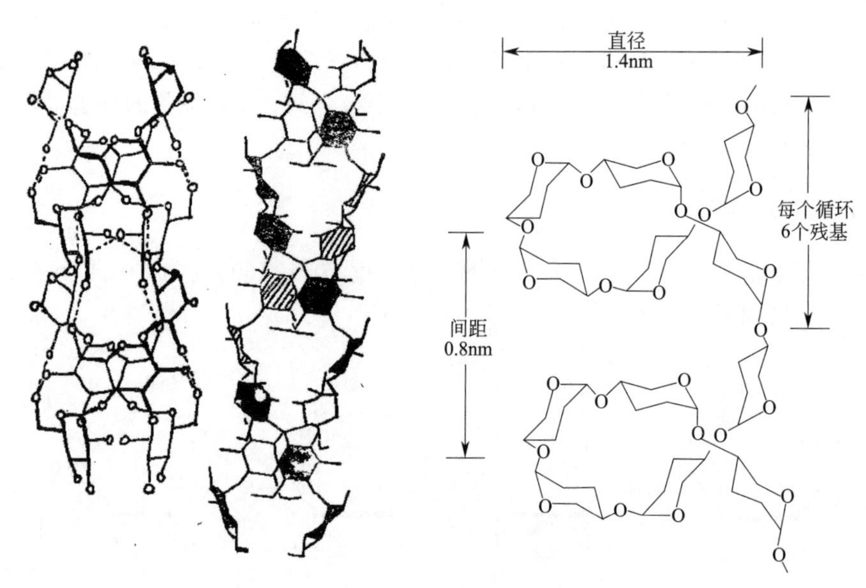

图 1-3　淀粉右双螺旋与左双螺旋结构

直链淀粉在溶液中的构型大多倾向认为有 3 种形式（图 1-4），即螺旋结构、断开的螺旋结构、不规则的卷曲结构。这 3 种形式均构成了特定的螺旋区域，每 1 螺旋区域通常由 10～15 个螺旋圈组成。直链淀粉具有较少分支数目，与碘反应时，因碘困于螺旋结构中，而呈蓝色。单独存在于水溶液中的直链淀粉会形成螺旋状（α-helix），刚制备好的悬液，游离的直链淀粉不会互相连结，而会形成胶状物质。但无规螺旋结构并不稳定，若体系中存在配合物，则会形成单螺旋复合物，若无配合物，则会形成双螺旋结构。

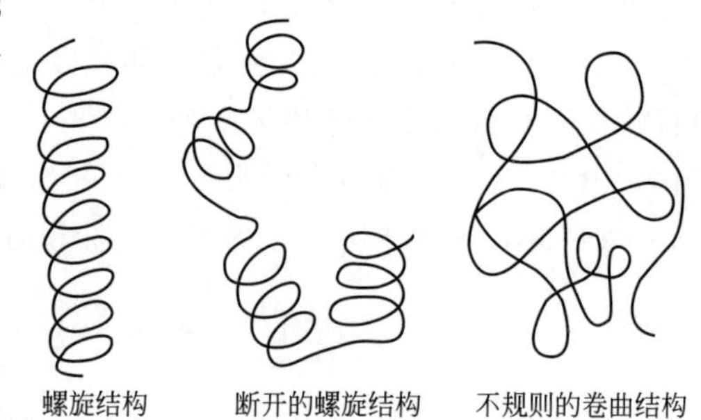

图 1-4　溶液中直链淀粉的 3 种构型

动力学研究表明，双螺旋结构形成的速率取决于直链淀粉的分子量、浓度以及温度。若要形成双螺旋结构，直链淀粉分子至少有 10DP 的链长，但是，麦芽六糖这样的寡聚物可以和更长链的直链淀粉分子共结晶。若直链淀粉 DP＜110，则会直接从悬液中沉淀；DP250～660 则视浓度和温度的不同，可能沉淀或形成凝胶；若 DP＞1100 则会形成凝胶结构。采用 XRD 分析老化直链淀粉形成的双螺旋结构，则可能呈现 A、B 或 C 型结晶结构。直链淀粉浓度高于 15mg/mL 时，直链淀粉甚至在 1°C 也可以老化形成凝胶结构，直链淀粉在溶液中形成的凝胶结构如图 1-5 所示。

老化直链淀粉形成的双螺旋结构可抵抗淀粉酶的水解作用，熔融温度在 130～170°C 之间，这个特性使其很适合作为低能量的填充剂，起到膳食纤维的作用，RS3 类抗性淀粉即是基于此原理制备。高直链玉米淀粉及脱支处理后的马铃薯及蜡质玉米淀粉都是制备抗性淀粉的适宜原料。

二、直链淀粉的含量

不同来源的淀粉，直链淀粉含量不同，一般禾谷类淀粉中直链淀粉的含量约为 25%；

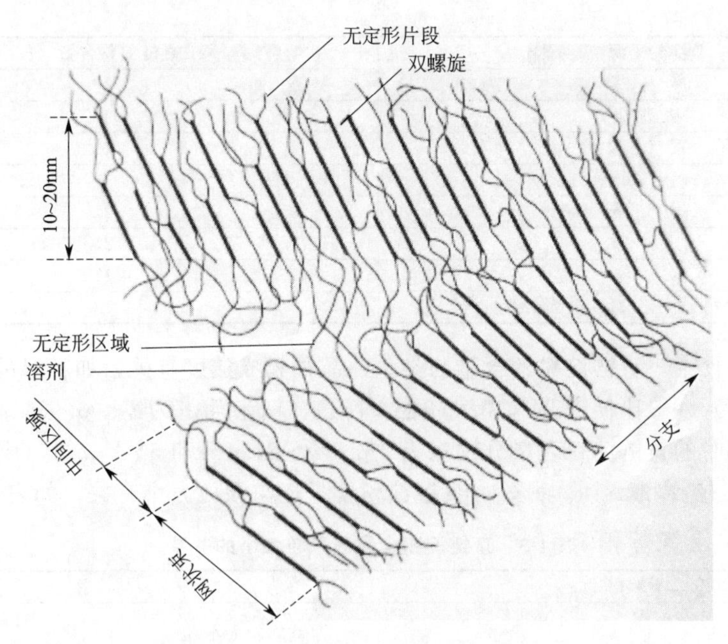

图 1-5 溶液中直链淀粉凝胶模型

薯类约为 20%；豆类约为 30%～35%；糯性粮食淀粉则几乎为零。如玉米淀粉和小麦淀粉的直链淀粉含量约为 27%～28%，马铃薯淀粉约为 20%～21%，木薯淀粉约为 17%，而蜡质玉米淀粉的直链淀粉含量在 1%以下。

在自然界中还没有发现完全由直链淀粉组成的玉米品种，1946 年 Whistler 及 Kramer 以育种方式培育出新的玉米品种，其直链淀粉含量从一般的 25%提升到 65%。随后，其他学者又继续研究培育，使得其直链淀粉含量可高达 85%以上，而直链淀粉含量约 65%～70%的玉米淀粉，也已进入商业化生产。高直链玉米淀粉（high-amylose corn，amylomaize starch）具有较高的糊化温度及不易膨润等特性。

直链淀粉含量的测定方法主要有碘比色法、碘亲和力滴定法、伴刀豆球蛋白 A 沉淀法、凝胶排阻色谱法等。不同方法所得结果往往存在明显差异，这是因为不同测定方法原理是基于淀粉性质或结构的不同方面。采用相同方法也会因为试验人员的操作技能以及溶液的 pH、放置时间、温度、波长、分散技术、样品浓度等因素存在较大的差异。目前最常用的测定方法仍然是基于碘与直链淀粉形成单螺旋复合物而呈现蓝色的碘吸收值法或碘比色法，该方法所得到的结果为表观直链淀粉含量（apparent amylose content，AAC）。但采用该测定方法时，往往并未考虑到淀粉颗粒中与直链淀粉相近但带分支（链长较长）的葡聚糖链对结果的影响，这些葡聚物在大多数天然淀粉中的含量很低，但在一些突变品种如高直链淀粉中含量可观，对结果影响较大。另外，支链淀粉的长侧链和碘复合也会引起测定结果的偏差。表 1-2 列出了部分原淀粉直链淀粉的含量。

表 1-2 部分原淀粉的直链淀粉含量

淀粉来源	直链淀粉含量/%
玉 米	27
黏玉米	0
高链玉米	70

续表

淀粉来源	直链淀粉含量/%
高　粱	27
黏高粱	0
稻　米	19
糯　米	0
小　麦	27
马铃薯	20
木　薯	17
甘　薯	18

在同一种粮食中，直链淀粉的含量与类型、品种和成熟度有关，如籼米的直链淀粉含量（25.4%±2.0%）一般比粳米高（18.4%±2.7%），糯米几乎为零（0.98%±1.51%）；小麦和玉米未成熟时的直链淀粉含量分别只有16.4%～21.4%和5%～7%，成熟的小麦和玉米一般分别为21.5%和28%。另外，直链淀粉含量还与颗粒大小有关，如表1-3所示。

表1-3　直链淀粉含量与颗粒大小的关系

玉米		马铃薯	
平均颗粒大小/μm	直链淀粉含量（质量分数）/%	平均颗粒大小/μm	直链淀粉含量（质量分数）/%
未分离的	25.4	未分离的	17.2
10～20	26.4	37	19.5
5～10	23.0	28	18.0
<5	25.0	16	16.7
		10	16.0
		7	14.4

三、直链淀粉在淀粉颗粒内的存在部位及状态

关于直链淀粉在淀粉颗粒内的存在部位及状态，研究者曾提出过三个假说，其一是认为直链淀粉与支链淀粉径向相切以利于二者形成双螺旋结构，但是，该假说并未经实验证实；另外两个假说分别认为直链淀粉沿着支链淀粉径向沉积或以束状形式存在，或者以单链随机散布在支链淀粉的束状结构内，且在结晶区及不定形区都有分布。在以上三种假说中，最后一种假说因可通过淀粉交联实验证实，目前被业内普遍接受。该实验通过对玉米淀粉进行交联改性，结果发现，直链淀粉之间并未发生交联反应，而是直链淀粉与支链淀粉间发生了交联，若交联反应能发生，则直链淀粉及支链淀粉分子链上的羟基基团要在7.5Å以内，而直链淀粉间未发生反应，则否定了假说二提出的直链淀粉聚集成束的观点。

大量的研究结果表明，直链淀粉在颗粒内的分布不均匀，主要存在于淀粉颗粒表面区域，这是因为直链淀粉的生物合成在淀粉积累后期更为活跃。相比于颗粒中心部位的直链淀粉，颗粒表面分布的直链淀粉往往具有较短的链长。Ring等的研究表明，大部分直链淀粉在略低于糊化温度时可以从淀粉颗粒中沥出，且这些沥出的直链淀粉，其链是单螺旋状态而非双螺旋状态，这也间接证实了上述假说三提出的，直链淀粉在颗粒内主要以单螺旋结构存在。只有在90℃以上才能使颗粒中的直链淀粉完全溶出。由此推断，一些大分子量的直链淀粉可能与支链淀粉形成了双螺旋结构或者与支链淀粉在淀粉颗粒的复杂结构内相互缠结从而保持了淀粉颗粒在加热、剪切过程中的完整性。

与直链淀粉在颗粒表面富集相一致，脂类也主要存在于淀粉颗粒表面。目前已经充分证

实，在谷物原淀粉（非突变株）中，直链淀粉与脂类含量具有高度相关性。谷物蜡质淀粉（也包括豆类及根茎类淀粉）颗粒表面脂类含量很低，颗粒内部也几乎不含脂类，而高直链谷物淀粉则脂类含量较高（大部分存在于颗粒内部），所以，直链淀粉与脂类在淀粉颗粒内含量及分布具有高度的一致性。直接及间接证据都证实，在淀粉颗粒内，少部分直链淀粉与脂类形成了单螺旋复合物，XRD 分析表明，该复合物具有 V 形结构，另外，^{13}C-CP/MAS-NMR 分析也证实小麦、大麦、玉米、燕麦以及大米淀粉中含有直链淀粉-脂类复合物。并非所有脂类都与直链淀粉形成复合物，淀粉颗粒内仍有游离脂类存在。

四、直链淀粉的功能性

1. 成膜性

直链淀粉的主要功能性之一是具有良好的成膜性，可制成强度很高的薄膜，具有无异味、无毒及抗水和抗油性能，是食品包装中良好的材料。例如，用直链淀粉可制造一种半透明纸，不透氧气和氮气，透二氧化碳和脂肪也很少，且这种纸可食用；自 20 世纪 70 年代以来，这种纸已用作面包酶的包装，预期在食品工业中的用途会日益广泛。美国曾申请过用直链淀粉生产一种薄膜的专利，这种膜不管在冷或热的情况下都不溶化，它既可包装粉状产品又可包装速冻食品。美国玉米公司在内布拉斯加（中西部研究所驻地）建立了大型的直链淀粉膜的实验工厂。皮奥里亚实验室用羟丙基化的直链淀粉（71%）制作的薄膜做了一些实验，表明羟丙基化增强了抗破裂的能力，这种型号的薄膜适用于包装干产品。

2. 质构调整

直链淀粉较支链淀粉有更强的抗拉伸力，能够增加产品的脆性和强度。直链淀粉含量高的面团成型性好，因而增强了面团的干燥及切割性能；在实际生产中，可通过调整直链淀粉和支链淀粉的比例来起到增大膨化食品体积及提高松脆性的目的。

3. 脂肪模拟

过多摄入脂肪会危害人体健康，因此，发达国家已使用脂肪替代品替代食品配方中的部分脂肪。按照其原料的来源脂肪替代品（fat replacer）可分为脂肪基替代品（lipid based）、蛋白基替代品（protein based）和碳水化合物基替代品（carbohydrate based）。其中淀粉为基质的碳水化合物类脂肪替代品由于其原料价格低廉、产品性能好而受到广泛关注并得到飞速发展。用高直链玉米淀粉作为脂肪代替物制成的低脂食品，具有很好的流变学特性及稳定性，与全脂奶油产品具有类似的口感，且生产过程只需原来的生产线，不需添加另外的设备，具有良好的发展前景。

4. 凝胶性

直链淀粉还具有形成凝胶的能力，其含量越高，越容易形成凝胶，且凝胶强度亦随之增强。因此，高直链淀粉可应用于糖果及烘焙工业上，充当稳定剂。

5. 促进营养素吸收

直链淀粉与人体内其他营养元素的吸收也相互影响，尤其是一些重要微量元素，如 Zn、

Fe、Ca、P等，可以说这是高直链玉米淀粉潜在的重要作用。试验结果表明，饲喂直链淀粉配方食谱和支链淀粉配方食谱的7～10天小猪的肠道内Fe、Ca吸收率均以前者高。

五、直链淀粉的应用

直链淀粉在工业上用途较广泛，可用于食品加工及包装材料的制造、可用于水溶性及生物可降解膜，还可用于医药及建筑工业，具体应用领域见表1-4。

表1-4　直链淀粉和高直链淀粉的应用

产品	直链淀粉的功能
薄膜	
水溶性	无毒，与聚乙烯醇共混
可生物降解	酶降解材料
肉类包装	无皮产品用水溶性膜
可食性	食品包装材料和表面覆盖层
热密封	食品包装薄膜
包装用	不透油和不透氧
增塑	酶脱支的淀粉
耐水	加有憎水增塑剂和(或)涂以保护层
涂料	
墨水	和碘形成复合物而得，用于纺织品作标记
玻璃纤维	聚酯和环氧树脂的增强材料
纸	耐油脂
食品	
高直链淀粉	增稠剂
果胶和胶质蜜饯	降低凝胶化时间
炸马铃薯条	脱水马铃薯黏合剂
水果	涂敷，防止结块和相互黏结
布丁	速成布丁的冷水可溶性增塑剂
番茄酱	增稠剂
面包	改善质量
糕点面团	降低湿稀，减少收缩
药品	
片剂	黏合剂
黏合剂	
混凝土	黏结剂
吸声帖片	黏结剂

第三节　支链淀粉

一、支链淀粉结构及分析

（一）支链淀粉的分子结构

支链淀粉是高度分支化的，主链及分支皆为α-1，4糖苷键，分支点则以α-1，6糖苷键连接，其平均分支链长约为18～24个葡萄糖单元，呈现束状（cluster）结构，其分子结构见图1-6。

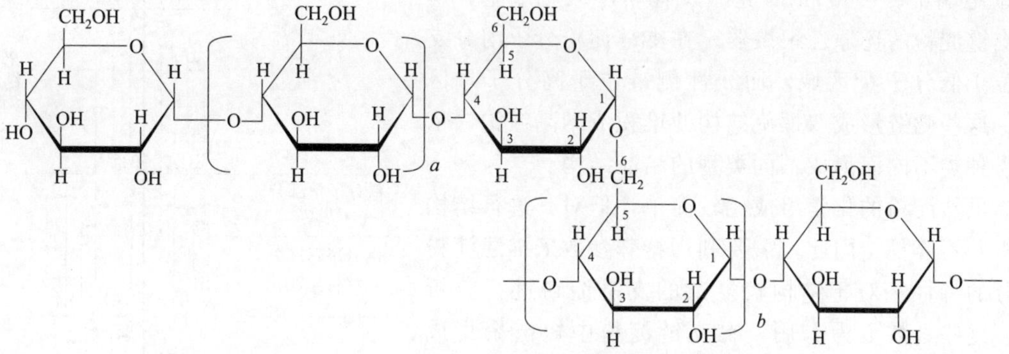

图 1-6 支链淀粉分子结构

（外链 a 约为 12～23，内链 b 约为 20～30，不同来源淀粉略有区别）

支链淀粉属高分支化形态（branch-on-branch type）分子，分支点 α-1，6 糖苷键约占 5%～6%，主链及分支链皆为 α-1，4 糖苷键。Hizukuri（1996）指出，1940 年时 Meyer 等以略高于糊化温度之热水，首先从淀粉中分离出直链淀粉与支链淀粉分子，随后提出支链淀粉分子为灌木状（bush-like）模型，1970 年时 Whelan 亦发表修改过的灌木状结构。Hizukuri（1986）将其分子构想图演进整理如图 1-7。目前束状结构（cluster model）被广泛接受。

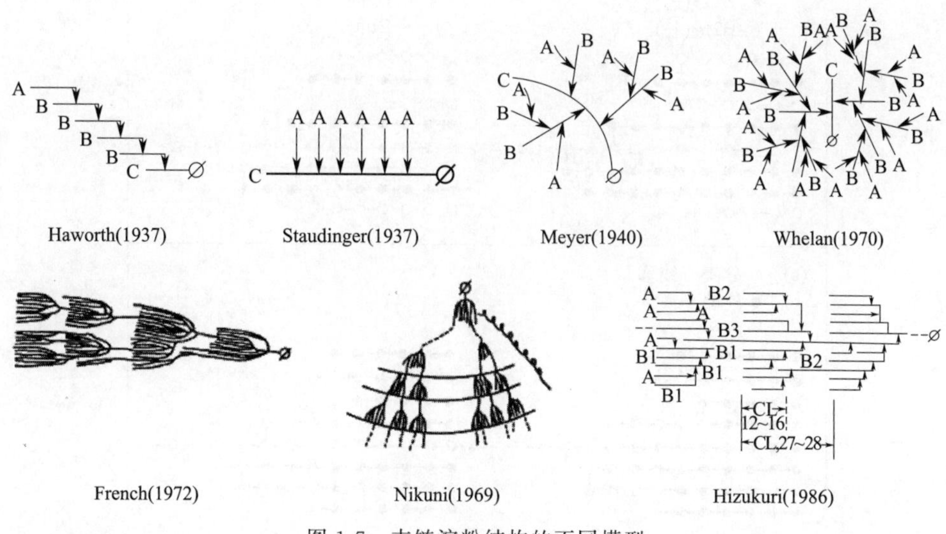

图 1-7 支链淀粉结构的不同模型

支链淀粉分子中的侧链分布并不均匀，有的很近，只相隔 1 个到几个葡萄糖单位，有的较远，相隔 40 个葡萄糖单位以上。如图 1-8 所示，支链淀粉具有 A、B 和 C 三种链，链的尾端都具有 1 个非还原尾端基。A 链是外链，经由 α-1，6 键与 B 链连接，B 链又经由 α-1，6 键与 C 链连接，A 链和 B 链的数目大体相等。B 链依据其各自的长度和跨越的束的数量，可进一步被分为 B1、B2、B3、B4 等链。B1 链跨过一个束结构，B2 链跨过两个束结构，依此类推。这些长链跨越不同的束结构，维持整个分子的刚性，同时也维持淀粉颗粒内部的长程关联性。典型 B1 链的聚合度为 15～25，典型 B2 链的聚合度为 40～50，而 B3、B4 则更长一些。C 链是主链，每个支链淀粉只有 1 个 C 链，C 链的一端为非还原尾端基，另一端为还原尾端基。A 链和 B 链都只有非还原尾端基，所以支链淀粉的还原性很微弱。在支链淀粉分子内分支点位于低分子量区域，而线性侧链位于高分子量区域。这些侧链形成双螺旋结构并堆积成结晶结构，依淀粉种类不同而形成不同类型的结晶结构。

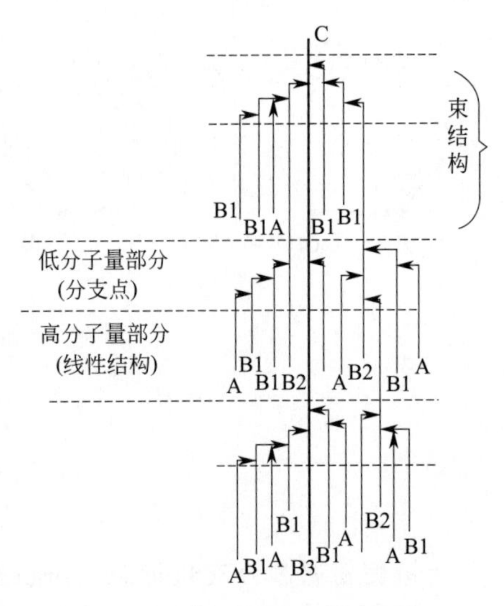

图 1-8　支链淀粉结构示意图

虽然淀粉的化学组成比较简单，但对其进行结构分析并不容易。因此，需要利用特殊参数来描述淀粉组分的特性。对于结构较复杂的支链淀粉进行分析时，这些参数更为有用。在支链淀粉中短链聚集成束，这些束结构通过长链相互连接。支链淀粉结构中不同类型的链、链段见图 1-9。根据 Peat 等提出的经典命名法，A 链被定义为不可替代链，而 B 链则可被其他链替代。大分子支链淀粉还含有一个 C 链，其具有唯一的还原末端。大多数实验表明，C 链无法同 B 链区分开。B 链还可进一步分为 Ba 链和 Bb 链，前者可被一条或多条 A 链取代，而后者可被一条或多条 B 链取代。

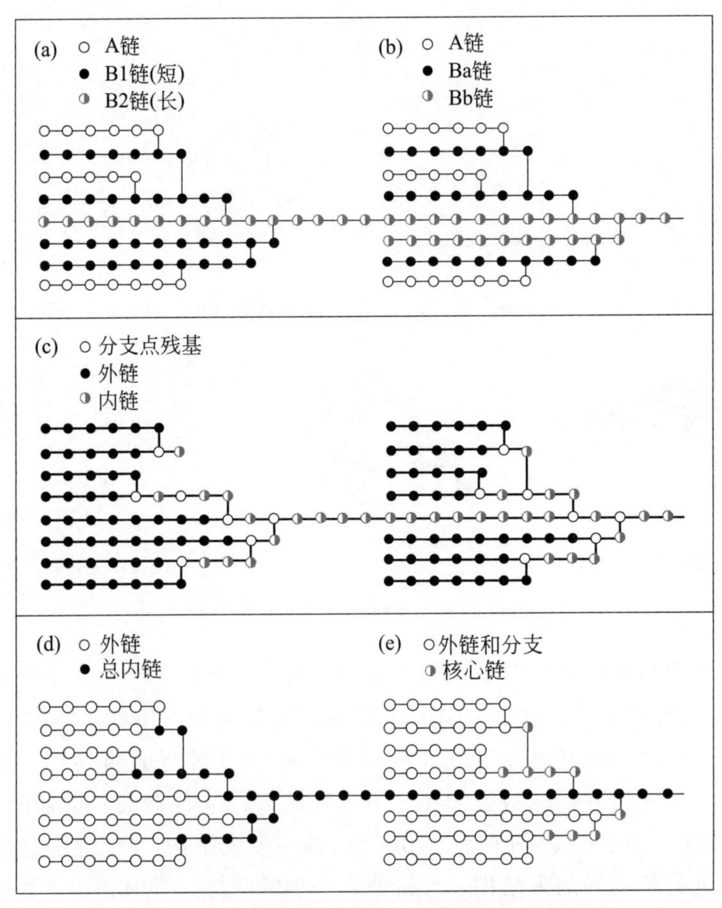

图 1-9　支链淀粉分支结构中不同的链和链段定义

［圆圈代表葡萄糖残基，横线代表（1→4）糖苷键，竖线代表（1→6）糖苷键］

（二）支链淀粉结构分析

支链淀粉的分子量较直链淀粉大得多，采用 GPC 或 HPSEC 研究其链长分布时，没有合适的媒介，另外支链淀粉容易形成分子聚集体或存在链段断裂的风险，所以难以获得支链淀粉这种大分子的精确平均链长组成。一般支链淀粉的重均分子量（M_w）为（2～700）×10^6，根据植物来源、分析方法以及采用溶剂的不同，而有所差别。支链淀粉数均分子量（Mn）要低得多。

采用改进的 Park-Johnson 法测定还原能力时，不同支链淀粉样品的 DPn 值在（4.8～15.0）×10^3 之间，仅比直链淀粉略高，与数均分子量 M_n 值（0.8～2.5）×10^6 相符。对支链淀粉还原端采用荧光示踪，然后采用 GPC 测定，不同植物来源的支链淀粉可被分为 3 类，DP_n 值在（0.7～26.5）×10^3 之间。这样 M_w/M_n 的数量级在 10^1～10^2。因此，我们可知，制备的支链淀粉包含较宽的分子分布，不同分子的细微结构也不尽相同。图 1-10 列举了采用不同酶进行支链淀粉结构分析的途径。不同的酶类在浓度为 2.5mol/L 或更低的 DMSO 溶液中具有活性，如在酶作用前将支链淀粉溶解于 DMSO 溶液中，应注意上述情况。

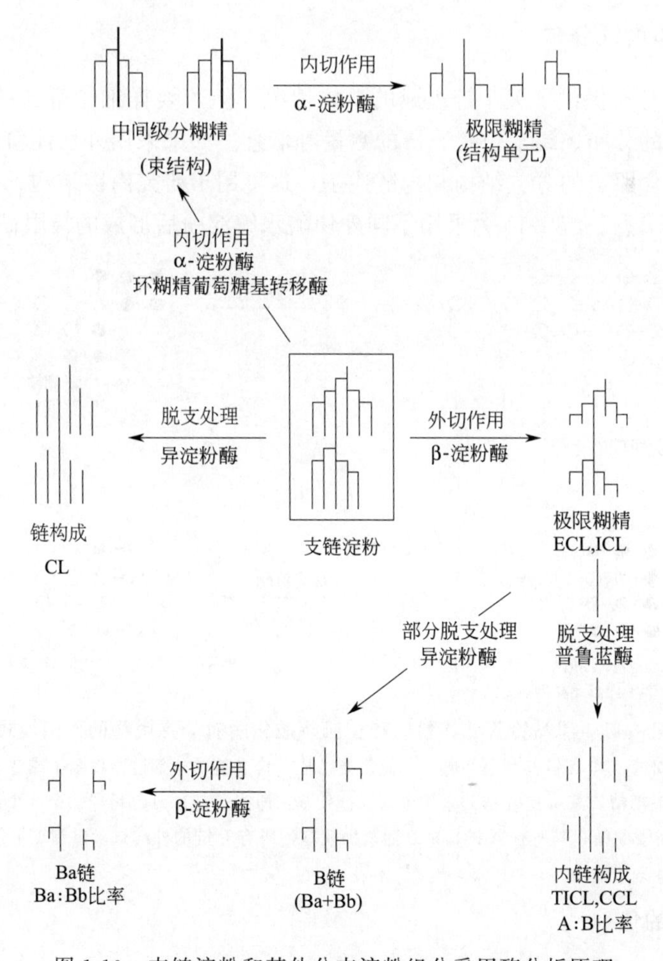

图 1-10　支链淀粉和其他分支淀粉组分采用酶分析原理

1. 单元链长和分布

单元链分布可通过 GPC 或 HPSEC 来分析，该方法适用于较多的支链淀粉。无论何种来源的支链淀粉，都典型地拥有主要的短链组分和少量的长链组分。两组分的区分大约在 DP 为 30～40 的范围。然而，大多数支链淀粉具有多模式分布，这可通过 HPSEC 获得证实。一般认为支链淀粉的长链横跨多短链形成的束结构，并可进一步分为 B2（DP 约 35～60）、B3（DP 约 60～80）等链。在一些支链淀粉也发现了 DP 值在 10^3 数量级的极长链。他们与束的连接形式还不清楚，但有人提议称之为具有高度分支的 B 链或可能代表支链淀粉大分子的 C 链。在有些样品中，短链的峰上有肩峰，因此可以继续再进行划分。有研究人员建议最短的链代表 A 链，而其他为短 B 链（B1 链）。单元链的分布可转换成高斯分布，在其中除了几组 B 链外还可描述两组短 A 链。

DP 为 6～8 的最短链的分布模式是许多天然存在的 A 型或 B 型结晶结构所特有的。某些突变株，如高直链玉米淀粉中的支链淀粉，具有 B 型结晶结构，这与普通玉米支链淀粉模式相似。具有 C 型结晶结构的淀粉，是 A 型和 B 型结晶结构的混合，其结构介于二者之间。

2. 外链长度和内链分布

虽然单元链长分布提供了关于链组成的总体情况，但若要详细了解支链淀粉的细致结构，则需知道分子内链的分布、组成位置、链的数量等信息。如果采用外切淀粉酶水解外链，留下来的极限糊精则包含原有的分支结构和内链残基，这可用于研究内链结构。另外，也可更好地获得不同种类链的信息。图 1-11 为采用不同外切酶水解淀粉后形成的极限糊精情况。

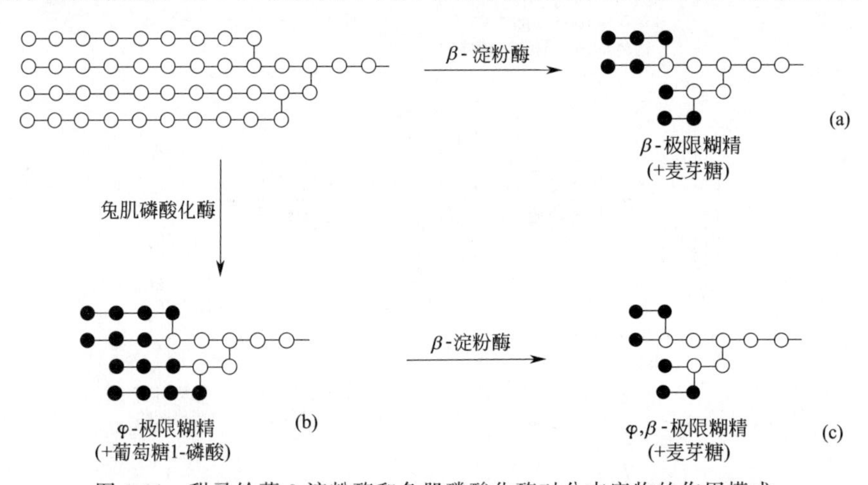

图 1-11　甜马铃薯 β-淀粉酶和兔肌磷酸化酶对分支底物的作用模式

（a）为 β-极限糊精，其 A 链仅剩余 2 或 3 个葡萄糖残基，其 B 链的外部链段仅余 1 或 2 个葡萄糖残基；
（b）为 φ-极限糊精，其所有 A 链均余 4 个葡萄糖残基，所有 B 链的外部链段均余 3 个葡萄糖残基；
（c）φ，β-极限糊精，其所有 A 链均余 2 葡萄糖残基，所有 B 链的外部链段仅剩 1 个葡萄糖残基

3. A 链/B 链的值

A 链/B 链的值（表 1-5）可用来表示支链淀粉分支的情形，分析时先以 α-淀粉酶（α-amylase）将支链淀粉水解为 α-限制糊精（α-limit dextrin）后再以异淀粉酶（isoamylase）

去分支水解出B链，另以异淀粉酶和普鲁兰酶（pullulanase）去分支水解出所有的A链与B链，利用此种酶法则可计算A链/B链的比例，不同淀粉来源的支链淀粉A链/B链的值介于（1.0～2.0）∶1之间。

表1-5　支链淀粉A链/B链的值

淀粉来源	比例
马铃薯	1.3∶1
小麦	(1.2～1.7)∶1
小麦，硬质小麦	(1.8～1.9)∶1
黑麦	(1.7～1.8)∶1
玉米	1.2∶1
高直链玉米	1.7∶1
蜡质玉米	2.0∶1
蜡质高粱	1.2∶1
蜡质大米	1.3∶1
芒果	1.2∶1
肝糖	(0.6～1.1)∶1

二、支链淀粉含量

支链淀粉存在于几乎所有源于粮谷类、薯类等农作物的天然淀粉中，约为淀粉的75%～80%。一些黏性的糯米、黏玉米中，则几乎全部为支链淀粉。表1-6给出了常见淀粉中支链淀粉的含量。

表1-6　部分原淀粉的支链淀粉含量

淀粉来源	支链淀粉含量/%
玉　米	73
黏玉米	100
高链玉米	30
高　粱	73
蜡质高粱	100
稻　米	81
糯　米	100
小　麦	73
马铃薯	80
木　薯	83
甘　薯	82

三、支链淀粉的功能性

支链淀粉是高度分支的高分子化合物，β-淀粉酶只能消化其约50%，与碘反应呈红色。在蜡质淀粉中含量较高，最高可接近100%，而在普通淀粉中含量也在70%～80%之间，因此，支链淀粉作为淀粉的主要成分，其本身的性能特征在很大程度上决定着淀粉的性质，了解支链淀粉的加工性能对指导我们如何更好地应用淀粉具有重要意义。

1. 抗老化特性

支链淀粉的化学结构决定了淀粉的特性，特别是淀粉的糊化、凝胶特性。支链淀粉加热糊化后，分子链松散程度高，表现为具有较高的黏度；在淀粉糊冷却时，支链淀粉由于其分支结构的作用，减弱了淀粉分子链重新缔合的紧密程度，表现出良好的抗老化能力。

2. 改善冻融稳定性

支链淀粉应用于低温食品表现出较好的加工性能，较直链淀粉相比具有更好的冻融稳定性，若引入亲水基团则能强化支链淀粉的稳定性，应用于低温贮存食品，可长时间保持制品感官和加工特性。

3. 增稠作用

在粉末汤料和鲜汤中添加支链淀粉可在无损于食品质感和黏度特性的情况下减少增稠剂的用量。

4. 高膨胀性与吸水性

含大量支链淀粉的糯性小麦粉在糊化过程中的膨胀能力和吸水能力都很强。充分糊化后呈清亮稀状体，离心不能使之分层，也无法得到沉淀。支链淀粉制备的悬液具有较高的透明度、膨胀性和较低的糊化温度，吸水迅速，在食品中合理应用可降低成本，改善加工特性。

但支链淀粉也有不足之处，比如耐剪切稳定性差，在受到外界剪切力作用下，淀粉链被破坏，表现为黏度下降，保水力减弱。这种情况下，往往就需要通过其他方法来提高其稳定性。

四、直链淀粉和支链淀粉的性质差异

直链和支链淀粉在若干性质方面存在着很大的差别。直链淀粉与碘液能形成螺旋络合物结构，呈现蓝色，常用碘液检定淀粉便是利用这种性质；支链淀粉与碘液呈现红紫色，而直链淀粉与碘呈现颜色与其分子链长度有关。吸收光谱在650nm具有最高值，直链淀粉吸收碘量约19%～20%，而支链淀粉吸收碘量不到1%。直链淀粉难溶于水，溶液不稳定，凝沉性强；支链淀粉易溶于水，溶液稳定，黏度高，凝沉性弱。直链淀粉能制成强度高、柔软性好的纤维和薄膜，有如纤维制品的性质；支链淀粉却不能。直链淀粉与支链淀粉特性对比见表1-7。

表1-7　直链淀粉与支链淀粉特性对比

项目	直链淀粉	支链淀粉
分子形状	线性为主(少量分支)	高度分支
葡萄糖残基的结合形式	1,4键	1,4键和1,6键
聚合度	$1\times10^{2}\sim6\times10^{3}$	$1\times10^{3}\sim3\times10^{6}$
分子质量	$10^{5\sim6}$Da	$10^{8\sim9}$Da
尾端基	分子的一端为非还原尾端基,另一端为还原尾端基	分子具有一个还原尾端基和许多个非还原尾端基
非还原性尾基葡萄糖残基数目	每分子一个	每24～30个残基就有一个
碘反应	深蓝色	红紫色
吸附碘量	19%～20%	<1%
在热水中	溶解,不成黏糊	不溶解,加热并加压下溶解成黏糊
在纤维素上面	全部吸收	不被吸收
凝沉性	溶液不稳定,凝沉性强	易溶于水,溶液稳定,凝沉性弱

续表

项目	直链淀粉	支链淀粉
络合结构	能与极性有机物(脂肪酸、醇类等)和碘生成络合结构	不能
乙酰衍生物	能制成强度很高的纤维和薄膜	制成的薄膜很脆弱
β-淀粉酶的作用	大部分水解成麦芽糖(约 80%)	50%～60%水解成麦芽糖,其余部分为极限糊精
[η]	500～1000cm^3/g	90～150cm^3/g
磷酸含量	0.0086%	0.106%

第四节　中间级分

某些淀粉，尤其是高直链淀粉型，含有一定量的中间级分。文献中一般称中间级分为IM（intermediate materials）或IC（intermediate components），本书统一用IM表示中间级分。一些普通玉米、燕麦、小麦、黑麦、大麦、马铃薯、高直链淀粉大麦和马铃薯中以及另外一些突变株淀粉和起皱豌豆中也含有IM。该级分的本质不十分清楚，它在普通淀粉和高直链淀粉中的含量为4%～9%。淀粉组分的分离方法也影响IM的组成，特别是IM与直链淀粉或支链淀粉一起被分离出来时影响更大。在此情况下，研究人员可能仍不知IM的存在，这将影响其他组分的分析。在一些定量的分析测定中，采用碘吸收法测定高直链淀粉中直链淀粉的含量时，由于IM具有较高的碘吸收值，以及长链支链淀粉的存在，或者两者的共同影响，使测定结果偏高。由于IM与直链淀粉或支链淀粉在结构上有联系，故一般采用相同的分析方法。

Lansky等在1949年首先证实了IM的存在，该研究采用分级沉淀的方法分离淀粉中的线性组分及分支组分，结果表明，淀粉中存在介于直链淀粉与支链淀粉之间的中间级分，这种物质能够被戊醇沉淀，而不能被正丁醇沉淀。在对玉米淀粉的分析中，通过碘亲和力的间接证据推断，IM是过渡类型的物质，其在玉米淀粉中的含量约为5%～7%。并指出IM的分离可通过先用戊醇沉淀，再用正丁醇重结晶方法进行。

Banks和Greenwood提出一种适用于谷物淀粉的方法，在该方法中，从支链淀粉组分中分离出直链淀粉-百里香酚复合物。此复合物在正丁醇溶液中沉淀，分离出直链淀粉和一种可溶性组分，该组分包含异常直链淀粉或支链淀粉，通常具有较长的链长。Adkins和Greenwood研究玉米淀粉，用正丁醇沉淀直链淀粉，从上清液中（支链淀粉组分）分离出一种葡聚糖和碘的复合物。该复合物的含量随着玉米淀粉中直链淀粉增加而提高，其具有特征性的短链。Wang等也发现IM与支链淀粉一起存在于上清液中。采用GPC对IM进行分级，发现其为一分支组分，比支链淀粉小。IM具有与支链淀粉相似的链类型，但不同链的比例与突变株的种类有关。Klucinec和Thompson从含有支链淀粉的6% 1-丁醇和6%异戊醇的混合溶液中，沉淀直链淀粉和中间级分，结果直链淀粉在1-丁醇中沉淀，而IM仍留在上清液中。他们发现，在普通玉米中IM链的类型与支链淀粉极其相似，但在含有高直链淀粉的淀粉中，其组成发生改变，含有大量的长链。与此同时，支链淀粉组分含有的长链数量增多。较多或较长的长链是直链淀粉扩增株中支链淀粉的典型特征。Klucinec和Thompson

推测，与支链淀粉类似，IM为分支结构，其结构特性导致其物理性质发生改变，这可从其在1-丁醇-异戊醇混合物中沉淀看出。在两倍体（钝性、蜡质）和三倍体（直链淀粉扩增、钝性、蜡质）突变株玉米淀粉中，IM组分具有较高含量（分别为40%和80%）。IM链的分布有一些改变，较支链淀粉相比，抗α-淀粉酶水解的能力明显增强。在甲醇溶液中，α-糊精的性质也有差别。Bertoft等认为，IM具有较规律性的分支结构，能抵抗α-淀粉酶的水解，引起分子性质发生改变。

Colonna和Mercier从起皱豌豆淀粉中分离到了一种分子量很低的成分。该IM具有分支，与支链淀粉链的类型相似，但其碘吸收值较高，短链与长链的比率较低。对IM分析表明，其长链比例随分子量降低而增加。实际上，小IM的分子量与支链淀粉束结构类似，一般认为是由小的类似束的结构组成的，其间通过长链连接，这样就增加了长链的比例。起皱豌豆中的IM被描述为极短的线性直链淀粉链与分支的普通或长链支链淀粉的混合物。Biliaderis也报道了长链的中间级分，Matheson发现，外链长（ECL）和内链长（ICL）较光滑豌豆淀粉中支链淀粉大。关于IM本质的不同观点，可能揭示了不同起皱豌豆品种性质的差别。

Kasemsuwan等对直链扩增（ae+）野生型及含有不同比例等位基因（ae1-1581）突变株的支链淀粉及中间级分的结构进行了深入分析，级分分离及链长分析部分内容如图1-12、图1-13及表1-8、表1-9所示。

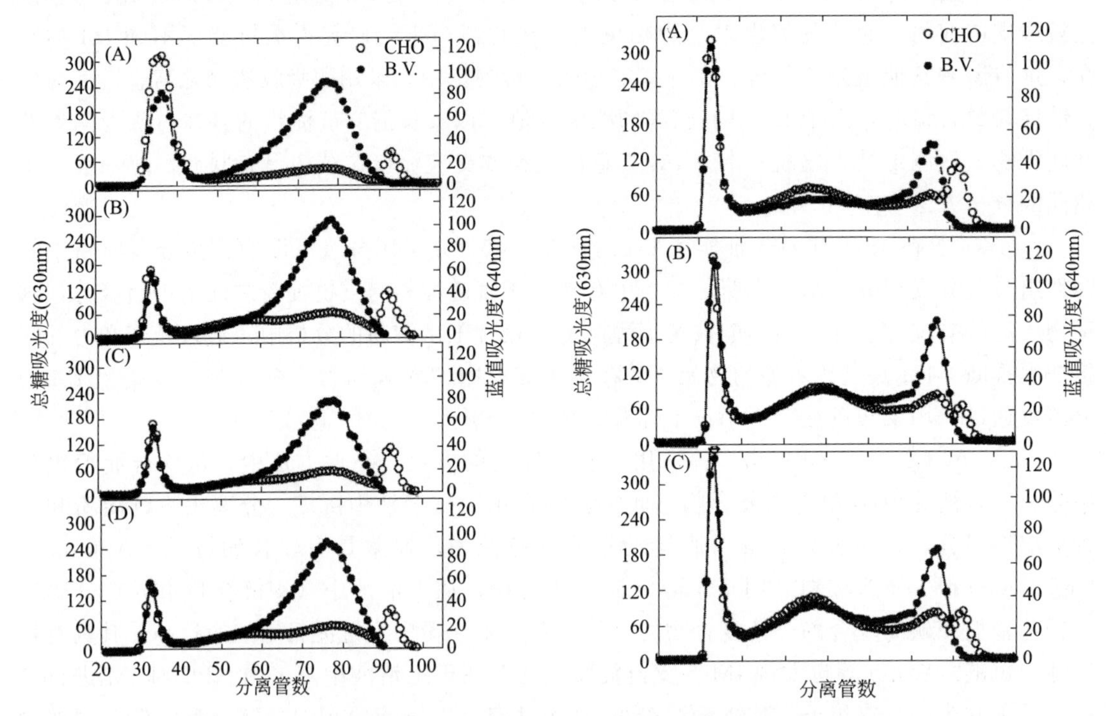

图1-12　直链淀粉扩增显性突变株淀粉及支链淀粉-中间级分的GPC图谱

［左图为直链淀粉扩增显性突变株淀粉GPC图谱，右图为支链淀粉-中间级分GPC图谱；其中A为直链扩增（ae+）野生型，基因型为（ae+/ ae+/ ae+），B为含有1份等位基因（ae1-1581）的杂交型（ae1-1581/ ae+/ ae+）；C为含量2份等位基因（ae1-1581）的杂交型（ae1-1581/ ae1-1581/ ae+）；D为含有为含量3份等位基因（ae1-1581）的杂交型（ae1-1581/ ae1-1581/ ae1-1581）；○—○代表总糖，●—●代表蓝值］

图 1-12 中，左图（A）中的第一个峰为支链淀粉组分形成的，第二个较为弥散的峰为直链淀粉形成的，最后一个小峰是内标物葡萄糖形成的；而在（B）、(C)、(D）三个图上，在支链淀粉及直链淀粉形成的两个峰之间还有一个较宽的峰，该峰为中间级分形成的。(B)～(D）三图中的中间级分及直链淀粉二者的总糖峰面积明显高于（A）图中的直链淀粉部分的峰面积，而蓝值部分则（A)～(D）基本类似。从支链峰位置、淀粉蓝值与总糖峰比较来看，ae1-1581 杂交型的支链淀粉具有更长的侧链。右图为对左图中支链淀粉及中间级分收集后进行 GPC 分析的图谱，从图中可以看出，图（B)～(C）中蓝值峰与总糖峰几乎重合，同样表明支链淀粉及中间级分都具有较长的侧链。葡萄糖峰之前的小峰为少量的麦芽糊精形成的，无法通过正丁醇沉淀法去除。从图中得出支链淀粉与中间级分的重量比为 1∶2.6。

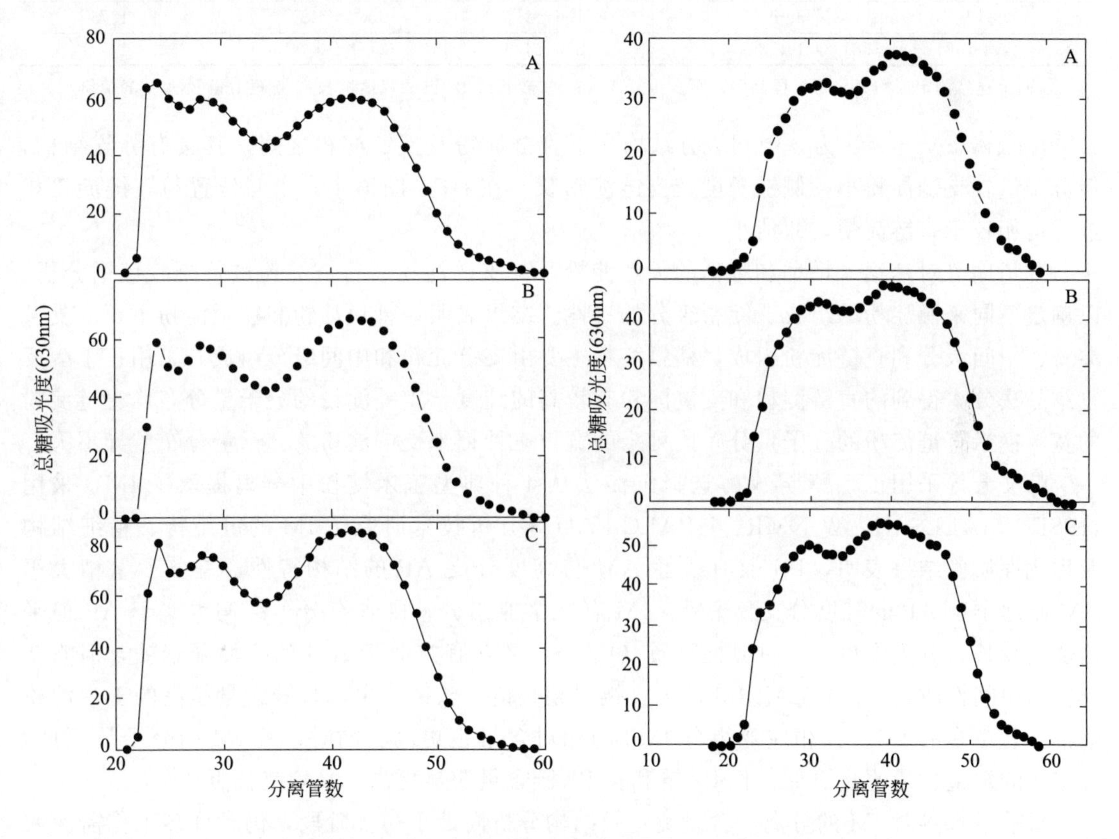

图 1-13　酶脱支处理后的支链淀粉及中间级分 GPC 图谱

图 1-13 中左侧图为用异淀粉酶脱支处理支链淀粉后得到 GPC 图谱，形成三个峰，第一个峰为长 B 链峰，包括 B3 及更长的链；第二个峰为较长链，主要为 B2 链形成，第三个峰为短链峰，主要包括 A 链及较短的 B 链。右侧图为脱支处理中间级分后得到的 GPC 图谱，只有两个峰，第一个峰为 B2 链形成的峰，第二个峰为短 B 链及 A 链形成的峰，在中间级分的图谱上没有 B3 及更长链形成的峰。

表 1-8 为支链淀粉链长分布情况，从表中可以看出，相比野生型，突变株的链长更长。表 1-9 为中间级分链长分布，从中可以看出，相较于支链淀粉，虽然中间级分不含有 B3 及更长的链，但是其 B2 链及短链（短 B 链及 A 链）具有更长的链长。

表 1-8　支链淀粉链长分布表①

淀粉种类	链长(葡萄糖单位)		总糖比例
	长链②	短链③	(长链/短链)
ae+/ ae+/ ae+	42.3±0.9	13.9±2.1	1∶3.0
ael-1581/ ae+/ ae+	45.7±2.8	19.0±0.4	1∶1.8
ael-1581/ ael-1581/ ae+	44.5±3.5	19.1±0.7	1∶1.7
ael-1581/ ael-1581/ ael-1581	46.6±3.3	19.1±0.6	1∶1.6

① 两个样品测定取均值，每个样品测定至少重复 3 次；②较长链 B2 链的峰值链长；③短 B 链及 A 链峰值链长。

表 1-9　中间级分链长分布表①

淀粉种类	链长(葡萄糖单位)		总糖比例
	长链②	短链③	(长链/短链)
ael-1581/ ae+/ ae+	51.1±4.0	21.8±0.8	1∶1.6
ael-1581/ ael-1581/ ae+	51.6±0.5	20.2±1.7	1∶1.7
ael-1581/ ael-1581/ ael-1581	52.9±4.4	21.8±0.9	1∶1.7

① 两个样品测定取均值，每个样品测定至少重复 3 次；② 较长链 B2 链的峰值链长；③ 短 B 链及 A 链峰值链长。

Kasemsuwan 等认为，中间级分结构介于直链淀粉及支链淀粉之间，其具有分支结构，但分子量较支链淀粉小，侧链长度较支链淀粉长。在 GPC 图谱中，出峰位置与直链淀粉相近，但相较于直链淀粉，蓝值小。

刘巧瑜等对糯稻、粳稻和籼稻的天然淀粉及其支链淀粉、直链淀粉进行凝胶色谱分析，以确定不同来源淀粉的组成、淀粉级分的特性。结果表明，籼稻淀粉和粳稻淀粉主要由支链淀粉、中间级分和直链淀粉组成，糯稻淀粉主要由支链淀粉和中间级分组成。采用正丁醇反复结晶法分离得到的直链淀粉和支链淀粉有较高的纯度。支链淀粉的分子量分布比直链淀粉的宽，粳米直链淀粉的分子量分布比籼米的宽，三种稻米支链淀粉的分子量分布差异不大。

韩文芳等采用正丁醇-异戊醇选择沉淀法从 4 种典型玉米淀粉中分离提取了 IM，采用 HPSEC-MALLS-RI、W-NMR、HPAEC-PAD 等分析技术研究了 IM 的链结构、精细结构及理化性质。结果表明，IM 兼有线性 AM 与高度分支 AP 的结构特性，是分子量稍大于 AM 而远小于 AP 的轻度分支葡聚糖。IM 有 2 个亚组分，既含有分子结构类似于 AP 但平均链长较长、分支度更小的过渡性物质（IM1），又含有类似于 AM 的线性葡聚糖，但略微分支的中间性质物质（IM2）。IM 的分支链以超长链、长链为主，直链含量越高的玉米淀粉通常有着更多的 IM，且相应亚组分 IM2 的相对含量也更高。同时，其 IM 的分子量更低，分支链的短链含量明显更低，长 B2 链和长 B3 链含量明显更高，平均链长更长。

目前学术界对 IM 的分离、含量测定及结构分析尚处于初步阶段，仍有许多工作需深入研究。如 IM 的含量与结构对其功能特性的影响；IM 的存在与分布和淀粉的合成过程的关系；IM 自身的分子结构、在淀粉颗粒结构中与 AP 和 AM 的结合状态及其在淀粉颗粒结构中的作用；其自身的酶解特性及其与淀粉消化性的关系；其物化特性与淀粉性质之间的关系等方面都有待进一步探索。

第五节　淀粉复合物

淀粉可与一定的配合体形成复合物，根据淀粉成分及配合体的不同可分为淀粉-碘复合物、淀粉-醇类复合物、淀粉-脂质复合物、淀粉-脂肪酸复合物、淀粉-多酚类复合物及淀粉-

蛋白质复合物等，下面分别阐述。

一、直链淀粉与配合体形成复合物

（一）直链淀粉-碘复合物

对淀粉进行定性判断的方法之一就是向可能含有淀粉的体系中滴加碘液，然后判断体系是否发生显色反应，生成蓝色复合物（starch iodine complex）。在上述反应中其实起主要作用的是淀粉组分中的直链淀粉。其与碘作用产生蓝色复合物。直链淀粉的分子长链上的葡萄糖单元卷曲成螺旋状，而螺旋的内部截面积能够将碘分子容纳在其中，结合成蓝色的碘-淀粉复合物。

碘与淀粉的显色反应是个物理过程，很多学者对其进行了深入研究，发现复合物的颜色和强度与链长（CL）有关，即与直链淀粉分子大小有关，聚合度为 12 以下的短链淀粉遇碘不呈现颜色变化；聚合度 12～15 呈棕色；20～30 呈红色；35～40 呈紫色；45 以上呈蓝色。光谱在 650nm 具有最大吸收值，纯直链淀粉每克能吸附 200mg 碘，而支链淀粉每克的碘吸附量小于 10mg，据此可用电位滴定法测定样品中直链淀粉的含量。

普通商品淀粉，如玉米淀粉、大米淀粉、小麦淀粉以及马铃薯淀粉一般含有 20%～30%的直链淀粉、70%～80%的支链淀粉。碘亲和力（iodine affinity）和蓝值（blue value）是用于测定表观直链淀粉含量（apparent amylose content）的两种常用指标，但是，类脂的存在及支链淀粉结构的差异会影响测定结果。前者可以和直链淀粉形成复合物影响其与碘复合，后者的长侧链也可以和碘形成复合物，从而增大碘亲和力和蓝值。大部分文献中的直链淀粉含量数据是基于表观直链淀粉的，表 1-10 给出了部分淀粉的表观直链淀粉及绝对直链淀粉含量（absolute amylose content，从总碘亲和力中减去支链淀粉碘亲和力）的数据。一般认为的蜡质淀粉不含有或含有少量的直链淀粉。不同淀粉表观直链淀粉含量存在较大差异，从表中可以看出，采用碘亲和力或蓝值的方法测定直链淀粉含量，高直链玉米淀粉及其他淀粉的绝对直链淀粉含量均低于表观直链淀粉含量，数据的差异主要是由于支链淀粉的长侧链和碘复合引起的。

表 1-10　淀粉的碘亲和力和直链淀粉含量

淀粉来源	碘亲和力		直链淀粉含量		*A*-*B*
	淀粉	支链淀粉	表观(*A*)	绝对(*B*)	
A 型淀粉					
普通玉米	5.88±0.14	1.78±0.03	29.4	22.5	6.9
大米	5.00±0.02	1.11±0.00	25.0	20.5	4.5
小麦	5.75±0.15	0.80±0.20	28.8	25.8	3.0
大麦	5.10±0.30	0.50±0.04	25.5	23.6	1.9
绿豆	7.58±0.14	2.07±0.03	37.9	30.7	7.2
木薯	4.70±0.20	1.39±0.07	23.5	17.8	5.7
B 型淀粉					
Hylon Ⅴ	10.40±0.10	6.79±0.04	52.0	27.3	24.7
Hylon Ⅶ	13.60±0.20	9.30±0.10	68.0	40.2	27.8
马铃薯	7.20±0.01	4.60±0.10	36.0	16.9	19.1
C 型淀粉					
荸荠	5.79±0.19	3.08±0.02	29.0	16.0	13.0

注：碘亲和力取三次测定均值；纯直链淀粉碘亲和力为 20%；表观直链淀粉含量=100×IA_s/0.2，IA_s 是脱脂淀粉的碘亲和力；绝对直链淀粉含量=$(IA_s-IA_{AP+IC})/[0.20-(IA_{AP+IC}/100)]$，$IA_{AP+IC}$ 是支链淀粉和中间级分混合物的碘亲和力。

（二）直链淀粉-醇类复合物

直链淀粉与醇相互作用的机理与碘类似。直链淀粉之所以能与醇、碘等物质发生络合，是因为在形成复合物的过程中，淀粉分子线性部分的疏水侧在螺旋内侧，由亚甲基和糖苷氧原子排列组成，葡萄糖基与羟基亲水性基团在螺旋腔的外表面，螺旋腔的内表面形成疏水性空腔，与络合物的非极性单体通过疏水相互作用结合在一起，每个螺旋由6～8个葡萄糖残基组成。因此醇、碘等小分子物质可以进入螺旋腔内部从而形成复合物。

在直链淀粉与醇类形成的复合物中，直链淀粉-正丁醇复合物较早被发现，并用于分离直链淀粉。Whistler等就采用丁醇-异戊醇的混合液用于分离直链淀粉。闫溢哲等以B型淀粉为原料研究了短直链淀粉-正辛醇复合物的制备及结构表征，得到V型直链淀粉-正辛醇最佳制备条件。在该工艺条件下，制得的复合物为V型结构，其结晶度可达到57.85%。刘延奇等将DMSO与B型微晶马铃薯淀粉进行高温混合，在热的淀粉溶液中加入一定体积的正己醇和乙醇，冷却后静置制得V型直链淀粉-正己醇复合物。

（三）直链淀粉-脂质（脂类）复合物

淀粉与脂质可形成复合物，两种类型的淀粉分子都可形成，但以直链淀粉为主。支链淀粉分子的外部分支与极性脂质之间形成少量的复合物。直链淀粉分子与脂类化合物形成的络合物（螺旋线形结构）如图1-14所示。

图1-14　直链淀粉-脂类化合物络合物形成示意图

由于直链淀粉螺旋结构内部空间的直径只有4.5Å，故推测其不能容纳大的基团，而脂肪酸的极性基团水合体积大，一般假设它被屏除在螺旋结构之外。复合剂极性端为大基团如蔗糖、卵磷脂，不但不能存在于螺旋结构中，而且不易与直链淀粉形成复合物；反之，复合剂之极性端小且含平直的碳氢链则较容易和直链淀粉形成包接复合物。除此之外，乳化剂极性端露于螺旋结构的凹口处亦可稳定其复合结构。

谷物原淀粉的DSC图谱会在糊化温度以上形成一个吸热峰，在蜡质淀粉等以支链淀粉为主的淀粉中未出现该相变峰，若将淀粉中的脂质去除，则该吸热峰亦消失，再加入脂质，则该相变峰又会出现，这说明该峰为直链淀粉-脂质复合物形成的。原淀粉中的淀粉-脂质复合物为无定形结构（Ⅰ型），韧化处理后，可以转化为更规则的半晶结构，具有双折射特性，形成偏光十字，X射线衍射分析表明，该复合物具有V型结晶结构（Ⅱ型）。在大多数谷物淀粉中都发现有淀粉-脂质Ⅰ型复合物，其相变温度范围为94～100℃，而Ⅱ型复合物的相变发生在100～125℃，所以，除了高直链玉米淀粉外，V型结晶结构在谷物原淀粉中是不存在的。

直链淀粉-脂质复合物中的直链淀粉的酶可利用性降低，淀粉在胃肠道系统中酶消化的体外模型中，可以发现在直链淀粉-脂质复合物中直链淀粉的分解被延缓。直链淀粉的生物利用率可以按下列方式分级：非结晶的直链淀粉＞直链淀粉-脂质复合物＞老化的直链淀粉。直链淀粉-脂质复合物的可利用率也可能与现有的多晶型物有关。

（四）直链淀粉-脂肪酸复合物

Godet 等（1993）也提出淀粉和脂肪酸的复合模型图（图 1-15），认为此包接复合是为了达其低能量的稳定状态。由于复合后能阶会改变，一般研究常直接采用示差扫描热分析来证明直链淀粉-复合物的存在，而此复合物吸热焓通常出现在 93～120℃之间，是一种可回复的相转换吸热现象。而利用 X 射线衍射仪测定亦可发现淀粉复合物呈现Ⅴ型态（Ⅴ pattern）。另外，可由回凝再结晶熔解焓的降低、淀粉糊化行为的改变、碘亲和力（iodine affinity）下降的改变等间接地判断复合物之存在。

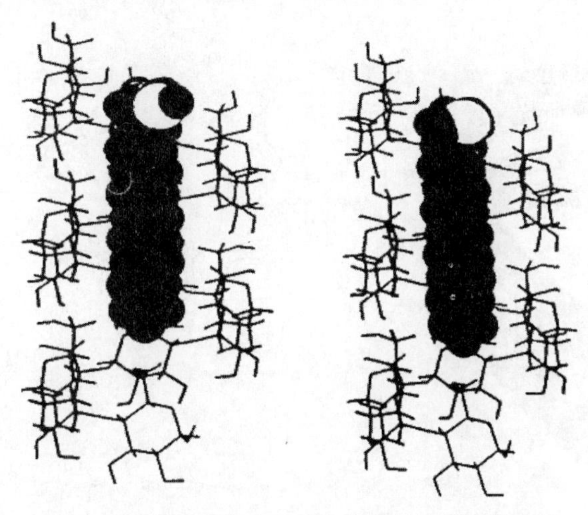

图 1-15 直链淀粉-脂肪酸复合物低能结构模式图

癸酸、月桂酸等短链脂肪酸类和直链淀粉形成具有半晶结构的Ⅱ型复合物，而长链脂肪酸（含 14 个 C 及以上的）则和直链淀粉形成具有不定形结构的Ⅰ型复合物。在低湿条件下，Ⅰ型复合物可通过 95℃韧化处理转化成Ⅱ型复合物。

磷脂、单甘脂及脂肪酸等是很好的复合剂，与顺式不饱和脂肪酸相比，饱和脂肪酸及反式不饱和脂肪酸易于与淀粉形成复合物。其原因是后者是线性分子，而前者分子呈弯曲结构。

淀粉单螺旋复合物是亚稳态的，去除复合物，直链淀粉单螺旋结构易转化成无规则螺旋或双螺旋结构。

（五）淀粉-多酚类复合物

多酚类化合物是食品工业中常见的抗氧化剂，广泛存在于果蔬、谷物、干豆类、巧克力以及饮料（如茶、咖啡或葡萄酒）中。多酚类物质按结构大致可分为酚酸、黄酮类、香豆素、木脂素类化合物、醌类和单宁等。

近年来，淀粉和酚类化合物之间的相互作用引起了食品科学界的广泛关注。食品中的多酚类物质来源于两方面：外源方面，酚类化合物作为功能性成分可用于功能性食品和饮料生产；内源方面，食品加工导致植物性原料细胞和组织的破坏，从而释放出内源性多酚。这些多酚类物质与其他成分如淀粉、非淀粉多糖和蛋白质之间的相互作用，会对食品品质产生影响。其中淀粉与多酚的非共价结合是影响富含多酚食品质量的一个重要因素。

淀粉-多酚类复合物的形成机理可分为两种情况，一种是多酚类物质进入淀粉螺旋结构的腔体内部，与之形成复合物。该类复合物形成机制如图 1-16 所示，左侧（A）为直链淀粉形成的左手螺旋空腔结构；右侧（B）为 4-*O*-棕榈酰绿原酸进入直链淀粉的螺旋腔内，与直链淀粉形成的无定形配合物。（Ⅵ型复合物）

该复合物的形成，大大降低了淀粉的消化速率；但与直链淀粉相比，支链淀粉与多酚类之间的复合形成效率较低。

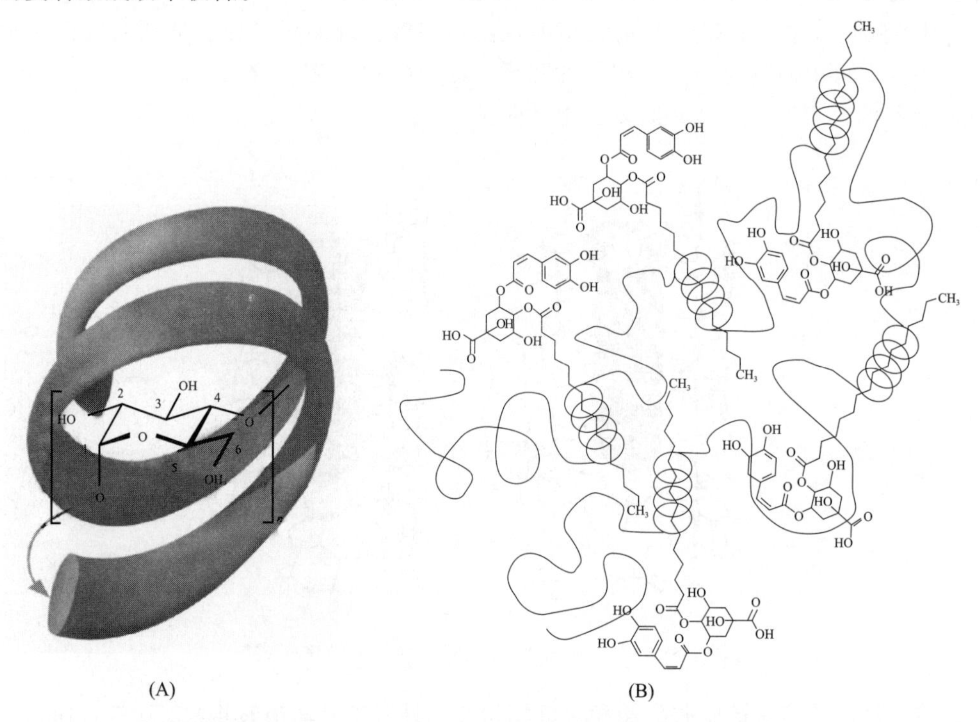

图 1-16　直链淀粉螺旋空腔（A）和直链淀粉-4-*O*-棕榈酰绿原酸复合物（B）的示意图

另外一种是多酚富含的羰基和羟基与淀粉分子所含的羟基相互作用，通过氢键和范德华力诱导淀粉分子聚集，形成非包合复合物（V_{II} 型复合物）。

从图 1-17 中可以看出，非包合复合物是淀粉与茶多酚直接通过氢键、CH-π 键等相互结合，二者结合不会形成Ⅴ型结晶结构的包合物，所以该种结合方式不能通过 XRD 及 DSC 检测。

二、支链淀粉-脂质复合物

除了直链淀粉外，淀粉中另一主要成分支链淀粉则因其分支间或最末端直链部分的链长较短，其聚合度（DP）为 15～20，因此与直链淀粉相比不易与脂质形成包接复合物。支链淀粉虽不易与脂质形成复合物，但利用抗回凝的淀粉酶（antistaling amylase）将支链淀粉水解成短链后，再添加溶血磷脂（lysophospholipid），则发现两者也能形成包接复合物（图 1-18）。

三、淀粉-蛋白质复合物

淀粉与蛋白质在多成分构成的食品复杂体系中，除营养特性外还可作为胶凝剂、增稠剂及稳定剂等，极大地影响着食品的质构、流变学及其他一些理化性质。在两者共存时，当一

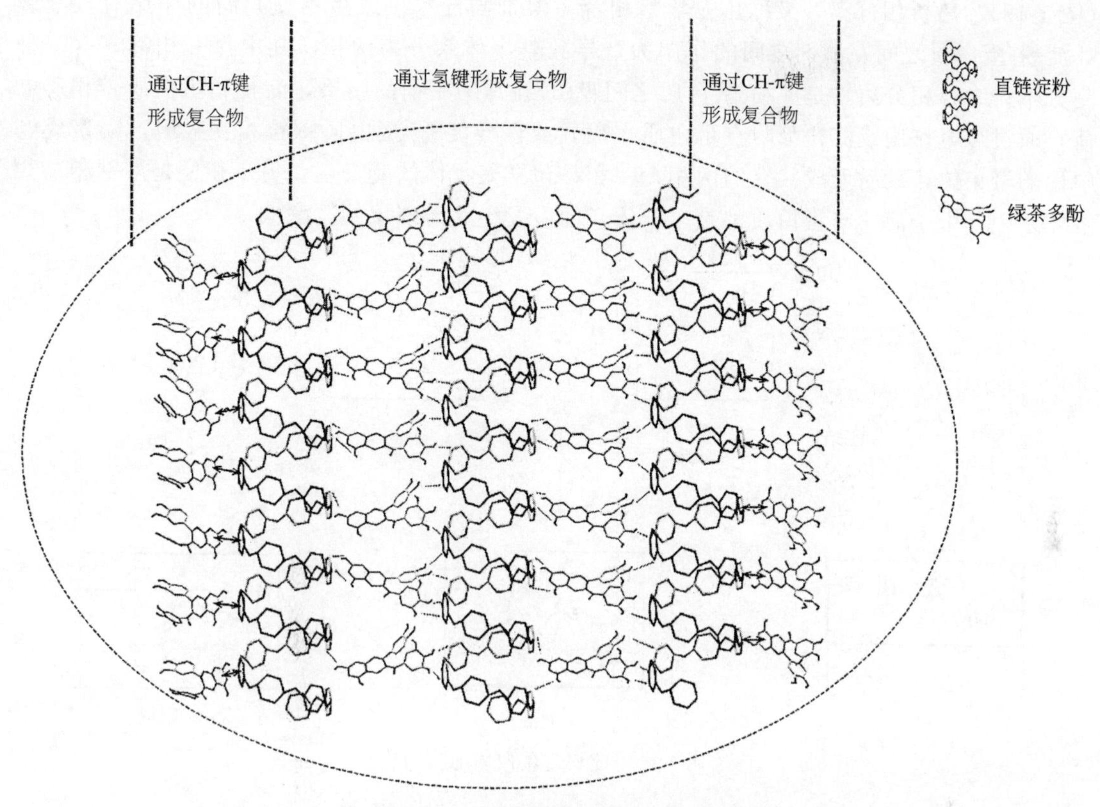

图 1-17　直链淀粉与茶多酚形成非包合复合物结构示意图

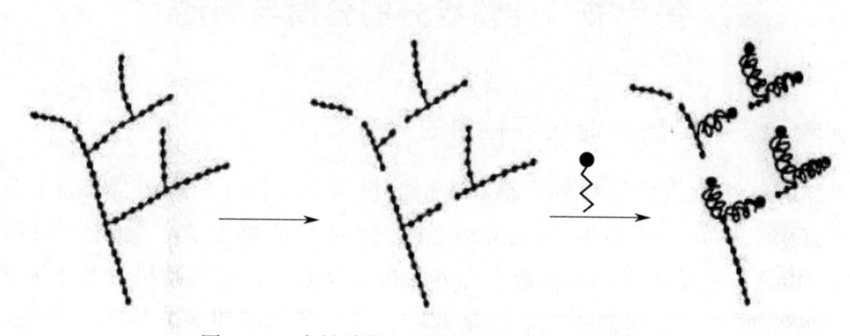

图 1-18　支链淀粉-脂质复合物形成的模式图

些物理化学条件如温度、pH 值、离子强度等适宜时，则发生共聚改性现象，即大分子上的部分基团可以相互连接复合，从而改善和赋予体系一些独特的功能性质、加工特性及品质特性，最终扩大其在食品工业和其他工业中的应用。因此，近年来，有关这两种成分间相互作用的研究逐渐受到各国关注。美国等发达国家投入大量的人力和物力从事淀粉与蛋白质交互作用及作用机理的研究，并已取得了较好的效果，这对提高产品质量、改善加工工艺和指导新产品的研发有很大的推动作用。而我国在这方面起步较晚，目前也有一些文献报道。

淀粉与蛋白质之间的复合不是由单一的某种作用完成的，而是共价键、静电力、范德华力、氢键、疏水作用、离子键、容积排阻作用及分子缠绕等综合作用的结果，这些作用存在于两种大分子的不同片段与侧链间，维持着复合物的结构，但哪种作用力占主导作用则取决于分子的组成和结构特点。在高分子共混体系中，淀粉与蛋白质的交互作用主要有三种形式

（图 1-19）。离析相分离，又称热力学不相容，溶剂与淀粉（或蛋白质）间的作用有利于破坏淀粉-蛋白质之间、溶剂之间的作用力，导致整个体系分为两相，其中每一相都富含一种高分子；缔合相分离，是淀粉-蛋白质之间吸引/排斥力平衡的结果，淀粉和蛋白质带相反电荷，通过静电作用或淀粉吸附在蛋白质表面，或诱导淀粉/蛋白质颗粒相互吸引，凝聚成电中性的聚集体，最后形成共存的两相，一相是包括聚集体的凝聚层，另一相便是溶剂相；共溶体系中，由于淀粉与蛋白质都是多聚体，两者发生共溶现象的概率低。

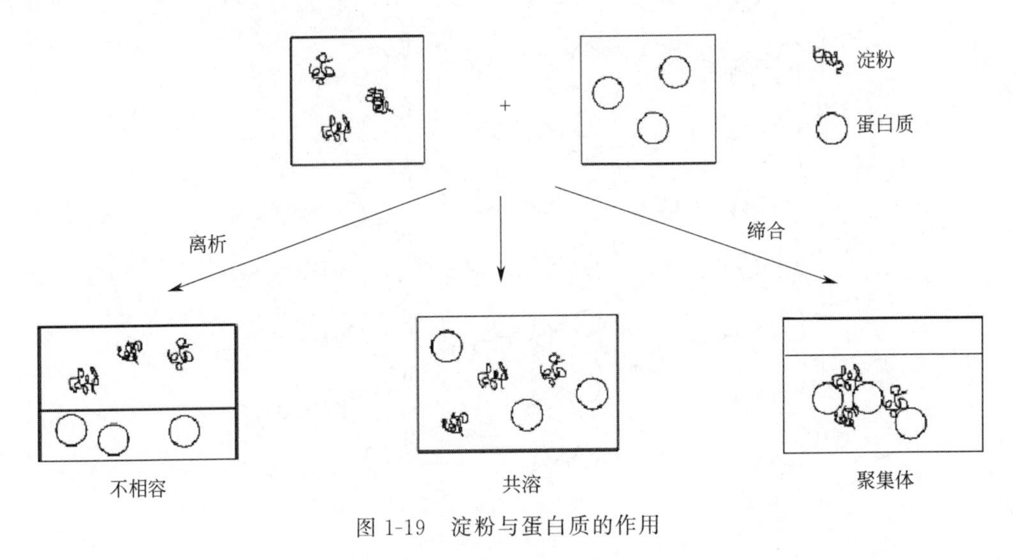

图 1-19　淀粉与蛋白质的作用

第六节　淀粉组分的分离与测定

一、直链淀粉和支链淀粉在淀粉颗粒内的分布

1969 年 Nikuni 根据直链淀粉分子是和支链淀粉结合而存在的设想提出淀粉粒的单分子结构［图 1-20(a)］。1984 年 D. R Lineback 在此基础上稍稍改进，提出了淀粉颗粒模型［图 1-20(b)］。以淀粉颗粒而言，其构造为直链淀粉形成的螺旋结构随机分布于束状（cluster）支链淀粉分子中。而整个淀粉为半结晶的聚合体，包含结晶区和非结晶区，直链淀粉通常存在于不定型的非结晶区，而结晶区则是由支链淀粉和少部分直链淀粉所形成有秩序排列的区域。淀粉颗粒的结晶区在形成的过程中，有许多因素影响着结晶的程度及分子的大小，而不同种类之淀粉，其结晶区的结晶程度不一便会影响淀粉的糊化性质，如支链淀粉的分支多，则可能降低淀粉颗粒的结晶度，进而使淀粉颗粒的熔点下降，另一方面，淀粉的非结晶部分，即直链淀粉含量高的淀粉，其颗粒较坚硬，不易破损，因此淀粉颗粒受热时，其玻璃态转化温度（T_g）会较高，因而造成淀粉的糊化温度也较高。

Jane 和 Kasemsuwan（1994）则认为，在淀粉颗粒内，直链淀粉混入于支链淀粉分子束内。

二、直链淀粉和支链淀粉的分离方法

为了研究直链淀粉和支链淀粉的微观结构，可根据两组分的性质不同进行非降解法分

(a) Nikuni模型

(b) Lineback模型

图 1-20 淀粉颗粒中直链淀粉和支链淀粉的分布模式之一

离，其方法有很多，常用的有选择沥滤法、完全分散法、盐析法、凝沉分离法（老化法）、酶脱支法、电泳法和纤维素柱色谱分离法等。其中正丁醇沉淀法是实验室制备少量直链淀粉的常用方法。工业化生产则多采用分步沉淀法，主要是利用直链淀粉和支链淀粉在硫酸镁溶液中的沉淀差别来进行的。常用的三种方法如下：

（一）温水浸出法

温水浸出法又称丁醇沉淀法或选择沥滤法，分离过程中淀粉仍保持颗粒状。它是将充分脱脂的淀粉的水悬浮液保持在糊化温度或稍高于糊化温度的情况下，这时天然淀粉粒中的直链淀粉易溶于热水，并形成黏度很低的溶液，而支链淀粉只能在加热加压的情况下才溶解于水，同时形成非常黏稠的胶体溶液。根据这一特性，可以用热水（60～80℃）处理，将淀粉粒中低分子量的直链淀粉溶解出来，残留的粒状物可离心分离除去，上层清液中的直链淀粉再用正丁醇使它沉淀析出。这时正丁醇可与直链淀粉生成结晶性复合物，而支链淀粉也可与正丁醇生成复合物，但不结晶。此复合物沉淀后再用大量乙醇洗去正丁醇，最后得直链淀粉。

（二）完全分散法

完全分散法是先将淀粉粒分散成为溶液，然后添加适当的有机化合物，使直链淀粉成为一种不溶性复合物而沉淀，分离过程中淀粉颗粒完全破坏。常用的有机化合物有正丁醇、百里香酚及异戊醇等。为了破坏淀粉的内部结构，使淀粉分散，常采用高压加热法、碱液增溶法、二甲基亚砜法等进行预处理。

（三）分级沉淀法

分级沉淀法为工业提取直链淀粉的方法，它是利用直链淀粉和支链淀粉在同一盐浓度下盐析所需温度不同而将其分离。常用的无机盐有硫酸镁、硫酸铵和硫酸钠等。

三、直链淀粉和支链淀粉含量测定

淀粉中直链淀粉与支链淀粉含量的测定方法有碘电位滴定法、Juliano 比色法、DMSO 尿素分散比色法、刚果红吸收值法和双波长分光光度法等。偏光显微镜也可用来粗略测定淀粉中的直链淀粉含量。而上述测定直链淀粉含量的方法，以碘电位滴定法应用较为普遍。近年来，近红外反射光谱（NIR）在淀粉分析中已被广泛应用，它可用于分析淀粉的黏度、质构特性和直链淀粉含量等。下面简要介绍实验室中常用的测定淀粉含量的淀粉-碘复合物吸光值法（比色法）和电位滴定法的操作。

（一）淀粉-碘复合物吸光值法

淀粉与碘能形成螺旋状的复合物，具有特定的颜色反应，其中直链淀粉与碘作用显蓝色，支链淀粉与碘作用显紫红色，在用分光光度计进行测定时，显示出不同特征性吸收峰。将两种淀粉按一定比例配成溶液，分别与碘作用，其显色反应与淀粉含量呈正比关系。据此可采用吸光度法进行测定。

采用此方法进行淀粉定量测定时需要注意的是，每种来源不同的直链淀粉与支链淀粉吸附碘的量存在差异，最大吸收波长也不同。因此，在进行测定时要应用相对应品种的直链淀粉和支链淀粉标样，并用对应的波长测定。

（二）电位滴定法

电位（流）滴定法是在含有淀粉的碘化钾酸性溶液中，以一定浓度的碘酸钾（KIO_3）滴定，溶液中产生的碘（I_2）分子与淀粉之间借范德华力形成复合物。当溶液中的淀粉完全与碘分子结合后，I^-/I_2 电对与甘汞电极形成电位差，转化为电流，其变化可以通过联在甘汞电极和铂电极之间的电压或电流表读出。以消耗碘酸钾溶液的体积（mL）为横坐标，电流表上的安培数为纵坐标，用外推法确定滴定的终点，在曲线两臂的交点处再向下作垂线交横坐标上某一点。此点所示碘酸钾的体积（mL）即为滴定终点（饱和吸附），根据公式计算出直链淀粉或支链淀粉的碘结合量。

在测定样品中的直链淀粉和支链淀粉含量时，则分别称取标样直链淀粉和支链淀粉糊化后配成不同浓度标样，滴定作标准曲线（KIO_3 体积为纵坐标，直链淀粉和支链淀粉量为横坐标），再称样品，按同样步骤滴定，查标准曲线，得直链淀粉和支链淀粉含量。

用此法可以用来测定支链淀粉和直链淀粉分子量大小，即淀粉结合碘量与淀粉链长呈正比而与其分支程度呈反比。实际上，直链淀粉结合碘量与链长正相关，也即分子量越大，结合碘量越多。支链淀粉分支程度越高，则结合碘越少，分子量越大。因此用碘结合量表示淀粉两种组分的分子量。

第七节　淀粉分子的大小

一、淀粉分子的平均聚合度

淀粉没有一定的分子大小，一般用聚合度来表示其分子的相对大小。聚合度（DP）指淀粉分子的脱水葡萄糖单位数目。聚合度乘以脱水葡萄糖单位（$C_6H_{11}O_5$）的分子量162便得到淀粉的分子量。直链淀粉和支链淀粉的聚合度差别很大，直链淀粉的聚合度约在几百到几千脱水葡萄糖单位，而支链淀粉的聚合度为$1\times10^3\sim3\times10^6$脱水葡萄糖单位之间，一般在$6\times10^3$脱水葡萄糖单位以上。

直链淀粉没有一定的大小，不同来源的直链淀粉差别很大。未经降解的直链淀粉非常庞大，其DP为几千。不同种类直链淀粉的DP差别很大，一般文献报道，禾谷类直链淀粉的DP为300～1200，平均800；薯类直链淀粉的DP为1000～6000，平均3000。同一种天然淀粉所含直链淀粉的DP并不是均一的，而是由一系列DP不等的分子混在一起。几种天然淀粉的直链淀粉聚合度如表1-11所示。

表1-11　天然淀粉的直链淀粉聚合度（DP）

淀粉种类	平均DP	表观DP分布	平均分子量
玉米淀粉	930	400～15000	2400
马铃薯淀粉	4900	840～22000	6400
小麦淀粉	1300	250～13000	
木薯淀粉	2600	580～22000	6700

支链淀粉分子是天然高分子化合物中分子最大的一种，其分子聚合度平均在100万以上，分子量在2亿以上。据文献报道，马铃薯支链淀粉分子的聚合度最高值达3×10^6，相当于分子量为5×10^8。不同来源的淀粉其支链淀粉的聚合度不同。

二、淀粉分子的链长分布

测定淀粉分子的链长分布一般有两种方法，一种是采用酶法，即采用β-淀粉酶水解支链淀粉，将A链和B链的外部除掉，生成麦芽糖。根据链外部含有偶数或奇数个AGU，确定极限糊精支叉位置为2个还是3个AGU，然后确定平均链长、内链及外链的平均长度（表1-12）。

表1-12　天然淀粉的支链淀粉链长度（以AGU个数为单位）

支链淀粉	平均链长度	β-淀粉酶水解率/%	外链平均长度	内链平均长度
小麦	23	62	16～17	5～6
大麦	26		18	7
玉米	25	63	18	6
甜玉米	12	46	8	
马铃薯	27	59	18～19	7～8
木薯	23	62	16～17	5～6
蜡质玉米	22	53	14	7
蜡质高粱	25	52	15～16	8～9

另一种方法是采用HPAEC-PDA色谱进行分析，相对来讲，色谱分析具有快速、简便、准确度高的特点，但对设备条件要求较高。

三、淀粉分子的分子量

直链淀粉和支链淀粉分子量测定前应先将两者分离，然后进行测定，目前测定分子量的方法有化学和物理方法两类，而化学方法有甲基化法、高碘酸氧化法、β-淀粉酶水解法三种。

甲基化法是测定直链淀粉分子量的方法。直链淀粉经甲基化后水解，通过测定反应生成的2，3，4，6-四-*O*-甲基-D-葡萄糖和2，3，6-三-*O*-甲基-D-葡萄糖的产量比例关系可计算直链淀粉的聚合度和分子量。另外，甲基化反应测出的DP是偏低的，这是因为在碱性条件下淀粉分子发生断裂，从而使DP偏低，同时氧气的作用也使DP偏低。

高碘酸氧化法是指高碘酸将直链淀粉的非还原性末端氧化产生1分子甲酸，还原性末端氧化产生2分子甲酸，每个直链淀粉分子共产生3分子甲酸。根据甲酸的产量，可算出DP，再由DP算出M_w。此方法也可用来测定支链淀粉分子量，因为支链淀粉分子有众多非还原末端，但只有一个还原性末端，可以认为氧化产生的甲酸全部由非还原末端而来，故可用此法来测定支链淀粉的平均链长。相比甲基化法测定分子量，高碘酸氧化法具有操作较简单、结果较准确、需用样品量较少的优点。

β-淀粉酶水解法是利用β-淀粉酶从支链淀粉非还原性末端每次切下一个麦芽糖单位，通过对麦芽糖含量的测定以及与甲基化法结合可计算出外链与内链的平均长度。

用化学方法测定分子量适用于较小的分子。聚合度在几百以上的较大分子，非还原基的比例很少，需要很高的精确度，否则结果欠准确。用物理方法测定比较好，常用的有渗透压法、光散射法、黏度法和高速离心沉降法等。

文献上报道的直链淀粉和支链淀粉的聚合度和分子量很不一致，甚至差别很大，这是因为用不同的分离方法和测定方法所得结果不同的缘故（见表1-13）。一般测定的聚合度和分子量比实际数值小，这是由于在分离和测定的操作过程中容易引起不同程度的分子降解，使分子断裂而变小。如直链淀粉在碱性溶液中受空气中氧气的作用容易发生降解反应，马铃薯链淀粉甚至在中性溶液中加热至100℃，受空气的影响发生缓慢的降解。在隔绝空气情况下分离的马铃薯链淀粉，测定其分子量约在160000～700000之间。一般化学方法测定M_w（或DP）总是偏低，因此，近代分析都用物理方法测定M_w。

表1-13　不同方法测定的直链淀粉的聚合度（DP）

原料	聚合度		
	β-淀粉酶水解压法	甲基化法	高碘酸氧化法
马铃薯直链淀粉1	505	250	
马铃薯直链淀粉2	258	190	
马铃薯直链淀粉3	536	101	
玉米直链淀粉	800		490

近年来淀粉分子量分布的测定更多的是采用凝胶渗透色谱（GPC）法。其具有快速、准确、能同时提供数均分子量（M_n）、重均分子量（M_w）及分散度（D）等信息。如黄立新等人用凝胶渗透色谱法测定了谷类、薯类、豆类等14个不同品种淀粉的分子量分布。研究结果表明不同品种淀粉的分子量分布差别很大，分散度都较高。即使不同来源的同种淀粉样品，它们重均分子量虽很接近，但其分子量分布和分散度差异也很大。在各类淀粉中以块茎类淀粉的分子量最大。

第八节　淀粉的颗粒特性

一、淀粉颗粒的形状

淀粉呈白色粉末状，但在显微镜下观察，却有些形状和大小都不同的透明小颗粒。据统计1kg玉米淀粉约有17000亿个颗粒。不同种类的淀粉粒具有各自特殊的形状，一般淀粉粒的形状为圆形（或球形）、卵形（或椭圆形）和多角形（或不规则形）3 种，这取决于淀粉的来源。如小麦、黑麦、粉质玉米淀粉颗粒为圆形（或球形），马铃薯和木薯为卵形（或椭圆形），大米和燕麦为多角形（或不规则形）。同一种来源的淀粉粒也有差异，如马铃薯淀粉颗粒大的为卵形，小的为圆形；小麦淀粉颗粒大的为圆形，小的为卵形；玉米淀粉颗粒因生长部位的不同，也有圆形和多角形两类。用光学显微镜或扫描电子显微镜观察淀粉颗粒能初步鉴别不同来源的淀粉（见图 1-21）。

光学显微镜分辨率有限，对淀粉观察更多的是采用扫描电子显微镜（SEM）或透射电子显微镜（TEM）。最近采用原子力显微镜可提供更细致的内部堆积情况。SEM 既可用于观察淀粉颗粒形态也可用于描述破碎颗粒内部堆积情况。TEM 具有较高的分辨率，但其也有局限性，即样品必须被切成薄层，以利于电子束透过。另外，为获得对比效果，通常需要对样品进行蚀刻或染色。

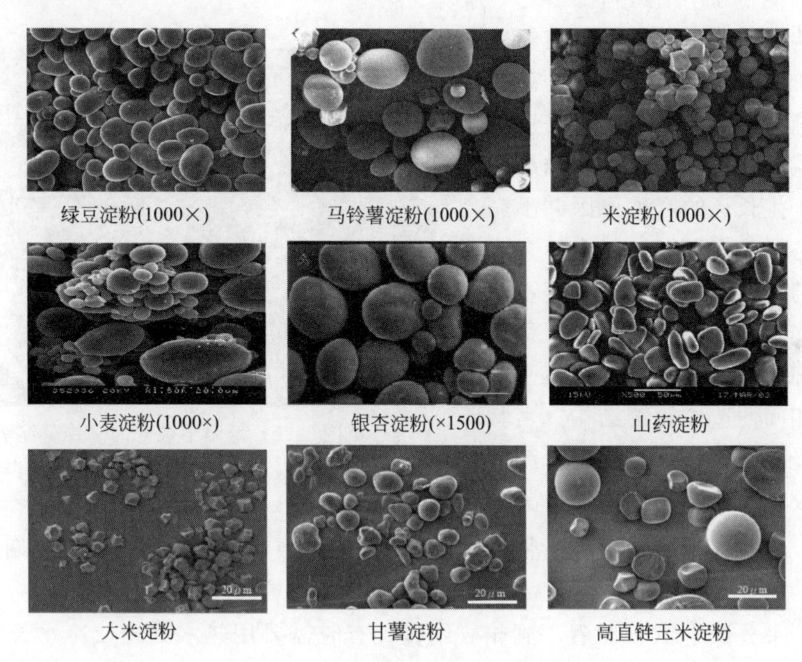

图 1-21　部分淀粉颗粒扫描电镜照片

二、淀粉颗粒大小

不同品种淀粉颗粒大小差别很大，一般以颗粒长轴的长度表示淀粉颗粒大小，介于 2～120μm 之间。商业淀粉中一般以马铃薯淀粉颗粒为最大（15～100μm），大米淀粉颗粒最小（3～8μm）。非粮食类来源的淀粉中，美人蕉淀粉最大，芋头最小（平均为 2.6μm）。另外，同一种淀粉，其大小也不均匀，并且相差很多。如玉米淀粉的最小颗粒为 4μm，最大的为 26μm，还有些介于两者之间，平均大小为 15μm；小麦淀粉颗粒有些为 2～10μm，有些为 25～35μm，甘薯淀粉颗粒与玉米差不多，为 10～25μm，平均大小约 15μm。

淀粉粒的形状大小常常受种子生长条件、成熟度、直链淀粉含量及胚乳结构等影响。如马铃薯在温暖多雨条件下生长，其淀粉颗粒小于在干燥条件下生长。玉米的胚芽两侧角质胚体（又称硬胚体）部分的淀粉颗粒大多为多角形，而中上部粉质部分的淀粉颗粒多为圆形，这是因为前者被蛋白质网包裹得较紧，生长期间遭受的压力大，乃形成多角形，而未成熟的或粉质的淀粉颗粒生长期遭受的压力较小。玉米的直链淀粉含量从 27%增加至 50%时，普通玉米淀粉的角质颗粒减少，而更近于圆形的颗粒增多，当直链淀粉含量高达 70%时，就会有奇怪的腊肠形颗粒出现。

小麦淀粉呈双峰的颗粒尺寸分布，即有大小颗粒之分，大的称为 A 淀粉，大小约为 5～30μm，占颗粒总数的 65%；小的称为 B 淀粉，大小在 5μm 以下，占颗粒总数的 35%。

三、淀粉颗粒的轮纹结构

（一）轮纹或环纹

在 400～500 倍显微镜下仔细观察淀粉粒时，常常可看到淀粉粒表面都具有环层结构，有的可以看到明显的轮纹，形式与树木的年轮相似（图 1-22）。马铃薯淀粉粒的轮纹特别明显，其他种类淀粉粒不易见到。

轮纹结构（或称生长环）是淀粉粒内部密度不同的表现，每层开始时密度最大，以后逐渐减小，到次一层时密度又陡然增大，一层一层地周而复始，结果便显示轮纹。关于生长环的产生原因并不完全清楚。可能各层密度不同，是由于合成淀粉所需的葡萄糖原料的供应有昼夜不同的缘故。白天光合作用比夜间强，转移到胚乳细胞的葡萄糖较多，合成的淀粉密度也较大，昼夜相间便造成轮纹结构。实验证明，在人工光照下，如小麦或玉米淀粉粒则看不到轮纹结构，因为在这种情况下没有昼夜之分。但是马铃薯淀粉粒在常温下生长，仍有环层，可能是因为它的周期生理代谢强之故。

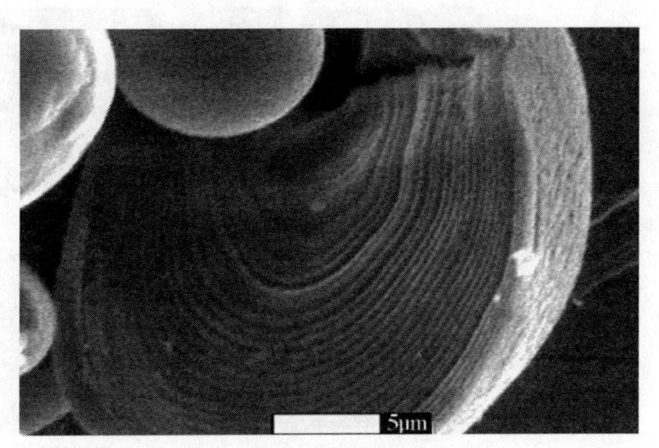

图 1-22　低温下破碎的马铃薯淀粉，采用 α-淀粉酶蚀刻后的 SEM 照片

淀粉颗粒水分低于 10%时看不到轮纹结构，有时需要用热水处理或冷水长期浸泡，或用稀的铬酸溶液或碘-碘化钾溶液慢慢作用后，会表现出来轮纹结构。

采用染色或细胞化学标记的方法，在光学显微镜下也可观察到上述生长环。无论用 SEM 或 TEM，为了使生长环更为明显，一般采用蚀刻的方法。通过蚀刻可以看出，这些在交替区域出现的生长环不同程度地对蚀刻（采用酸、碱和酶）有抵抗作用。

（二）粒心或脐

各轮纹层共同围绕的一点称为粒心或脐。粒心位于中央，为同心排列，如禾谷类淀粉；粒心偏于一端，为偏心排列，如马铃薯淀粉。粒心位置和显著程度依淀粉种类而异。由于粒心部分含水较多，比较柔软，故在加热干燥时常常造成裂纹。根据裂纹的形态，也可以辨别淀粉粒的来源和种类，如玉米淀粉粒为星状裂纹，甘薯淀粉粒为星状、放射状或不规则的十字裂纹。

不同种类的淀粉粒依其本身构造（如粒心的数目和环层排列的不同）又可分为单粒、复粒、半复粒三种（图 1-23）。单粒只有一个粒心，如玉米和小麦淀粉。复粒由几个单粒组成，具有几个粒心，尽管每个单粒可能原来都是多角形，但在复粒的外围，仍然显出统一的轮廓，如大米和燕麦的淀粉粒。所谓半复粒，它的内部有两个单粒，各有各的粒心和轮环，但是最外围的几个环轮则是共同的，因而构成的是一个整粒。

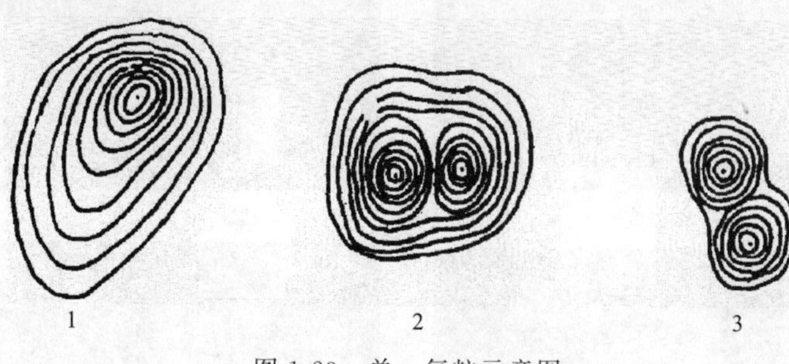

图 1-23　单、复粒示意图

1—单粒；2—半复粒；3—复粒

在同一个细胞中，所有的淀粉粒可以全为单粒，也可以同时存在几种不同的类型。例如燕麦淀粉粒，除大多数为复粒外，也存在有单粒；小麦淀粉粒，除大多数为单粒外，也有复粒；马铃薯淀粉粒除单粒外，有时也形成复粒和半复粒。

四、淀粉颗粒的光学性质

双折射性是由于淀粉粒的高度有序性（方向性）所引起的，高度有序的物质都有双折射性。淀粉粒配成 1% 的淀粉乳，在偏光显微镜下观察淀粉颗粒呈现黑色的十字，将颗粒分成四个白色的区域，称为偏光十字或马耳他十字。这是淀粉粒为球晶体的重要标志。十字的交叉点位于粒心，因此可以帮助粒心的定位。

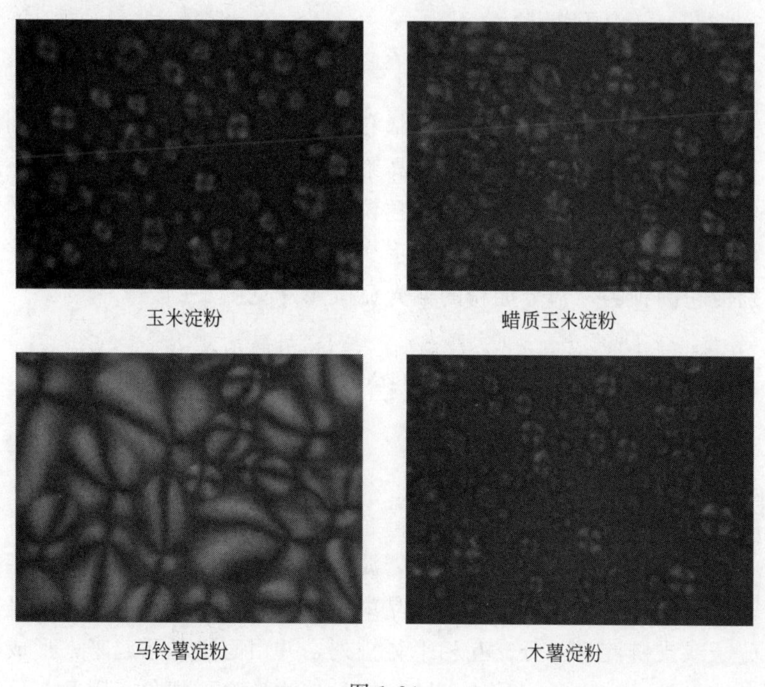

图 1-24

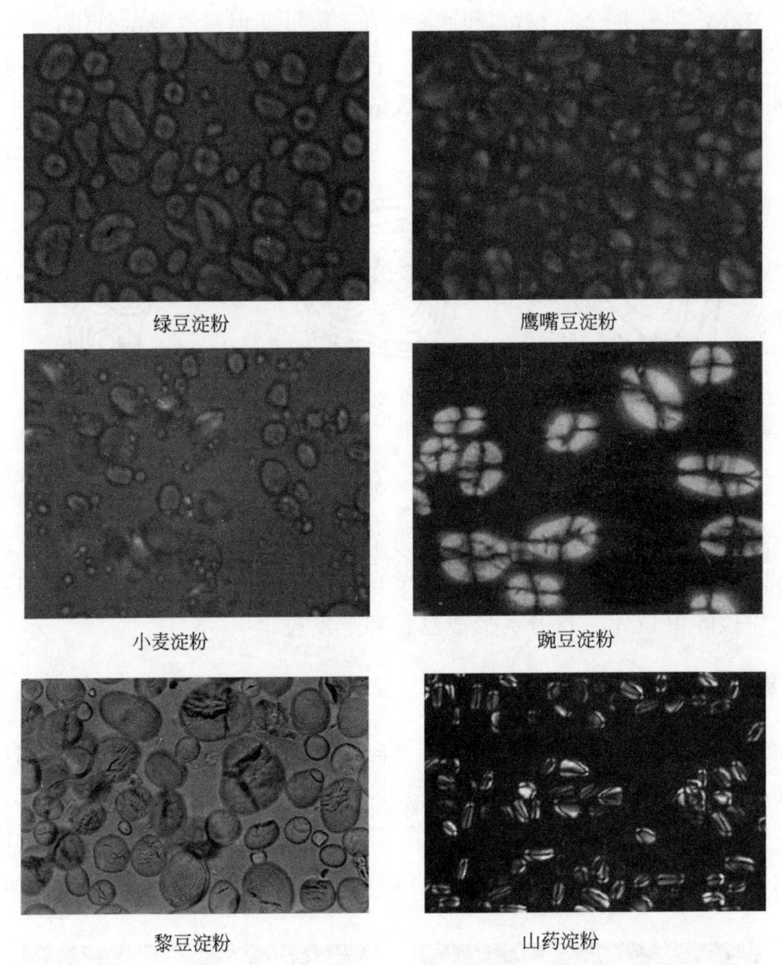

图 1-24　部分淀粉在偏光显微镜下的形态

不同品种淀粉粒的偏光十字的位置、形状和明显程度有差别，依此可鉴别淀粉品种。例如，马铃薯淀粉的偏光十字最明显，玉米、高粱和木薯淀粉明显程度稍逊，小麦淀粉偏光十字最不明显。偏光十字的交叉点，玉米淀粉颗粒接近颗粒中心，马铃薯淀粉颗粒则接近于颗粒的一端；但是较小的马铃薯淀粉颗粒的十字交叉却在颗粒中心。根据这些差别，通常能用偏光显微镜鉴别淀粉的种类，部分淀粉的偏光显微照片见图 1-24。

第九节　淀粉的结晶特性

一、淀粉颗粒分子结构

根据偏振光通过淀粉粒发生的现象来看，淀粉粒的内部构造应与球晶体相似，它是由许多环层构成的，层内的针形微晶体（又称微晶束）排列呈放射状，每一个微晶束，则是由长短不同的直链分子或支链淀粉的分支互相平行排列，并由氢键联系起来，形成大致有规则的束状体。另外，淀粉粒又和一般球晶体不同，它具有弹性变形现象。因此，可以推想到，有一部分分子链是以无定形的方式把微晶束联系起来。这样一来，同一个直链分子或支链分子的分支，就可能加入几个不同的微晶束里面，而一个微晶束也可能由不同淀粉分子的分支部分来构成。微晶束本身有大小的不同，同时在淀粉粒的每一个环层中微晶束的排列密度也不一样。

结晶束理论认为，普通淀粉含有直链和支链淀粉两种分子，直链分子和支链分子的侧链都是直链，趋向于平行排列，相邻羟基经氢键结合成散射状结晶“束”（micelles）结构。

淀粉颗粒呈现一定的X射线衍射图样，偏光十字便是由于这种结晶“束”结构产生的。颗粒中水分子也参与氢键结合。氢键的强度虽不高，但数量众多，使结晶“束”具有一定的强度，也使淀粉具有较强的颗粒结构。图1-25为淀粉颗粒结构示意图，图1-25（a）中的线条表示结晶束，结晶束之间的区域，分子没有按平行排列，较杂乱，为无定形区。支链淀粉分子庞大，串过多个结晶区和无定形区，为淀粉的颗粒结构起到了骨架作用。淀粉颗粒中的结晶区约为颗粒体积的25%～50%，其余为无定形区；结晶区和无定形区并没有明确的分界线，变化是渐进的。图1-25（b）为淀粉膨胀示意图，无定形区扩大，结晶束未变，颗粒体积增大，但不破裂。

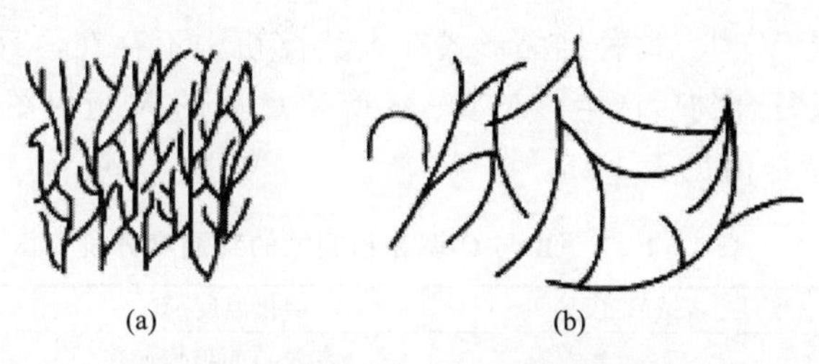

图1-25　淀粉颗粒微晶束结构示意图

二、淀粉颗粒的结晶结构

如果研究颗粒内部更小距离的情况，就涉及众所周知的结晶结构。淀粉粒由直链淀粉分子、支链淀粉分子和中间级分组成，淀粉粒的形态和大小可因遗传因素及环境条件不同而有差异，但所有的淀粉粒都有共同的性质，即具有结晶性。淀粉颗粒由有序的结晶区和无序的无定形区（非结晶区）两部分组成，如图1-26所示 。结晶部分的构造可以用X射线衍射法来确定，并且用X射线衍射法和重氢置换法测定淀粉颗粒的结晶度，而无定形区的构造至今还没有较好的方法确定。

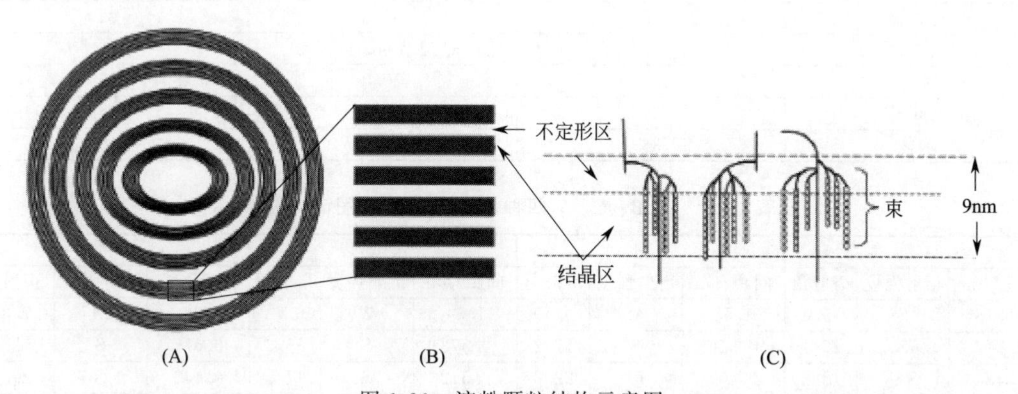

图1-26　淀粉颗粒结构示意图

（A）淀粉颗粒的生长环示意图，由交替的无定形层和半结晶层构成；（B）生长环中半结晶层的放大图，半结晶层由无定形层和结晶层交替组成；（C）生长环中半结晶层中的支链淀粉束状结构

1937年，Katz等从完整的淀粉粒所呈现的三种特征性的X衍射图上分辨出三种不同的晶体结构类型，即A型、B型和C型，见表1-14所示。大多数禾谷类淀粉具有A型图谱；马铃薯等块茎淀粉、高直链玉米和老化淀粉显示B型图谱；竹芋、甘薯等块根，某些豆类淀粉呈现C型图谱。C型可能为A型和B型的混合物。依照图谱与A、B型相似的程度，又细分为Ca、Cb、Cc型结晶。各种不同的晶型彼此之间存在着相互转化作用，由于A型结构具有较高的热稳定性，这使得淀粉在颗粒不被破坏的情况下就能够从B型变成A型。如马铃薯淀粉通过湿热处理可以使晶型从B型转化为A型。此外，直链淀粉同各种有机极性分子形成复合物的X衍射图谱呈现为V型。这种结晶形式在天然淀粉中不存在，只有在淀粉糊化后与类脂物及有关化合物形成复合物后产生。A型、B型和C型的X衍射图谱如图1-27所示。几种晶型的X衍射图谱特征值见表1-15。

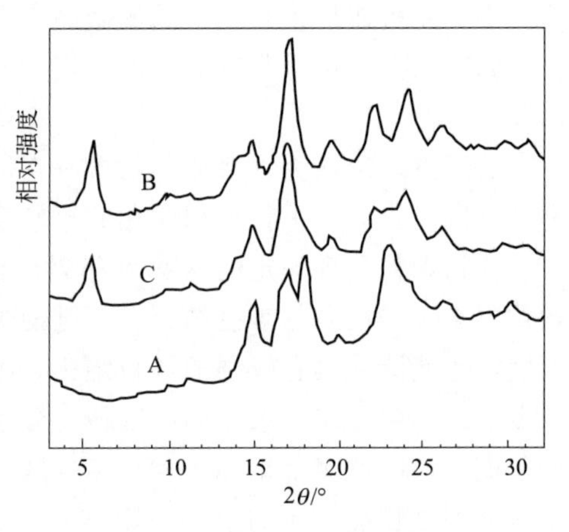

图1-27　淀粉X衍射图谱

表1-14　A、B与C型淀粉颗粒的结晶度分析

淀粉	结晶度/%	糊化温度/℃	直链淀粉含量/%
	A型结晶结构淀粉		
燕麦	33	60.7	23
黑麦	34	61.3	26
小麦	36	63.5	23
蜡质大米	37	64.5	—
高粱	37	72.2	25
大米	38	70.0	17
玉米	40	71.3	27
蜡质玉米	40	72.3	—
芋头	45	79.4	16
	B型结晶结构淀粉		
高直链淀粉	15～22	86.0	55～75
姜芋	26	70.5	28
马铃薯	28	67.3	22
	C型结晶结构淀粉		
甘薯	38	70.0	20
七叶树	37	69.0	25
木薯	38	66.0	18

表1-15　A、B、C、V四种晶型的X衍射图谱特征峰

A型			B型			C型			V型		
间距/nm	衍射强度	衍射角	间距/nm	衍射强度	衍射角	间距/nm	衍射强度	衍射角	间距/nm	衍射强度	衍射角
0.578	S	15.3	1.58	M	5.59	1.54	W	5.73	1.20	M	7.36
0.517	S	17.1	0.516	S	17.2	0.578	S	15.3	0.675	S	13.1
0.486	S−	18.2	0.400	M	22.2	0.512	S	17.3	0.442	S	20.1
0.378	S	23.5	0.370	M−	24.0	0.485	M	18.3			
						0.378	M+	23.5			

注："S"表示峰强；"M"表示中；"W"表示弱；"+"表示稍强；"−"表示稍弱。

图 1-28 表明了 A 型和 B 型淀粉的结晶结构。C 型结晶结构的豆类淀粉中心表现为 B 型结构，而外层表现为 A 型结构。A 型淀粉有一个带有空间组分的单斜晶系单元，每个单元有 8 个水分子。B 型结晶结构有一个六角形的结构单元，结合有 36 个水分子。在两种结构中，基本的结构物都是葡萄糖残基形成的双螺旋。

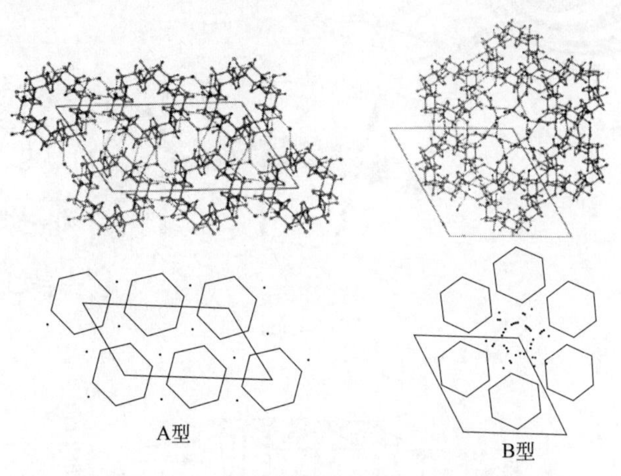

图 1-28　A 型和 B 型淀粉中直链淀粉的结晶结构
（小黑点代表结构内的水分子，空心点代表葡萄糖分子）

上述结晶结构都源自对直链淀粉的研究，但实际上，在淀粉颗粒内部，形成结晶结构的是支链淀粉而不是直链淀粉。尽管一般认为两种多糖以同种方式进行结晶，但实际情况是，在不含有直链淀粉的蜡质玉米淀粉中，其结晶结构和普通淀粉基本一致。长期以来，研究者认为，在淀粉颗粒内部，支链淀粉形成结晶。支链淀粉为高度分支的分子，其侧链相互聚集形成双螺旋结构，这是结晶的基础。不同淀粉不仅直链淀粉与支链淀粉比例不同，而且支链淀粉分子的精确结构也有差别。

在某些情况下，X 射线衍射法能用来测定原淀粉之间的不同，起初步鉴别作用；还可用来鉴别淀粉是否经过物理、化学变化。淀粉颗粒中水分参与结晶结构，此点已通过 X 射线衍射图样的变化得到证实。干燥淀粉时，随水分含量的降低，X 射线衍射图样线条的明显程度降低，再将干燥淀粉于空气中吸收水分，图样线条的明显程度恢复。180℃高温干燥，图样线条不明显，表明结晶结构基本消失，在 210～220℃干燥的淀粉的 X 射线衍射图样呈现无定形结构图样。

淀粉的非结晶区主要是由游离的直链淀粉与脂质错合的直链淀粉及部分支链淀粉的支链所组成，其为构成淀粉颗粒的主要部分，而构形为单股螺旋或随意线状。淀粉颗粒结构的总体情况如图 1-29 所示。

在图 1-29 中我们可以看到在淀粉的结晶及半结晶区中的一个特殊构造“微粒子（blocklet）”。Blocklet 的理论首先由 Badenhuizen（1934，1937）所提出，他发现在化学降解的淀粉中有一些具有抗性的物质存在，直到 1997 年 Gallant 等综合扫描及透射电子显微镜及原子力显微镜的观察结果，更进一步证明了 blocklet 存在。其为生长环的结晶层与非结晶层中类似球状的结构，大小、形态因其存在的位置而有很大的差异，小麦淀粉的非结晶层中 Blocklet 直径仅约有 25nm，存在结晶层中的则有 80～120nm，玉米、马铃薯与小麦淀粉差异不大，但是 B 型结晶的马铃薯淀粉，在距离颗粒边缘却有一些大至 200～500nm 的 blocklet 堆栈，可能与 B 型结晶较不易受酶水解有关。Blocklet 形状也不完全相同，大约

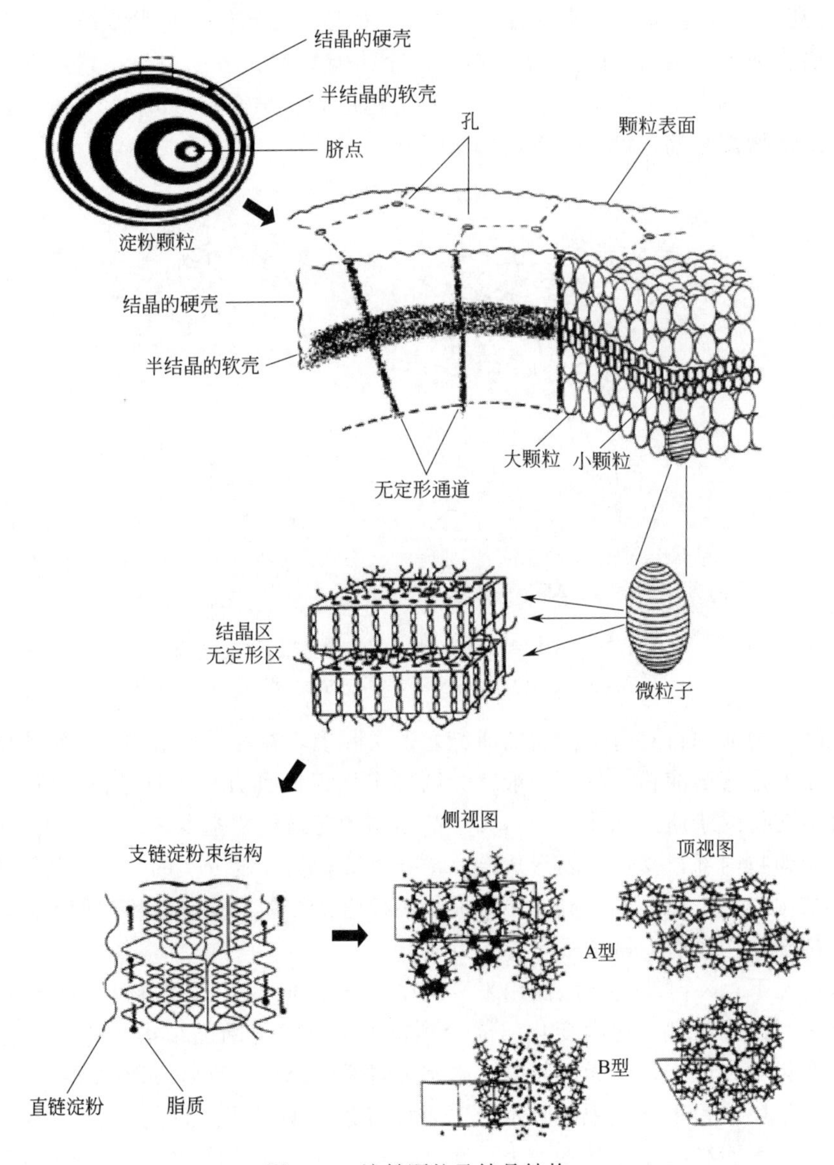

图 1-29　淀粉颗粒及结晶结构

2～3 层的 blocklet 就可以构成生长环中的一层，但是依存在的位置及植物来源而有差异。

Blocklet 由一些不连续的结晶薄片与非结晶薄片交错排列组成，结晶薄片由支链淀粉分子构成，薄片的厚度大约是 10nm，即支链淀粉的淀粉束的平均直径，小的 blocklet 直径大小为 20～50nm，可能就是由 2～5 个支链淀粉的淀粉束组成，大的 blocklet 约有 50～500nm，则可能由 5～50 个淀粉束组成。支链淀粉分子的淀粉束是不连续的构造，淀粉束中的支链以双股螺旋的结构平行排列，而淀粉束被分支区域区分成为不连续的构造，这些分支区域与相邻淀粉束间的区域，比较容易被酶作用，即非结晶的区域。支链淀粉分子约有 80%～90%为支链的淀粉束形成，10%～20%则参与淀粉束间的连接。Hizukuri 将支链淀粉脱支处理，并将 B 链细分成 B1、B2、B3 和 B4，其中 1～4 表示穿过的点淀粉颗粒内束状结构的数目，即 B 链会连接淀粉束而形成较大的结晶结构，Gallant（1997）认为此现象正说明了 B 型结晶的 Blocklet 较大的原因。

第十节　淀粉的热焓特性

对淀粉热焓特性的研究主要借助于热分析技术，热分析技术是研究物质在加热或冷却过程中产生某些物理和化学变化的技术。其最早主要应用于高分子材料领域，因具有方法灵敏、快速、准确等优点，该技术及其分析仪器也得到快速发展。最近热分析技术也逐渐应用于淀粉这类的食品高分子。淀粉在过量水分条件下的糊化过程，在此过程中，相变的起始温度可以看作是糊化的开始温度，而相变的终止温度可以看作是糊化的终了温度，相变过程的焓值可以看作是糊化过程所需能量。

一、热分析技术的方法分类

（一）差热分析（differential thermal analysis，DTA）

DTA 是最先发展起来的热分析技术。当给予被测物和参比物同等热量时，因二者对热的性质不同，其升温情况必然不同，通过测定二者的温度差达到分析目的。以参比物与样品间温度差为纵坐标，以温度为横坐标所得的曲线，称为 DTA 曲线。

图中基线相当于 $T=0$，样品无热效应发生。向上和向下的峰反映了样品的放热、吸热过程。因为峰面积反映了物质的热效应（热焓），可用来定量计算参与反应的物质的量或测定热化学参数。借助标准物质，可以说明曲线的面积与化学反应、转变、聚合、熔化等热效应的关系。

（二）差示扫描量热法（differential scanning calorimetry，DSC）

DSC 是在 DTA 基础上发展起来的一种热分析方法。由于被测物与参比物对热的性质不同，要维持二者相同的升温，必然要给予不同的热量，通过测定被测物吸收（吸热峰）或放出（放热峰）热量的变化，达到分析目的。以每秒钟的热量变化为纵坐标、温度为横坐标所得的曲线，称为 DSC 曲线。

因此，用差示扫描量热法可以直接测量热量，这是与差热分析的一个重要区别。此外，DSC 与 DTA 相比，另一个突出的优点是 DTA 在试样发生热效应时，试样的实际温度已不是程序升温时所控制的温度（如在升温时试样由于放热而一度加速升温）。而 DSC 由于试样的热量变化随时可得到补偿，试样与参比物的温度始终相等，避免了参比物与试样之间的热传递，故仪器反应灵敏，分辨率高，重现性好。

（三）热重分析（thermogravimetry，TG）

TG 是一种通过测量被分析样品在加热过程中重量变化而达到分析目的的方法，即将样品置于具有一定加热程序的称量体系中，测定记录样品随温度变化而发生的重量变化。以被分析物重量为纵坐标、温度为横坐标的所得的曲线即 TG 曲线。另外还有微商热重法（DTG），它是 TG 曲线对温度（或时间）的一阶导数。以物质的质量变化速率 dm/dt 对温度 T（或时间 t）作图，即得 DTG 曲线。

DTG 曲线上的峰代替 TG 曲线上的阶梯，峰面积正比于试样质量。DTG 曲线可以微分 TG 曲线得到，也可以用适当的仪器直接测得，DTG 曲线比 TG 曲线优越性大，它提高了

TG 曲线的分辨力。

二、热分析技术在淀粉研究中的应用

DTA、DSC 与 TG 三种热分析技术中，以 DSC 在淀粉研究中应用最为广泛。DSC 被广泛应用于研究淀粉的糊化特性、老化特性、糊化与老化动力学、淀粉的玻璃态转变、淀粉与脂肪复合物的特性等。

三、在进行淀粉的热分析时应注意的问题

（一）控制升温速度

升温速度过快或过慢易使 DTA 和 DSC 中转变温度以及 TG 曲线向高温或低温方向偏移。升温速度过快，有时还会造成相邻差热峰的重叠，影响峰面积的定量测定；升温速度过慢会造成热谱图变化不明显，影响淀粉中相转变温度的测定。因此，必须根据淀粉样品的性质，选择合适的升温速度，一般为 2～5℃/min。

（二）防止样品氧化

淀粉样品在空气存在的条件下易受热被氧化，样品一般在氮气保护下进行分析，必要时还可以采用氦气。

第十一节　淀粉的理化性质

一、淀粉的糊化

（一）淀粉的糊化过程概述

淀粉不溶于冷水，混于冷水中，经搅拌成乳状悬浮液，称淀粉乳。若停止搅拌，则淀粉颗粒慢慢下沉，经一定时间后，淀粉沉淀于下部，上部为清水。淀粉不溶解于冷水是由于其相对密度较水大的缘故（淀粉颗粒的相对密度约为 1.6），另外淀粉颗粒羟基间直接形成氢键或通过水间接形成氢键。氢键力很弱，但淀粉粒内的氢键足以阻止淀粉在冷水中溶解。淀粉在冷水中有轻微的润胀（直径增加 10%～15%），但这种润胀是可逆的，干燥后淀粉粒恢复原状。

若将淀粉乳加热到一定温度，这时水分子进入淀粉粒的非结晶部分，与一部分淀粉分子相结合，破坏氢键并水化它们，失去双折射性即偏光十字消失。随着温度的继续上升，淀粉粒内结晶区的氢键被破坏，淀粉不可逆地迅速吸收大量水分，突然膨胀达原体积几倍到几十倍。

由于颗粒的膨胀，晶体结构消失，体积胀大，互相接触，变成半透明黏稠状液体，虽停止搅拌，但淀粉再也不会沉淀。这种现象称为“糊化”，生成的黏稠液体称为淀粉糊，发生糊化所需的温度称为糊化温度。糊化后的淀粉颗粒称为糊化淀粉（又称为 α-化淀粉）。糊化的本质是水分子进入粉粒中，有序（晶体）和无序（非晶体）态的淀粉分子之间的氢键断裂，破坏了淀粉分子间的缔合状态，分散在水中成为亲水性的胶体溶液。继续增高温度有更多的淀粉分子溶解于水中，淀粉全部失去原形，微晶束也相应解体，最后只剩下最外面一个

不成形的空囊。如果温度再继续升高，则淀粉粒全部溶解，溶液黏度大幅度下降。

各种淀粉的糊化温度不相同，是因为其颗粒结构强度不同的缘故。同一种淀粉，颗粒大小不同，其糊化难易程度也不相同，较大的颗粒容易糊化，能在较低的温度下糊化。因为各个颗粒的糊化温度不一致，通常用糊化开始的温度或糊化完成的温度表示糊化温度，相差约 10℃。

淀粉颗粒在加热过程中的膨胀，可以大致分成三个阶段。在第一阶段，颗粒吸收少量水分，体积膨胀很小，淀粉乳的黏度增高也少，若冷却、干燥，所得淀粉颗粒的性质与原来无区别。加热到糊化温度，则第二阶段开始，颗粒突然膨胀很多，体积增加数倍，吸收大量水分，很快失去偏光十字，淀粉乳的黏度大为增高，透明度也增高，并且有一小部分淀粉溶于水中，淀粉乳变成淀粉糊。继续加热，则开始第三阶段，颗粒膨胀成无定形的袋状，更多淀粉溶于水中。因此，在一般情况下，淀粉糊中不仅含有高度膨胀的淀粉粒，而且还有被溶解的直链分子和分散的支链分子，以及部分微晶束。淀粉糊化机制如图 1-30 所示。

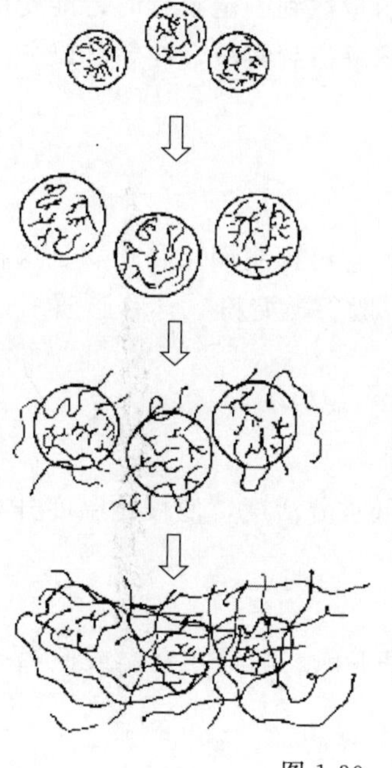

图 1-30　淀粉糊化的机制

（二）影响糊化的因素

1. 颗粒大小

各种淀粉分子彼此之间的缔合程度不同，分子排列的紧密程度也不同，即微晶束的大小及密度各不相同。一般来说，分子间缔合程度大，分子排列紧密，那么拆散分子间的氢键和拆开微晶束要消耗更多的外能，这样的淀粉粒的糊化温度就高，反之则易于糊化。而在同一种淀粉中，淀粉粒大的糊化温度较低，而淀粉粒小的糊化温度较高。

2. 直链淀粉含量

由于直链淀粉分子间结合力较强，因此直链淀粉含量高的淀粉比直链淀粉含量低的淀粉糊化困难，例如高直链玉米淀粉只有在高温高压下才能完全糊化。在各类稻米淀粉中籼米的糊化温度最高，粳米次之，糯米最低，这是三者的直链淀粉含量不同引起的（糊化温度和直链淀粉含量分别对应为58℃、70～74℃、65～68℃和25.4%±2.0%、18.4%±2.7%、0.98%±1.51%）。

3. 电解质

电解质可破坏分子间氢键，因而促进淀粉的糊化。不同阴离子促进糊化的顺序是：OH^->水杨酸根>CNS^->I^->Br^->NO_3^->Cl^->酒石酸根>柠檬酸根>SO_4^{2-}，阳离子促进糊化的顺序是：Li^+>Na^+>K^+>NH_4^+>Mg^{2+}。如大部分淀粉在稀碱（NaOH）和浓盐溶液中（如水杨酸钠、NH_4CNS、$CaCl_2$）可常温糊化，但在1mol/L硫酸镁溶液中，加热至100℃，仍保持其双折射性。

4. 碱

碱具有降低淀粉的糊化温度的作用，当碱的用量达到一定限量时，淀粉就发生糊化。如氢氧化钠溶液在室温下能使淀粉颗粒膨胀糊化，溶解得到溶液，淀粉是以分子形态存在，无降解。尿素和二甲基亚砜具有同样的作用。

5. 脂类

脂类能与直链淀粉形成包合化合物或复合体，它可抑制糊化和膨润。这种复合体对热稳定，加热至100℃不会被破坏，所以难以糊化。一般谷类淀粉（含有脂质多）不如马铃薯易糊化，若脱脂，则糊化温度降低3～4℃。

6. 糖类、盐类

糖类和盐类能破坏淀粉粒表面的水化膜，降低水分活度，使糊化温度升高。

7. 有机化合物

盐酸胍（4mol/L）、尿素（4mol/L）、二甲基亚砜、脲等在室温或低温下可破坏分子氢键促进糊化。

8. 水分的影响

为了使淀粉充分糊化，水分含量必须在30%以上。在低水分含量下淀粉的糊化情况较复杂，在一些食品制作中常常发生，在此不做深入研究。

9. 亲水性高分子（胶体）

亲水性高分子如明胶、干酪素和CMC等与淀粉竞争吸附水，使淀粉糊化温度升高。

10. 其他因素

其他因素如化学改性、淀粉粒形成时的环境温度，以及其他物理和化学处理都可以影响淀粉的糊化。例如强烈研磨、挤压蒸煮、γ射线等物理因素也能使淀粉的糊化温度下降。淀粉经酯化、醚化等化学变性处理，在淀粉分子上引入亲水性基团，使淀粉糊化温度下降。但淀粉经酸解及交联等处理，使淀粉糊化温度升高。这是因为酸解使淀粉分子变小，增加了分子间相互形成氢键的能力。生长在高温环境下的淀粉糊化温度高。

（三）淀粉糊化温度的测定方法

1. 偏光显微镜法

淀粉糊化后，颗粒的偏光十字消失，根据这种变化能测定淀粉的糊化温度。另外，淀粉颗粒大小不一，糊化有一个范围，一般用平均糊化温度表示，即在此温度下有50%的颗粒已失去偏光十字（2%为起始点，98%为终止点）。

偏光显微镜法测定糊化温度，简单迅速，需样品少，准确度高，对样品量少者适用，但主观性较大，不能排除误差。

具体的测定方法是0.1%～0.2%淀粉悬浮液滴于载玻片上，含约100～200个淀粉颗粒，四周放上高黏度矿物油，放上盖玻片，置于加热台。加热台以2℃/min速度升温，观察2%、50%和98%的淀粉颗粒偏光十字消失，记录相应的温度，即可得出糊化温度范围。

图1-31描述了玉米、马铃薯、豌豆三种淀粉在加热过程中偏光十字的变化情况，从中也可以看出，对于A型和B型结晶结构的淀粉来说，结晶结构的破坏是从脐点附近开始并向周围扩大的，而C型淀粉则从中心开始，并向周围扩散，这与A型和B型结晶结构的淀粉有很大差异，从该图也可看出，在加热糊化过程中，结晶结构的破坏是随着淀粉颗粒的膨胀而由内向外逐步进行的。

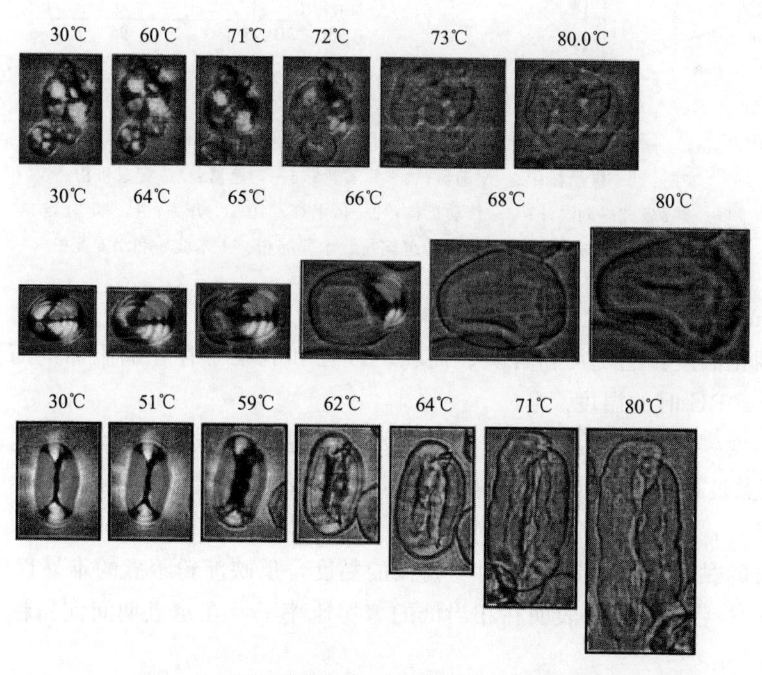

图1-31　三种淀粉加热过程中偏光十字变化过程

（从上到下依次为玉米淀粉、马铃薯淀粉、豌豆淀粉）

2. 黏度法

（1）布拉本德黏度测定法 测定糊黏度性质，普遍采用布拉本德（Brabender）连续黏度计（图1-32）测定黏度曲线。这是一种旋转式黏度计，在一定速度加热、保持温度、冷却过程中，连续测定黏度变化，自动控制操作和记录。测定方法为：适当浓度的淀粉乳倒入仪器样品杯中，落下针式搅拌器，开动仪器操作，以 1.5℃/min 速度加热到 95℃，保持 1h；再以 1.5℃/min 速度冷却到 50℃，保持 1h，得黏度曲线，如图 1-32 所示。用 Brabender Units 表示黏度，简称 BU。

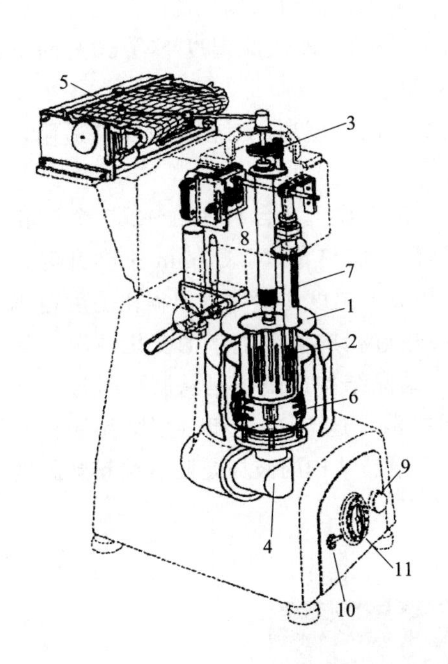

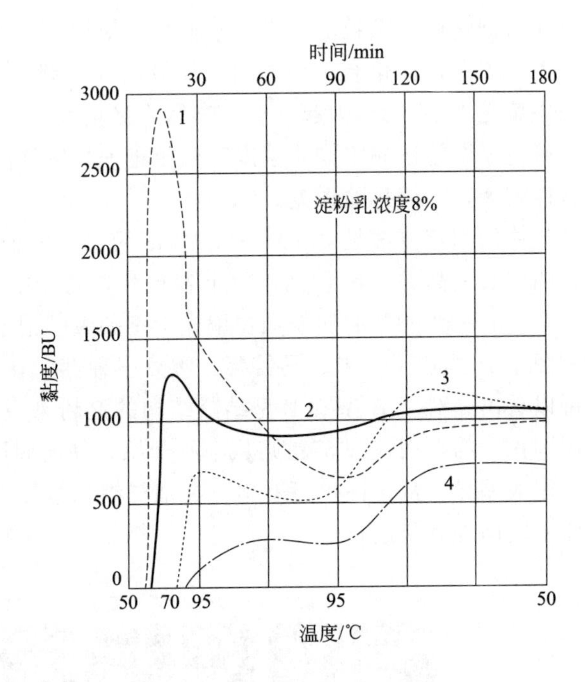

图 1-32　布拉本德黏度计结构示意和黏度曲线

左图：1—样品杯；2—搅动器；3—弹簧盘；4—匀速器；5—记录机构；
6—热源；7—调温计；8—传动机构；9—指示灯；10—主开关；11—定时器
右图：1、2、3、4 分别代表马铃薯淀粉、木薯淀粉、玉米淀粉和小麦淀粉

从 Brabender 黏度曲线上可获得如下参数。

① 起始糊化温度：它随淀粉种类、淀粉的改性和乳浆中存在的添加剂而变化，一般定义为糊黏度达 20BU 时的温度。

② 峰值黏度：也称最大黏度，是糊化开始后出现的最高黏度，其与达到峰值时的温度无关，通常蒸煮过程须越过此峰值才能获得实用的淀粉糊。

③ 峰值温度：淀粉糊处于峰值时的温度，即糊化终止温度。

④ 95℃时的黏度：升温到 95℃时淀粉糊的黏度，反映淀粉蒸煮的难易程度。

⑤ 95℃，1h 后的黏度：表明在相当低的剪切速率下，在蒸煮期间淀粉糊的稳定性或不足之处。

⑥ 50℃时的黏度：测定热淀粉糊在冷却过程中发生的回凝。

⑦ 50℃，1h 后的黏度值：表示煮成的淀粉糊在模拟使用条件下的稳定性。

⑧ 降落值：也称破损值，其大小为峰值黏度与 95℃、1h 后的黏度的差值，该值主要用于表示热淀粉糊黏度的稳定性，降落值越小，热淀粉糊的稳定性越好。

⑨ 稠度：其值为 95℃、1h 后的黏度与降温至 50℃时黏度的差值，用于表征淀粉凝胶性能的强弱。

⑩ 回值：其值为50℃时黏度与保温1h后的黏度之差，主要用于表示淀粉冷糊黏度的稳定性。回值越大，冷糊稳定性越差。

(2) 快速黏度分析仪测定法　快速黏度分析仪（Rapid Visco-Analyser，RVA）是近年来应用于分析测试谷物、谷物加工制品及淀粉糊化特性的一种有效的分析工具。其由澳大利亚NEWPORT公司生产，目前在全球范围内，已经有越来越多的谷物化学领域的研究人员将其用于谷物品质特性及加工机理方面的研究工作。目前用RVA测定淀粉糊化特性的实验方法已被AACC（美国谷物化学家协会）、ICC（国际谷物科学技术协会）、RACI（澳大利亚皇家化学会）认可（方法AACC61-02、ICC162、RACI06-05）。RVA方法完成一次测试只需13min。测定结果的单位有两种，即快速黏度分析仪单位（RU）和厘泊（cP）。RVA黏度曲线见下图：

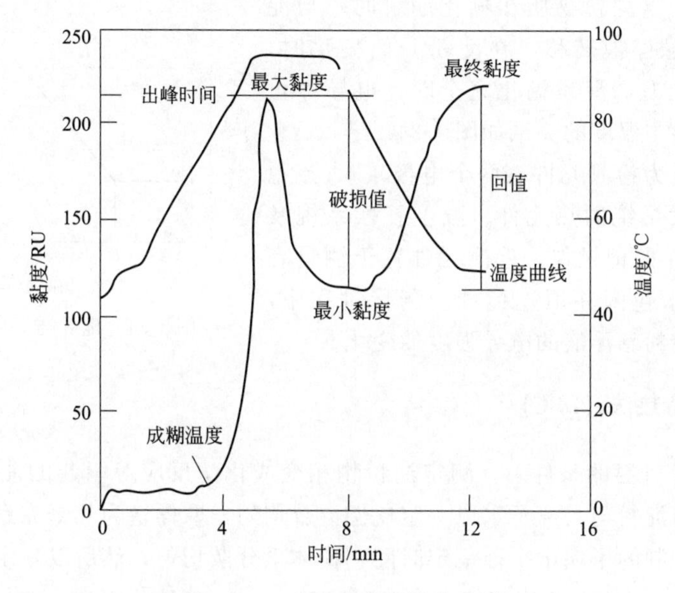

图1-33　RVA黏度曲线示意图

通过图1-33我们可以获得如下信息。

成糊温度（pasting temperature）：表示测定的淀粉样品黏度开始快速增加时对应的加热温度。

出峰时间（peak time）：表示黏度出现最大值时的加热时间。

最大黏度（peak viscosity）：表示测定样品的最大黏度，有时也称峰值黏度。

破损值（breakdown）：表示最高黏度与最低黏度的差值。

最小黏度（holding strength）：表示样品在加热剪切作用下的最低黏度。

最终黏度（final viscosity）：表示淀粉样品在加热后一定时间表现出的黏度。

回值（setback）：表示最终黏度与最小黏度的差值。

3. 分光光度法

利用分光光度计测定1%淀粉悬浮液在连续加热时光量透过的变化，可自动记录到糊化开始点温度与双折射消失温度是一致的，采用分光光度计测定的各种淀粉糊液的糊化起始温度见表1-16。

表 1-16　分光光度计法测定淀粉的糊化温度

淀粉种类	分光光度法糊化起始温度/℃
马铃薯	60
木薯	61
玉米	62
小麦	48
大米	61
糯玉米	55

4. 电导法

对较多样品的淀粉，可利用在糊化过程中电导的变化进行测定。当淀粉物质在糊化崩解时，与淀粉结合的离子向悬浮液转移，在淀粉开始糊化时，电导的强度开始上升，淀粉糊化完全时，电导停止上升。糊化时电导与温度的关系如图 1-34。

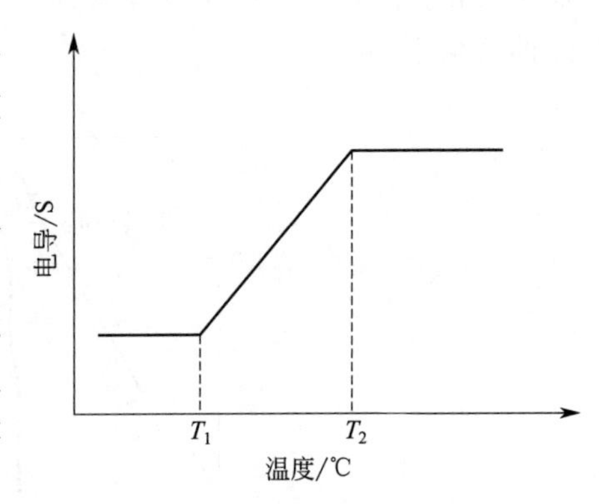

图 1-34　电导与温度关系示意图

该装置的组成为检测元件（两个电极）、直流稳压电源、具有补偿系统的热元件、温度补偿系统及在 X-Y 系统中工作的记录仪。检测元件置于测量容器中，容器被热水包围并恒速搅拌。测量过程中，记录仪绘制通过淀粉悬浮液的电导强度的变化。

5. 差示扫描量热法（DSC）

DSC 是在程序升温的条件下，测定淀粉物相变或化学反应等引起的能差变化与温度关系的图谱。一般将淀粉与去离子水以一定比例混合均匀，取样量为几毫克到几十毫克，然后在铝（或不锈钢）制的坩埚中平衡一定时间，使体系分散均匀，然后以一定的速率升温，温度范围一般为 30～200℃，分别测定 T_o（起始温度）、T_p（峰值温度）、T_c（终止温度）及焓值（$\triangle H$）的变化情况。通过该图谱可确定淀粉的糊化温度和焓变。

对于温度补偿型 DSC，凸型为放热反应，凹型为吸热反应。从曲线上可得出三个特征参数：T_o 为相变（或化学反应）的起始温度，T_p 为相变（或化学反应）的峰值温度，T_c 为相变（或化学反应）的终了温度，$\triangle H$ 为热焓。

二、淀粉的老化

（一）淀粉的老化

淀粉溶液或淀粉糊在室温或低温条件下放置一段时间后，浊度增加并有沉淀析出，这种现象称为淀粉的老化（或回生、凝沉），该淀粉称为老化淀粉（或称 β-淀粉）。老化本质是糊化的淀粉分子在温度降低时分子运动减弱，直链淀粉分子和支链淀粉分子的侧链趋向于平行排列，通过氢键结合，互相靠拢，重新组成混合微晶束，使淀粉糊具有硬的结构。其结构与原来的生淀粉粒的结构很相似，但不再呈放射状排列，而是零乱地组合。由于其所得的淀粉糊中分子中氢键很多，分子间缔合很牢固，水溶解性下降，如果淀粉糊的冷却速度很快，特别是较高浓度的淀粉糊，直链淀粉分子来不及重新排列结成束状结构，便形成凝胶体。图

1-35为上述两种变化的示意图。淀粉糊经缓慢的凝沉作用，直链淀粉分子平行排列成束状结构，生成沉淀，经快速的凝沉作用则结成凝胶体。

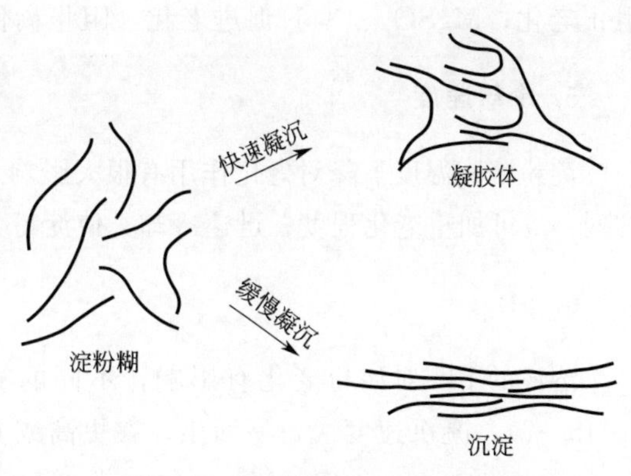

图 1-35　淀粉糊凝沉示意图

老化现象主要是由于直链淀粉分子的互相结合的结果。蜡质玉米和蜡质高粱淀粉不含直链淀粉，就没有凝沉性质，热糊冷却后仍能保持流动性，既不生成沉淀，也不结成凝胶体。各种淀粉的热淀粉糊冷却后，其凝沉程度和所得凝胶体的强度存在差别，有的很强，结成高强度的凝胶体，如玉米淀粉糊，有的却很弱，如马铃薯淀粉糊和木薯淀粉糊。老化后的直链淀粉非常稳定，就是加热加压也很难使它再溶解。如果有支链淀粉分子混合在一起，则仍然有加热恢复成糊的可能。

淀粉糊或淀粉溶液老化后，可能出现以下现象：黏度增加，产生不透明或混浊，在热糊表面形成皮膜，不溶性淀粉颗粒沉淀，形成凝胶，从糊中析出水。

（二）影响老化的因素

1. 分子结构

直链淀粉的直链状结构在溶液中空间障碍小，易于取向，易于老化；支链淀粉呈树枝状结构，在溶液中空间障碍大，不易于取向，难以老化，但若支链淀粉分支长、浓度高，也可老化。糯性淀粉因几乎不含直链淀粉，故不易回生；而玉米、小麦等谷类淀粉回生程度较大。

2. 分子量的大小

直链淀粉若分子量太大，取向困难，也不易回生；相反，若分子量太小，易于扩散（不易聚集，布朗运动阻止分子相互吸引），不易定向排列，也不易回生（溶解度大），所以只有分子量适中的直链淀粉才易回生。直链淀粉分子长短与凝沉性强弱有关，聚合度在100～200间的分子凝沉性最强，凝沉速度最快。例如，马铃薯淀粉中直链淀粉的聚合度约1000～6000，故老化慢；玉米淀粉中直链淀粉的聚合度约为200～1200，平均800，故容易老化，且还含有0.6%的脂类物质，对老化有促进作用。

3. 直链淀粉和支链淀粉分子比例

支链淀粉含量高的淀粉难以老化，支链淀粉可以起到缓和直链淀粉分子老化的作用。凝沉主要是由于淀粉分子间的结合，支链淀粉分子因为支叉结构的原因不易发生凝沉，并且对直链淀粉的凝沉还有抑制作用，使凝沉性减弱，但是在高浓度或冷冰低温条件下，支链淀粉分子侧链间也会结合，发生凝沉。

4. 各种无机盐类

一些无机盐离子能阻止淀粉回生，其作用的顺序是$Ba^{2+}>Sr^{2+}>Ca^{2+}>K^{+}>Na^{+}$；$SCN^{-}>PO_4{}^{3-}>CO_3{}^{2-}>I^{-}>NO_3^{-}>Br^{-}>Cl^{-}$。如$CaCl_2$、$ZnCl_2$、NaCNS促进糊化，

阻止老化；$MgSO_4$、NaF 促进老化，阻止糊化。

5. 冷却速度

淀粉溶液温度下降对老化作用有很大影响。缓慢冷却，可使淀粉分子有充分时间取向平行排列，故可加重老化程度；迅速冷却，使淀粉分子来不及取向，可降低老化程度（如速冻）。

6. pH

溶液的 pH 对淀粉老化有影响，不同的 pH 范围对凝沉的速度也有影响。在 pH 中性（pH5～7），凝沉速度快，易回生；在更高或低 pH 时，凝沉速度慢，不易回生。

7. 淀粉溶液的浓度

淀粉溶液浓度大，分子碰撞机会大，易于老化；浓度小则相反。一般水分 30%～60% 的淀粉溶液易老化，水分小于 10%的干燥状态则难以老化。

8. 乳化剂

甘油与蔗糖、葡萄糖等形成的单甘酯易与直链淀粉形成复合物，延缓老化。如面包中加乳化剂，保持住面包中的水分，防止面包老化。

9. 温度

接近 0～4℃时贮存可加速淀粉的回生。淀粉类食物发生老化作用的最适温度约在 2～4℃之间，而温度在 60℃以上或在－7℃以下则不易发生老化现象。这是因为在 60℃以上时，淀粉类食物中的淀粉分子由于不断地从外界获得能量而处于一种混乱无序状态，分子间不能相互聚集形成微晶结构；有些分子之间即使能形成少量氢键，也很容易被破坏，因而淀粉很难老化。而在－7℃以下时，由于温度骤然下降，淀粉分子间的水合得以迅速地结晶，这些晶体会阻碍淀粉分子间的相互聚集，使分子间的氢键不容易形成，淀粉分子的微晶束很难形成，从而影响淀粉的老化。由于低温下保存的淀粉类食物的淀粉分子基本上仍保持原来糊化时的 α 状态，通过加热可以很快恢复原状，所以食用时不会有老化的感觉。因此，淀粉类食物的储藏最好在 60℃以上或－7℃以下，这样可最大限度保持食品原有的风味和质构。

10. 蛋白质

高筋面粉制成的面点比低筋面粉制成的面点老化速度明显减慢。因为面团中的面筋会延缓面点老化的发生，它的存在妨碍了面点中淀粉分子之间的相互聚拢，不利于微晶束的形成。面制品老化的过程中，原来松散、呈混乱状态的淀粉分子转变为老化淀粉时，会排挤一部分水，面筋蛋白可以吸附其中一定量的水，其贮存水分的作用，在一定程度上延缓了淀粉分子的老化。

（三）淀粉老化的测定

1. DSC 法

淀粉糊回生时分子重排形成晶体结构，要破坏这些晶体结构使淀粉分子重新熔融需要外加能量。因此回生后的淀粉糊在DSC分析中出现吸热峰，且吸热峰的大小随回生程度增加而增大，由此可估测淀粉回生程度的大小。

设生淀粉结晶熔融焓为$\triangle H_1$，回生淀粉结晶熔融焓为$\triangle H_2$，则定义回生度$=\triangle H_2/\triangle H_1$，或设$\triangle H_0$为储存过程中结晶熔融焓的稳定值，则回生度$=\triangle H_2/\triangle H_0$。

2. X射线衍射法

该法主要用于判定淀粉中的结晶类型，并可通过谱图上相关峰高或峰面积计算结晶度，亦可再用Avrami公式导出样品结晶过程的动力学参数。与DSC不同的是，该法反映的是分子集聚体的长程有序，即结晶结构，而DSC反映的是分子链段间的有序堆积，即短程有序。因此，该法的响应值要比DSC落后，一般来讲，当DSC测得的$\triangle H_2$高于0.4cal/g时，才能从该法谱图中观察到较明确的结晶特征。

3. 核磁共振法

通过^{1}H的自旋回波和T_2（横向弛豫时间）不同，可以把可流动的淀粉链从老化淀粉中辨别出来。一般地，糊化使固相淀粉信号消除，冷却后固相信号部分恢复，并随着放置时间延长而增加，此方法可快速的测老化。^{1}H的横向弛豫图谱的谱线形状与固相组分的性质有关，淀粉老化后，谱线周围的面积和宽度增加，所以根据增宽程度可以判断淀粉的老化程度。

4. 淀粉酶法

这是一个历史悠久的方法。因淀粉的无定形区与结晶区对淀粉酶的降解敏感性有几个数量级的差异，因此可根据酶解度来定义淀粉结晶回生度。涉及的酶类有α-淀粉酶，β-淀粉酶与异淀粉酶体系。酶解度可由还原糖的生成量剩余淀粉的量来确定。

5. 动态黏弹性测试法

通过测定储存模量G'，耗散模量G''与损耗角正切值$\tan\delta$，可表征淀粉黏弹体系在糊化与回生过程中的非破坏性力学特征。回生的重要表现是G'的升高，而$\tan\delta$则表征了体系中刚性有序区的相对比例。在实际研究中，一般以G'的值作为回生量度。

6. 蠕变柔量测试法

在淀粉回生的过程中，蠕变柔量逐渐降低，一般用蠕变柔量的绝对值及其降低的速率来间接表征回生度与回生速率。

7. 断裂性能测试法

在等速压缩测试中，可得到凝胶样品的杨氏模量、断裂应力与应变。一般地，随回生度的增加，杨氏模量和断裂应力亦有增加，而断裂应变降低，标志着样品从柔韧向硬脆的转变。

8. 浊度法

该法一般用于稀淀粉糊体系（如2%），即通过比浊法测定淀粉分子老化前后，淀粉乳浊度变化来反映其老化程度。

三、淀粉糊的性质

（一）膨润力与溶解度

膨润力与溶解度反映淀粉与水之间相互作用的大小。膨润力指每克干淀粉在一定温度下吸水的质量；溶解度指在一定温度下，淀粉样品分子的溶解质量百分数。

各种淀粉颗粒在糊化过程中膨胀的程度不相同，马铃薯淀粉的溶胀势最高，表明颗粒内部结构较弱，磷酸基电荷相互排斥，促进膨胀作用，其淀粉颗粒溶胀高达原体积的几百倍。玉米淀粉颗粒溶胀势低，溶胀势增高不是直线状态，呈现转折，这表明颗粒结构具有强度不同的两种结合力，较弱者在75℃以下松弛，较强者在85℃以上松弛。玉米淀粉含有脂肪化合物，与直链淀粉形成包合结构，对于颗粒溶胀有抑制作用，除去脂肪化合物则能除去此影响，溶胀自由。

（二）糊的黏度

淀粉糊黏度的测定原理是转子在淀粉糊中转动，由于淀粉糊的阻力产生扭矩，形成的扭矩通过指针指示出来。采用的检测仪器有Brabender黏度仪、Brockfield黏度计、Haake黏度计和NDJ-79型（或1型）旋转式黏度计等。另外可用奥氏黏度计（乌氏黏度计）测特性黏度及表观黏度。淀粉的浓度、温度、搅拌时间、搅拌速度以及盐等添加剂影响淀粉糊的黏度。

机械搅拌淀粉糊产生剪力，引起膨胀淀粉颗粒破裂，黏度降低。马铃薯淀粉颗粒膨胀大，强度弱，受剪切力影响易破裂，黏度降低多，抗剪力稳定性低。玉米淀粉颗粒膨胀较小，强度较高。抗剪切力稳定性高。机械剪切一般会降低淀粉糊的黏度。马铃薯、木薯和蜡质玉米淀粉的糊比玉米和小麦淀粉的糊抗剪切力差。

（三）糊的凝胶性

1. 糊的凝胶刚性

当水合并分散的淀粉分子重新缔合时就产生胶凝现象，含直链淀粉多的淀粉生成凝胶的过程极为迅速。不同直链淀粉含量的淀粉，其胶凝性能不相同。如玉米淀粉的凝胶化比马铃薯淀粉进行得快，产生此现象的原因还不完全清楚，脂肪含量和直链淀粉分子量的差异可能是主要原因。其它因素就是在天然淀粉颗粒中直链淀粉与支链淀粉分子彼此分离或相互缔合的程度还需要更多的资料为依据。众所周知，玉米淀粉中的直链淀粉比马铃薯中的直链淀粉更易被浸提出；玉米淀粉中含有脂类化合物能使其中直链淀粉部分离析，同时，玉米淀粉与加入的添加物比马铃薯淀粉更易形成复合物。因此，在玉米淀粉颗粒中直链淀粉和支链淀粉基本上彼此分开，而在马铃薯淀粉颗粒中直链淀粉地与支链淀粉密切地结合，这种结合是造成马铃薯淀粉高度溶胀和较低的胶凝（软凝胶）。

刚性的形成是由于淀粉糊的团粒膨胀，溶解了分子间的黏结，分子相互重新缔结形成物理交联使淀粉糊具有一定的黏性。刚性可被视为是施加的应力被储存在淀粉糊中并未消失而引起的。以下关系式表明了淀粉刚性演变的递减生长模式：

$$E=A-B\exp(-k/T)$$

式中　E——刚性，10^5 Pa；

A——最后刚性，10^5 Pa；

B——刚性变化的量度，10^5 Pa；

k——速率常数，h^{-1}；

T——时间常数，h。

从公式和大量的数据分析表明，对凝胶刚性最主要的影响是淀粉对水的比例，刚性随水量的减少而提高。对淀粉-甜味剂的相互作用的研究显示，加入果糖淀粉的结晶过程发生明显的加速。加D-果糖、D-葡萄糖、蔗糖的小麦淀粉与未加甜味剂的淀粉相比，其刚性发展时间常数为40h、54h、63h、64h。这主要是在低温老化过程中，D-果糖与水的结合强度相对最大限度地减少了淀粉水合的有效水量，因此，含D-果糖的凝胶具有最高的刚性，这得出了刚性随着淀粉凝胶中水量的减少而提高的结论。

测定凝胶刚性的简单测定装置是改进的稠密度计，其中凝胶的压缩性是所加重量的函数。从压缩曲线的斜率，可以计算压缩性的杨氏模量。并以凝胶压缩深度与添加的重量的函数来测定凝胶的刚性。还可采用英斯特朗（Instron）张力测试仪来测定凝胶强度。

2. 淀粉凝胶强度

淀粉强度是淀粉凝胶抵抗其结构被破坏的能力。可以通过测定凝胶的渗透力和抗压力来测定凝胶强度。通常在食品工业中，有两种方法测定凝胶强度。

① 勃鲁姆（Bloom）法：该方法在不破坏凝胶结构的条件下，测定探头刺入距凝胶表面4mm深度时探头的偏转力，结果显示在Bloom图上，一般情况测定值在30～300g之间。Bloom法一般用于软凝胶测定。

② 圆柱（Cylinder）法：用于非常坚固的刚性体。从凝胶中取一块圆柱体，置于两块平板中加压，直至凝胶体结构破坏，测定压力值。

另外，稠密度计和英斯特朗张力测试仪也可用于强度测定，但两者的不同点在于刚性主要考虑的是力，而强度还兼顾凝胶破裂时的变形情况。

（四）糊的质构

不同品种淀粉的糊具有不同黏韧性。将一根木片放入马铃薯淀粉糊中，取出。糊丝长，不断，则黏韧性高；相反，木片放入玉米淀粉糊中，取出，糊丝短，则黏韧性低。一般用糊丝的长短表示糊的质构。木薯和黏玉米淀粉属于长糊，但较马铃薯淀粉短；谷类淀粉黏韧性与玉米淀粉相同，属于短糊。马铃薯淀粉糊丝长、黏稠、有黏结力；木薯和蜡质玉米淀粉的糊特征类似于马铃薯淀粉，但一般没有马铃薯淀粉那样黏稠和有黏结力；玉米和小麦淀粉丝短而软，缺乏黏结力。

（五）糊的透明度

糊化淀粉乳，透明性增高。马铃薯、木薯和黏玉米等淀粉糊的透明度高过玉米、小麦等谷类淀粉，前者半透明，后者透明程度较低。淀粉糊的透明度取决于淀粉的种类，马铃薯淀粉最清澈透明，木薯和蜡质玉米淀粉的糊次之，玉米和小麦淀粉可以说是无光泽、混浊或不透明。

（六）淀粉膜的性质

淀粉膜的主要性质如表 1-17 所示。马铃薯和木薯淀粉糊所形成的膜，在透明度、平滑度、强度、柔韧性和溶解性等方面比玉米和小麦淀粉形成的膜更优越，因而更有利于作为造纸的表面施胶剂、纺织的棉纺上浆剂以及用作胶黏剂等。

表 1-17　淀粉膜的性质

性质	玉米淀粉	马铃薯淀粉	小麦淀粉	木薯淀粉	蜡质玉米淀粉
透明度	低	高	低	高	高
膜强度	低	高	低	高	高
柔韧性	低	高	低	高	高
膜溶解度	低	高	低	高	高

以上介绍的是淀粉糊的一般性质，不同淀粉糊的性质存在很大差异，在实际应用中应加以注意，表 1-18 给出了部分常见淀粉糊的性质，可供应用时参考。

表 1-18　部分淀粉糊的主要性质

性质	马铃薯淀粉	木薯淀粉	玉米淀粉	糯高粱淀粉	交联糯高粱淀粉	小麦淀粉
蒸煮难易	快	快	慢	迅速	迅速	慢
蒸煮稳定性	差	差	好	差	很好	好
峰值黏度	高	高	中等	很高	无	中等
老化性能	低	低	很高	很低	很低	高
冷糊稠度	长，成丝	长，易凝固	短，不凝固	长，不凝固	很短	短
凝胶强度	很弱	很弱	强	不凝固	一般	强
抗剪切	差	差	低	差	很好	中低
冷冻稳定性	好	稍差	差	好	好	差
透明性	好	稍差	差	半透明	半透明	模糊不透明

第十二节　淀粉的玻璃化转变

一、聚合物的相变种类及过程

结晶聚合物加热到某一温度会发生不可逆的容积及热容的变化，所发生的相变称为一级相变（First order transition），对应的相变温度称为熔融温度（melting temperature，T_m），其相变温度与吸热的关系如图 1-36(a) 所示，从图中可以看出，在熔融温度下，聚合物吸收热量，但并不升温，而是转化为虚线所示的熔融潜热（latent heat），然后直线斜率（热容）增加，温度继续上升。无定形聚合物在低温条件下，分子链处于冻结（Frozen）状态，当对其提供能量，使其升温时，分子链段开始移动，聚合物由“冻结”逐渐向橡胶态（rubbery state）及黏流态（viscous state）转化，最终整个聚合物分子可完全自由移动。当温度超过某一临界点温度时，热容迅速增加，温度连续升高，但并无结晶聚合物的潜热产生。无定形聚合物由冻结状态（玻璃态）到链段开始移动的状态（橡胶态）对应的温度，也就是图 1-36（b）中直线斜率发生变化对应的温度，一般称为玻璃化转变温度（glass transition temperature，T_g）。

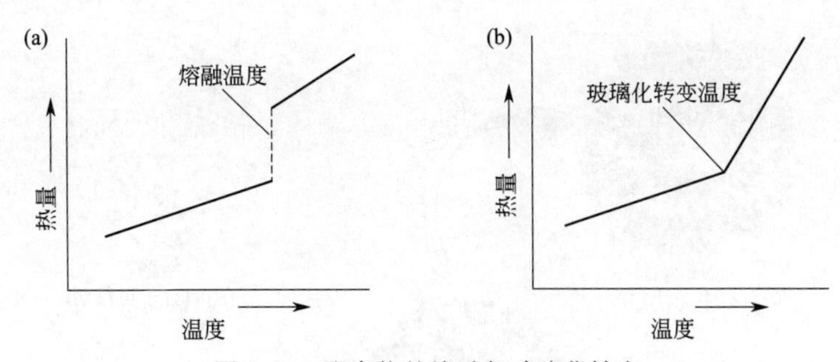

图 1-36　聚合物的熔融与玻璃化转变

(a) 结晶聚合物的热量与温度图；(b) 无定形聚合物的热量与温度图

食品体系中的一级相变主要包括冰的融化、碳水化合物的结晶与熔融、蛋白质的变性、淀粉的糊化及老化等过程；二级相变则主要指玻璃化转变。

二、淀粉的玻璃化转变过程及转变温度

（一）淀粉的玻璃化转变过程

玻璃化转变主要发生在聚合物的无定形区或聚合物在热或者高压等因素作用下，结晶结构被破坏从而转变成非晶态时。

淀粉颗粒中既有结晶区又有不定形区，所以其同时具备一级相变的熔融过程，又具备二级相变的玻璃化转变过程。当淀粉处于颗粒态时，其颗粒结构中的结晶区可以发生结晶破坏的熔融过程，不定形区发生玻璃化转变；而淀粉在过量水分条件下完全糊化后，则会丧失颗粒结构，转变成非晶态，从而具有非晶聚合物的玻璃化转变特性。

（二）淀粉的玻璃化转变温度

淀粉分子随温度升高发生的由玻璃态向橡胶态的转变，即为玻璃化转变，所对应的温度称为玻璃化转变温度，该温度标志着聚合物在韧性和脆性之间力学性能的转变，这种转变是可逆的，其特点是热容和黏度的变化。淀粉是半晶体聚合物，具有玻璃态、橡胶态及熔融态三种聚集状态（图 1-37）。这三个状态之间所发生的玻璃化转变对于谷物食品的加工与保藏具有重要的理论意义及应用价值。处于玻璃态的食品劣变速率极为缓慢，甚至不会发生，因此玻璃态贮藏能保证食品的原有品质不被破坏，延长货架期。

（三）淀粉玻璃化转变温度的测定

目前有很多方法用于测定淀粉的 T_g，如核磁共振法（nuclear magnetic resonance，NMR）、动态热机械分析法（dynamic mechanical thermal analyses，DMTA）和差示扫描量热法（differential scanning calorimetry，DSC）等，但应用最为广泛的还是 DSC 法。

1. 差示扫描量热法（DSC）测定 T_g

DSC 是一种在标准程序控温下，记录试样与参比物的功率差与温度（或时间）关系的热分析技术。不同水分含量淀粉样品的 T_g 有不同测定程序与方法，当水分含量较低（$<20\%$）时，一般采用常速 DSC 进行测定（若 T_g 信号不明显，可采用高速 DSC），且玻璃化转变是链段之间的变化过程，所以其 T_g 不是一个定值，而是一个区间范围，测定时一

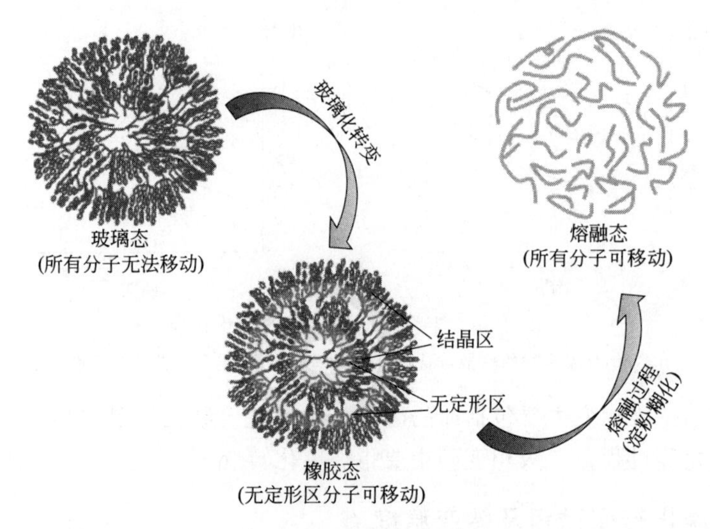

图 1-37　淀粉颗粒的相转化过程

般采取低温和高温侧的切线外推与曲线切线交点温度的平均温度为 T_g [如图 1-38(a) 所示]；当水分含量高（>20%）时，普遍以“最大冷冻浓缩状态下玻璃化转变温度（T_g of the maximally freeze-concentrated state，T_g'）”来表示 [如图 1-38(b)]，T_g'是特定的 T_g，特指在过量水分含量条件下进行冷冻处理时，体系达到最大冷冻浓缩状态时对应的 T_g。对体系进行冷冻处理时，达到最大冷冻浓缩状态时，绝大部分游离水形成冰晶，视体系组成不同，会有不同程度的非冻结水（unfrozen water）残留，此时玻璃化转变信号微弱，难以通过 DSC 的热流曲线直接观察到，为放大响应信号，普遍以热流曲线的一阶导数（derivative）上形成的信号峰对应的温度来表示 T_g。冰-水相变能够形成明显的吸热峰，冰的融化属于一级相变，玻璃化转变属于二级相变，在冰-水相变前发生，在热流一阶导数曲线上，冰-水相变前观察到的信号峰所对应的温度即为 T_g'。

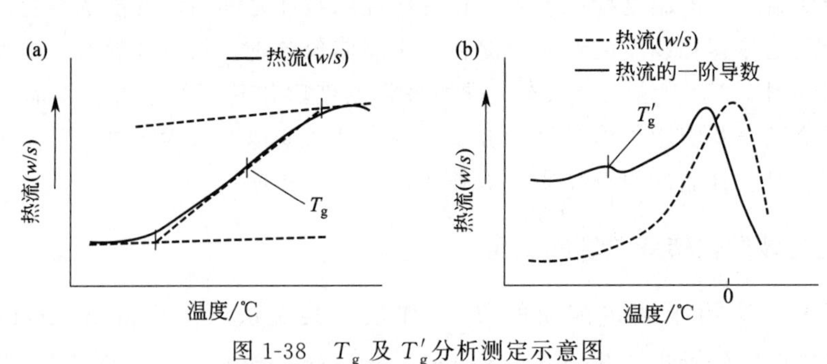

图 1-38　T_g 及 T_g'分析测定示意图

(a) 较低水分含量 T_g 测定；(b) 较高水分含量 T_g'测定

2. 动态热机械分析法（DMTA）测定 T_g

动态热机械分析法，也被称作动态力学谱图，是一种对物料测定和表征的热分析技术，最主要的应用是研究聚合物的黏弹性和黏弹行为。当淀粉发生玻璃化转变时，分子的内部形态产生变化，其黏弹性能也产生变化，这种变化体现在储能模量 E'、损耗模量 E''和损耗角正切 $\tan\sigma$ 上，DMTA 测量过程中损耗角正切对应的温度即为 T_g。

3. 核磁共振法（NMR）测定 T_g

淀粉发生玻璃化转变时，含有质子的基团运动频率增加，其运动特性一般通过 NMR 活性核（如^1H、^{17}O 等）的弛豫特性来表征，分子运动在淀粉玻璃化转变中的重要性也揭示了 NMR 在玻璃化转变研究中具有的巨大潜力。目前已使用脉冲核磁共振、质子交叉核磁共振以及低场核磁共振等研究淀粉的玻璃化转变过程，这些技术对淀粉结构系统提供了新见解。

综上所述，高分子的性能参数大多具有仪器和测试方法依赖性，不同方法对聚合物性能测定的评判指标也存在差异，不同方法测得的 T_g 相互之间无直接可比性，这是测试方法和仪器本身的局限性造成的，因此今后的发展方向应侧重于多种测定方法结合，以求全方位表征玻璃化转变这一动力学过程。不同测定方法的特点比较见表 1-19。

表 1-19 玻璃化转变温度测定方法特点比较

分析方法	优点	缺点
差示扫描量热法(DSC)	操作简单,适用于各种形态的物料	所需试样量很小,无法测定非均质食品
动态热机械分析法(DMTA)	高灵敏度	适用于固体样品,试样测定空间内有水分损失
核磁共振法(NMR)	水分损失少,不限样品形状和大小,可以测定较低温度的 T_g	过程繁复,所需仪器昂贵

（四）影响淀粉玻璃化转变温度的因素

淀粉在玻璃态下，分子热运动能量较低，所以冻结了分子链及链段的运动，只有一些略小的运动单元（侧基、支链与小链节）可以运动。此时聚合物表现出来的力学性能是一种处于液体和晶体之间的非晶体结构，外观上具有一定的体积及形态，分子排列上具有近程有序而远程无序的规律。很多因素会影响淀粉的 T_g，具体如下：

1. 增塑剂的影响

水是最典型的淀粉增塑剂，可以通过自由体积理论解释水增塑的作用机制，水的存在使整个体系的自由体积增大，黏度降低，从而增加了无定形区链段的活动性，降低了 T_g；另外，水分子打破了分子链间的氢键结构，使分子间的相互作用力被削弱，其活动性增大，导致 T_g 降低，战希臣和 Masavang 等利用 Gordon-Taylor 方程也验证了这一结论。

另外食用脂类（玉米油）、多元醇类（甘油、山梨醇）、酰胺类［二甲基亚砜（DMSO)］、糖类（蔗糖）、盐类（氯化钙）、离子液体［1-乙基-3-甲基咪唑醋酸酯（EM)］等增塑剂的添加也能降低淀粉的 T_g。

2. 平均分子量的影响

平均分子量也是影响 T_g 的一个重要参数。就自由体积理论来说，分子链的两端均存在一个特殊链段，它比正常链段的活动能力大，平均分子量越大，链段的比例越少，分子结构越坚固且不易变形，自由体积变小，体系黏度升高，所以 T_g 不断增高；当分子量超过某一临界值时，T_g 与分子量无关，而是趋向于一个常数。Novikov 等发现 T_g 与分子量在 60<M（分子量）<1100 的质量区间相关；随后 Syamaladevi 等研究发现碳水化合物的 T_g 随分子量的增加而增大；詹世平等进一步研究了淀粉同系物的平均分子量和 T_g 的关系，也得到分子量与淀粉同系物的 T_g 成正比的结论，且当分子量增至一定值后 T_g 的增速逐渐减小。

3. 结晶度的影响

早在 19 世纪 90 年代，Mizuno 等就通过 DSC 和 X 射线衍射法发现淀粉的 T_g 与结晶度之间存在一定的关系；随后 Chung 等进一步研究发现淀粉的结晶度越高，其 T_g 就越高，这是由于结晶区和不定形区之间形成的网络结构影响了非晶态的转变，主链活动能力受限，起到物理交联的作用，分子链在无定形区域中的流动性降低，从而提高了淀粉的 T_g。

4. 原淀粉不同组分的影响

有些淀粉组分并不均一，典型的如小麦淀粉，可分为两种类型：A 型淀粉颗粒，为直径约 10～35μm 的圆盘形、扁球形［图 1-39(b)］；B 型淀粉颗粒是直径约为 2～10μm 的球形［图 1-39(c)］。B 型淀粉的形状并不均一，其不完整程度和边缘破损程度均较 A 型淀粉高，而 A 型淀粉颗粒表面光滑，有明显的“赤道槽”，B 型淀粉颗粒则没有。由图 1-39(c) 可见，B 型淀粉有团聚的现象，而且颗粒较大的 B 型淀粉与颗粒较小的各自聚集。B 型淀粉在数量上明显多于 A 型淀粉。

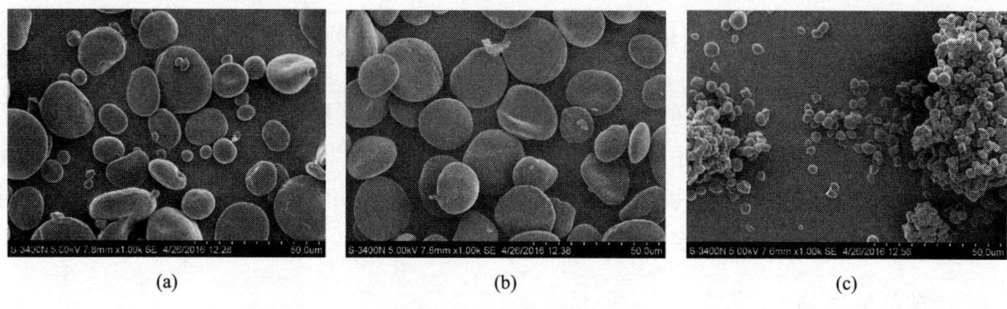

图 1-39 小麦淀粉不同组分的颗粒形貌（×1000）

(a) 小麦总淀粉；(b) 小麦 A 淀粉；(c) 小麦 B 淀粉

两种淀粉组分在结构、非冻结水等方面的差异导致其玻璃化转变温度存在差异，对小麦总淀粉、A 淀粉、B 淀粉的 T'_g 分析表明，小麦总淀粉的 T'_g 比小麦 A 淀粉及小麦 B 淀粉的 T'_g 低，而小麦 B 淀粉的 T'_g 则高于 A 淀粉的 T'_g。

5. 测定方法的影响

由于 T_g 的不同测定方法对热性能的评判指标不同，且不同方法均各有利弊，因此测定方法对 T_g 也有一定的影响。Homer 等研究发现温度为 80℃以上时，TMA 法测定的 T_g 与 DSC 法差别很大，这可能是由于测定过程中 TMA 法样品室的水分损失；Kalichevsky 等使用脉冲 NMR 测定玻璃化转变温度，发现其刚性晶格极限（RLL）通常比 DSC 监测的比热变化中点（T_s）低 20～30℃，tanσ 的最大值比 DSC 监测的 T_g 中点高出约 10℃，因此表明玻璃化转变不是在特定的温度下观察到的，而是与测量技术的频率和性质有关，也表明不同评判指标所得 T_g 不尽相同。

（五）玻璃化转变过程在淀粉类食品加工及贮藏中的应用

1. 在加工中的应用

食品加工过程中的冷冻及干燥问题（如塌陷、黏结及结块等）均与食品的玻璃化转变有关，在玻璃化转变温度以下加工有利于食品品质的保持。目前常用的加工方法有传统冷冻技术、超声波辅助冷冻、高压辅助冷冻、电磁场辅助冷冻、热风干燥、喷雾干燥和微波干燥等。

冷冻过程中的玻璃态与冷冻速率有关，当冷却速率较慢时，过冷度也较小，形核率≤晶体生长速率，即产生晶体；当冷却速率足够快时，过冷度足够大，形核率≥晶核生长速率，即可形成玻璃态，能有效防止淀粉类食品塌陷，获得更细晶粒，快速冷冻可以缓解内外冻结速率不同导致的中心相对较大的结晶和较高的食品组织损伤，有助于食品的冷冻预加工。由于传统的冷冻技术会导致内外冻结速率不同，因此需要采用辅助技术以改善冷冻效果，超声、高压、电磁场等辅助冷冻技术可以提高冷冻速率，有效防止因冻结而导致的质量下降。

干燥过程的二级相变与淀粉团聚有关，淀粉的团聚发生在橡胶态（即高于 T_g 时），为了减少淀粉干燥过程中形成的团聚结块现象，应在低于其 T_g 下干燥淀粉。传统的热风干燥存在温度相对较低，干燥时间长，干燥不均匀等缺点，限制了其应用范围；喷雾干燥和微波干燥过程中颗粒的水分不断减少，水分含量的减少使得玻璃化转变温度进一步提高，直至高于周围的干燥气体，由此既可以保证淀粉干燥过程处于玻璃态，又可以适当提高干燥温度，实现快速干燥。

2. 在贮藏中的应用

常温贮藏的食品，其口感和营养价值降低，容易发生非酶褐变，KARMAS 等研究了温度对食品非酶褐变反应速率的影响，结果表明，$T<T_g$时，反应速率较低，$T>T_g$ 时，反应速率随温差（$T-T_g$）的增大而增加，因此在玻璃化转变温度以下储存可以加强淀粉类食品的稳定性，有效预防非酶褐变的发生；此外由于淀粉类食品体系中添加的小分子质量改良剂，可能会引起贮藏稳定性的改变，因为这些组分将起到增塑剂的作用，从而使体系的玻璃化转变温度降低，导致安全贮藏温度下降。为保持其贮藏稳定性，确定其最佳贮藏温度，战希臣等将 Gordon-Taylor 数学模型式和 T_g 与含水率数据拟合后，预测出不同含水量淀粉的 T_g，得到水分含量与贮藏温度的关系。

为了更好地识别淀粉类食品体系贮藏过程中的变化，一般以溶质的百分含量与温度函数构建淀粉类食品体系的状态图（state diagram），状态图通常由冻结曲线、玻璃化转变温度曲线和最大冻结浓度条件组成。状态图在表征淀粉类食品贮藏稳定性中应用广泛，如 WAN 等通过状态图确定了籼米淀粉的最佳存储条件；SABLANI 等通过香米淀粉的温度和固体含量状态图确定了低水分含量（即干燥或用不可冷冻的水）和高水分含量（即含有可冷冻水）香米的贮藏稳定区域。

综上所述，玻璃化保存可以提高淀粉类食品体系的贮藏稳定性，更好地保留其原有的品质，对延长货架期具有重要意义。

参考文献

[1] ADKINS G K, GREENWOOD C T. Studies on starches of high amylose-content: Part X. An improved method for the fractionation of maize and amylomaize starches by complex formation from aqueous dispersion after pretreatment with methyl sulphoxide[J]. Carbohydrate Research, 1969, 11 (02): 217-224.

[2] AICHAYAWANICH S, NOPHARATANA M, NOPHARATANA A, et al. Agglomeration mechanisms of cassava starch during pneumatic conveying drying[J]. Carbohydrate Polymers, 2011, 84 (01): 292-298.

[3] BACKFOLK K, HOLMES R, IHALAINEN P, ET AL. Determination of the glass transition temperature of latex films: Comparison of various methods[J]. Polymer Testing, 2007, 26 (08): 1031-1040.

[4] BANKS W and GREENWOOD C T. The fractionation of laboratory-isolated cereal starches using dimethyl sulphoxide [J]. Stärke, 1967, 19: 394-398.

[5] BERTOFT E. Partial characterisation of amylopectin alpha-dextrins[J]. Carbohydrate Research, 1989, 189: 181-193.

[6] BERTOFT E, BOYER C, MANELIUS R, et al. Observations on the α-Amylolysis Pattern of Some Waxy Maize Starches from Inbred Line Ia453[J]. Cereal chemistry, 2000, 77 (05): 657-664.

[7] BILIADERIS C G, GRANT D R and VOSE J R. Structural characterization of legume starches. I. Studies on amylose, amylopectin, and beta-limit dextrins[J]. Cereal Chem, 1981, 58 (06): 496-502.

[8] CHENG S Z D, JIN S. Crystallization and melting of metastable crystalline polymers[J]. Handbook of thermal analysis and calorimetry, 2002, 3: 167-195.

[9] CHUNG H J, LEE E J, LIM S T. Comparison in glass transition and enthalpy relaxation between native and gelatinized rice starches[J]. Carbohydrate Polymers, 2002, 48 (03): 287-298.

[10] CLARK A H. Structural and mechanical properties of biopolymer gels[M]. Food polymers, gels and colloids. Woodhead Publishing, 1991: 322-338.

[11] COLONNA P, MERCIER C. Macromolecular structure of wrinkled-and smooth-pea starch components[J]. Carbohydrate Research, 1984, 126 (02): 233-247.

[12] CURÁ J A, JANSSON P E, KRISMAN C R. Amylose is not strictly linear[J]. Starch-Stärke, 1995, 47 (06): 207-209.

[13] DE KRUIF C G, TUINIER R. Polysaccharide protein interactions[J]. Food hydrocolloids, 2001, 15 (04-06): 555-563.

[14] DRZEŻDŻON J, JACEWICZ D, SIELICKA A, et al. Characterization of polymers based on differential scanning calorimetry-based techniques[J]. Trac Trends in Analytical Chemistry, 2019, 110: 51-56.

[15] ELIASSON A C. Starch in food: Structure, function and applications[M]. CRC Press, 2004.

[16] FARAHNAKY A, FARHAT I A, MITCHELL J R, et al. The effect of sodium chloride on the glass transition of potato and cassava starches at low moisture contents[J]. Food Hydrocolloids, 2009, 23 (06): 1483-1487.

[17] FREIRE E. Differential scanning calorimetry[J]. Protein Stability and Folding, 1995, 40: 191-218.

[18] GALLANT, D J, BOUCHET B, BAIDWIN P M. Microscopy of starch: evidence of a new level of granule organization[J]. Carbohydr. Polym. 1997, 32: 177-191.

[19] GODET M C, BULEON A, TRAN V, et al. Structural features of fatty acid-amylose complexes[J]. Carbohydrate Polymers, 1993, 21 (02-03): 91-95.

[20] GOULA A M. Implications of non-equilibrium state glass transitions in spray-dried sugar-rich foods[M]. Non-Equilibrium States and Glass Transitions in Foods. Woodhead Publishing, 2017: 253-282.

[21] HERNÁNDEZ H A R, GUTIÉRREZ T J, BELLO-PÉREZ L A. Can starch-polyphenol V-type complexes be considered as resistant starch[J]. Food Hydrocolloids, 2022, 124: 107226.

[22] HIZUKURI S, TAKEDA Y, YASUDA M, et al. Multi-branched nature of amylose and the action of debranching enzymes[J]. Carbohydrate Research, 1981, 94 (02): 205-213.

[23] HIZUKURI, S. Starch: Analytical aspects. Ch. 9, In Carbohydrate in Food. Marcel Dekker, Inc, 1996, 347-429.

[24] HIZUKURI S. The effect of environment temperature of plants on the physicochemical properties of their starches [J]. Journal of the Technological Society of Starch, 1969, 17 (01): 73-88.

[25] HOMER S, KELLY M, DAY L. Determination of the thermo-mechanical properties in starch and starch gluten systems at low moisture content-A comparison of DSC and TMA[J]. Carbohydrate Polymers, 2014, 108: 1-9.

[26] IMBERTY A, BULÉON A, TRAN V, et al. Recent advances in knowledge of starch structure[J]. Starch-Stärke, 1991, 43 (10): 375-384.

[27] JAMES B, ROY W. Starch: Chemistry and Technology (Third edition) [M]. Academic Press, March 30, 2009.

[28] JANE J. Structural features of starch granules II[M]. Starch Academic Press, 2009: 193-236.

[29] KALICHEVSKY M T, JAROSZKIEWICZ E M, ABLETT S, et al. The glass transition of amylopectin measured by DSC, DMTA and NMR[J]. Carbohydrate Polymers, 1992, 18 (02): 77-88.

[30] KARMAS E, BUERA M P, KAREL M. Effect of Glass Transition on Ratesof Nonenzymatic Browning in Food System [J]. Agric Food Chem, 1992, 40: 873-879.

[31] KASEMSUWAN T, JANE J. Location of amylose in normal starch granules. II. Locations of phosphodiester cross-linking revealed by phosphorus-31 nuclear magnetic resonance[J]. Cereal chemistry, 1994, 71 (03): 282-286.

[32] KLUCINEC J D, THOMPSON D B. Fractionation of high - amylose maize starches by differential alcohol precipitation and chromatography of the fractions[J]. Cereal Chemistry, 1998, 75 (06): 887-896.

[33] KWEON M R, PARK C S, AUH J H, et al. Phospholipid hydrolysate and antistaling amylase effects on retrogradation of starch in bread[J]. Journal of food science, 1994, 59 (05): 1072-1076.

[34] LIM M H, WU H, REID D S. The effect of starch gelatinization and solute concentrations on T ' g of starch model system[J]. Journal of the Science of Food and Agriculture, 2000, 80 (12): 1757-1762.

[35] LIM W S, OCK S Y, PARK G D, et al. Heat-sealing property of cassava starch film plasticized with glycerol and sorbitol[J]. Food Packaging and Shelf Life, 2020, 26: 100556.

[36] LIN Y, YEH A I, LII C. Correlation between starch retrogradation and water mobility as determined by differential scanning calorimetry (DSC) and nuclear magnetic resonance (NMR) [J]. Cereal Chemistry, 2001, 78 (06): 647-653.

[37] LINEBACK D R. The starch granule organization and properties[J]. Bakers Digest, 1984, 58 (02): 16-21.

[38] LORENA M, ALEIDA J S, ALEJANDRO J M. Effects of corn oil on glass transition temperatures of cassava starch [J]. Carbohydrate Polymers, 2011, 85 (04): 875-884.

[39] MANNERS D J. Some aspects of the structure of starch[J]. Cereal Foods World. 1985, 30 (07): 461-467.

[40] MATHESON N K. A comparison of the structures of the fractions of normal and high-amylose pea-seed starches prepared by precipitation with concanavalin A[J]. Carbohydrate research, 1990, 199 (02): 195-205.

[41] MASAVANG S, ROUDAUT G, CHAMPION D. Identification of complex glass transition phenomena by DSC in expanded cereal-based food extrudates: Impact of plasticization by water and sucrose[J]. Journal of Food Engineering, 2019, 245: 43-52.

[42] MIZUNO A, MITSUIKI M, MOTOKI M. Effect of crystallinity on the glass transition temperature of starch[J]. Journal of Agricultural and Food Chemistry, 1998, 46 (01): 98-103.

[43] MORRISON W R, TESTER R F, SNAPE C E, et al. Swelling and Gelatinization of Cereal Starches. IV. Some Effects of Lipid-complexed Amylose and Free Amylose in Waxy and Normal Barley Starches[J]. Cereal Chem, 1993, 70: 385-391.

[44] MÜNZING K. DSC studies of starch in cereal and cereal products[J]. Thermochemical Acta, 1991, 193: 441-448.

[45] NORDIN N, OTHMAN S H, RASHID S A, et al. Effects of glycerol and thymol on physical, mechanical, and thermal properties of corn starch films[J]. Food Hydrocolloids, 2020, 106: 105884.

[46] NOVIKOV V N, RÖSSLER E A. Correlation between glass transition temperature and molecular mass in non-polymeric and polymer glass formers[J]. Polymer, 2013, 54 (26): 6987-6991.

[47] PARK J T, JOHNSON M J. A submicrodetermination of glucose[J]. Journal of Biological Chemistry, 1949, 181: 149-151.

[48] PEREIRA C G. Phase Transition in Foods Thermodynamics of Phase Equilibria in Food Engineering[M]. Academic

Press，2019：421-442.

[49] PEREIRA P M，OLIVEIRA J C. Measurement of glass transition in native wheat flour by dynamic mechanical thermal analysis（DMTA）[J]. International Journal of Food Science & Technology，2000，35（02）：183-192.

[50] PYDA M. Conformational contribution to the heat capacity of the starch and water system[J]. Journal of Polymer Science Part B: Polymer Physics，2001，39（23）：3038-3054.

[51] TESTER R F，KARKALAS J，QI X. Starch-composition，fine structure and architecture[J]. Journal of cereal science，2004，39（02）：151-165.

[52] ROLANDELLI G，FARRONI A E，DEL P B M. Analysis of molecular mobility in corn and quinoa flours through ^{1}H NMR and its relationship with water distribution，glass transition and enthalpy relaxation[J]. Food Chemistry，2022，373：131422.

[53] ROOS Y，KAREL M. Applying state diagrams to food processing and development[J]. Food Technol，1991，45（12）：66-68.

[54] RUAN R R，LONG Z，SONG A，et al. Determination of the glass transition temperature of food polymers using low field NMR[J]. LWT-Food Science and Technology，1998，31（06）：516-521.

[55] SABLANI S S，BRUNO L，KASAPIS S，et al. Thermal transitions of rice: Development of a state diagram[J]. Journal of Food Engineering，2009，90（01）：110-118.

[56] SANG Y J，ALAVI S，SHI Y C. Subzero glass transition of waxy maize starch studied by differential scanning calorimetry[J]. Starch-Stärke，2009，61（12）：687-695.

[57] SCHAWE J E K，BERGMANN E. Investigation of polymer melting by temperature modulated differential scanning calorimetry and it's description using kinetic models[J]. Thermochemical Acta，1997，304：179-186.

[58] SLADE L，LEVINE H. Non-equilibrium melting of native granular starch: Part I. Temperature location of the glass transition associated with gelatinization of A-type cereal starches[J]. Carbohydrate Polymers，1988，8（03）：183-208.

[59] SIEBENMORGEN T J，YANG W，SUN Z. Glass transition temperature of rice kernels determined by dynamic mechanical thermal analysis[J]. Transactions of the ASAE，2004，47（03）：835.

[60] SRIVASTAVA A，CHANDEL N，MEHTA N. Novel explanation for thermal analysis of glass transition[J]. Materials Science and Engineering: B，2019，247：114378.

[61] SUMMER R，FRENCH D. Action of β-amylase on branched oligosaccharides[J]. Journal of Biological Chemistry，1956，222（01）：469-477.

[62] SYAMALADEVI R M，BARBOSA-CÁNOVAS G V，SCHMIDT S J，et al. Influence of molecular weight on enthalpy relaxation and fragility of amorphous carbohydrates[J]. Carbohydrate Polymers，2012，88（01）：223-231.

[63] TAKEDA Y，HIZUKURI S，JULIANO B O. Purification and structure of amylose from rice starch[J]. Carbohydrate research，1986，148（02）：299-308.

[64] TANANUWONG K，REID D S. Differential scanning calorimetry study of glass transition in frozen starch gels[J]. Journal of Agricultural and Food Chemistry，2004，52（13）：4308-4317.

[65] WANG Y J，WHITE P，POLLAK L，et al. Amylopectin and Intermediate Materials in Starches from Mutant Genotypes[J]. Cereal Chem，1993，70（05）：521-525.

[66] WHISTLER R L. Methods in carbohydrate chemistry IV starch[M]. Academic Press，1964：168-169.

[67] XIE F，FLANAGAN B M，LI M，et al. Characteristics of starch-based films with different amylose contents plasticized by 1-ethyl-3-methylimidazolium acetate[J]. Carbohydrate Polymers，2015，122：160-168.

[68] XIE F，YU L，CHEN L，et al. A new study of starch gelatinization under shear stress using dynamic mechanical analysis[J]. Carbohydrate Polymers，2008，72（02）：229-234.

[69] TAKEDA Y，SHIRASAKA K，HIZUKURI S. Examination of the purity and structure of amylose by gel-permeation chromatography[J]. Carbohydrate research，1984，132（01）：83-92.

[70] ZHAO J H，DING Y，NIE Y，et al. Glass transition and state diagram for freeze-dried Lentinus edodes mushroom[J]. Thermochimica Acta，2016，637：82-89.

[71] ZHONG Z，SUN X S. Thermal characterization and phase behavior of cornstarch studied by differential scanning cal-

orimetry[J]. Journal of Food Engineering，2005，69（04）：453-459.
[72] ZHU F. NMR spectroscopy of starch systems[J]. Food Hydrocolloids，2017，63：611-624.
[73] ZOBEL H F. Molecules to granules：A comprehensive starch review[J]. Starch-Stärke，1988，40（02）：44-50.
[74] 卞科. 食品中的玻璃态研究[J]. 河南工业大学学报（自然科学版），2006（06）：1-7.
[75] 常伟伟，王丽娜. 非晶态聚合物玻璃化转变温度的测定方法综述[J]. 广州化工，2020，48（14）：27-30.
[76] 韩文芳. 玉米淀粉中间级分的分子结构研究[D]. 华中农业大学，2016.
[77] 高嘉安. 淀粉与淀粉制品工艺学[M]. 中国农业出版社：北京，2001.
[78] 何照范，熊绿芸，王绍美. 植物淀粉及其利用[M]. 贵州人民出版社：贵州，1990.
[79] 黄强，罗发兴，杨连生. 淀粉颗粒结构的研究进展[J]. 高分子材料科学与工程，2004，20（5）：19-23.
[80] [美]惠斯特勒. 淀粉化学与工艺学[M]. 王雒文等译. 中国食品出版社：北京，1987.
[81] 廖丽莎，刘宏生，刘兴训，等. 淀粉的微观结构与加工过程中相变研究进展[J]. 高分子学报，2014（06）：761-773.
[82] 李卓. 非晶高聚物粉体玻璃化转变特性及分散稳定性[D]. 大连理工大学，2005，(04).
[83] 李兆丰，顾正彪，洪雁. 食品体系中玻璃化转变温度的测定方法及其比较[J]. 冷饮与速冻食品工业，2005（01）：31-34.
[84] 李志新，胡松青，陈玲，等. 食品冷冻理论和技术的进展[J]. 食品工业科技，2007（06）：223-225+116.
[85] 林珊莉，张水华，张海德，等. 玻璃化转变对食品加工和品质的影响[J]. 广西轻工业，2001（02）：19-21+15.
[86] 刘兵，李冬坤，邵小龙，等. 稻谷玻璃化转变温度的测定方法及影响因素研究进展[J]. 粮食储藏，2016，45（02）：40-44.
[87] 刘巧瑜，赵思明，熊善柏，等. 稻米淀粉及其级分的凝胶色谱分析[J]. 中国粮油学报，2003，18（1）：28-45.
[88] 刘亚伟. 淀粉生产及深加工技术[M]. 中国轻工业出版社：北京，2001.
[89] 金征宇，李佳欣，周星. 冷水可溶淀粉的物理法制备及应用研究进展[J]. 食品科学技术学报，2021，39（01）：1-12.
[90] 王良东，顾正彪. DSC、EM、NMR 及 X-射线衍射在淀粉研究中的应用[J]. 西部粮油科技，2003（04）：39-44.
[91] 王亚明，石军，申长雨，等. 非晶高聚物玻璃化转变过程的动态力学特征[J]. 郑州工业大学学报，1999（01）：28-29.
[92] 魏长庆，刘文玉，许程剑. 淀粉玻璃化转变及其对食品品质影响[J]. 粮食与油脂，2012，25（01）：4-6.
[93] 闫溢哲，史苗苗，刘延奇，等. 短直链淀粉-正辛醇复合物的制备及结构表征[J]. 食品科技，2016，41（06）：274-279.
[94] 姚远，丁霄霖，吴加根. 淀粉回生研究进展（Ⅰ）回生机理、回生测定方法及淀粉种类对回生的影响[J]. 中国粮油学报，1999，14（02）：24-31.
[95] 易小红，邹同华，刘斌. 聚合物玻璃化转变理论在干燥食品加工储藏中的应用[J]. 食品研究与开发，2007（09）：178-182.
[96] 战希臣，陈淑花，詹世平，等. 含水量对淀粉玻璃化转变特性的影响[J]. 精细化工，2006（04）：397-399.
[97] 詹世平，陈淑花，刘华伟，等. 分子量对淀粉玻璃化转变温度的影响[J]. 食品工业科技，2006（03）：55-57+60.
[98] 詹世平，陈淑花，刘华伟，等. 玻璃化转变与食品的加工、储存和品质[J]. 食品工业，2006（02）：51-52.
[99] 赵凯，李君，刘宁，等. 小麦淀粉老化动力学及玻璃化转变温度[J]. 食品科学，2017，38（23）：100-105.
[100] 张坤玉，冉祥海，吴航，等. 新型热塑性淀粉的制备和性能[J]. 高等学校化学学报，2009，30（08）：1662-1667.
[101] 张力田. 淀粉糖[M]. 中国轻工业出版社：北京，1998.
[102] 张力田. 玉米的工业应用[J]. 淀粉与淀粉糖，1998，2：1-3.
[103] 张力田. 变性淀粉[M]. 华南理工大学出版社：广州，1999.
[104] 张燕萍. 变性淀粉制造与应用[M]. 北京：化学工业出版社，2001.
[105] 周顺华，陶乐仁，刘宝林. 玻璃化转变温度及其对干燥食品加工贮藏稳定性的影响[J]. 真空与低温，2002（01）：48-52+56.
[106] 朱平平. 新编高聚物的结构与性能[J]. 高分子通报，2010，132（04）：100.
[107] 周文彬. 不同品种及栽种方式对于芋淀粉微细结构的影响[D]. 静宜大学（台湾），2002.
[108] 邹丁艳，徐铮，吴旭晴，等. 差示扫描量热法（DSC）在聚合物研究中的应用[J]. 浙江化工，2020，51（12）：46-48.

第二章
淀粉改性技术概述

第一节　淀粉改性的概念与分类

一、淀粉改性的必要性

在现代食品加工操作中，通常要经历高温加热、剧烈搅拌或低温冷冻等工艺环节，这些操作将导致淀粉黏度降低和胶体性能破坏。原淀粉的性质不能满足上述加工条件的要求，于是工业上对淀粉进行改性处理，改善其抗热、酸和剪切力的能力，提高其稳定性。同时，淀粉作为食品工业中的重要基础原料，除了提高食品加工性能外，还有一个重要的特性是提供营养，但原淀粉在体内消化速率较快并导致餐后血糖升高，属于高血糖生成指数（glycemic Index，GI）食品，不适合一些特定人群长期食用，而其对食品口感和质构的调整效果往往是其他食品原料所不能替代的。因此，需要通过对其进行改性处理，改善其消化吸收速度，增强营养价值，如近几年兴起的抗性淀粉、缓慢消化淀粉以及难消化糊精等都属于此类改性产品。具体来讲，原淀粉的局限性主要体现在以下几个方面：

（一）口感差、糊凝胶不稳定

淀粉具有一定的形成凝胶的能力，不同淀粉存在一定差异（见图 2-1），一般直链淀粉含量高，凝胶形成能力强。淀粉凝胶的强度和稳定性，对产品的风味形成和结构有影响，而原淀粉形成的凝胶容易析水，稳定性差。

图 2-1　三种淀粉形成的凝胶

（从左到右依次为玉米、蜡质玉米和木薯淀粉）

（二）黏度不稳定

这体现在以下几个方面：一是不同植物、不同地域淀粉黏度不一致；二是淀粉糊受热达到糊化温度后黏度急剧增加，无法控制；三是存在剪切稀化效应，机械力、低 pH、高温作用后黏度下降。

（三）稳定性差、易老化

将原淀粉加热后，形成淀粉糊，但是其形成的淀粉糊稳定性很差，在冷却过程中依淀粉的种类和来源会发生不同程度的老化现象。尤其在冷藏过程中更为明显，淀粉老化后会导致食品脱水收缩、质构劣化。

（四）溶解性、分散性差

原淀粉颗粒具有流动性和排水性，在冷水中不溶解、不膨胀、无黏性。这使其在食品中很难达到充分的溶解、分散状态。

（五）糊的透明度差

不同原淀粉糊的透明度存在差异，一般来讲玉米、小麦等谷物淀粉糊的透明性差，而根茎类淀粉，如马铃薯淀粉则具有相对较好的透明度。在将淀粉应用于诸如水果馅和凝胶剂等需要较高透明度的食品中时，则必须对其进行相应的改性处理，以提高其透明度。

原淀粉上述性质的局限性，使得其在食品及其他工业中的应用受到很大限制，因此必须采用不同的技术手段对淀粉进行改性处理，以拓宽其应用领域。

二、淀粉改性的目的

淀粉改性的目的主要是改善原淀粉的加工性能和营养价值，一般可从以下几个方面考虑：

（一）改善蒸煮特性

通过变性改变原淀粉的蒸煮特性，降低淀粉的糊化温度，提高其增稠及质构调整的能力。

（二）延缓老化

采用稳定化技术，在淀粉分子上引入取代基团，通过空间位阻或离子作用，阻碍淀粉分子间以氢键形成的缩合，提高其稳定性，从而延缓老化。

（三）增加糊的稳定性

高温杀菌、机械搅拌、泵送原料，酸性环境都容易造成原淀粉分子分解或剪切稀化现象，使淀粉黏度下降，失去增稠、稳定及质构调整作用。在冷冻食品中应用时，温度波动容易使淀粉糊析水，从而导致产品品质下降。要保证淀粉在上述条件下能正常应用，则需对淀粉进行交联变性或稳定化处理，提高其稳定性。

（四）改善糊及凝胶的透明性及光泽

淀粉在一些凝胶类及奶油类食品中应用时，要求其具有良好的凝胶透明性及光泽，一般可通过对淀粉进行酯化或醚化处理。典型的例子就是羟乙基淀粉。羟乙基淀粉作为水果馅饼的馅料效果非常好，因为其透明度高，从而使得产品具有较好视觉吸引力。

（五）引入疏水基团，提高乳化性

构成淀粉分子的葡萄糖单体具有较多的羟基，具有一定的水合能力，可结合一定量的自由水。但其对疏水性物质没有亲和力，通过在其分子中引入疏水基团来实现，如在分子上引入丁二酸酐，使其具有亲水、亲油性，而具有一定的乳化能力。

（六）提高淀粉的营养特性

淀粉本身具有营养性，是食品中主要的供能物质之一。但其具有较高的热量，对于一些特定人群如糖尿病人、肥胖及高脂血症患者等，则不适合大量长期作为主食。这样可通过对淀粉进行物理或酶改性制备低能量的改性淀粉制品（抗性淀粉、缓慢消化淀粉等）以满足上述人群的营养需求，同时对健康人也具有良好的保健功能。

三、淀粉改性的概念与分类

（一）淀粉改性的概念

淀粉改性是指在淀粉固有特性的基础上，为改善其加工操作性能，扩大淀粉的应用范围，利用加热、酸、碱、氧化剂、酶制剂以及具有各种官能团的有机反应试剂改变淀粉的天然性质，增强某些机能或引进新的特性。

（二）淀粉改性技术的分类

按照改性的技术方法及改性后淀粉的变化情况，淀粉的改性可分为物理改性、化学改性、酶改性及复合改性四类，具体分类情况见图 2-2。

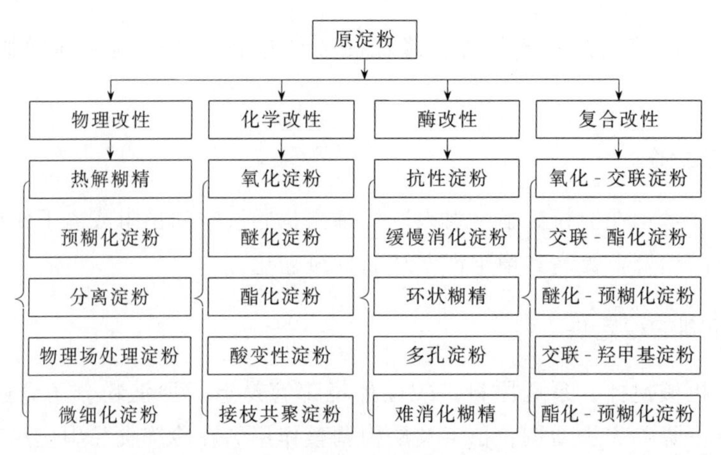

图 2-2 淀粉改性技术分类

1. 物理改性

物理变性是通过加热、挤压、辐射等物理方法使淀粉微晶结构发生变化，而生成工业所需要功能性质的淀粉改性技术。通过物理改性技术生产的淀粉有预糊化淀粉、微细化淀粉、辐射处理淀粉及颗粒态冷水可溶淀粉等。

2. 化学改性

化学改性是将原淀粉经过化学试剂处理，发生结构变化而改变其性质，达到应用的要求。总体上可把化学改性淀粉分为两大类，一类是改性后淀粉的分子量降低，如酸解淀粉、氧化淀粉等。另一类是改性后淀粉的分子量增加，如交联淀粉、酯化淀粉、羧甲基淀粉及羟烷基淀粉等。

3. 酶改性

酶改性是通过酶作用改变淀粉的颗粒特性，链长分布及糊的性质等特性，进而满足工业应用需要的改性技术。通过酶改性技术生产的淀粉有抗性淀粉、缓慢消化淀粉及多孔淀粉等。

4. 复合改性

复合改性是指将淀粉采用两种或两种以上的方法进行处理。可以是多次化学改性处理制备复合改性淀粉，如氧化-交联淀粉、交联-酯化淀粉等；也可以是物理改性与化学改性相结合制备改性淀粉，如醚化-预糊化淀粉等。采用复合改性得到的改性淀粉具有每种改性淀粉各自的优点。

（三）淀粉改性的方法及作用

1. 物理改性的方法及作用

物理改性的方法主要包括预糊化、热处理、糊精化、辐射处理、超声波处理、微波处理、挤压处理、超高压处理、微细化处理等，具体内容见本书第三章。

2. 化学改性的方法及作用

(1) 交联　交联处理是一种重要的淀粉化学改性方法，通过引入双官能团或多官能团试剂，与颗粒中两个不同淀粉分子中的羟基发生反应，形成醚化或酯化键而交联起来。新形成的化学键加强了原来存在的氢键的结合作用，从而延缓了颗粒膨胀的速率，降低了膨胀颗粒破裂的程度。交联处理后的淀粉，糊黏度增高，具有耐酸、耐高温、耐剪切力的作用。淀粉交联改性常用的交联剂有三氯氧磷、三偏磷酸钠及环氧氯丙烷三种。淀粉与三氯氧磷、三偏磷酸钠的交联反应原理见图 2-3、图 2-4。

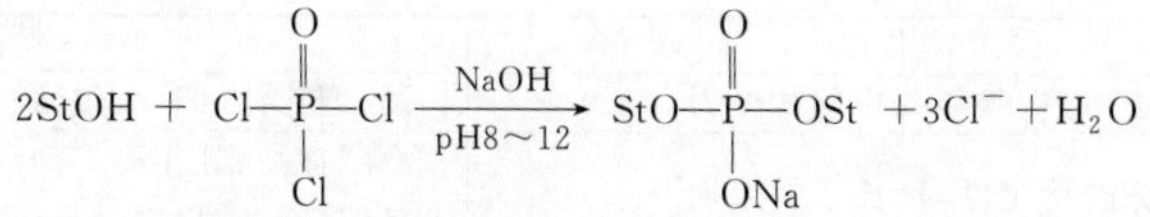

$$2StOH + Cl-\overset{\overset{O}{\|}}{\underset{\underset{Cl}{|}}{P}}-Cl \xrightarrow[pH8\sim12]{NaOH} StO-\overset{\overset{O}{\|}}{\underset{\underset{ONa}{|}}{P}}-OSt + 3Cl^- + H_2O$$

图 2-3　淀粉与三氯氧磷交联反应原理

(2) 稳定化　稳定化法是另一种重要的改性方法，常与交联联合应用。稳定化法的主要目的是阻止老化，从而延长产品货架期。在这种改性中，在淀粉颗粒的分子中引入较大的基团，形成空间位阻，使淀粉的糊化温度降低，黏度增大，糊透明度增加，老化程度降低，抗冷冻性能提高。利用稳定化技术制备的淀粉包括醚化淀粉和酯化淀粉。

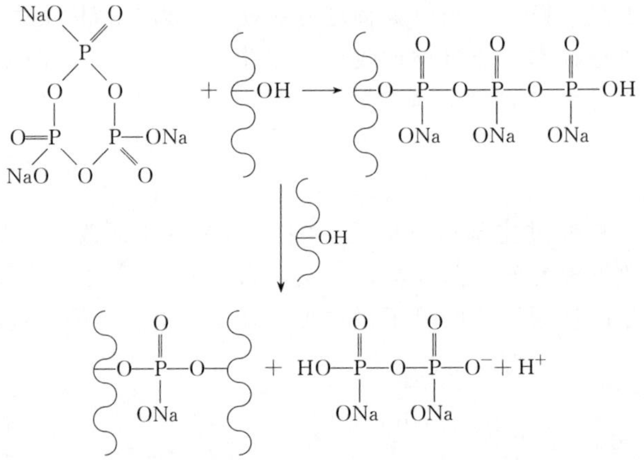

图 2-4　淀粉与三偏磷酸钠反应生成淀粉单磷酸酯和淀粉双磷酸酯的原理

（3）转化　淀粉的转化包括酸变性、氧化和糊精化。其中糊精化主要属于物理变性范畴。这里主要介绍前两种转化方法。

酸变性主要依靠 α-1,4 和 α-1,6 糖苷键水解，而不是依靠—OH 基团的化学反应。酸变性淀粉是在淀粉的糊化温度以下，用盐酸或硫酸（0.1～0.2mol/L）在 30～45℃处理淀粉乳［约 40%（质量浓度）］得到的。形成的酸变性淀粉所需时间以产品的最终用途来决定，在制备过程中要检测产品的黏度，以便决定何时这一批产品符合指标要求。达到预定要求的混合物用无水碳酸钠中和，产品经过分离、洗涤和干燥得到成品。酸变性淀粉的糊黏度远低于未改变的淀粉，透明度高。在软甜食制造中应用广泛，例如果冻和婴儿甜食。

氧化淀粉的生产主要应用碱性次氯酸钠。通过氧化反应生成羧基（—COOH）和羰基（C═O），生成量和相对比例因反应条件不同而存在一定差异。氧化反应主要发生在淀粉颗粒的不定形区，氧化后淀粉原有的结晶结构变化不大，颗粒仍保持原有的偏光十字和 X 射线衍射图谱。氧化淀粉颜色洁白、糊化温度降低、热糊黏度低、透明度高。氧化淀粉在食品工业中主要用于汤和酱类、罐装水果、快餐、糖果、涂膜和挤压小吃食品中。

（4）亲脂取代　淀粉的亲水性使它有与水互相作用的倾向，通过亲脂取代可转换成亲水-疏水二重性。这对于稳定物质间如油和水间反应有特别的作用。为了得到这种性质，对已经具有亲水性的淀粉必须引入亲油性基团。辛烯基琥珀酸酯基含有 8 碳链，提供了脂肪模拟物的特性。淀粉辛烯基琥珀酸酯可稳定乳浊液的油-水界面。淀粉的葡萄糖部分固定住水而亲油的辛烯基固定住油。该类改性淀粉主要用于调味品和饮料。淀粉化学改性的方法、对食品体系的改善效果及应用见表 2-1。

表 2-1　淀粉化学改性方法、作用效果及应用

改性方法	作用效果	典型用途
交联	改善加工过程中对热、酸和剪切的承受力	汤、调味汁、肉汁、烘焙食品、奶制品、冷冻食品
稳定化	很好的冷藏及冻融稳定性，延长了货架期	冷藏食品、乳化稳定剂、布丁、糖果、快餐、熟肉制品、土豆泥、面条、烘焙食品、烘焙馅料、快餐食品
亲脂取代	改善任何含油/脂肪产品品质的乳浊液稳定性，防止氧化以降低腐败	饮料、色拉调味品
转化	降低淀粉的分子量，降低体系黏度，提高透明度，降低糊化温度	果冻、婴儿甜食、酱类、罐装水果、快餐、糖果、涂膜、挤压小吃食品

3. 酶改性的方法及作用

酶改性的方法主要通过酶解改变淀粉的分子大小和结构，形成特定的颗粒或分子形态。主要依靠不同淀粉酶及改变处理条件来获得所需要的改性淀粉，具体内容见本书第四章。

4. 复合改性的方法及作用

目前在国内、外淀粉生产企业，开始较大量地生产复合改性淀粉，其主要形式有两种：一种是多元改性淀粉，另一种是共混改性淀粉，下面分别给予简要介绍。

（1）多元改性淀粉　多元改性淀粉主要包括阳离子-氧化淀粉、阳离子-磷酸酯淀粉、交联-氧化淀粉、交联-醋酸酯淀粉、酯化-氧化淀粉、交联-羟甲基淀粉等近10个品种。这些品种已工业化生产，并已较大量供应造纸、纺织、食品、建材等行业，其中除国外进口（或外资企业在国内生产的）产品，在国内生产的产品其质量稳定性都还是或多或少存在问题，主要体现在以下几个方面：

① 原淀粉性质的影响。目前多元改性淀粉都是以单一的原淀粉为原料进行生产，如木薯阳离子氧化淀粉或玉米两性淀粉等，这导致改性后的淀粉还带有原淀粉的某些特性。

② 改性程度的影响。例如，作为造纸表面施胶剂的阳离子氧化淀粉，其阳离子淀粉的取代度应选择多少。氧化淀粉的氧化度应取多少，当前后出现矛盾时，应以哪一项指标为主？

③ 改性顺序的影响。最终的使用效果决定多元改性工艺顺序，例如阳离子-氧化淀粉，是先醚化后氧化，还是先氧化后醚化？

以上三点，关系到最终目标的实现，以及工艺的合理性和生产消耗指标的合理性。

（2）共混改性淀粉

① 以不同原淀粉生产的同一品种的改性淀粉，按一定的比例复合。例如以玉米阳离子淀粉和木薯阳离子淀粉的复合，这类产品克服了因原料淀粉性能的差异带来的改性淀粉性能差异。

② 以一种原淀粉生产的不同品种的改性淀粉，按一定的比例复合。例如木薯酯化淀粉和木薯交联淀粉复合，这类产品在充分考虑原淀粉性能的基础上充分利用酯化淀粉和交联淀粉的各自优点，做到在性能上取长补短，达到较理想的目的。

③ 以不同原淀粉生产的不同品种的改性淀粉按比例复合。例如玉米交联淀粉和木薯氧化淀粉复合，这类产品既考虑到原淀粉性能的差异，又考虑到不同的品种改性淀粉性能的差异，使产品的综合性能达到完美的程度。

第二节　淀粉改性程度的评价方法

一、改性淀粉通用的评价方法

（一）颗粒特性

不同来源和种类的淀粉一般具有特定的颗粒形貌，可用于对淀粉的来源和特性进行初步判断，淀粉经过改性处理后，一般会造成颗粒特性的改变，而这些改变往往又与淀粉的性质变化密切相关，在实际测定中可采用光学显微镜、偏光显微镜、电子显微镜（扫描和透射电镜）以及原子力显微镜进行观察，比较与原淀粉的差异，从而为研究改性后淀粉的性质变化提供依据。

（二）热焓特性

分析淀粉的热焓特性可采用TG（热-重分析）、DTA（差热分析）和DSC（差示扫描量热分析）等方法进行，其中最普遍采用的方法是DSC法。淀粉在相变过程（糊化、老化、玻璃化转变、复合物形成等）中要吸收或放出能量，这些过程在DSC曲线上则表现为吸热或放热峰，峰面积的大小与相变的焓值对应，原淀粉进行DSC测定时，特征峰的参数是相对固定的，而经过改性处理后，无论是相变焓值还是出峰位置及参数都将发生变化，我们可据此对淀粉的糊化、老化及玻璃化转变等特性进行分析和推断。

（三）结晶特性

淀粉是典型的二相结构，颗粒内具有结晶区和不定形区，一般原淀粉的结晶区占25%～30%，不定形区占75%～80%。对淀粉进行改性处理后，将在一定程度上改变原淀粉结晶区和不定形区的结构和比例，从而对淀粉的性质产生影响，一般可通过X射线衍射分析的方法测定淀粉的结晶度，从而反映改性对淀粉结晶特性的影响，一般测定淀粉的结晶度应在平衡水分含量后进行，水分过高和过低都将影响测定结果的准确性。

（四）糊的性质

1. 黏度

黏度是反映淀粉性质的重要指标，其测定可用恩氏黏度计、流度计、毛细管黏度计、旋转黏度计、Brabender黏度计（viscograph）和快速黏度分析仪（RVA）等仪器来测定。其中以后两种方法测定的黏度作为依据最为理想，也符合国际标准的要求。但该两种仪器价格昂贵，维修及运转成本较高。改性淀粉糊为非牛顿流体性质，其黏度测定不太适合用管式黏度计。但一般测定可采用旋转黏度计进行。测定过程中要注意取样浓度、糊化方式和步骤、温度、转子规格、转速等对测定结果的影响。

2. 溶解性

淀粉分子有众多的羟基，亲水性很强，但淀粉颗粒不溶于水，这是因为羟基之间通过氢键结合的缘故。在实际应用中，是把淀粉溶解于一定温度的水中，使其分散成均一稳定的淀粉糊，在此过程中天然淀粉发生溶胀，直链淀粉分子从淀粉粒向水中扩散，形成胶体溶液，而支链淀粉则仍保留在淀粉粒中。这是由于天然淀粉中的支链淀粉构成连续有序的立体网络，直链淀粉螺旋分子伸展成直线形分散于其中。当形成的胶体溶液冷却后，直链淀粉即沉淀析出，不能再分散于热水中；如果溶胀后的淀粉粒在热水中再加热，支链淀粉便分散成稳定的黏稠胶体溶液，冷却后也无变化。测定淀粉的溶解特性时，通常将淀粉分散在水中形成淀粉乳，置于离心管中，在一定温度下水浴加热30min，然后离心，将上清液于130℃烘干并称重，溶解率为上清液干重与起始淀粉重量的比值。

3. 膨胀力

淀粉吸水膨胀能力在不同品种之间存在差别。膨胀力的测定是分散一定质量的淀粉于水中形成淀粉乳，置于离心管中，在一定温度下水浴加热30min，然后离心，膨胀力为湿淀粉重量与起始淀粉重量的比值。

4. 透明度

在一些食品的加工中要求淀粉具有较好的透明度，以使食品具有良好的色泽和质地。淀粉透明度的测定一般将淀粉配成浓度为1%（质量浓度）的淀粉乳，放入沸水中加热糊化并保温15min，冷却至室温或放入冰箱内降温至4℃，用722型光栅分光光度计，以蒸馏水为空白，在波长650nm处测其透光率，同一样品测定三次，取平均值。以透光率来表示淀粉糊的透明度，透光率越高，糊的透明度也越高。

5. 冻融稳定性

在一些冷冻食品中应用的淀粉，要求其具有良好的冻融稳定性，以确保在解冻后食品具有良好的质构状态。其测定时一般将淀粉配成3%～6%的淀粉乳，然后糊化、冷却，取其中10mL倒入塑料离心管中，加盖，置于－10～－20℃的冰箱内冷却，一昼夜后取出，室温下自然解冻6h，然后用离心机以3000r/min的转速离心10min，计算出冻融一周期后析出水的百分率。以析水量小的淀粉样品冻融稳定性较好。

冻融稳定性的测定也可通过冻融循环后淀粉糊的析水情况分析，一般将上述糊化、冷冻一昼夜后的淀粉取出自然解冻，观察糊的冷冻状况，然后再放入冰箱内冷冻、解冻，直至有清水析出为止。记录冷冻次数即为淀粉糊的冻融稳定性，冷冻次数越多，冻融稳定性越好。

6. 成膜性

淀粉具有一定的成膜性，尤其是经过酶处理后的淀粉，形成的膜具有很好的强度和隔氧性，适合用作食品的包装膜。淀粉的成膜性测定主要包括以下几个方面：

（1）膜厚度　以千分尺在被测膜上随机取5～10点测定，取平均值，膜厚单位为mm。

（2）抗张强度（TS）和伸长率（E）　用纸张抗拉力试验机测定膜破裂时的抗拉力（F）并读取伸长率，试验5个样品后取平均值。抗张强度以单位横截面积的抗张力表示，按下式计算：$TS=F/S$（式中S为检验前试样的截面积，m^2；抗张强度单位为MPa）。

（3）折痕　将被测膜来回对折，观察折痕明显程度，分为5级，折痕越明显级别越高。

（4）透明度　将被测膜切成矩形，贴于比色皿表面，在650nm下测其透光率（%），以大小定量。

7. 凝沉性

淀粉的凝沉性与淀粉的老化性具有相关性，是淀粉糊性能测定的一项重要指标。测定时一般将淀粉调成浓度为1%（质量浓度）的淀粉乳，于沸水中加热糊化并保温15min，冷却至室温，取50mL淀粉糊移入50mL的量筒中，静置，每隔1小时记录上层清液体积。

8. 酶解性

酶解性反映出淀粉水解的难易程度，其测定一般是将1.0g淀粉溶于30mL磷酸缓冲液（0.2mol，pH6.9），在95℃水浴中加热30min，待冷却到25℃后加入320单位的α-淀粉酶。在60℃恒温水浴震荡酶解2h后，用5mL 1%（质量浓度）硫酸终止酶解。离心后用80%乙醇洗未被酶解的产物，再次离心后于 80℃烘箱内将沉淀物干燥至恒重，同时每个样品在不加酶的条件下做同样的操作以校正可溶性糖。淀粉酶解率表示酶解后淀粉重量的降低率。

（五）质构特性

质构特性是淀粉的重要特性，对食品加工品质具有很大影响，目前一般采用质构仪对淀粉的质构特性进行分析和评价。质构仪是模仿口腔咀嚼动作来破碎食品时的阻力变化，并用应变大小来记录的客观测定仪器。其原理如图 2-5 所示。测定时柱形压头上下运动，像咀嚼食品一样，将载物器上的试料反复压碎。支持载物器的悬壁杆与应变计相连，可连续测定压头上下运动时试样所受压、拉力，并通过以一定速度卷动的记录纸来记录力的变化。采用物性测试仪对淀粉凝胶进行测定后，得到类似图 2-6 所示的特征曲线，从中分析可得出试样的大部分质构特性。

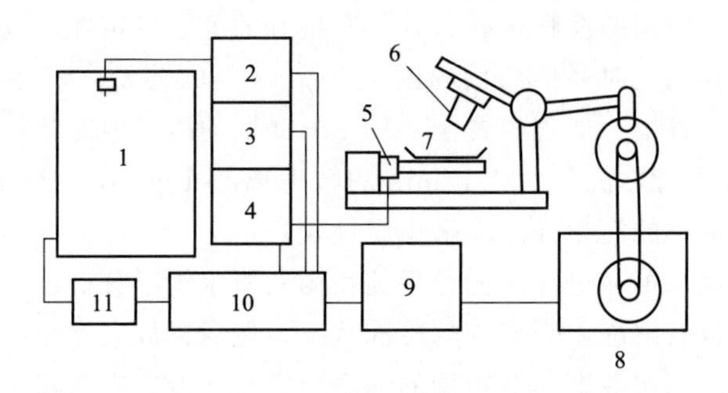

图 2-5　物性测试仪构造简图

1—记录笔和记录纸；2—分配器；3—电桥回路；4—电压计；5—应变测压器；6—压头；7—盘；8—电机和变速机构；9—电源；10—控制板；11—记录仪

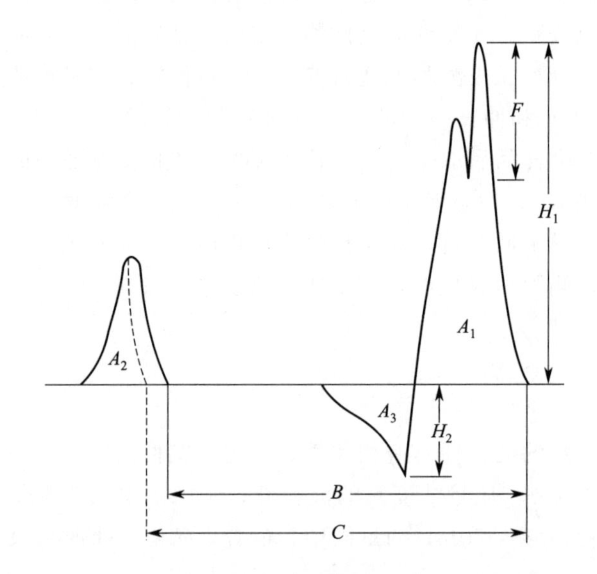

图 2-6　食品质构特征曲线

F—第一个肩峰高度；H_1—第一波峰高度；H_2—第三波峰高度；

C—用典型无弹力物质（如黏土），做相同试验时所测得的两次压缩接触点间的距离；

B—用试样做相同试验时所测得的两次压缩接触点间的距离

在图 2-6 中，从右至左记录了破碎动作的第一次（A_1）和第二次（A_2）力和时间的变化。由此曲线可以得到如下参数。

1. 硬度（hardness）

H_1/U，H_1 为第一波峰高度，U 为所加电压。

2. 凝聚性（cohesiveness）

A_2/A_1，A_2 为第二波峰面积，A_1 为第一波峰面积。

3. 弹性（springiness）

C-B，C 为用典型无弹力物质（如黏土），作相同试验时所测得的两次压缩接触点间的距离；B 为用试样做相同试验时所测得的两次压缩接触点间的距离。

4. 黏性（gumminess）

硬度×凝聚性。

5. 脆性（brittleness）

F/U。F 为第一个肩峰高度，U 为所加电压。

6. 黏着性（adhesiveness）

A_3/U，A_3 为面积，U 为所加电压。

7. 胶黏性（stickiness）

H_2/U，U 为所加电压，H_2 为第三波峰高度。

8. 咀嚼性（chewiness）

硬度×凝聚性×弹性。

二、化学改性程度的评价方法

（一）取代度

淀粉衍生物都以取代度（degree of substitution，DS）表示取代基的取代程度。取代度指淀粉分子中每个葡萄糖中被取代基取代的平均羟基数。淀粉中大多数葡萄糖基有 3 个可被取代的羟基，因此 DS 的最大值为 3。有的取代反应如烷基醚化反应，取代基与试剂进一步反应形成聚合物取代时，用分子取代度（molar substitution，MS）来表示，即平均每个脱水葡萄糖单位结合的试剂分子数，因此，分子取代度可大于 3。取代度的计算式如下：

$$DS=\frac{162\omega}{100M_r-(M_r-1)\omega}$$

式中　ω——取代物的质量分数，%；

　M_r——取代物的分子量。

不同化学改性淀粉的取代度测定方法不同，如磷酸酯淀粉、羧甲基淀粉、醋酸酯淀粉、羟烷基淀粉、阳离子淀粉及辛烯基琥珀酸酯淀粉都有各自的取代度测定方法，在此不一一介绍，具体可参见其他淀粉改性方面的著作。

（二）交联度

大多数交联淀粉的交联度都是低的，因此很难直接测定交联淀粉的交联度。对于低交联的交联淀粉，受热糊化时黏度变化较大，可根据低温时的溶胀和较高温度时的糊化进行测定，而高交联度的交联淀粉在沸水中也不糊化，故只能测定淀粉颗粒溶胀度，或直接测定交联基的含量，下面简要介绍交联度测定中常用的溶胀法。

1. 操作

准确称取已知水分的交联淀粉样品0.5g于100mL烧杯中，加入蒸馏水25mL，配成2%的淀粉溶液，放入恒温水浴中，稍加搅拌，在82～85℃溶胀2min，取出冷至室温后，在2支刻度离心试管中分别倒入10mL糊液，对称装入离心机内，缓慢加速至4000r/min，然后用秒表计时，离心2min后取出离心管，将上层清液倒入一个培养皿中，称取离心管中沉浆质量m_1，再将沉浆置于另一培养皿中于105℃烘干，称得沉积物干质量m_2。

2. 计算

交联淀粉颗粒的溶胀度由下式计算。

$$溶胀度(\%)=\frac{m_1}{m_2}\times 100\%$$

式中　m_1——沉浆质量，g；

m_2——沉积物干质量，g。

（三）分解度

分解度主要用于分析氧化或酸解淀粉的改性程度，考察其分子量降低的程度，一般采用乌氏黏度计进行测定。具体方法如下：

1. 操作

准确称取2.0～2.5g氧化或酸解淀粉（绝干），分散在300mL蒸馏水中，在沸水浴中加热30min（不停地搅拌）。冷至室温，加入100mL 5mol/L KOH溶液，并用蒸馏水稀释至500mL，制得含0.4%～0.5%淀粉的1mol/L KOH溶液。还可用1mol/L KOH溶液稀释成含0.1%～0.3%淀粉的1mol/L KOH溶液。

用乌氏黏度计在（35±0.2)℃温度测定1mol/L KOH溶液流过黏度计的时间t_0，测定上述浓度淀粉试液的流过时间t_1、t_2及t_3。由公式$\eta_{sp}=(t-t_0)/t_0$计算出增比黏度，然后以η_{sp}/C对C（C为浓度，单位为g/100mL）作图，在图上至少得到3点（c_1：η_{sp}/c_1，c_2：η_{sp}/c_2，c_3：η_{sp}/c_3）。用这3点连线并外推使$C\rightarrow 0$，得[η]。称取同样质量的原淀粉做空白，操作与上述样品相同，得到[η_0]。

2. 计算

氧化或酸解淀粉的分解度如下式计算。

$$分解度(\%)=\frac{[\eta_0]-[\eta]}{[\eta_0]}\times 100\%$$

（四）接枝率

接枝率是去除均聚物的淀粉接枝共聚物中含有接枝高分子的质量百分率。其测定原理是用酸将已去除均聚物的接枝共聚物中的淀粉水解掉，然后过滤，所得产物即为接枝到淀粉上的高分子物质。

1. 操作

在除去均聚物的试样中，加入100mL 1mol/L的盐酸，在98℃水浴中回流水解10h，将淀粉彻底水解，水解程度用I_2-KI溶液检验。然后用1mol/L的NaOH中和，过滤，水洗至无Cl^-（用$AgNO_3$溶液检验），所得不溶物即为接枝到淀粉上的高聚物，将此不溶物在105～110℃烘箱中烘至恒重，准确称其质量，精确至0.001g。

2. 计算

$$接枝百分率(\%)=\frac{m_2}{m_1}\times 100\%$$

式中　m_1——除去均聚物的接枝淀粉的质量，g；

m_2——接枝到淀粉上的高聚物质量，g。

（五）羰基含量

羰基含量是分析氧化淀粉的改性程度的指标之一，主要利用羟胺法测定。利用羰基与羟胺反应生成氨，然后用酸滴定，求得羰基含量。

1. 操作

称取过40目筛的氧化淀粉样品5.000g（绝干），置于250mL中，加100mL蒸馏水，搅拌均匀，在沸水浴中使淀粉充分糊化。冷却至40℃，调pH至3.2，移入500mL带玻璃塞的三角瓶中，精确加入60mL羟胺试剂（将25.00g盐酸羟胺溶于蒸馏水中，加入100mL 0.5mol/L NaOH，用蒸馏水稀释到500mL，此溶液不稳定，应在2d内使用），加塞，在40℃保持4h。用0.1000mol/L HCl标准溶液快速滴定到pH3.2，记录消耗的体积（mL），称取同样质量的原淀粉进行空白滴定。

2. 计算

$$羰基含量(\%)=\frac{(V_1-V_2)\times 0.1000\times 0.028}{m}\times 100\%$$

式中　V_1——滴定空白HCl标准液用量，mL；

V_2——滴定样品HCl标准液用量，mL；

m——样品质量，g。

（六）羧基含量

羧基含量是分析氧化淀粉改性程度的指标之一。主要原理是将含羧基的淀粉用无机酸将羧酸盐转变成酸的形式，过滤，用水洗去阳离子和多余的酸，洗涤后的试样在水中糊化并用标准碱液滴定。

1. 操作

称取5.000g或0.1500g（后者用于高氧化度淀粉）样品于150mL烧杯中，加25mL 0.1mol/L HCl溶液，混合物在30min内不断摇动搅拌，然后用玻璃砂芯漏斗过滤，用无氨蒸馏水洗至无氯离子为止。将脱灰后的淀粉转移到600mL烧杯中，加300mL蒸馏水，加热煮沸，保温5～7min，趁热以酚酞作指示剂，用0.1mol/L的NaOH标准溶液滴定至终点，消耗的体积为V_1。

空白：原淀粉于600mL烧杯中加300mL蒸馏水糊化，用NaOH标准溶液趁热滴定至酚酞变色，消耗的体积为V_2。

2. 计算

$$羧基含量(\%)=\left(\frac{V_1}{m_1}-\frac{V_2}{m_2}\right)c\times0.045\times100\%$$

式中 m_1——氧化淀粉称样量，g；

m_2——原淀粉称样量，g；

c——NaOH标准溶液浓度，mol/L。

（七）双醛淀粉中双醛含量的测定

称取已知湿度的双醛淀粉0.1500～0.2000g，置于125mL锥形瓶中，用移液管加入10mL标准无碳酸盐的0.25mol/L NaOH溶液，慢慢转动烧瓶，并立即置于圆形开口直径5.5cm的蒸汽浴中1min。取出烧瓶，立即置于沸水中并快速转动1min。用移液管加入15mL标准0.25mol/L H_2SO_4溶液、50mL水和2滴0.1%酚酞，用0.25mol/L NaOH标准溶液滴定至终点。

三、物理改性程度的评价方法

（一）糊化度

糊化度是淀粉的一个非常重要的质量指标，因为原淀粉正是通过糊化来满足生产需要的。糊化时，淀粉颗粒的双折射性、糊的黏度透明度、淀粉结晶性、淀粉对酶或化学试剂的反应性，都发生了改变，可以根据这些现象来检测淀粉的糊化程度。糊化淀粉易被淀粉酶消化，生淀粉则难被消化，因此可用各种淀粉酶的消化性来检测糊化度，如葡萄糖淀粉酶法、淀粉糖化酶法、β酶法等。糊化淀粉能与碘结合为螺旋状复合物显蓝色，但生淀粉则不能，所以糊化淀粉越多，颜色越深，糊化度越高。将被测淀粉和完全糊化的淀粉溶液通过电流滴定法测定碘的结合量，两者之比可得出糊化度。当前比较公认的方法是酶法，其次是碘电流滴定法。这里介绍TaKa淀粉酶法测定淀粉糊化度的操作方法。

1. 操作

分别称取通过60目筛的磨碎试样1g（水分14%），置于2个100mL的三角瓶中，分别

标记 A_1、A_2，另取 1 个 100mL 的三角瓶，作为空白，标记为 B。向这 3 个瓶中各加入蒸馏水 50mL。

把 A_1 在沸水浴中煮沸 20min，然后将 A_1 三角瓶迅速冷却到 20℃（夏天高温时应将 A_1、A_2、B 3 个三角瓶一起迅速冷却到 20℃）。

把 A_1、A_2、B 3 个三角瓶中各加入 5% 的 TaKa 淀粉酶液 5mL（用时现配），在 37～38℃水浴中保温 2h，每 15min 搅拌 1 次，然后在 3 个三角瓶中迅速加入 1mol/L 盐酸溶液 2mL，用蒸馏水定容至 100mL，过滤后作检定溶液用。

各取检定溶液 10mL，分别置于 3 个 100mL 具塞磨口三角瓶中，各加入 0.1mol/L 碘液 10mL、0.1mol/L NaOH 溶液 18mL，然后加塞静置 15min。

静置后在上述 3 个三角瓶中各加入 10% 硫酸溶液 2mL，用 0.1mol/L $Na_2S_2O_3$ 标准溶液进行滴定，待试样颜色变为淡黄色时加入 1% 淀粉液作指示剂，继续滴定至蓝色消失，记录所消耗的 $Na_2S_2O_3$ 标准溶液的体积。

2. 计算

淀粉的糊化度按下式计算：

$$\text{糊化度}(\%)=\frac{(Q-P_2)}{(Q-P_1)}\times 100\%$$

式中　Q——空白试验所消耗的 $Na_2S_2O_3$ 标准溶液的体积，mL；

P_1——糊化完全时所消耗的 $Na_2S_2O_3$ 标准溶液的体积，mL；

P_2——待测试样所消耗的 $Na_2S_2O_3$ 标准溶液的体积，mL。

（二）吸水指数（WAI）

表示淀粉经过挤压处理后，挤出物吸收水分的程度。将一定水分含量的挤压样品悬浮于水中，在样品经过离心分离以及除去上层清液之后，每克样品所形成的胶凝体的质量。

（三）水溶性指数（WSI）

表示淀粉经过挤压处理后，挤出物吸收水分后，上层清液中所含原始样品的百分率。淀粉糊化程度高、降解程度大的样品水溶性指数大。

（四）含水酒精可溶碳水化合物

指用 80% 的酒精对样品进行萃取，萃取出的成分占整个样品的比例。在萃取过程中，分子量小于 2000 的糊精是可溶的，并能够被萃取出来。

（五）还原能力

可用于对淀粉降解性能的分析，如应用于淀粉挤压改性等过程的分析。淀粉在挤压过程中，除了发生糊化作用外，还会产生部分降解的糊化现象。其降解的程度可以用挤出物的还原能力表示，即

$$\text{还原能力}(\%)=\frac{\text{还原糖当量值}}{\text{总糖}}\times 100\%$$

还原糖当量值指挤出物的总还原能力折算成麦芽糖的含量，一般采用斐林法测定。

（六）粒度分布

用来测定粒度分布的方法较多，常用的有筛析法、显微镜法、沉降法和激光粒度测定法。

1. 筛析法

筛析法是用机械力摇动样品使之通过一系列一级比一级小的筛，并称量每个筛上保留的样品重量。筛子运动的形式会影响筛分过程和筛分结果，震动运动最有效，之后依次是旁敲运动、底敲运动、既有敲拍又有旋转的运动以及旋转运动。在筛分过程中时间是一个重要的影响参数，单位筛面积上粉末的载荷或厚度会影响筛分时间，用一组选定的筛来筛分一定量物料需要的时间应大致比例于筛的载荷。因此，用筛析法分析粉碎物粒度分布时，其运动形式、筛分时间和载荷都应该标准化。筛分操作完成后，应检查各级的重量总和与取样量的差值，不应超过1%～2%，否则需重新取样分析。

2. 显微镜法

显微镜法是测定粒度分布最直观的方法，其分析下限由镜头的分辨力决定。当颗粒粒度接近于光源的波长时就不能被分辨。对于白光，一般的显微镜用于测量从0.4～150μm的颗粒，用特殊透镜的紫外光源时下限可延伸到0.1μm。在超显微镜中由于有暗场照明，分辨力得以提高，可观测的粒度范围在0.01～0.2μm之间。

载物片上的颗粒粒径是用一个有标准刻度的测微器目镜来测量。调节测微器使目镜的瞄准线（或叉线）移动到颗粒的一边，并记录测微器上的读数；再把瞄准线移动到颗粒的另一边，并记录测微器上的读数。两次读数之差即是颗粒的直径。沿着一个任意固定的路线测量全部颗粒。

英国标准对显微镜计数规定至少要有625个颗粒，如果颗粒的粒度分布宽就必须数更多的颗粒，假如颗粒粒度分布窄则只要数200个颗粒就足够了。

采用显微照相、投影和自动扫描等手段，可减少操作人员的人工误差。

3. 沉降法

沉降法可用在1～200μm粒度范围内，确定粉碎物的粒度分布并计算颗粒粒度。沉降法又分为重力沉降和离心沉降两种方法。下面简要介绍重力沉降法的测定原理及方法。

重力沉降法是在专用的重力沉降粒度测定仪（带有自动记录仪）上进行，分析原理依据Stokes公式：

$$d=\sqrt{\frac{1.8\eta}{(\rho-\rho_0)g}\frac{H}{t}}$$

式中 d——颗粒直径，cm；

η——沉降液黏度，Pa·s；

ρ，ρ_0——颗粒和沉降液密度，g/cm^3；

t——沉降时间，s；

H——沉降高度，cm；

g——重力加速度，$980cm/s^2$。

当测得颗粒沉降至一定高度 H 所需时间 t 后，就可计算出沉降速度，进而计算出颗粒直径 d，以及粒度分布曲线。

4. 激光粒度测定法

激光粒度测定仪是一种先进的颗粒粒度测定仪器，它是让颗粒通过一个高速空气喷嘴而射出，颗粒速度由激光测速仪测量。由于在这个流动区域内任意一点的空气流速在整个测量期间保持恒定，这使得空气内的颗粒以不同的速度加速，这个速度只取决于粒子的大小。较小颗粒很快加速，较大颗粒则缓慢加速。激光测速系统在加速的流量喷嘴通道中测量颗粒速度，根据颗粒速度即可求出粒度大小。

如采用英国 Malvern 公司 Mastersizer 2000 式粒度分析仪进行粒度分析时，可将淀粉样品悬浮于水中，超声波分散后进样，根据激光衍射法进行自动分析，经计算机软件自动处理分析结果，可得到样品的粒径分布数据。实验条件如下：进样器，Hydro 2000MU（A）；遮光度，8.32%；颗粒折射率，1.330；颗粒吸收率，0；分析模式，通用；分散剂，蒸馏水；残差，18.651%。

激光粒度测定法对物料颗粒粒度的分辨率可靠，可达到 0.01μm 级，且灵敏度高，数据处理能力强，测定速度迅速、精度高，是一种先进的粒度测定方法。

（七）颗粒密度

该指标可用于分析预糊化淀粉的颗粒特性。测定过程为，称取一定质量的样品，倒入量筒中，测定其体积，以淀粉的质量（g）除以体积（mL）得密度。若两个样品的颗粒细度相同，但密度差别大，二者的颗粒形状就存在差别。

（八）糊精含量

糊精不溶于酒精，对斐林试剂具有微弱的还原作用，而麦芽糖具有醛基，能被斐林试剂还原。因此，可先用酒精将糊精沉淀，使其与麦芽糖分离，然后再进行测定。

1. 操作

将麦芽糖测定后的沉淀物（黏附于玻璃棒、烧杯和滤纸上的糊精）用 100mL 热水洗入 500mL 锥形瓶中，加入浓盐酸 4mL，在沸水浴上回流 3h，使糊精水解为葡萄糖，冷却后用 20%的 NaOH 溶液中和至微酸性，移入 250mL 容量瓶中，加水定容至刻度，摇匀。用移液管吸取斐林试剂甲液、乙液各 5mL 和蒸馏水 20mL 于 150mL 锥形瓶中。以糊精水解液代替葡萄糖溶液滴定斐林试剂。

2. 计算

样品中的糊精含量按下式计算：

$$糊精(\%)=\frac{RV\times 0.9}{WG}\times 100$$

式中　R——10mL 斐林试剂相当于葡萄糖的质量，g；

W——样品溶液消耗的体积，mL；

G——样品质量，g；

V——样品定容体积，mL；

0.9——葡萄糖换算成糊精的系数。

四、酶改性程度的评价方法

（一）还原力和DE值（GB/T 12099—89）

还原力是指淀粉水解产品的还原能力。以100g样品中无水D-葡萄糖的克数来表示。DE值也称葡萄糖值，用来了解产品的还原能力。以100g样品干基中无水D-葡萄糖的克数来表示，是还原糖（以葡萄糖计）占糖浆干物质的百分比。在麦芽糊精等以淀粉为原料，经酶制剂作用，再经精制、喷雾干燥制成的改性淀粉及其衍生物的分析中，用其来评价淀粉的水解程度，DE值越高，水解程度越高，产物甜度越高，也越容易吸潮，一般低DE值产品用于作填充剂。

1. 原理

用葡萄糖溶液滴定斐林试液，使葡萄糖将费林试剂的铜还原。当铜完全被还原后，稍过量的葡萄糖液就会进一步将指示剂亚甲基蓝还原，使溶液由蓝色变成无色，从而得到葡萄糖溶液体积耗用数，并转化成还原力和DE值。

2. 试剂

在测定过程中，只可使用分析纯试剂和蒸馏水。

（1）斐林试剂

甲液：硫酸铜五水合物（$CuSO_4 \cdot 5H_2O$）69.3g加水至1000.0mL。

乙液：酒石酸钠四水合物（$KNaC_4H_4O_6 \cdot 4H_2O$）346.0g和氢氧化钠（NaOH）100.0g加水至1000.0mL。使用前，若有沉淀，滤出清液。

混合斐林试剂：将100mL甲液和100mL乙液倒入干燥试剂瓶中，并很好地混合。此液仅在使用前配制。

（2）无水D-葡萄糖溶液，符合下列要求：

a. 溶液浓度为400g/L，这样可避免出现混浊和沉淀并保持溶液透明无色，可通过纳氏管来检验；

b. 按GB 12089规定的方法测定时，硫酸化灰分应不超过0.01%（质量分数）；

c. 麦芽糖和（或）异麦芽糖含量应不超过0.1%（质量分数），并检测不出较大分子量的糖。

（3）D-葡萄糖标准溶液　称取0.600g无水D-葡萄糖，精确至0.1mg。溶解于水中，再将溶液定量移入100mL的容量瓶内，加水至刻度，并摇匀。

（4）亚甲基蓝指示剂　1g/L水溶液。

3. 操作

（1）斐林试剂的标定　用吸管吸入25mL混合斐林试剂，将其注入干燥洁净的烧瓶中。将D-葡萄糖标准溶液注入25mL酸式滴定管至刻度。将18mL D-葡萄糖标准溶液从滴定管注入烧瓶，晃动烧瓶使其中的溶液混合。把烧瓶放在事先调节好的加热器上，以使秒表定时在（120±15)s内开始沸腾。使瓶中溶液沸腾并持续120s，以秒表定时，在这结束之后加入1mL亚甲基蓝指示剂溶液。然后，开始将滴定管中D-葡萄糖标准溶液滴入烧瓶，滴量每次0.5mL，直至指示剂蓝色消失。整个过程溶液始终保持沸腾，读取D-葡萄糖标准溶液的体积耗用数。整个滴定过程应在60s内完成，以使整个沸腾时间不超过180s。D-葡萄糖标准溶液的体积耗用数基本上在19～21mL之间。若超出此范围，可适当调整斐林试剂的浓度并重复整个标定过程。计算二次滴定的平均体积耗用数V_1（mL)。

（2）样品测定　取样品，精确至1mg，样品中还原糖的含量在2.85～3.15g之间。将样品溶于水中，然后将溶液定量地倒入500mL的容量瓶中，加水至刻度并充分摇匀。用样品液代替D-葡萄糖标准溶液进行滴定，读取样品液的体积耗用数V_2（mL)。样品液的体积耗用数基本上应在19～21mL之间。如超过，就要增加或降低样品液的浓度，并重复上述滴定过程。对同一样品进行二次测定。

4. 计算

（1）还原力计算　淀粉水解产品的还原力是以100g样品中无水D-葡萄糖的克数表示，计算公式如下：

$$RP=\frac{300\times V_1}{V_2\times m}$$

式中　RP——样品还原力，g/100g；

V_1——D-葡萄糖标准溶液的体积耗用数，mL；

V_2——样品液在测定时的体积耗用数，mL；

m——配制500mL样品液时样品的质量，g。

（2）DE值计算　DE值是以100g样品干基中无水D-葡萄糖的克数表示，计算公式如下：

$$DE=\frac{RP100}{DMC}$$

式中　DE——样品葡萄糖当量，g/100g；

RP——样品的还原力，g；

DMC——样品的干物质含量,%。

（二）脱支度

1. 操作

先配制1.0mg/mL麦芽糖标准溶液，再配制成浓度为0、0.10mg/mL、0.20mg/mL、0.30mg/mL、0.40mg/mL、0.50mg/mL、0.60mg/mL系列标准溶液，采用3,5-二硝基水杨酸比色法在520nm波长处测定吸光度，以麦芽糖浓度为横坐标，吸光度为纵坐标，绘制标准曲线。利用Bernfield方法，取2mL脱支处理后的淀粉液，稀释5倍，采用3,5-二硝基水杨酸比色法在540nm处测定吸光度，根据麦芽糖标准曲线计算出麦芽糖的量。

2. 计算

脱支度可按下式计算：

$$T_n(\%)=\frac{(R_n-R_0)}{(R_{24}-R_0)}\times 100\%$$

式中　T_n——nh 的脱支度，%；

R_n——脱支 nh 产生麦芽糖的量，mg；

R_0——脱支 0h 产生麦芽糖的量，mg；

R_{24}——脱支 nh 产生麦芽糖的量，mg。

（三）链长分布

参考 Suzuki 等（1981）的方法，取经脱脂处理淀粉或支链淀粉样品 25mg，以数滴酒精润湿分散，加入 2.4mL H_2O 以及 0.1mL 1.0mol/L pH 3.5 醋酸钠缓冲溶液，加入 3U 的异淀粉酶（Hayashibara Co.，Tokyo，Japan）后，于 45℃中水浴振荡 3h，取 1mL 进行 α-淀粉酶水解，确定反应完全后，以 1mol/L NaOH 调整 pH 至 6.5～7.0，加热 3min 终止酶反应，待冷却定容至 5mL 后，过离子交换树脂 IRA-400（Sigma chemical Co.，St. Louis，USA）。取 100μL 水解液打入于 60℃中平衡的 TSK-gel G3000 PWXL 及 G2500 PWXL×2 管柱（Visotek，Houston，Texas USA）的高效能分子筛层析系统（HPSEC）中，以含 0.02%NaN_3 的 0.3mol/L $NaNO_3$ 流速为 0.5mL/min 进行洗脱，配合多角度光散射检测器（multi-angle laser-lights cattering photometer，DAWN EOS，Wyatt Technology Inc.，Santa Barbara，USA）及折光检测器（OPTILAB DSP，Wyatt Technology Inc.，Santa Barbara，USA）进行分子量计算，测定链长分布。

（四）吸水、吸油率

吸水、吸油率一般用来评价多孔淀粉的改性效果。一般采用蒸馏水或植物油（如色拉油）与一定量淀粉混合，然后测定混合前后的质量差。测定程序如下：

将一定质量的多孔淀粉（干基，W_1）与水或色拉油混合搅拌 30min，转入已知质量的 G_2 砂芯漏斗（W_0）中，用循环水真空泵抽滤，直至无水或油滴滴下，准确称取吸附了水或油的多孔淀粉及漏斗质量（W_2）。根据前后的样品质量差计算吸水率、吸油率：

$$\text{吸水率、吸油率}/\%=\frac{W_2-W_1-W_0}{W_1}\times 100\%$$

（五）吸附性能

吸附性能一般用于评价多孔淀粉或环糊精的改性效果，可测定对不同物质的吸附能力，这里以亚甲基蓝吸附为例介绍，其他物质吸附性能测定可仿此进行。

准确称取 5g 样品（原淀粉、微孔淀粉或糊精），浸泡于 100mL 一定浓度的亚甲基蓝溶液中，准确计时一定时间后，将淀粉液过滤，测定滤液的吸光度，查标准曲线换算成浓度，计算样品对亚甲基蓝溶液的吸附量。

（六）降解性

1. 酶降解性

在三角锥形瓶中装入一定量的乙酸-乙酸钠缓冲液，在 121℃将此缓冲液高温灭菌

30min，密封冷却至室温，然后分别准确称取一定量原淀粉和非化学改性淀粉加入该三角锥形瓶中，充分混匀后，加入一定体积的 α-淀粉酶液，然后将此装置放入摇床中，选择不同时间、温度、酶量进行降解实验，然后观察淀粉的颗粒形貌和残存淀粉质量的变化情况，评价降解特性。

2. 微生物降解性

首先准确称取一定质量的酒曲粉末，加入蒸馏水，摇匀，使菌体分散，制得一定比例的菌悬液。由于酒曲中含有一定量的淀粉物质，同时为了增强菌体的活性及缩短试验周期，将酒曲的菌悬液在恒温 35℃床培养箱中培养 1d，使微生物菌体达到一定数量后作为非化学改性淀粉降解性能研究的接种源。

将盛有一定体积基础培养基质的三角锥瓶，在 121℃灭菌 30min，密封冷却至室温，分别准确称取一定量原淀粉、非化学改性淀粉，加入三角锥瓶中，充分混匀，接种一定比例的微生物培养液，然后将此装置放入恒温 35℃的摇床中微生物降解一定时间。然后可以观察降解处理前后淀粉的颗粒形态，及残余淀粉的质量分数，以评价该淀粉的微生物降解特性。

参考文献

[1] ELIASSON A C. Starch in food: Structure, function and applications[M]. CRC Press, 2004.
[2] SUZUKI A, HIZUKURI S, TAKEDA Y. Physicochemical studies of kuzu a wild vine, Pueraria hirsute starch[J]. Cereal Chem, 1981, 58 (04): 286-290.
[3] SHIN S I, CHOI H J, CHUNG K M, et al. Slowly digestible starch from debranched waxy sorghum starch: preparation and properties. Cereal Chemistry, 2004, 81: 404-408.
[4] 高福成. 现代食品工程高新技术[M]. 北京：中国轻工业出版社，1997.
[5] 古碧，叶国桢. 简论复合变性淀粉的反应与应用机理[J]. 淀粉与淀粉糖，2002，4: 16-19.
[6] 李里特. 食品物性学[M]. 北京：中国农业出版社，2001.
[7] 梁勇，张本山，杨连生，等. 非晶颗粒态马铃薯淀粉微生物降解特性[J]. 精细化工，2003，20 (06): 361-363.
[8] 梁勇，张本山，杨连生，等. 非晶颗粒态玉米淀粉结构及酶降解活性研究[J]. 中国粮油学报，2005，20 (01): 22-26.
[9] 刘亚伟. 淀粉基食品添加剂[M]. 北京：化学工业出版社，2008.
[10] 张守文，赵凯，方桂珍. 热处理对不同淀粉糊性质的影响研究[J]. 中国食品学报，2005，5 (04): 87-90.
[11] 张燕萍. 变性淀粉制造与应用[M]. 北京：化学工业出版社，2001.
[12] 张友松. 变性淀粉生产与应用手册[M]. 北京：中国轻工业出版社，2001.

第三章
淀粉物理改性技术

第一节　热处理技术在淀粉物理改性上的应用

随着人们对健康、环保和食品安全的日益重视，开发绿色食品加工工艺已成为目前国内外的研究热点。热处理作为一种淀粉的物理改性技术，在生产食品工业用的改性淀粉时具有很大的优越性。因为，通过热处理改性的淀粉，不含化学试剂残留，且加工工艺及产品的理化性质得到明显改善，产品应用范围和附加值也大大提高。因此淀粉的热处理改性也是淀粉非化学改性研究的一个重要领域，相关的技术研究在国外发展很快，但我国在这个领域的研究才刚刚起步，近几年也逐步引起了相关研究人员的注意。

一、淀粉热处理技术的分类

按照热处理温度和淀粉乳水分含量的不同，淀粉的热处理可以分为以下几类。

（一）常压糊化处理（gelatinizing）

这是最常见的热处理形式，就是在过量水分条件下，在高于淀粉糊化温度时，对淀粉进行热处理，使淀粉充分糊化，可用于生产预糊化淀粉或直接将原淀粉糊化后应用。

（二）淀粉的韧化（annealing）

一般指在过量水分（一般≥40%）的条件下，以低于淀粉糊化温度的条件下对淀粉进行的一种热处理过程。

（三）淀粉的湿热处理（heat-moist treatment，　HMT）

指淀粉在低水分含量下的热处理过程，一般水分含量在30%以下（通常在18%～27%），但温度一般较高，其对淀粉物性的影响取决于淀粉的来源、种类以及处理条件。

（四）淀粉的压热处理（autoclaving）

淀粉的压热处理也是在高温、高压条件下对淀粉进行热处理的过程。与热湿处理不同的是，一般是对淀粉在过量水分条件下进行的热处理。

以上四种形式的热处理，就淀粉非化学改性范畴来讲，后三种应用较为广泛，故本书内容主要侧重后三种处理手段对淀粉性质的影响。

二、热处理对淀粉物性的影响

（一）热处理对淀粉颗粒结构的影响

1. 湿热处理对淀粉颗粒结构的影响

Sair 等研究了不同淀粉在水分含量为 30%时，100℃、16h 热处理后颗粒形貌的变化情况，结果表明在此处理条件下，淀粉的颗粒形状和尺寸基本不发生变化。因为在湿热处理过程中，没有碳水化合物从淀粉颗粒中溶出，故其颗粒的形状和尺寸无大的变化；赵凯等研究了湿热处理对不同淀粉颗粒特性的影响，结果表明不同淀粉经过热处理后颗粒形貌发生了不同变化（见图 3-1），其中玉米淀粉经过热处理后，颗粒形貌未发生大的变化，具体表现在颗粒度以及颗粒表面状态皆与原淀粉无明显差别。而绿豆淀粉和马铃薯淀粉则局部颗粒发生了一些变化，表现为颗粒形态的改变以及不同颗粒的热熔融，这种变化在马铃薯淀粉表现更为明显。这可能是因为不同淀粉颗粒结构的致密程度以及糊化温度不同造成的。玉米淀粉本身粒径尺寸较小，糊化温度较高，从而对热处理抵抗性较强；而马铃薯淀粉粒径尺寸较大，

图 3-1　不同淀粉湿热处理后的扫描电子显微镜图谱

（A）玉米原淀粉电镜扫描图片（×1000）；（B）玉米淀粉 140℃处理后电镜扫描图片（×1000）；
（C）玉米淀粉 160℃处理后电镜扫描图片（×1000）；（D）绿豆淀粉原淀粉电镜扫描图片（×1000）；
（E）绿豆淀粉 140℃处理后电镜扫描图片（×1000）；（F）绿豆淀粉 160℃处理后电镜扫描图片（×1000）；
（G）马铃薯原淀粉电镜扫描图片（×1000）；（H）马铃薯淀粉 140℃处理后电镜扫描图片（×500）；
（I）马铃薯淀粉 160℃处理后电镜扫描图片（×500）

糊化温度较低，因此对热处理的抵抗程度较小；绿豆淀粉的粒径尺寸与糊化温度范围介于玉米淀粉与马铃薯淀粉之间。但总体看来，绿豆淀粉与马铃薯淀粉发生变化的颗粒数量较少，大部分与原淀粉颗粒状态一样。

Donoven 等推测湿热处理对淀粉的影响是由于新结晶的形成或重结晶的结果。Jacobs 等发现在热处理一次或两次小麦淀粉、马铃薯淀粉、豌豆淀粉后结晶的种类程序没有发生变化，小角 X 射线检测的结果表明结晶层和无定型层之间距离没有改变。但 A. Gunaratne 等研究发现，经过 HMT 过程后，B 型结晶结构的淀粉，其结晶型发生了变化，其趋势为 B→A，而其他结晶型的淀粉，其结晶类型仍保持不变（表 3-1）。

表 3-1 原淀粉和湿热处理后淀粉的 X 射线衍射模式和相对结晶度

淀粉来源和处理条件	X 射线衍射模式	相对结晶度/%
山药		
原淀粉	B	32.0±0.2
HMT 处理淀粉	A+B	23.0±0.8
芋头		
原淀粉	A	31.0±0.5
HMT 处理淀粉	A	30.0±0.1
野芋		
原淀粉	A	45.0±0.3
HMT 处理淀粉	A	43.5±0.2
木薯		
原淀粉	A	37.0±0.5
HMT 处理淀粉	A	36.0±0.1
马铃薯		
原淀粉	B	30.0±0.7
HMT 处理淀粉	A+B	22.0±0.4

赵凯等对湿热处理对淀粉结晶特性的影响也作了初步的探讨。结果表明，不同类型淀粉经热处理后，结晶结构的变化存在一定差异（见图 3-2、图 3-3），玉米淀粉（A 型结晶结构）变化较小，仅表现为结晶度降低，峰强度下降，而结晶类型仍未发生变化，但马铃薯淀粉（B 型结晶结构）则随着热处理温度的提高呈现非晶态。上述结果与国外文献有一定差异，可能是热处理条件不同造成的。

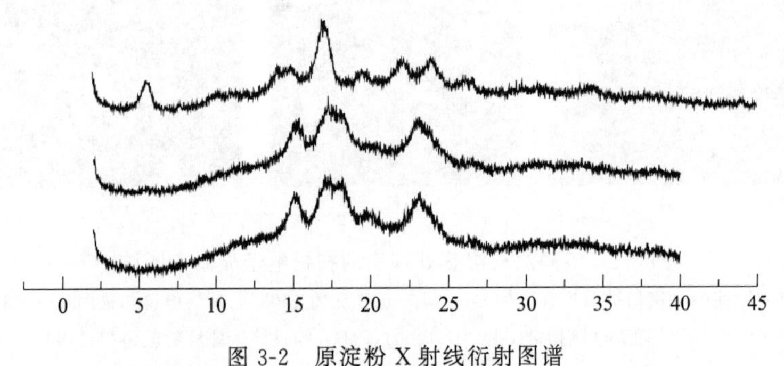

图 3-2 原淀粉 X 射线衍射图谱

（由上至下依次为马铃薯淀粉、绿豆淀粉、玉米淀粉的 XRD 图谱）

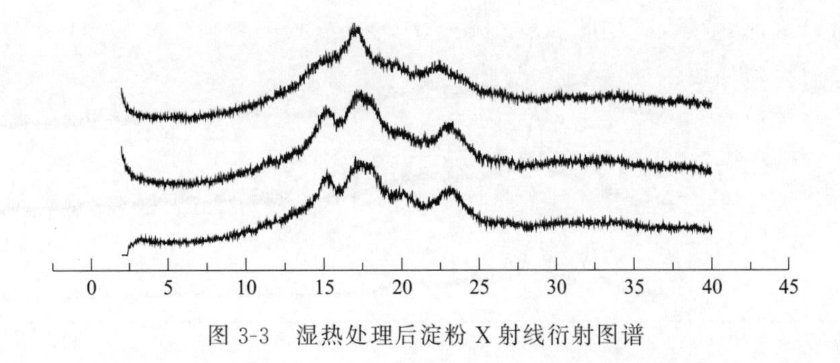

图 3-3　湿热处理后淀粉 X 射线衍射图谱

罗志刚等研究发现高直链玉米淀粉经过湿热处理后，偏光十字依然保留（见图 3-4）。

2. 压热处理对淀粉颗粒结构的影响

压热处理与湿热处理相比，主要差别在于淀粉的水分含量较高，是在过量水分条件下进行的热处理，所以，处理后淀粉的颗粒状态与湿热处理相比有较大不同。玉米淀粉、马铃薯淀粉及绿豆淀粉这三种淀粉经压热处理后，淀粉粒均已熔融为一体，在视野中无完整淀粉颗粒存在，造成此种现象的原因可能是高温、高压对淀粉的作用，使淀粉经过糊化、老化过程后，颗粒破碎并融合到一起，淀粉链段部分裂解，重新取向、结晶。从 SEM 图片（图 3-5）中，我们也可以看出，三种淀粉经过压热处理后，颗粒破裂，重新融合后，其所具有的基本颗粒形貌方面的性质已经完全消失，从而无法通过颗粒状态判别不同种类的淀粉。

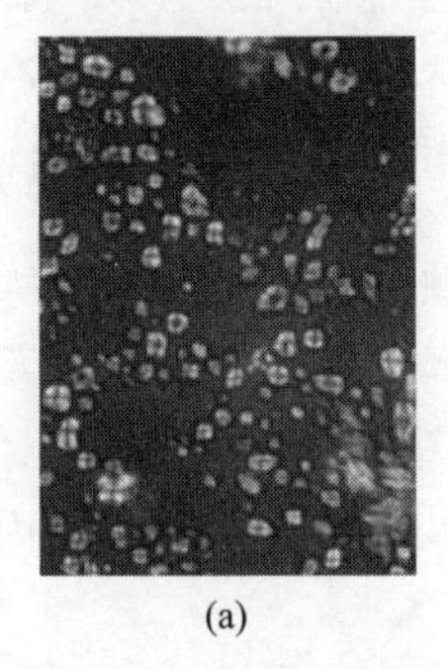
(a)

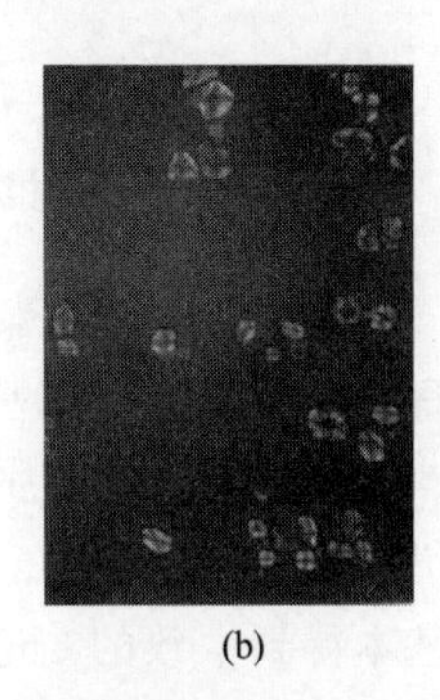
(b)

图 3-4　淀粉湿热处理前后偏光显微照片（×400）
（a）原淀粉；（b）湿热处理淀粉

(A)

(B)

(C)

图 3-5　不同类型淀粉压热处理后颗粒形貌扫描电子显微镜图片
（A）玉米淀粉压热处理后扫描电子显微镜图片（×50）；（B）绿豆淀粉压热处理后扫描电子显微镜图片（×50）；（C）马铃薯淀粉压热处理后扫描电子显微镜图片（×50）

在过量水分条件下进行压热处理时，淀粉经历了糊化-老化过程后，颗粒形貌已经完全发生了变化，颗粒破裂重组，不同淀粉颗粒中的直链淀粉相互形成氢键，从而大大提高了淀粉的结晶度，这可以从图 3-6 的 X 射线衍射图谱中看出，在过量水分条件下压热处理后，其结晶度较平衡水分含量有较大提高，这有利于抗性淀粉的形成。

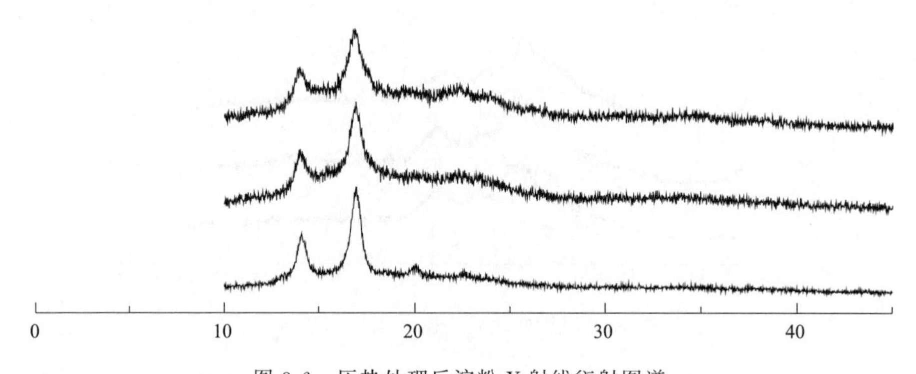

图3-6 压热处理后淀粉X射线衍射图谱

（由上至下依次为马铃薯淀粉、绿豆淀粉、玉米淀粉的XRD图谱）

3. 韧化处理对淀粉颗粒结构的影响

韧化处理对淀粉颗粒表面结构没有大的影响，经处理后的淀粉在光学和电子显微镜下观察，与原淀粉形态基本一致。图3-7为茂物豆淀粉乳在密闭的容器中，在50℃温度下热处理24h前后的显微照片，从图中的偏光显微镜照片可以看出，热处理前后淀粉颗粒的偏光十字仍然存在，基本形态也未发生变化。国内外其他研究者在韧化处理后淀粉颗粒形貌的变化上基本得到一致的结论。

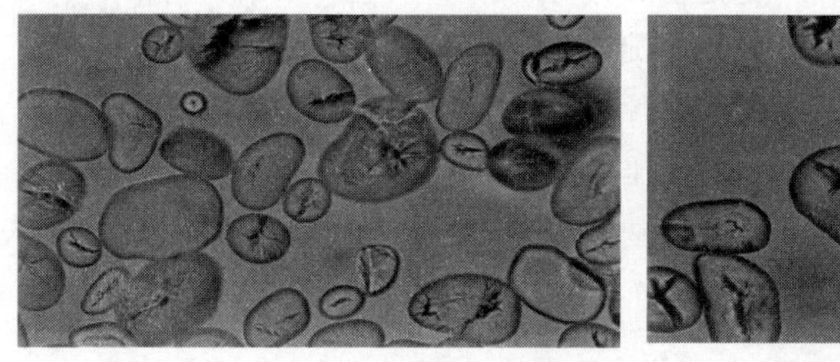
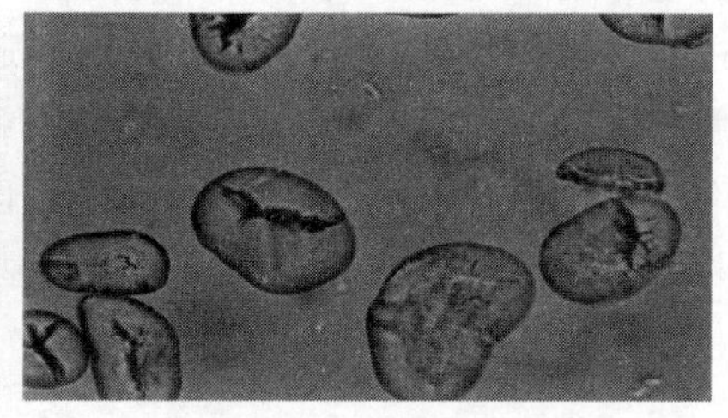

图3-7 茂物豆韧化处理前后淀粉颗粒偏光十字和形貌的偏光显微镜照片

（左、右图分别为原淀粉和处理后淀粉）

淀粉具有典型的二相结构，在低于糊化温度对淀粉糊进行热处理时，可提高淀粉分子链的运动性，使晶体向低能、有序结构转化，从而形成完美的结晶。韧化作用对淀粉结构的可能影响如图3-8所示。

从图3-8可以看出，经过韧化处理后淀粉分子的有序水平提高，经适当的处理（一定的温度和时间组合），其结晶结构可能排列更紧密，如果采用X射线衍射进行结构分析，则可能发生结晶结构的微小变化。对韧化处理前后木薯淀粉的X衍射图谱分析（图3-9）也说明了这一点。

从图3-9可以看出，木薯淀粉的结晶结构类型为Ca型（介于A型与B型之间），在2θ角为14°、15°、17°、18°、20°和23°的位置有特征峰，其中14°位置为B型结晶结构的特征峰，其余位置为A型结构特征峰。在经过48h、96h、120h、168h以及192h韧化处理后，14°位置的特征峰消失，而处理时间在48h以前的图谱与原淀粉基本相同，这表明经过较长时间的韧化处理后，木薯淀粉的结晶结构类型发生变化，由原来的Ca型向结晶结构更紧密的A型转化。

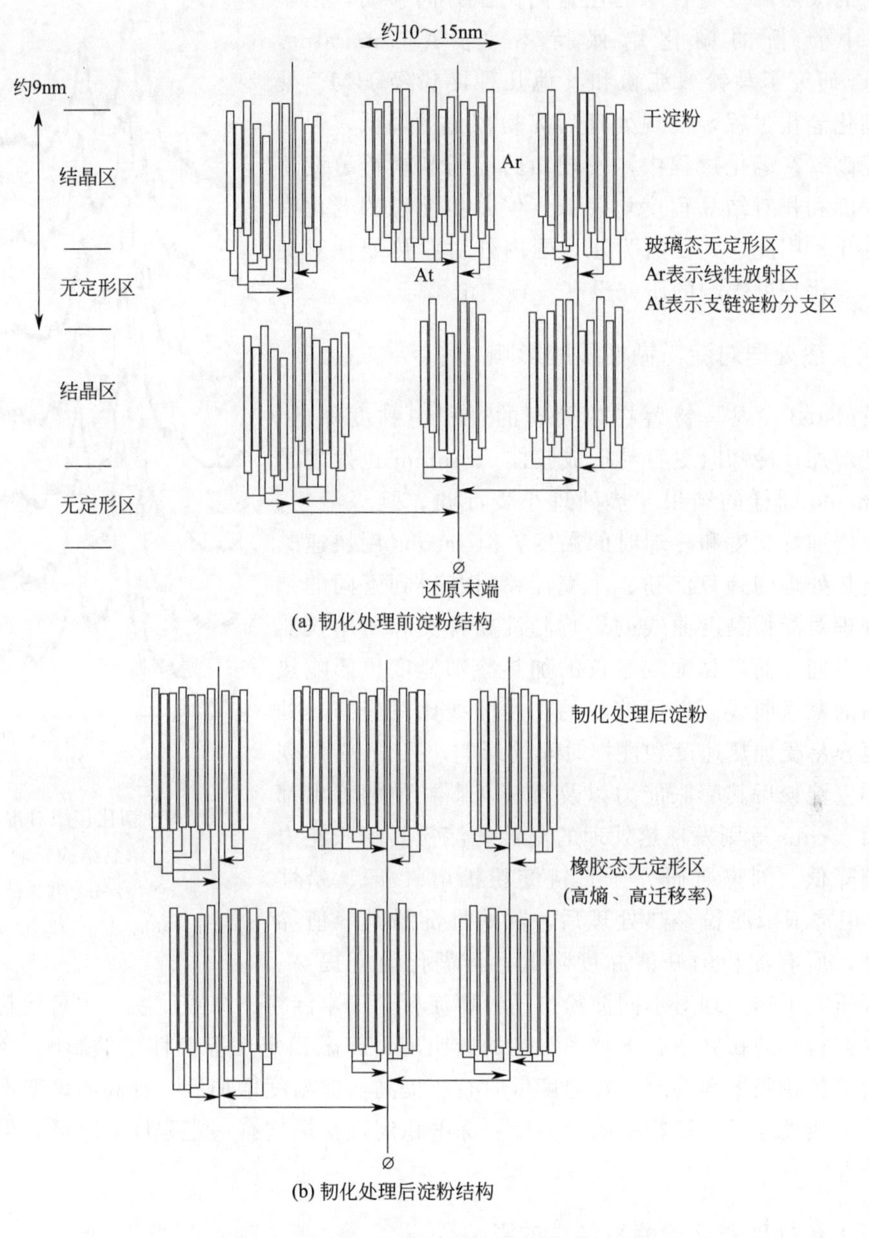

图 3-8 韧化作用对淀粉结构的影响示意图

（二）热处理对淀粉双螺旋结构的影响

Jacobs 等在 1998 年用核磁共振检测热处理的小麦淀粉、马铃薯淀粉、豌豆淀粉和对应的原淀粉，在检测范围内没有发现双螺旋结构的变化。

（三）热处理对淀粉糊化、老化性质的影响

Inrenz 和 Kulp 的研究发现热处理后淀粉的糊化温度升高，糊化温程增加。后来一些学者采用 DSC 证实了这一研究结果。有研究者发现热处理淀粉的糊化焓增加，而另一些研究者则发现热处理淀粉的糊化焓不变。R. Hoover& H. Manuel 研究发现，经过湿热处理后，

不同淀粉的吸热峰变宽，峰的位置向高温方向移动，但整个过程中淀粉的糊化焓保持不变。A. Gunaratne，R. Hoover研究了马铃薯淀粉和其他几种淀粉经HMT处理后的糊化老化过程，发现处理后淀粉糊化焓降低，但糊化温度提高。在老化过程中，发现山药淀粉和马铃薯淀粉的老化程度和相对结晶程度均降低，但其他淀粉的老化程度没有变化。因此，到目前为止，国内外对湿热处理对淀粉糊化、老化程度影响的研究没有一致结论。

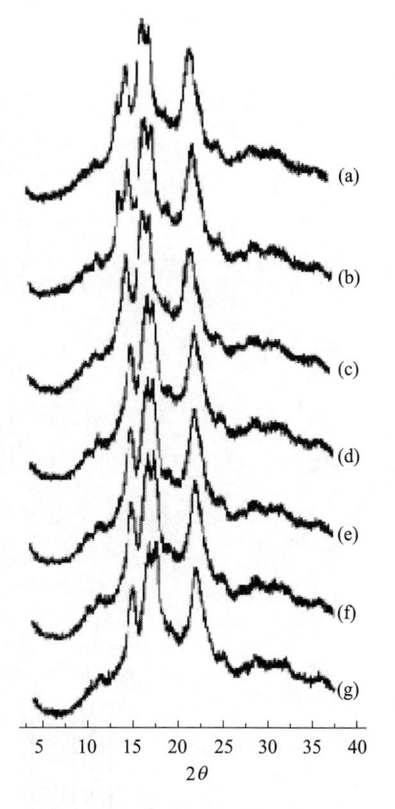

图3-9　韧化作用对木薯淀粉结晶结构影响

［(a)～(g)分别代表处理时间为0h、24h、48h、96h、120h、168h、192h］

（四）热处理对淀粉糊性质的影响

Hjermsted发现马铃薯在热处理的过程中黏度降低，糊化温度增加，冷却时更容易形成胶体。Stutenj也发现了和Hjermsted同样的结果。热处理小麦淀粉、豌豆淀粉、米淀粉能增加峰黏度和冷却时的黏度。但Jacobs用快速黏度仪测定热处理的豌豆淀粉、小麦淀粉时却得到不同的结果。热处理对淀粉黏度曲线的影响随淀粉种类和所用仪器的不同而不同。而且黏度测定仪的加热冷却速度也影响热处理淀粉的黏度曲线。但原淀粉的黏度曲线比对应的热处理淀粉更容易受加热速度和搅拌时间的影响。Hoover发现热处理小麦淀粉后其膨胀能力以及直链从颗粒中的溶出都降低。而Jacobs等则发现热处理的马铃薯淀粉其膨胀能力和溶解度降低。刘惠君研究了直链淀粉扩增（ae）、蜡性（wx）及正常玉米淀粉经热处理后，除蜡性淀粉其峰值黏度增加外，所有淀粉的峰值黏度降低，且糊化温度提高。张守文等研究了热处理对不同淀粉（马铃薯淀粉、玉米淀粉、绿豆淀粉、木薯淀粉、甘薯淀粉、小麦淀粉）的膨胀率、溶解率、糊的透明度、冻融稳定性等糊性质的影响。结果表明，热处理后淀粉膨胀率和溶解率在温度低时有所提高，但温度增加后，提高幅度变慢。与原淀粉相比，经热处理后，淀粉糊的透明度、冻融稳定性指标均有一定程度的降低，但不同淀粉间存在差异。

（五）热处理对淀粉酶解特性的影响

早在1971年，Gough等发现用热处理能增加小麦淀粉对芽孢杆菌α-淀粉酶的敏感性。Lauro等也发现热处理的燕麦淀粉更容易被酶作用。但Kuge等发现热处理降低了马铃薯淀粉对芽孢杆菌α-淀粉酶的敏感性。Jacobs等发现淀粉的种类或者结晶的类型影响酶水解一步和两步热处理淀粉。在水解的开始阶段，对一步热处理的豌豆淀粉和马铃薯淀粉来说抗酶解性增强而对热处理的小麦淀粉和两步热处理的豌豆淀粉来说却几乎不变。但是在水解的第二个缓慢阶段，热处理的小麦淀粉和豌豆淀粉比对应的原淀粉水解的程度更大，而热处理的马铃薯淀粉比原淀粉更具有抗酶解性。用DSC和核磁共振检测表明热处理能增强小麦淀粉的双螺旋结构对酶水解的敏感性。

（六）热处理对淀粉热焓特性的影响

不同热处理过程对淀粉的热焓特性的影响存在差异，一般采用 DSC 技术进行淀粉热焓特性的分析。淀粉的 DSC 分析，可以看作是淀粉在一定水分条件下的糊化过程，在此过程中，相变的起始温度可以看作是糊化的开始温度，而相变的终止温度可以看作是糊化的终了温度，相变过程的焓值可以看作是糊化过程所需能量。

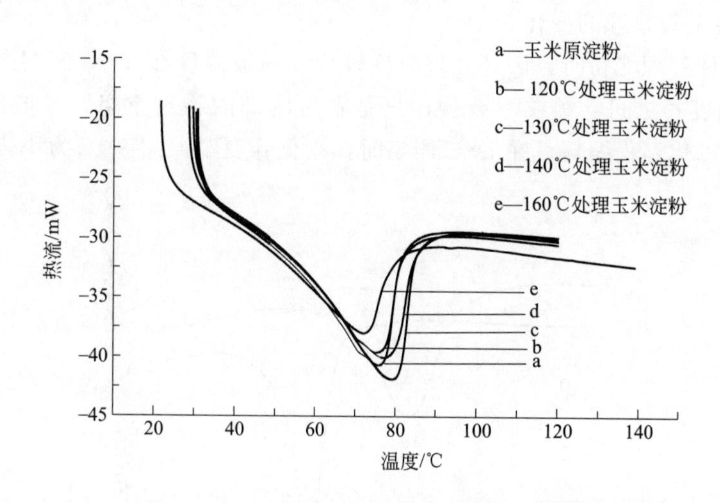

图 3-10　湿热处理前后玉米淀粉的 DSC 图谱

图 3-10 为湿热处理对平衡水分含量玉米淀粉热焓特性的影响。可以看出，随着淀粉湿热处理温度的提高，DSC 测定的参数中的糊化焓随之增加。可能是由于部分淀粉发生降解，生成少量糊精及部分颜色较深的焦糊精，这些成分吸水膨胀较困难，这直接导致淀粉不易糊化。但当温度上升到较高的温度时（160℃），湿热处理淀粉的颜色加深显著，说明其中焦糊精的含量增加，并生成部分美拉德反应产物，这些物质在 120℃以下的温度并不发生相变而吸热，因此，后来形成的相变吸热峰较小，糊化焓低。这是 DSC 图谱及参数发生上述变化的原因。由此也可以看出，高温高压的湿热处理将改变淀粉的热焓特性，使淀粉糊化及膨胀性能减弱。

但若采用压热处理淀粉，则情况与湿热处理有所不同。图 3-11 为玉米淀粉经压热处理

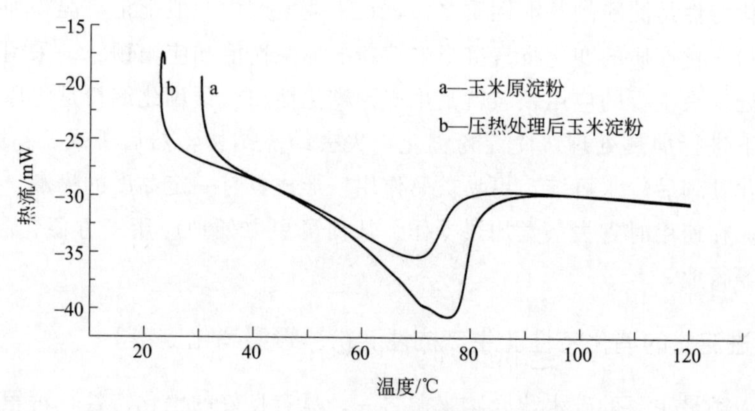

图 3-11　玉米原淀粉与压热处理后淀粉的 DSC 图谱

后热焓特性变化情况。从图中可以看出，压热处理后，玉米淀粉的起始、峰值及终止温度较原淀粉略有降低，峰的位置稍左移。从相变的焓值来看，压热处理后淀粉的焓值与原淀粉相比有所下降，造成上述现象的原因在于，淀粉压热处理后形成的晶体结构大致可分两种：一种为直链晶体，乃淀粉糊中直链淀粉凝沉所形成，这种晶体颗粒大，紧密而且牢固，是淀粉产生抗性的主要原因；另一种为支链晶体，这种晶体粒度小，而且远没有直链晶体牢固，甚至比不上原淀粉晶体，所以极容易被破坏。由于这两种不同性质晶体的存在，导致压热处理后淀粉DSC曲线上吸热峰的变化。

采用韧化条件处理淀粉时，因其处理温度较低，一般温度在 T_g（玻璃态转化温度）和 T_o（糊化起始温度）之间，颗粒不破裂，只是颗粒内部的物理重组，一般经韧化处理后，糊化温度升高，糊化温程缩短，在DSC测定时，糊化峰变窄。图3-12为小麦淀粉经韧化处理后的DSC图谱。

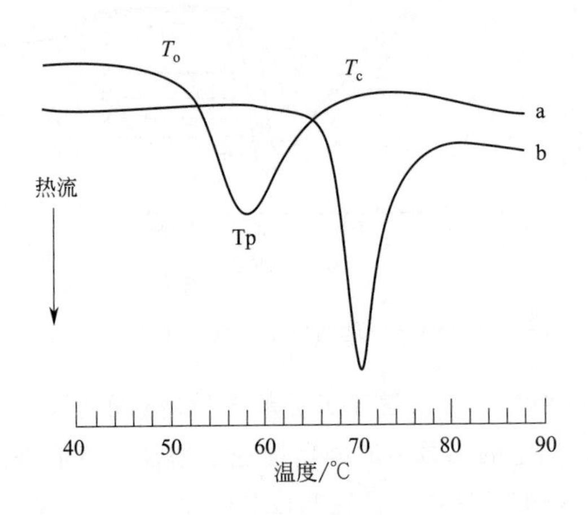

图3-12　小麦淀粉经韧化处理后的DSC图谱

a—原淀粉；b—为韧化处理后淀粉（45℃，100d）

三、热处理技术在淀粉改性方面的应用

（一）改进淀粉糊的特性（生产预糊化淀粉）

淀粉的糊化特性是淀粉的基本性质之一，在工业生产中一般也是将淀粉加热、糊化后应用，因此，淀粉糊化性质的变化将直接影响淀粉的加工性能和应用领域。采用热处理方式对淀粉进行改性处理最主要的应用领域就是生产预糊化淀粉。预糊化淀粉是将原淀粉在高于糊化温度的条件下进行加热处理，使淀粉糊化，失去结晶结构，然后干燥、粉碎后得到的产品。淀粉预糊化处理后冷水可溶、更易被酶作用，形成具有一定黏度的糊液，并且其凝沉性比原淀粉要小，在使用时省去蒸煮加热操作，从而可更方便地应用于方便食品，速冻食品、特种水产饲料等行业。

（二）改进淀粉的消化特性（生产抗性淀粉、缓慢消化淀粉）

淀粉作为人类最主要的碳水化合物来源之一，具有良好的消化特性，可很快被人体消化吸收，从而迅速为机体提供能量。但近年来随着研究的深入，发现淀粉经一定条件处理后，其消化性能可提高或降低，但基于营养特性考虑，我们一般希望它的消化速率降低，使其可在小肠内部分消化或完全不消化，典型处理方式之一就是进行热处理。其机理是经过热处理后，淀粉的结晶结构和链长分布发生变化，从而调整了原淀粉的结晶区和不定形区的比例和结构，进而影响了淀粉的消化性能。目前一般采用热处理技术制备抗性淀粉和缓慢消化淀粉。

（三）改进淀粉的溶解性（生产糊精）

淀粉的溶解性能是指淀粉在水溶液中溶解分散的能力，其对淀粉应用具有很大影响。目前对淀粉热进行湿热处理主要用于生产各种热解糊精（白糊精、黄糊精、英国胶），其在物理性质和化学性质方面与淀粉有很大的差异。随着转化度的提高，糊精在冷水中的溶解度逐渐增加，其黏度也随着下降，黄糊精几乎全都溶于水。

（四）改进淀粉的糊化特性

一般淀粉都是应用其糊，所以，很多改性处理手段都是针对其淀粉糊的性质而言，热处理对淀粉糊性质的影响主要体现在影响淀粉糊化特性，湿热处理使淀粉的糊化起始温度升高，糊化温度范围增大，而糊化焓的变化情况，不同文献报道存在一定差异。一般认为湿热处理的玉米淀粉糊化温度随湿热处理条件中水分含量的增加而上升，如100℃、24%水分时，糊化温度由原淀粉的71.0℃上升到79℃；水分含量27%时，糊化温度上升到81℃，升幅随水分含量提高而增加。

第二节　物理场处理技术在淀粉物理改性上的应用

物理场主要包括电磁场、速度场、热流场、力场、温度场等。在食品工业中主要用于成分提取、杀菌、细胞破碎、乳化扩散、有机合成及酒类陈化等领域。近年来随着研究的深入，一部分物理场技术也应用于淀粉改性技术方面，其中主要包括用微波能、超声波和辐射能来改变淀粉的颗粒结构、分子量分布及黏度等性质，以提高淀粉的加工性能，扩大其应用领域。但目前物理场对淀粉改性的研究还处于起步阶段，但应用其对淀粉进行改性处理不需像化学法一样接入新的基团，具有较高的安全性，因此在食品工业中的应用具有较好的前景。本节简要介绍物理场处理技术的改性原理及应用，具体的内容将在第五章的各论中加以阐述。

一、超声波在淀粉改性上的应用

（一）超声波对淀粉改性的原理

超声波降解淀粉的主要机理是机械性断键作用及自由基氧化还原反应。超声波机械性断键作用是由于物质的质点在超声波中具有极高运动加速度，产生激烈而快速变化的机械运动，分子在介质中随着波的高速振动及剪切力作用而降解。自由基和热造成的机械剪切对分子量较低的大分子物质较有效，而机械效应对高分子物质作用更为显著，且随分子量增加而增加。

（二）超声波处理对淀粉性质的影响

1. 降解淀粉分子

这是超声波对淀粉作用的最主要方面，处理后使淀粉分子发生降解，从而可改变淀粉的分子量分布及其他理化特性。因此，有望通过超声波处理淀粉来生产分子量适中的糊精。

2. 提高反应效率

何小维等研究了玉米淀粉经超声处理后的化学反应性能变化。研究发现，经超声处理的玉米淀粉与环氧丙烷进行反应，反应取代度（*DS*）由未处理时的0.113提高到0.225以上，同时发现提高超声功率对反应取代度有一定的促进作用，但随着作用时间的延长，反应取代度提高不明显。推断超声对淀粉的作用只发生在淀粉颗粒表面的无定形区。

3. 改变淀粉表面结构

超声波处理会在淀粉表面形成小的坑洞，提高超声功率或延长处理时间，则表面破损程度也增加，因此，可用超声波处理制备多孔淀粉。

4. 改变淀粉糊的黏度特性

研究表明，超声波处理会使淀粉的黏度降低。

二、微波在淀粉改性上的应用

（一）微波对淀粉改性的原理

物质对微波的吸收能力主要是由介电常数和介电损耗正切来决定。物质对微波吸收功率的大小和两者有关。在一般情况下，物质的含水量越大，其介电损耗也越大，有利加大微波的加热效率。

淀粉分子在微波能处理条件下，分子发生旋转，分子间发生碰撞和摩擦，使分子结构发生变化，引起淀粉性质的改变。

（二）微波处理对淀粉性质的影响

目前微波辐射在淀粉改性方面的应用主要集中在：改善淀粉膨化性能、改变淀粉糊的性质、改变淀粉的结晶结构、改变淀粉的酶解特性、加速改性淀粉合成速度。

微波对淀粉的改性处理，是建立在人们对微波场中物质和特性及其相互作用的研究基础之上的，淀粉在微波辐射中的分解或合成反应是多因素影响且相互作用极为复杂的过程。深入研究淀粉在微波场中的物理化学行为，可以为在一种新技术条件下生产改性淀粉提供可能，并开拓出更具优良性质的改性淀粉产品，进一步发挥淀粉在各个领域中的作用。

三、辐射在淀粉改性上的应用

（一）辐射对淀粉改性的原理

辐射技术采用的辐射线为X射线、γ射线、高速电子束射线。其中以^{60}Co-γ射线最为常见。辐射时能量以电磁波的形式透过物体，物质中的分子吸收辐射能时，会激活成离子或自由基，引起化学键的破裂使物质的结构发生改变。

辐射对淀粉的作用主要以两种方式进行：一是通过射线的辐射直接作用于淀粉分子；二是通过射线电离引发淀粉分子产生自由基，间接地对淀粉分子产生作用。作用的结果是淀粉分子的结构遭到破坏，物理和化学性质发生改变。

（二）辐射对淀粉性质的影响

1. 使淀粉降解

淀粉在辐射的过程中，总是使分子量降低、链长减小，引起各种理化性质的改变。直链淀粉20kGy辐射后平均聚合度从1700降到了350，支链淀粉的平均长度不大于15个葡萄糖单位；用30kGy照射后，马铃薯淀粉的平均聚合度为43。

武宗文等用剂量率为10Gy/min的^{60}Co-γ射线辐照浓度为8%的淀粉溶液发现淀粉黏度随着剂量的增加而迅速降低。在同一总剂量照射下，低剂量率对淀粉的降解效率大于高剂量率，即在低剂量率、长时间下的慢照射，淀粉降解效果好。

2. 对糊性质的影响

玉米淀粉在辐射剂量为1000kGy照射后，其膨润力消失，能完全溶于冷水中。小麦淀粉在3kGy低剂量辐射后，淀粉糊的峰值黏度降低、淀粉粒的破损值增加，其淀粉中直链淀粉和支链淀粉的特性黏度降低。大米淀粉在12.5kGy辐射后，黏度明显下降。

3. 对淀粉对酶敏感度的影响

经2kGy辐射后的小麦淀粉中直链淀粉和支链淀粉在α-淀粉酶和β-淀粉酶的作用下，显示出对酶的敏感性增强，麦芽糖含量分别增加了35%和20%，直链淀粉的酶降解限度下降，支链淀粉有所增加。

第三节　其他技术在淀粉物理改性上的应用

一、超高压处理技术在淀粉物理改性上的应用

超高压处理主要是采用100～1000MPa的压力处理淀粉，以达到在常温或较低温度下使淀粉糊化、改变结晶结构及热力学特性、改善糊性能等目的。超高压处理属于物理过程，在整个处理过程中淀粉不升温，也不发生化学变化。目前超高压处理对淀粉改性的研究基本处于实验室研究阶段。

超高压处理对淀粉性质的影响主要集中在：淀粉糊化特性的影响、对淀粉结晶特性的影

响、对淀粉老化特性的影响、对淀粉变色特性的影响。

超高压处理对淀粉改性的具体内容见第五章各论部分。

二、挤压技术在淀粉物理改性上的应用

挤压处理也是一种常用的淀粉物理改性技术，挤压加工技术是集混合、搅拌、破碎、加热、蒸煮、杀菌、膨化及成型等为一体的高新技术，目前最主要的用途是生产预糊化淀粉。

（一）挤压对淀粉改性原理

淀粉原料被送入挤压膨化机后，在螺杆、螺旋的推动作用下，物料向前呈轴向移动。同时，由于螺旋与物料、物料与机筒以及物料内部的机械摩擦作用，物料被强烈地挤压、搅拌、剪切，其结果是物料进一步细化、均化。随着机腔内部压力的逐渐加大，温度相应地不断升高，在高温、高压、高剪切力的条件下，物料物性发生了变化，由粉状变成糊状，淀粉发生糊化、裂解。

当糊状物料由模孔喷出的瞬间，在强大压力差的作用下，水分急骤气化，物料被膨化，形成结构疏松、多孔、酥脆的膨化产品，从而达到挤压膨化的目的。

（二）挤压处理对淀粉性质的影响

1. 淀粉的糊化

挤压膨化过程中的淀粉糊化，是一个在低水分状态下的糊化过程，其糊化程度与挤压膨化过程中的工艺参数如螺杆转速、加工温度和物料水分含量有着十分密切的关系。Lawton等研究15个挤压加工变量对玉米淀粉糊化程度的影响，结果表明物料水分含量和挤压机套筒温度对玉米淀粉的糊化度有显著影响，提高物料水分含量和套筒温度可提高产品的糊化度。Chiang和Johnson研究发现，在喂料水分为18%～27%、转速小于140r/min、温度大于80℃时，小麦淀粉急剧糊化；物料在高水分含量时，其产物糊化度也较高，但随着喂料水分的增大，其糊化度呈下降趋势。

杨铭铎研究发现，挤压膨化的糊化程度较蒸煮糊化程度高，而且稳定；认为经膨化而实现的糊化，单位时间内所需能量较大，但为瞬时完成的，因而总消耗能量小；而蒸煮糊化单位时间内消耗的能量较小，但作用时间相对较长，因而消耗总能量较大。

2. 淀粉的降解

许多研究结果表明，淀粉在挤压过程中大分子结构的变化是其它性质变化的基础，一般认为玉米淀粉或其它支链淀粉含量较高的淀粉在挤压过程中的降解，发生在支链级分的概率显著地高于直链级分，挤压对支链淀粉的降解具有类似于普鲁兰酶的作用效果。

汤坚等利用Sephadex G-200凝胶过滤层折、碘吸附值、碘络合物吸收光谱、X射线衍射光谱等方法对挤压淀粉进行了研究。结果表明，玉米淀粉在挤压过程中，其直链级分未发生显著变化，支链级分的降解位于其分子内部，挤压施加于淀粉聚合物的剪应力是挤压淀粉中直链淀粉脂肪络合物的V型结构向E型结构转换的根本原因，并依据淀粉的聚集态结构，从理论上阐述了淀粉在挤压过程中降解的力化学过程，并提出淀粉降解可能为自由基过程的机理。

三、超微粉碎技术在淀粉物理改性上的应用

超微粉碎主要是采用机械或气流的作用，对淀粉进行微细化处理，使淀粉的颗粒结构发生改变，从而改变淀粉的糊的性质、凝胶性质及对酶的敏感性等。具体内容见第五章各论部分。

参考文献

[1] ADEBOWALE K O, LAWAL O S. Effect of annealing and heat moisture conditioning on the physicochemical characteristics of bambarra groundnut (Voandzeia subterranea) starch[J]. Food Nahrung, 2002, 46 (05): 311-316.

[2] DONOVAN J W, LORENZ K, KULP K. Differential scanning calorimetry of heat-moisture treated wheat and potato starches[J]. Cereal Chem, 1983, 60: 381-387.

[3] GOMES A M M, DA SILVA C E M, RICARDO N M P S, et al. Impact of annealing on the physicochemical properties of unfermented cassava starch ("Polvilho Doce") [J]. Starch-Stärke, 2004, 56 (09): 419-423.

[4] GOUGH B M, PYBUS J N. Effect on the gelatinization temperature of wheat starch granules of prolonged treatment with water at 50℃[J]. Starch-Stärke, 1971, 23 (06): 210-212.

[5] GUNARATNE A, HOOVER R. Effect of heat - moisture treatment on the structure and physicochemical properties of tuber and root starches[J]. Carbohydrate Polymers, 2002, 49 (04): 425-437.

[6] HOOVE R, VASANTHAN T. The effect of annealing on the physicochemical properties of wheat, oat, potato and lentil starches[J]. Journal of Food Biochemistry, 1993, 17 (05): 303-325.

[7] HOOVER R, MANUEL H. Effect of heat-moisture treatment on the structure and physicochemical properties of legume starches[J]. Food Research International, 1996, 29 (08): 731-750.

[8] HJERMSTAD E T. Potato starch properties by controlled heating in aqueous suspension: U. S. Patent No 3, 578, 497[P]. 1971, 5-11.

[9] JACOBS H, DELCOUR J A. Hydrothermal modifications of granular starch, with retention of the granular structure: A review[J]. Journal of Agricultural and Food Chemistry, 1998, 46 (08): 2895-2905.

[10] JACOBS H, MISCHENKO N, KOCH M H J, et al. Evaluation of the impact of annealing on gelatinisation at intermediate water content of wheat and potato starches: A differential scanning calorimetry and small angle X-ray scattering study[J]. Carbohydrate Research, 1998, 306 (01-02): 1-10.

[11] KUGE T, KITAMURA S. Annealing of starch granules warm water treatment and heat-moisture treatment[J]. Journal of the Japanese Society of Starch Science, 1985, 32 (01): 65-83.

[12] ZHAO K, ZHANG S W, YANG C H. Effects of Heat Treatment on the Granule Property of Mung Bean Starch [C]. International Conference on Food Science and Technology Ⅵ, 2005, 11: 21.

[13] LARSSON I, ELIASSON A C. Annealing of starch at an intermediate water content[J]. Starch-Stärke, 1991, 43 (06): 227-231.

[14] LORENZ K, COLLINS F, KULP K. Steeping of barley starch. Effects on physicochemical properties and functional characteristics[J]. Starch - Stärke, 1984, 36 (04): 122-126.

[15] SAIR L, FETZER W R. Water sorption by starches, water sorption by corn and commercial modifications of starched[J]. Ind Eng Chem, 1944, 36: 205-219.

[16] STUTE R. Hydrothermal modification of starches: The difference between annealing and heat/moisture-treatment [J]. Starch-Stärke, 1992, 44 (06): 205-214.

[17] TESTER R F, DEBON S J J. Annealing of starch-a review[J]. International Journal of Biological Macromolecules, 2000, 27 (01): 1-12.

[18] 杜双奎，魏益民，张波. 挤压膨化过程中物料组分的变化分析[J]. 中国粮油学报，2005，20 (03)：39-43.

[19] 刘惠君. 热处理对直链淀粉扩增、蜡性及正常玉米淀粉物理性质和酶解率的影响[J]. 中国粮油学报，1998

（08）：26.
[20] 罗志刚，高群玉，杨连生. 湿热处理对淀粉性质的影响[J]. 食品科学，2005，26（02）：50-54.
[21] 汤坚，丁霄霖. 玉米淀粉的挤压研究-淀粉在挤压过程中降解机理的研究（IIb）[J]. 无锡轻工业学院学报，1994，13（01）：1-9.
[22] 武宗文，李爱梅，赵红士. 淀粉的辐射降解及应用研究[J]. 核技术，1998，21（10）：634-637.
[23] 杨铭铎. 谷物膨化机理的研究[J]. 食品与发酵工业，1988（04）：7-16.
[24] 张宏梅，陈玲，李琳. 微波在淀粉改性中的应用[J]. 现代化工，2001（05）：60-62.
[25] 赵凯，张守文，方桂珍. 湿热处理对玉米淀粉颗粒结构及热焓特性的影响研究[J]. 食品与发酵工业，2004，30（10）：17-20.
[26] 赵凯，张守文，方桂珍. 压热处理对淀粉颗粒结构及热焓特性影响研究[J]. 食品科学，2004，25（11）：1-3.
[27] 赵凯，张守文，方桂珍. 湿热处理对马铃薯淀粉颗粒特性的影响[J]. 食品与发酵工业，2006，32（06）：8-10.
[28] 赵凯，张守文，方桂珍，等. 不同热处理方式对绿豆淀粉颗粒特性影响研究[J]. 中国粮油学报，2007，22（06）：71-73.
[29] 张守文，赵凯，方桂珍. 热处理对不同淀粉糊性质的影响研究[J]. 中国食品学报，2005，5（04）：87-90.

第四章
淀粉酶改性技术

第一节　淀粉改性常用酶类及其性质

酶法改性是淀粉的一种重要的改性途径，酶法改性的淀粉及其衍生物在淀粉深加工领域占有很大的比重。淀粉酶改性的核心内容是根据淀粉的来源及特点，采用不同的淀粉酶作用于淀粉，改变淀粉的颗粒结构及糊的性质，从而改善淀粉的加工性能、提高其营养价值，进而拓宽其应用领域，提高原淀粉的附加值。在淀粉及其衍生物的加工过程中，有多种酶被广泛应用，不同的淀粉酶对淀粉的作用方式不同，并具有高度专一性，部分淀粉酶对淀粉作用的位置见图 4-1。本节主要介绍在淀粉酶法改性中常用的淀粉酶及其特性。

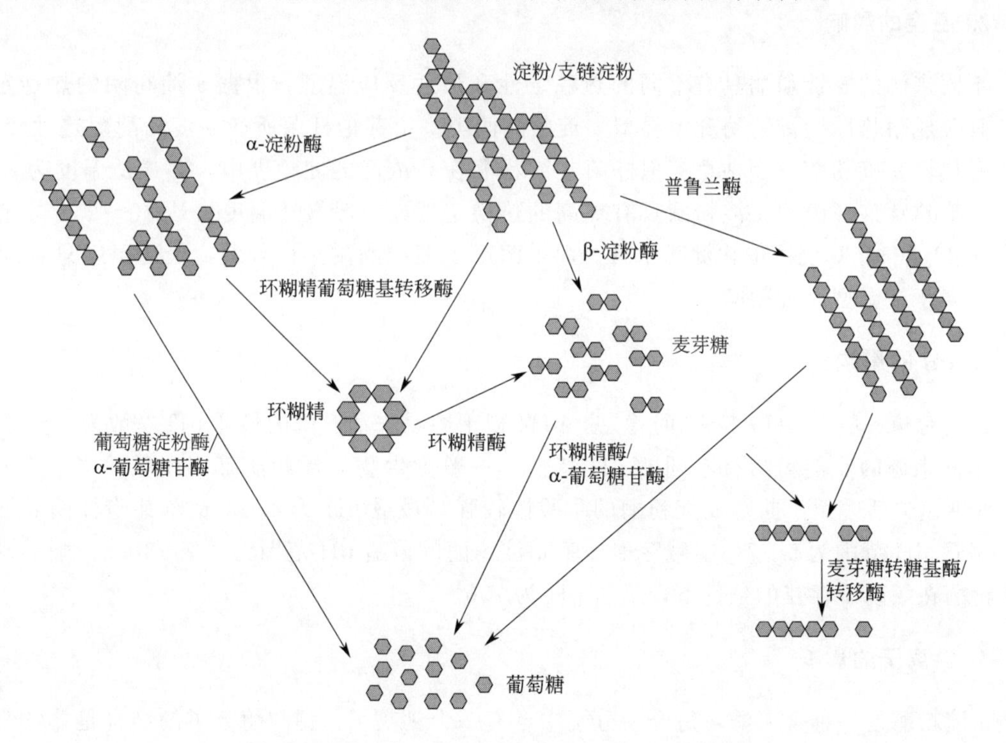

图 4-1　淀粉及其衍生物的酶水解（部分反应及产物）

一、α-淀粉酶

α-淀粉酶（α-amylase）又称液化型淀粉酶，其系统命名为1,4-α-D-葡聚糖葡萄糖水解酶（1,4-α-D-glucan glucanohydrolases），国际酶学委员会的系统编号为（EC 3.2.1.1）。

（一）酶的作用方式

α-淀粉酶属于内切型（endo-）淀粉酶，作用于淀粉时，随即从淀粉分子内部切开α-1,4糖苷键，使淀粉分子迅速降解，淀粉糊黏度降低，与碘呈色反应消失，水解产物的还原力增加，一般称作液化作用。

α-淀粉酶能水解任意α-1,4糖苷键，但其不能切开淀粉分支点的α-1,6糖苷键，也不能水解分支点附近的α-1,4糖苷键，因此，经α-淀粉酶作用后的产物包括麦芽糖、葡萄糖及一系列α-极限糊精。

α-淀粉酶水解产物的还原性末端葡萄糖第一位碳原子C_1的光学性质呈α-型，故称α-淀粉酶。

（二）酶的基本性质

1. 分子量

大多数α-淀粉酶的分子量在50000左右，每个分子中含有一个Ca^{2+}。在有锌离子存在的条件下，两个酶分子可结合成一个二聚体，这时，其分子量约为1000000。

2. 温度的影响

不同来源的α-淀粉酶具有不同的热稳定性和最适反应温度。根据α-淀粉酶的热稳定性可将其分成耐热性α-淀粉酶和中温型α-淀粉酶两类。由芽孢杆菌所产α-淀粉酶耐热性较强，属于耐热性α-淀粉酶。如枯草芽孢杆菌α-淀粉酶在高浓度的淀粉乳中，其最适温度为85～90℃。嗜热芽孢杆菌的α-淀粉酶具有更高的热稳定性，一般最适温度可达90～95℃，有的种类在110～115℃仍可催化淀粉水解。而霉菌产α-淀粉酶耐热性较差，最适温度只有50～55℃，属于中温型α-淀粉酶。

3. pH的影响

α-淀粉酶一般在pH5.5～8时稳定，pH4以下容易失活。酶的最适pH一般为5～6。但是，不同来源的α-淀粉酶有不同的pH特性。一般微生物α-淀粉酶都不耐酸，当pH低于4.5时迅速失活。但黑曲霉α-淀粉酶的耐酸性较强，最适pH为4.0。枯草芽孢杆菌α-淀粉酶的最适pH范围为5～7，嗜碱芽孢杆菌α-淀粉酶的最适pH范围为9.2～10.5。哺乳动物α-淀粉酶在氯离子存在的条件下，最适pH为7.0。

4. 钙离子的影响

α-淀粉酶是一种金属酶，每个酶分子中含有一个钙离子。钙与酶分子的结合是非常牢固的，只有在低pH和螯合剂存在的条件下，才能将其除去。若酶分子中的钙完全除去，将导致酶的失活以及对热、酸或脲等变性因素的稳定性降低。钙离子并不直接参与形成酶-底物络合物，但它对维持酶的最适宜构象具有重要作用。钙离子与酶分子结合的牢固程度，依据酶的来源不同而有所差别，其顺序为霉菌＞细菌＞动物＞植物。

在芽孢杆菌产淀粉酶中，地衣芽孢杆菌 α-淀粉酶与钙离子结合非常牢固。采用 EDTA 等金属螯合剂处理也不影响其活力。在进行酶活力测定时，可据此区别其他 α-淀粉酶。

（三）酶的来源

α-淀粉酶存在于植物、哺乳动物组织和微生物中。工业上应用的 α-淀粉酶主要来源于细菌和真菌。

工业上应用的细菌 α-淀粉酶主要采用枯草芽孢杆菌、地衣芽孢杆菌以及解淀粉芽孢杆菌发酵法生产。其中在我国应用最广泛的是由枯草芽孢杆菌和地衣芽孢杆菌制备的 α-淀粉酶。

生产 α-淀粉酶的真菌主要包括青霉和曲霉，其中以米曲霉和黑曲霉较为常见。

二、β-淀粉酶

β-淀粉酶（β-amylase）也称糖化淀粉酶或麦芽糖苷酶，是一种催化淀粉水解生成麦芽糖的淀粉酶，其系统命名为 1,4-α-D-葡聚糖麦芽糖水解酶（1,4-α-D-glucan maltohydrolases），国际酶学委员会的系统编号为（EC 3.2.1.2）。

（一）酶的作用方式

β-淀粉酶属于外切型（exo-）淀粉酶，作用于淀粉时，从淀粉的非还原端依次切开 α-1,4 糖苷键，生成麦芽糖，同时将 C_1 的光学构型由 α-型转变为 β-型，故称 β-淀粉酶。

β-淀粉酶不能水解淀粉分子中的 α-1,6 糖苷键，也不能跨过分支点继续水解，故水解支链淀粉是不完全的，残留下大分子的 β-极限糊精（见图 4-2）。残留在 β-极限糊精 α-1,6 糖苷键上的葡萄糖单位是 2 个或 3 个。

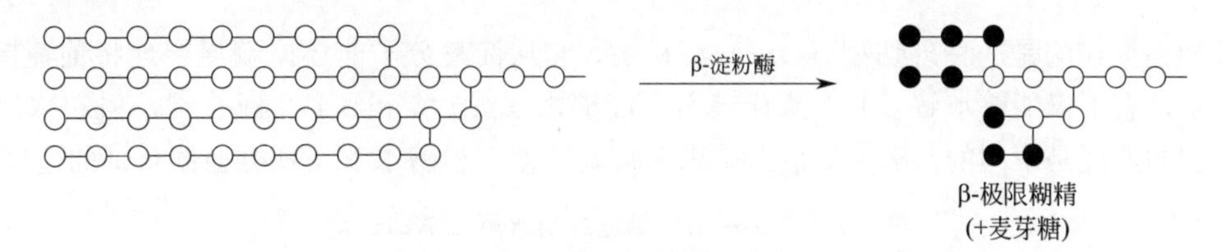

图 4-2　β-淀粉酶水解支链淀粉生成 β-极限糊精示意图

β-淀粉酶水解直链淀粉时，如淀粉分子由偶数个葡萄糖单位组成，则最终水解产物全部是麦芽糖。如淀粉分子由奇数个葡萄糖单位组成，则最终水解产物除麦芽糖外，还有少量葡萄糖存在。

由于 β-淀粉酶属于外切酶类，其从非还原性末端水解淀粉，因此，水解过程中淀粉乳黏度下降很慢，这与 α-淀粉酶完全不同，故不能作为液化酶使用，工业上主要用于麦芽糊精、麦芽低聚糖生产。

（二）酶的基本性质

1. 温度的影响

β-淀粉酶的热稳定性较低，70℃加热可使之失活。β-淀粉酶的最适温度为 40～60℃，但不同来源的酶活力相差很大。大豆β-淀粉酶的最适温度为60～65℃，大麦和甘薯β-淀粉的酶最适温度为50～55℃，细菌β-淀粉酶热稳定性较差，一般最适反应温度在50℃以下。

2. pH的影响

植物β-淀粉酶的最适pH为5.0～6.0，微生物β-淀粉酶的最适pH为6.5～7.5。来源不同的酶，其最适pH有较大差别。

3. 活性影响因素

β-淀粉酶活性中心都含巯基（—SH），因此，一些巯基试剂、氧化剂、重金属等均可使其失活。还原性的谷胱甘肽、血清蛋白和半胱氨酸等对β-淀粉酶有保护作用。环糊精、麦芽糖对酶起竞争性抑制作用。

（三）酶的来源

β-淀粉酶主要存在于植物中，在谷物中存在较多，在甘薯和大豆中也有存在，而动物体内不存在β-淀粉酶。目前工业上使用的β-淀粉酶主要包括植物β-淀粉酶和微生物β-淀粉酶。

目前，人们日益重视微生物来源的β-淀粉酶，用于生产β-淀粉酶的微生物包括多黏芽孢杆菌、巨大芽孢杆菌以及蜡状芽孢杆菌等。

三、葡萄糖淀粉酶

葡萄糖淀粉酶（glucoamylase或amyloglucosidase，简称AMG）也称糖化酶。是一种催化淀粉水解生成葡萄糖的淀粉酶。其系统命名为1,4-α-D-葡聚糖葡萄糖苷酶（1,4-α-D-glucan glucosidase），国际酶学委员会的系统编号为（EC 3.2.1.3）。

（一）酶的作用方式

葡萄糖淀粉酶是一种外切型（exo-）淀粉酶，它从淀粉分子非还原端逐个地将葡萄糖单位水解下来。它不仅能够水解α-1,4糖苷键而且能够水解α-1,6和α-1,3糖苷键，但它水解这三种糖苷键的速度是不同的。表4-1给出了黑曲霉葡萄糖淀粉酶水解三种类型糖苷键的速度情况

表4-1　黑曲霉葡萄糖淀粉酶水解二糖的速度

二糖	α-键	水解速度/[mg/(U·h)]	相对速度
麦芽糖	1,4	2.3×10^{-1}	100
黑　糖	1,3	1.5×10^{-2}	6.6
异麦芽糖	1,6	0.83×10^{-2}	3.6

理论上讲，葡萄糖淀粉酶可将淀粉100%水解为葡萄糖，但事实上虽然其能作用于α-1,6糖苷键，但它仍然不能使支链淀粉完全降解。这可能是因为在支链淀粉中某些α-1,6糖苷键的排列方式使得葡萄糖淀粉酶不易发挥作用，但若体系中有α-淀粉酶参与时，葡萄糖淀粉酶可使支链淀粉完全降解。另外，葡萄糖淀粉酶对淀粉的水解能力随酶的来源不同而存在差别。

（二）酶的基本性质

1. 温度的影响

葡萄糖淀粉酶的最适温度范围是50～60℃。不同来源的葡萄糖淀粉酶，最适温度存在

一定差异。曲霉葡萄糖淀粉酶的最适温度为 55～60℃，根霉葡萄糖淀粉酶的最适温度为 50～55℃，而我国 20 世纪 80 年代后引进的不含转移酶或含少量转移酶的高转化率糖化酶（high conversion glucoamylase）的最适作用温度为 55～65℃。

2. pH 的影响

葡萄糖淀粉酶最适 pH 范围是 4.0～5.0。但不同来源的酶类最适 pH 也存在差异，曲霉葡萄糖淀粉酶的最适 pH 为 3.5～5.0，根霉葡萄糖淀粉酶的最适 pH 为 4.5～5.5，高转化率糖化酶的最适 pH 为 4.2～4.6。

3. 活性影响因素

葡萄糖淀粉酶水解 α-1,4 糖苷键的速度随底物分子量的增加而提高，但当分子量超过麦芽五糖时，则不再存在上述规律。另外酶的最适温度和 pH 还受酶作用时间的影响。表 4-2 表明了酶作用时间对最适温度和 pH 的影响。

表 4-2　酶作用时间对黑曲霉葡萄糖淀粉酶水解直链淀粉速度的影响

时间/h	转化率/%									
	pH(50℃)					温度/℃(pH4.0)				
	2.94	4.0	5.0	5.98	6.98	37	44	50	60	70
0.0026	0.7	0.4	0.9	0.9	0.7	2.2	2.5	2.5	2.5	2.5
1	8.3	10.8	11.0	5.6	38.0	14.6	18.9	24.5	19.1	5.9
4	21.6	32.2	34.2	17.1	7.0	32.8	31.6	43.8	37.4	6.3
24	63.0	70.1	54.9	47.7	20.2	62.6	67.5	83.6	59.0	6.1

（三）酶的来源

葡萄糖淀粉目前主要来源于黑曲霉（*Aspergillus niger*）、根霉（*Rhizopus*）及拟内孢霉（*Endomycopsis*）。这三种来源的葡萄糖淀粉酶性质各有差异，其中黑曲霉葡萄糖淀粉酶的活力稳定性高，可在较高温度及较低 pH 下使用，但其中往往混有少量的葡萄糖基转移酶，在实际使用中影响葡萄糖的最终产率；另外两种来源的葡萄糖淀粉酶基本不含有葡萄糖基转移酶，但根霉不适于深层液体培养，在一定程度上限制了大规模工业化生产。而拟内孢霉和黑曲霉可采用深层培养制备葡萄糖淀粉酶，我国生产的葡萄糖淀粉酶大多采用黑曲霉及其突变株发酵法生产。

四、脱支酶

脱支酶（debranching enzyme）能催化水解支链淀粉、糖原及相关的大分子化合物（如糖原经 α-淀粉酶或 β-淀粉酶作用后所生成的极限糊精）中的 α-1,6 糖苷键，生成产物为直链淀粉和糊精。

（一）脱支酶的分类

根据脱支酶的作用方式，可将其分为直接脱支酶和间接脱支酶两大类，前者可水解未经改性的支链淀粉或糖原中的 α-1,6 糖苷键，而间接脱支酶只能作用于已由其他酶改性的支链淀粉或糖原。根据对底物的专一性不同，直接脱支酶又可分为普鲁兰酶（pullulanase，EC 3.2.1.41）和异淀粉酶（isoamylase，EC 3.2.68）两种。

（二）脱支酶的作用方式

在实际应用中，直接脱支酶应用最为广泛。普鲁兰酶和异淀粉酶两种直接脱支酶在作用方式和最小作用单位上存在差异。

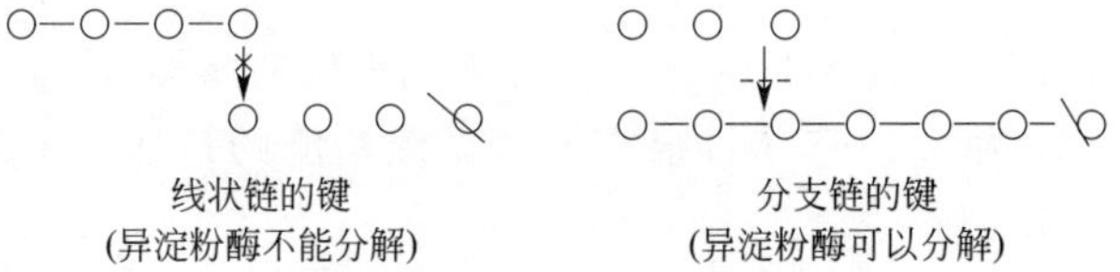

线状链的键
(异淀粉酶不能分解)

分支链的键
(异淀粉酶可以分解)

图 4-3　异淀粉酶脱支处理的作用方式

如图 4-3 所示，异淀粉酶不能水解左侧线状链的键，而只能水解类似右侧的分支链的 α-1,6 糖苷键，而普鲁兰酶则能够水解上述两种情况下的 α-1,6 糖苷键。另外两种酶在最小作用单位上也存在差异，图 4-4 表明了两种酶的最小作用单位。

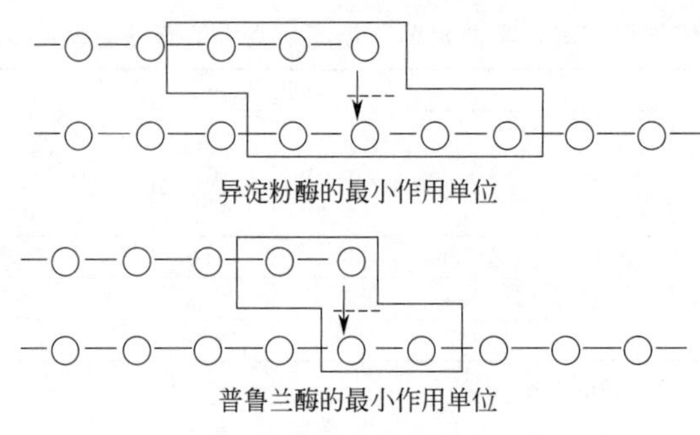

图 4-4　普鲁兰酶和异淀粉酶的最小作用单位

从图 4-4 中可以看出，普鲁兰酶的最小底物是 6^2-麦芽糖基麦芽糖，而异淀粉酶的最小底物是 6^3-麦芽三糖基麦芽四糖。利用以上两种脱支酶的性质上的差异，可以对支链淀粉进行分支化度的分析。

（三）脱支酶的来源

工业上应用的脱支酶主要由微生物发酵法生产。其中普鲁兰酶主要来源于产气杆菌（*Aerobacter aerogenes*）、蜡状芽孢杆菌蕈状变异株（*Bac*. *Cereus* var. *mycoales*）以及酸性解普鲁兰芽孢杆菌（*Bac*. *acidopullulytiens*）等，此外，在放线菌、地衣芽孢杆菌、黄杆菌中也存在产酶活力很强的菌株。

异淀粉酶主要由假单胞杆菌（*Pseudomonas* SB-15）、酵母菌发酵法生产。商品化的脱支酶主要以丹麦诺维信公司生产的普鲁兰酶（promozyme）应用最为广泛。该酶是由酸性解普鲁兰芽孢杆菌所产生的，酶的酸热稳定性较高，最适 pH5.0，最适温度 60℃。一般与糖化酶、β-淀粉酶一起应用，以提高糖化得率。

另一种应用广泛的脱支酶是美国杰能科公司生产的普鲁兰酶 L-1000，该酶的最适 pH4.0～4.5，最适温度 60℃。

（四）常用脱支酶的性质

脱支酶与β-淀粉酶一起应用可提高麦芽糖的得率，用于生产超高麦芽糖浆，常见脱支酶的性质见表4-3。

表4-3　常见脱支酶的性质

项目	产气杆菌普鲁兰酶	酸性解普鲁兰芽孢杆菌普鲁兰酶	假单胞杆菌异淀粉酶	蜡状芽孢杆菌异淀粉酶
最适温度/℃	50～55℃	60	52	50
最适反应pH	5.5～6.0	4.5～5.5	3.0～5.5	6.0～6.5
热稳定性/℃	＜45	＜55	＜55	
pH稳定性	＜pH5.0失活	＜pH4.3失活	＜pH3.0失活	6.0～9.0

五、环糊精葡萄糖基转移酶

环糊精葡萄糖基转移酶（cyclodextrin glycosyltransferase，CGT）又称环糊精生成酶。由于该酶最初是从软化芽孢杆菌中发现的，所以，也称为软化芽孢杆菌淀粉酶。国际酶学委员会的系统编号为（EC 2.4.1.19）。

（一）酶的作用方式

环糊精葡萄糖基转移酶能催化聚合度为6以上的直链淀粉生成环状糊精（CD）。不同来源的酶催化生成的环状糊精有所不同。例如，软化芽孢杆菌CGT催化淀粉主要生成α-环状糊精（6个葡萄糖单位连接环化而成）；巨大芽孢杆菌CGT催化淀粉主要生成β-环状糊精（7个葡萄糖单位连接环化而成）；枯草芽孢杆菌CGT催化淀粉主要生成γ-环状糊精（8个葡萄糖单位连接环化而成）。根据上述情况一般将CGT分成三种类型（α-CGT、β-CGT、γ-CGT），划分的原则是根据发酵初期生成的哪种CD来判定。通常随着发酵时间的推移，也合成出另外两种CDs，如果反应继续进行达到平衡时，最终产物中占主要成分的是β-CD，原因是β-CD的形成在热力学上比另外两种更适宜。

（二）酶的基本性质

1. 温度的影响

环糊精葡萄糖基转移酶的最适作用温度为45～60℃。不同来源的CGT最适温度不同。例如，软化芽孢杆菌CGT的最适温度为55～60℃，巨大芽孢杆菌CGT的最适温度为55℃，嗜碱芽孢杆菌CGT的最适温度为45～50℃，枯草芽孢杆菌CGT的最适温度为65℃。

2. pH的影响

环糊精葡萄糖基转移酶的最适pH一般在4.5～6.0。不同来源的CGT最适pH亦有所差异。软化芽孢杆菌CGT的最适pH为5.5，巨大芽孢杆菌CGT的最适pH为5.0～5.7，嗜碱芽孢杆菌CGT的最适pH为4.5～9.0。

3. 钙离子的影响

钙离子对环糊精葡萄糖基转移酶有保护作用。

（三）酶的来源

环糊精葡萄糖基转移酶目前主要来源于微生物发酵法生产。目前经筛选鉴定能产生

CGT 的菌种已有许多种，在研究条件下大多数分泌的酶在作用于淀粉或其水解物时都转化为 α-CD、β-CD、γ-CD 三种环糊精，但三者具有不同的比例。常见的生产菌包括软化芽孢杆菌、巨大芽孢杆菌、枯草芽孢杆菌、嗜碱芽孢杆菌等。

六、其他淀粉酶类

在淀粉的酶法改性过程中，除了以上介绍的一些淀粉酶外，还出现了一些新型的淀粉酶，如葡萄糖异构酶、α-葡萄糖基转移酶、麦芽低聚糖生成酶、生淀粉颗粒降解酶等。

第二节　单酶处理对淀粉改性

一、α-淀粉酶在淀粉改性上的应用

α-淀粉酶是一种重要的淀粉酶，除了用于淀粉糖生产的液化工艺外，在淀粉的酶法改性方面也有重要应用。目前 α-淀粉酶在以下几个方面用于淀粉改性。

（一）改变原淀粉的链长分布

采用 α-淀粉酶改变原淀粉的链长分布状态，主要针对小麦淀粉，应用在烘焙工业中。酶在面包工业中的应用由来已久，从本质上讲，面包的制作过程就是酵母菌及与面粉中的酶协同作用的过程。然而，小麦粉中的天然酶含量往往不能满足面包制作的要求，尤其是 α-淀粉酶活力很低，这导致在面团发酵过程中不能对淀粉充分水解，生成的小分子糖含量不足，无法满足酵母菌的良好生长及产气的需要，结果采用这样的面粉生产的面包往往体积小、易老化。在实际的面包生产中常添加一定量的 α-淀粉酶或麦芽粉，对淀粉适当水解，以利于酵母作用，从而能缩短面团发酵时间，增大面包的比容，延缓面包的老化，改善面包皮的色泽，进而可以缩短面包生产周期，延长面包的保质期。

在麦芽糊精和低 DE 值糊精的制备过程中，也是应用 α-淀粉酶来改变原淀粉的链长分布，从而改变淀粉的加工与应用性能。

（二）改变原淀粉的消化速率

采用 α-淀粉酶对淀粉进行处理后，形成了一些短链的淀粉，控制水解的条件，同时控制冷却过程，可使淀粉的消化性降低，从而可制备缓慢消化淀粉。

（三）改变原淀粉糊的性质

α-淀粉酶广泛应用于淀粉糖制造工业中，其中最主要的用途是用于淀粉的液化过程，使糊化后淀粉糊的黏度降低，以利于后续操作。在瓦楞纸箱用的淀粉基胶黏剂的生产中，为了增大胶黏剂的固体含量，也使用 α-淀粉酶调整糊的黏度，使其控制在一定范围，以适应纸箱行业的需要。

（四）改变淀粉的颗粒结构

在改变淀粉颗粒结构方面的应用，最主要是改变淀粉的颗粒形貌，用来制备多孔淀粉。

不同来源的α-淀粉酶水解生淀粉时，其水解产物的颗粒形态存在差别，并不是所有的都是多孔状的，有的能形成多孔，有的只在颗粒表面形成鳞片状，也有的颗粒表面只是变得较为粗糙，因此在实际应用中，应通过实验选取最合适的α-淀粉酶种类。

二、脱支酶在淀粉改性上的应用

在对淀粉进行脱支处理时，既可采用酸处理，也可采用酶处理的方式。两者皆可切断淀粉链，但酶专一性作用于α-1，6分支点（branch point），切断分支，使分子变小，而酸水解淀粉，会使其淀粉分子降解成较小分子链，不具有专一性。图4-5为普鲁兰酶及水解脱水的回凝淀粉凝胶（dried retrograded starch gels，DRSGs）后的水解效果，而两者所造成的结果具有一定的类似性，但普鲁兰酶价格昂贵、专一性强，而酸则便宜方便、随机性强。

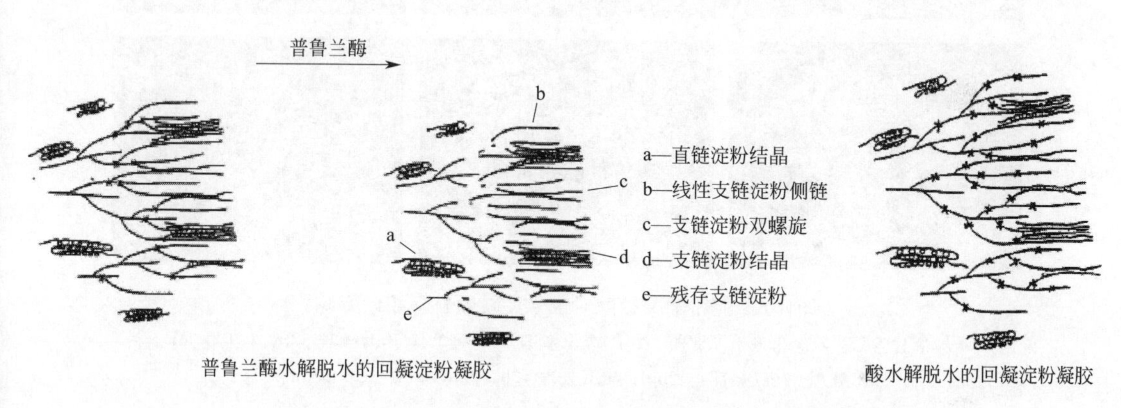

图4-5　普鲁兰酶和酸水解脱水的回凝淀粉凝胶示意图

目前，在淀粉改性方面以酶脱支应用较为普遍，主要应用于以下几个方面：

（一）生产直链淀粉

因为脱支酶能够专一性地水解α-1，6糖苷键，因此，用其作用于原淀粉后，可将支链切断，从而用其来制备直链淀粉。

（二）生产抗性淀粉

将原淀粉糊化处理后，加入普鲁兰酶。其作用于α-1，6葡萄糖苷键，从而使淀粉水解产物中含有更多游离的直链分子。将处理过的淀粉糊在低温下凝沉，不同的直链淀粉间通过氢键形成双螺旋，最后形成新的晶体，形成的晶体对酶具有高度的抗性，控制脱支条件，可用来制备抗性淀粉。

（三）生产缓慢消化淀粉

缓慢消化淀粉是一种新型的非化学改性淀粉，其也可通过采用脱支酶对淀粉部分脱支后，控制其老化的条件和程度，使新形成的晶体结构能够延缓酶作用的时间，使能量缓慢释放，从而具有缓慢消化的特性。目前，通过酶脱支处理来制备缓慢消化淀粉是淀粉科学领域的研究热点之一。

三、淀粉葡萄糖酶在淀粉改性上的应用

淀粉葡萄糖酶在淀粉改性上的最主要用途是改变淀粉的颗粒状态，目前主要用于制备多孔淀粉。通过控制酶浓度与作用时间，可以改变孔径的大小，图4-6为淀粉葡萄糖酶作用于玉米淀粉后，淀粉颗粒表面的变化情况。

图4-6　淀粉葡萄糖酶对玉米淀粉颗粒形貌的影响

[从左上至右下依次为玉米原淀粉、20IU/mL处理32h、200IU/mL处理32h、200IU/mL处理32h（局部）、200IU/mL处理48h、200IU/mL处理128h]

从图4-6中可看出，随着酶浓度的提高和处理时间的延长，形成的多孔淀粉孔径由小变大，随着处理时间的进一步延长，部分颗粒出现较大空洞，最终导致整个淀粉颗粒完全崩溃，失去原有的颗粒状态。所以，在多孔淀粉制备中，应根据最终的应用目的，控制酶浓度和作用时间，以获得具有良好应用特性的多孔淀粉。

四、环糊精葡萄糖基转移酶在淀粉改性上的应用

环糊精葡萄糖基转移酶主要用来制备环糊精及大环糊精，主要催化分子内的转糖基反应，使淀粉分子发生环化。利用该酶除可生产α-CD、β-CD、γ-CD外，还可生产聚合度为几十甚至上百的大环糊精。

第三节　多酶协同处理对淀粉改性

一、多酶协同处理的优点

双酶或多酶协同作用对淀粉改性技术的研究与开发正在逐渐兴起，众多研究结果表明，在对淀粉酶的处理过程中，双酶协同作用的水解效率往往比单酶作用的水解效率高。1985年日本学者在研究中指出：混合的可溶性α-淀粉酶与糖化酶作用于淀粉糊，在水解过程中具有协同效应；协同作用的本质则是α-淀粉酶为糖化酶提供新的非还原末端，增加糖化酶

的底物浓度而提高了催化效率，并对混合的α-淀粉酶、葡萄糖淀粉酶水解淀粉提出了联立微分方程形式的反应速度方程。淀粉水解动力学速度方程中，底物、产物浓度大多采用物质的量浓度表示，而底物物质的量浓度的确定存在相当难度，因为底物（淀粉）的分子量通常是未知的，即便进行测定，在使用不同方法时测量结果也有差异，难以准确测得。后来部分研究者采用方便实用的质量体积浓度来描述速度方程，进一步提高了水解过程的应用价值。

采用双酶或多酶处理淀粉时，每一种都具有特定的作用位点及作用方式，因此，通过控制酶反应的条件，可以方便地对淀粉进行改性。一般是采用两种方式进行，一是分别以单一酶依次处理淀粉，分别根据每种酶的最适作用条件独立调整反应体系的温度、pH、底物浓度等条件，控制酶反应的程度，根据预期的改性效果，控制反应的进行程度；另一种情况是，在同一反应体系中同时使用两种或两种以上的酶制剂，然后在一定的温度、pH、底物浓度及作用时间等条件下进行淀粉的酶法改性，在此情况下，与单酶反应体系存在很大的差别，因为在反应体系中使用的酶往往具有不同的最适作用温度及pH等条件，这样在双酶或多酶体系的实际应用中需要通过实验确定最适的反应温度、pH及其与反应速率的关系等，以取得最好的实际应用效果。

二、多酶协同处理的应用

（一）α-淀粉酶与脱支酶（普鲁兰酶）联合应用

目前，α-淀粉酶和脱支酶联合应用的最主要用途是制备抗性淀粉和多孔淀粉。在抗性淀粉的制备过程中可以单独采用脱支酶进行，改变淀粉的链长结构，同时，采用适当的冷却方式，可获得抗性淀粉。但在实际制备过程中发现，在淀粉糊化时加入耐热α-淀粉酶进行液化，然后再加入普鲁兰酶进行处理，所得到的淀粉样品中抗性淀粉含量高于未加液化酶处理的样品。究其原因可能是由于在没有加液化酶的情况下，直接加入普鲁兰酶，会导致淀粉糊中直链分子的长短差异过大，不利于晶体形成。因此采用先加入液化酶处理，再进行脱支制备样品，有利于提高抗性淀粉的得率。

α-淀粉酶对于淀粉分子的作用是从中间随机切开α-1,4葡萄糖苷键，从而迅速降低淀粉糊的黏度，因此其用量多少与淀粉糊的黏度大小紧密相关。当加入酶量少时，分子被切断程度不够，淀粉糊的黏度仍然很大，不利于直链淀粉分子相互接近而形成结晶；酶量太大，黏度过低，直链淀粉分子相互接近的概率减小，也不利于抗性淀粉的形成。同时，加酶量多少也会影响被切断后的分子链长短比例以至于影响晶体形成的难易程度。试验证明，在双酶协同法制备抗性淀粉过程中，控制耐热α-淀粉酶的用量及普鲁兰酶的作用条件非常重要。

在多孔淀粉的制备过程中，可采用α-淀粉酶与普鲁兰酶按（1∶5）～(5∶1）的比例复合，结果见图4-7。

由图4-7可见，用不同比例的α-淀粉酶与普鲁兰酶配成的复合酶制备多孔淀粉的吸水率、吸油率变化情况中，吸附效果最好的是α-淀粉酶与普鲁兰酶配比为1∶1后处理的。

（二）α-淀粉酶、糖化酶联合应用

α-淀粉酶和糖化酶联合目前主要应用在多孔淀粉的制备上。在温度为45℃、pH值为4.4、淀粉浓度为15%、$CaCl_2$的浓度为0.2%的条件下，α-淀粉酶、糖化酶的浓度都为1.5%按不同的比例复合，然后制备多孔淀粉，以吸水率和吸油率为指标，可选出复合酶的最佳配比。

图4-8为α-淀粉酶与糖化酶按（8∶1）～（1∶8）的比例复合后吸水率和吸油率的变化情况。

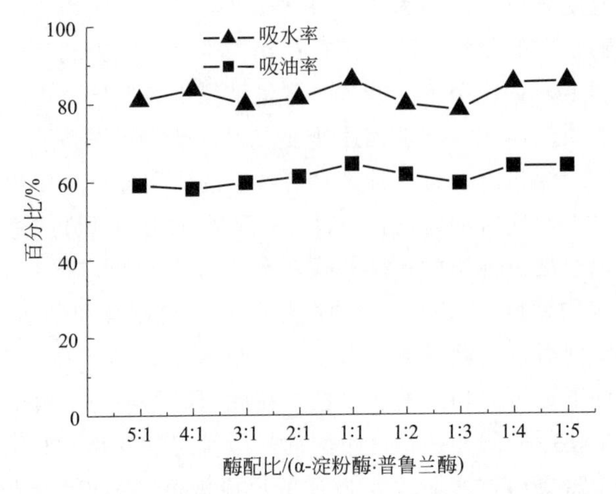

图4-7　α-淀粉酶与普鲁兰酶复合对多孔淀粉吸附性能的影响

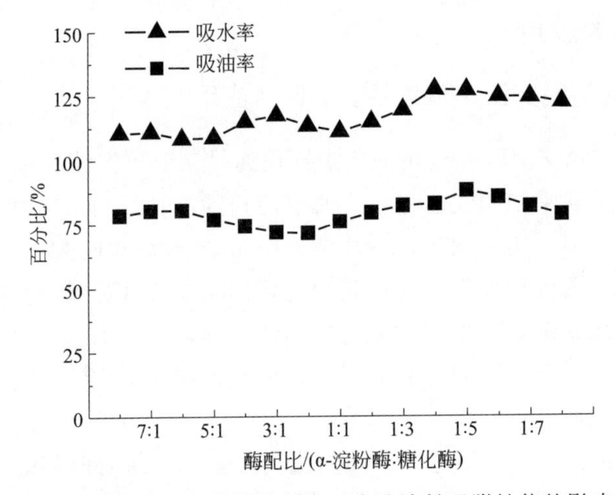

图4-8　α-淀粉酶与糖化酶复合对多孔淀粉吸附性能的影响

由图4-8可见，吸附效果最好的是α-淀粉酶与糖化酶配比为1∶5的复合酶。

（三）糖化酶与脱支酶（普鲁兰酶）联合应用

糖化酶与普鲁兰酶复合也可用于多孔淀粉的制备上，图4-9为糖化酶与普鲁兰酶按（1∶5）～（5∶1）比例复合制备多孔淀粉吸水率和吸油率的变化情况。

效果最好的是糖化酶与普鲁兰酶之比为1∶3的复合酶处理的淀粉。

（四）α-淀粉酶、糖化酶与普鲁兰酶联合应用

目前，采用三酶复合对淀粉改性处理，主要应用在多孔淀粉的制备上，将α-淀粉酶、糖化酶与普鲁兰酶之比按1∶1∶1、2∶1∶1、1∶2∶1、2∶2∶1、3∶1∶1、1∶3∶1、3∶2∶1和2∶3∶1复合，制备抗性淀粉，对其吸水率和吸油率进行测定，结果见图4-10。

由图4-10可以看出，效果最好的是α-淀粉酶∶糖化酶∶普鲁兰酶＝1∶3∶1的复合酶处理后的淀粉。

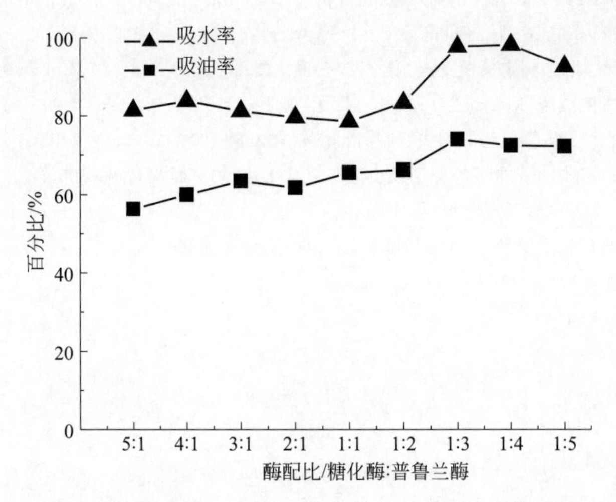

图 4-9　糖化酶与普鲁兰酶复合对多孔淀粉吸附性能的影响

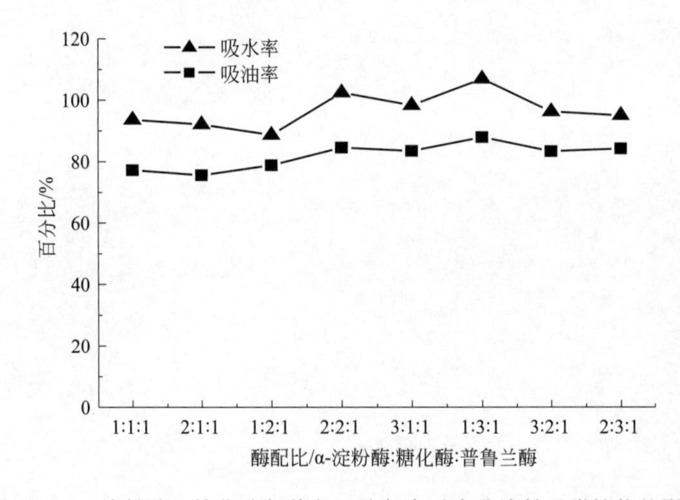

图 4-10　α-淀粉酶、糖化酶与普鲁兰酶复合对多孔淀粉吸附性能的影响

从上面的分析可以看出，复合酶（α-淀粉酶∶糖化酶=1∶5）处理过的玉米淀粉，对水的吸附效果较好，这是α-淀粉酶与糖化酶的协同作用：糖化酶是从非还原端外切α-1,4糖苷键，生淀粉颗粒表面不一定存在非还原端，因此即使糖化酶与生淀粉颗粒结合也不能水解α-1,4糖苷键，但由于α-淀粉酶能内切α-1,4糖苷键，该酶可以将外露的淀粉糖链内切，内切后糖链出现一个非还原端，故有利于糖化酶水解淀粉。普鲁兰酶属直接脱支酶，仅能水解支链或直链结构中的α-1,6糖苷键，故α-淀粉酶与普鲁兰酶、糖化酶与普鲁兰酶复合作用淀粉后的吸附效果不如α-淀粉酶与糖化酶复合明显。

参考文献

[1] AGGARWAL P, DOLLIMORE D. Degradation of starchy food material by thermal analysis[J]. Thermochimica Acta, 2000, 357: 57-63.

[2] ELIASSON A C. Starch in food: Structure, function and applications[M]. CRC Press, 2004.

[3] VASANTHAN T, BHATTY R S. Physicochemical properties of small-and large-granule starches of waxy, regular, and high-amylose barleys[J]. Cereal Chemistry (USA), 1996, 73: 199-207.
[4] 杜先锋，许时婴，王璋. 酶法测定葛根支链淀粉分支化度. 食品与发酵工业，2002，28 (02)：62-65.
[5] 郭勇. 酶在食品工业中的应用[M]. 北京：中国轻工业出版社，1996.
[6] 蹇华丽，高群玉，梁世中. 抗性淀粉的酶法研制[J]. 食品与发酵工业，2002，28 (05)：6-9.
[7] 缪铭. 缓释载体-玉米多孔淀粉的制备、应用及机理研究[D]. 哈尔滨商业大学，2006.
[8] 王璋. 食品酶学[M]. 北京：轻工业出版社，1990.
[9] 尤新. 淀粉糖品生产与应用手册[M]. 北京：中国轻工业出版社，1999.

第五章

非化学改性淀粉的制备及应用技术

第一节　抗性淀粉

一、抗性淀粉概述

（一）抗性淀粉的定义

长期以来，淀粉一直被认为能够在人体内完全消化、吸收，因为人体的排泄物中未曾测得淀粉质的残留。然而，当以 AOAC（1985）之酶-重力法进行膳食纤维的定量分析时，发现有淀粉成分包含在不溶性膳食纤维（IDF）中，Englyst 等学者首先将这部分淀粉定义为抗性淀粉（Resistant Starch）。

1993 年，Euresta 将抗性淀粉定义为：不被健康人体小肠所吸收的淀粉及其分解物的总称。还有学者将抗性淀粉定义为：一种不能在人体小肠中消化、吸收，而可以在大肠中被微生物菌丛发酵的淀粉。上述两种定义虽然略有差异，其本质具有共同性，即说明了此种淀粉的抗酶解特性。抗性实际指的就是抗小肠内淀粉酶的作用。

（二）抗性淀粉的分类

目前国际上对抗性淀粉主要分为 5 类：

1. RS_1 物理包埋淀粉颗粒（Physically Trapped Starch）

RS_1 类型抗性淀粉的形成是因为淀粉质被包埋于食物基质中，一般为存在于细胞壁内较大的淀粉颗粒，一旦淀粉颗粒被破坏，抗性淀粉即转变为可消化淀粉。例如：淀粉颗粒因细胞壁而受限于植物细胞中；或因蛋白质成分之遮蔽而使小肠淀粉酶不易接近，因此发生酶抗性。通常研磨、粉碎即可破坏淀粉颗粒。

2. RS_2 抗性淀粉颗粒（Resistant Starch Granules）

RS_2 为有一定颗粒结构的淀粉，在结构上存在特殊的晶体构象，对淀粉酶具有高度抗性，通常存在于生的薯类、香蕉中。一般当淀粉颗粒未糊化时，对 α-淀粉酶会有高度的消化抗性；此外天然淀粉颗粒，如绿豆淀粉、马铃薯淀粉颗粒等，其结构的完整和高密度性以及高直链玉米淀粉中的天然结晶结构都是造成酶抗性的原因。如图 5-1 所示，马铃薯淀粉颗粒内较完整、排列规律、密度较高，酶不易作用在它的结构上，因而对酶产生抗性，属于天然的抗性淀粉（native resistant starch，RS_2），但是当马铃薯加热烹调后，对酶的敏感性大大增加，马铃薯淀粉不再是抗性淀粉，但经冷却放置一段时间后，马铃薯淀粉对酶敏感性会降低，部分淀粉又回归成抗性淀粉，如图 5-2 所示。

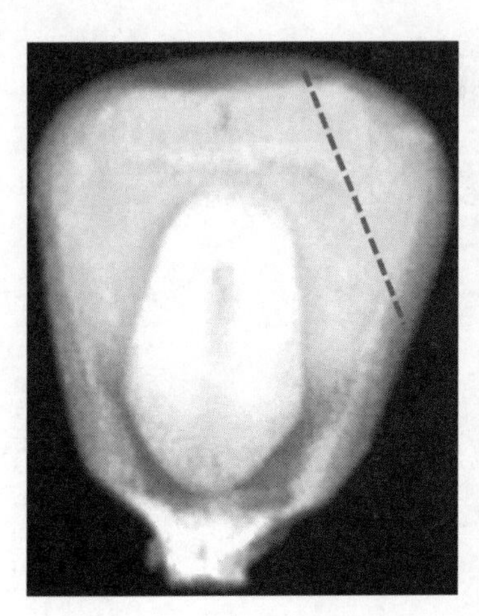

图 5-1　玉米粒及胚乳中的淀粉被包裹在细胞壁及蛋白质基质内形成 RS_1

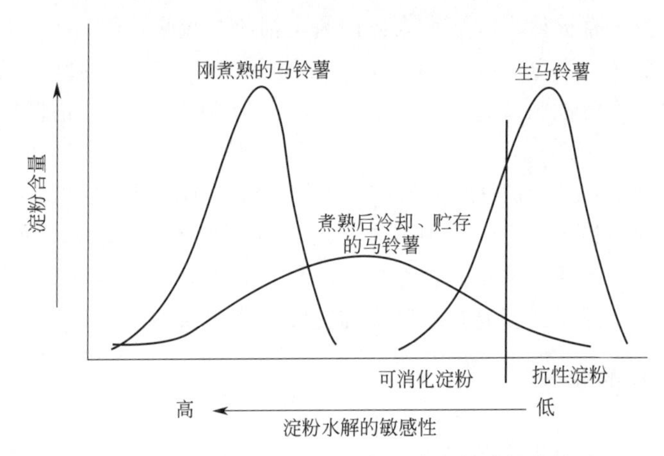

图 5-2　马铃薯淀粉烹饪前后与酶水解敏感性的关系

图 5-3 为采用猪胰 α-淀粉酶对银杏淀粉与玉米淀粉进行酶解。两种淀粉随酶解时间的延长，淀粉颗粒呈现不同的表观颗粒形貌状态，银杏淀粉对淀粉酶具有较强的抵抗作用，属于天然的 RS2 类型抗性淀粉，而玉米淀粉由于颗粒结构的特点，更容易被淀粉酶水解，形成多孔状。

3. RS_3 回生淀粉（Retrograded Starch）

RS_3 是在加工过程中因淀粉结构等发生变化由可消化淀粉转化而成。如煮熟的米饭在 4℃下放置过夜后可产生 RS_3。此种类型即老化淀粉，广泛存在于食品中。利用示差扫描热分析仪（DSC）对 RS_3 型结构进行分析，约在 140～150℃出现吸收峰，这主要由老化的直链淀粉引起。老化的直链淀粉极难被酶作用，而老化的支链淀粉抗消化性小一些，而且通过加热能逆转。老化淀粉是抗性淀粉的重要成分，由于它是通过食品加工形成的，因而是最具有工业化生产及应用前景的一类。

早在1984年Jane和Robyt就对老化直链淀粉的抗水解机制进行了开创性的研究，他们采用硫酸及不同种类的α-淀粉酶处理老化后的直链淀粉，并给出了可能的水解机制，具体如图5-4所示。实验中所采用的硫酸浓度为16%，处理条件为25℃，水解20～40天，所得极限糊精平均 *dp* 为32；采用猪胰α-淀粉酶（porcinepancreatic alpha amylase，PPA）及人唾液α-淀粉酶（human-salivary alpha amylase，HSA）所得极限糊精（抗性片段）平均 *dp* 为43；采用为枯草芽孢杆菌α-淀粉酶（*Bacillus subtilis* alpha amylase，BSA）所得极限糊精平均 *dp* 为50。具体细节如表5-1所示。

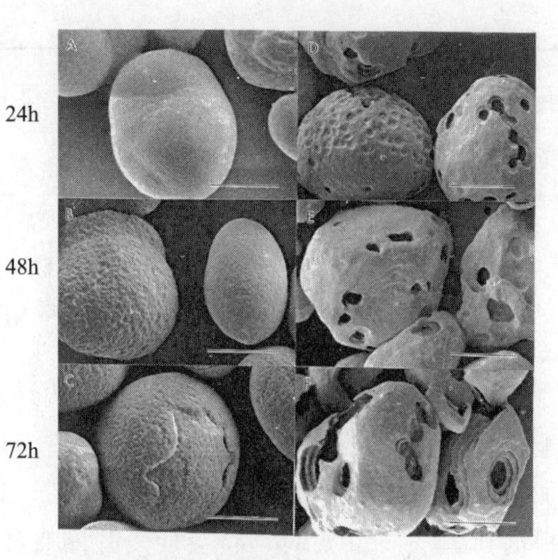

图5-3　猪胰α-淀粉酶对银杏淀粉及玉米淀粉影响

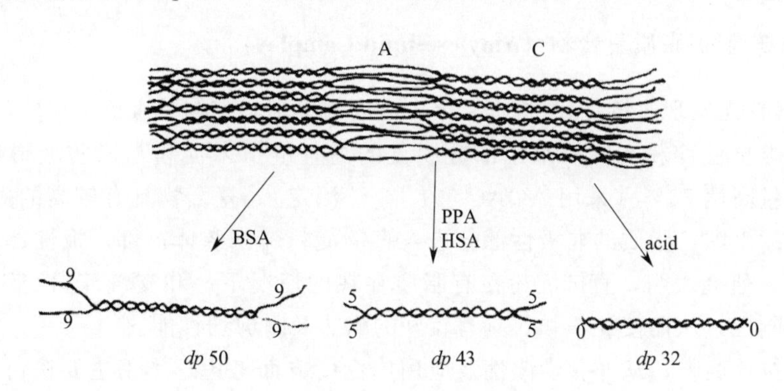

图5-4　酸及淀粉酶对老化直链淀粉水解过程

A—不定形区，C—结晶区；BSA—枯草芽孢杆菌α-淀粉酶；PPA—猪胰α-淀粉酶；HSA—人唾液α-淀粉酶；acid—16%硫酸；*dp*—聚合度

从图5-4可以看出，老化的直链淀粉由结晶区和不定形区两部分构成，这与淀粉颗粒由结晶区及不定形区构成类似。不同的水解处理条件对老化直链淀粉残存的抗性片段结构有很大影响，采用硫酸处理，可以完全水解其中的不定形区域，最后得到平均聚合度为32的结晶部分，其长度约为10nm。而采用淀粉酶处理老化后的直链淀粉，则无法完全水解结晶区附近的糖苷键，从而形成具有不同脱水葡萄糖单位（anhydroglucost unit，AGU）的抗性片段。残存AGU的大小与酶的来源有关，PPA及HSA处理后，AGU为5个；BSA处理后所得的抗性片段，AGU的数量为9个。具体细节见表5-1。

表5-1　不同条件处理老化直链淀粉所得抗性片段的平均聚合度

处理条件	平均聚合度	聚合度分布
α-淀粉酶(10个水解周期)		
BSA	42	30～55
PPA	44	30～55
HSA	50	45～65

续表

处理条件	平均聚合度	聚合度分布
硫酸(16%,25℃)		
20d	33	25～50
40d	31	25～50

注：BSA为枯草芽孢杆菌α-淀粉酶，PPA为猪胰α-淀粉酶，HSA为人唾液α-淀粉酶。

4. RS4 化学改性淀粉（Chemically Modified Starch）

RS_4 为通过基因改造或物理化学方法引起分子结构变化而衍生的抗性淀粉，具体可通过酯化、醚化、交联、接枝等方式实现。Miller等（2011）报道，将交联改性制备的RS4添加到即时早餐麦片圈中，添加量在5%～10%时，不影响产品的大小及质构特性。当添加量提高到15%～20%时，将会使麦片圈直径减少，但是，高RS4添加量延长了产品的货架期。目前市场上已有商品化的RS4抗性淀粉产品。Fibersym RW和FiberRite RW是两种商品化的RS4类型抗性淀粉，前者总膳食纤维含量达85%，后者通过三偏磷酸钠交联法制备。上述产品都具有低膨胀力，吸水力与面粉接近，在烘焙产品中可部分替代面粉。

5. RS_5 直链淀粉-脂质复合物（Amylose-lipid Complex）

Gelders等首先发现直链淀粉-脂质复合物形成的单螺旋结构具有抗淀粉酶消化作用，将之定义为第五类抗性淀粉-RS_5。采用部分脱支的高直链玉米淀粉与脂肪酸形成的复合物，其抗性淀粉含量高达75%（采用AOAC 991.43法测定）。复合物具有较高的糊化温度，可以抵抗消化酶的水解，脂质的非极性部分进入直链淀粉疏水腔体内部，极性部分在腔体外。Jane等（2006）研究表明，直链淀粉在有脂质存在的情况下，和支链淀粉交织在一起，提高淀粉颗粒的刚性，从而使淀粉颗粒具有较好的耐热及耐剪切性能。

以上五类抗性淀粉，从非化学改性及应用广泛度方面考虑，本书主要探讨其中的RS_2、RS_3及RS_5三类抗性淀粉，尤其以RS_3类抗性淀粉为主。

（三）食品中抗性淀粉的含量

抗性淀粉是食品中所含淀粉的一部分，其含量依食品种类的不同而有所变化，表5-2列出了常见食品中抗性淀粉的含量。

表5-2　常见食品中抗性淀粉的含量

抗性淀粉含量	食品种类
≤1%	熟马铃薯(热)、热米饭、热稀饭、高谷糠早餐麦片、小麦粉、空心面条、热馒头
1%～2.5%	普通早餐麦片、饼干、面包、冷稀饭、熟马铃薯(冷)、冷米饭
2.5%～5.0%	玉米片、大米碎片、油炸土豆片、爆豌豆
5.0%～15%	煮扁豆、煮蚕豆、煮大豆、豌豆、生大米、玉米粉、高压蒸煮后冷却的小麦淀粉以及大豆淀粉和玉米淀粉、烹调后冷冻的淀粉质食品
>15%	生马铃薯、生豆子、高直链玉米、未成熟的香蕉、老化后的直链淀粉

（四）抗性淀粉与膳食纤维

抗性淀粉在很多性质上与膳食纤维相似，但二者并不完全相同。抗性淀粉的持水力远不及膳食纤维，口感较膳食纤维良好，且不会影响食品的风味和质构。研究发现在麦片中添加抗性淀粉后，其持水力较添加燕麦纤维或小麦纤维等膳食纤维者低，而膨胀率相对较大且不会产生像燕麦纤维或小麦纤维对麦片质构所产生的那些负面影响，但添加抗性淀粉者感官品质稍差。研究还发现，抗性淀粉与小麦纤维共同用时有协同效应。

二、抗性淀粉的形成机制

抗性淀粉在工业上应用必须具备两个先决条件：一是对淀粉分解酶有抗性；二是对热稳定，在一般烹煮中不易受破坏。下面分别阐述 RS_2、RS_3 及 RS_5 三类抗性淀粉的形成机制。

（一） RS_2 型抗性淀粉的形成机制

1. 普通淀粉的抗性机制

RS_2 型抗性淀粉主要为生淀粉颗粒，而酶对生淀粉颗粒的水解是一个复杂的过程，水解速率及程度受很多因素影响，如颗粒大小、支链淀粉结构、结晶类型、直链淀粉及类脂含量等。上述因素既与淀粉来源及种类有关，也与生长条件及采后处理有关。

一般来讲，淀粉颗粒越大，其消化速率越低，这是因为，颗粒越大，其与酶接触的比表面积越小（Tester et al.，2006）。

玉米淀粉、蜡质玉米淀粉、大米淀粉、小麦淀粉等具有 A 型结晶结构的淀粉，因其颗粒表面具有微孔，相对于马铃薯淀粉、高直链玉米淀粉、豌豆淀粉等 B 型结晶结构的淀粉更容易被酶水解。这主要是由于构成两种结晶类型的支链淀粉链长分布及颗粒内双螺旋的堆积方式不同引起的。二者的构造差异如图 5-5 所示。

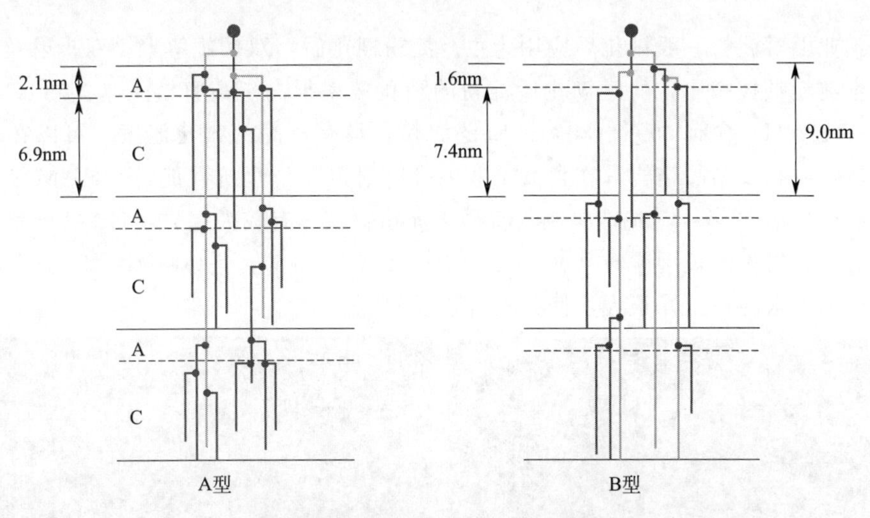

图 5-5 A 型及 B 型结晶结构淀粉中支链淀粉的构造模式图

（A）不定形区；（C）结晶区

A 型结晶结构的淀粉，其支链淀粉具有较多的 A 链及 B1 链，其链长较短，而 B 型结构的淀粉其支链淀粉具有较高含量的 B2、B3 及 B4 链，这些链可以穿越多个支链淀粉的束状结构，链的移动受这些不连续的束结构的限制。链长较短的 A 链及 B1 链在一个束结构内，紧密堆积成单斜微晶（monoclinic crystallites）结构，导致 A 型结晶结构的淀粉颗粒具有空洞，使酶比较容易进入及水解。A 型及 B 型结晶结构淀粉颗粒的内部结构见图 5-6。

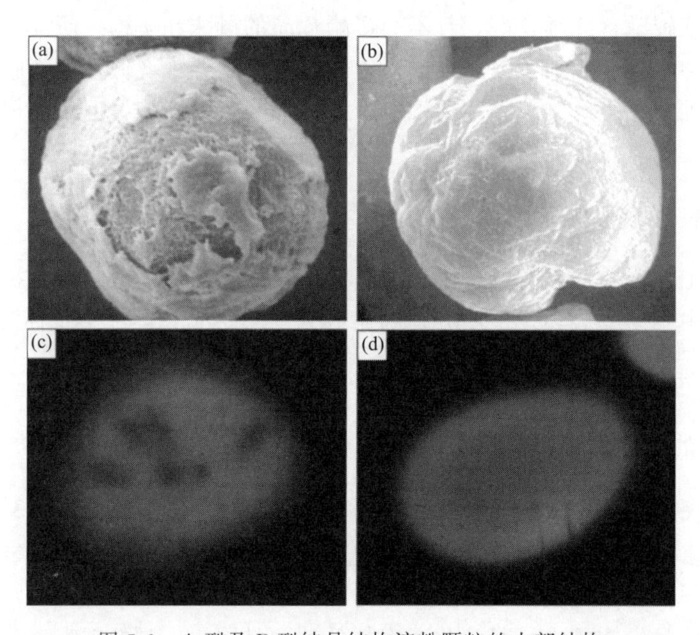

图5-6　A型及B型结晶结构淀粉颗粒的内部结构

（a），（b）玉米淀粉及马铃薯淀粉经化学糊化处理后的扫描电镜照片；（c），（d）相应的共聚焦激光扫描显微镜照片

B型结晶结构由较多的长侧链构成，颗粒刚性较强，无孔洞，只能通过颗粒表面缓慢侵蚀水解，速度较慢。

2. 高直链玉米淀粉淀粉的抗性机制

食品工业上对淀粉一般糊化后应用为主。淀粉糊化后，双螺旋解聚，双折射及结晶结构丧失，与生淀粉颗粒相比，酶对糊化后淀粉的消化效率很高。高直链玉米淀粉（high-amylose maize，HAM）含有50%～80%的直链淀粉，具有较高的糊化温度，可以在普通烹调温度下保持颗粒态及结晶结构，在食品工业中可以用作RS_2型抗性淀粉。HAM及其突变株RS_2的含量可高达43%。其抗性机制与普通生淀粉颗粒具有较大差异，HAM与普通玉米淀粉相比，其具有较多细长型颗粒（elongated starch granules），具体见图5-7，这些颗粒的形成过程与普通玉米淀粉差异很大，使其具有较强的抗性。

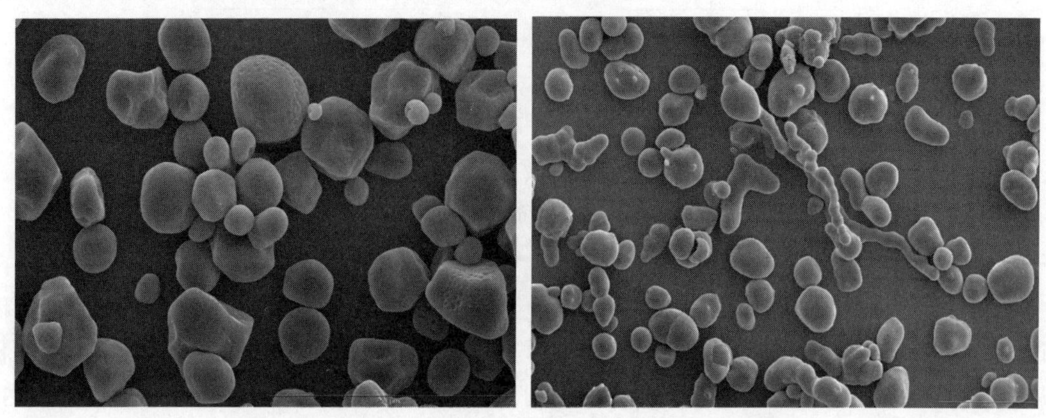

图5-7　普通玉米淀粉及高直链玉米淀粉的电镜照片

［左图为普通玉米淀粉，右图为GEMS0067淀粉（表观直链淀粉含量约85%）］

Jiang 等比较了普通玉米淀粉及高直链玉米淀粉 GEMS0067 的颗粒特性，从表 5-3 中可以看出，与普通玉米淀粉相比，GEMS0067 具有较高的表观直链淀粉含量（约 85%），同时含有较高含量的细长形颗粒（22.6%～32.0%），而普通玉米淀粉表观直链淀粉的含量约为 30%，不含有细长形颗粒。以上直链淀粉及颗粒结构的差异，造成了二者抗性淀粉含量的巨大差异。

表 5-3　高直链玉米淀粉与普通玉米淀粉特性对比

项目	表观直链淀粉/%	抗性淀粉/%	细长颗粒/%
GEMS0067	约 85	约 40	22.6～32.0
H99ae	约 65	约 13	约 7
玉米淀粉	约 30	<1	0

注：抗性淀粉含量采用 AOAC 991.43 方法测定。

图 5-8 为 GEMS0067 及 H99ae 两种高直链玉米淀粉热处理形成 RS 后的电镜照片，从图中可以明确看出，GEMS0067 基本保留了原来的颗粒状态，而后者部分保留了颗粒状态，从而形成对淀粉酶的抗性，尤其前者 RS 含量高达 40%。

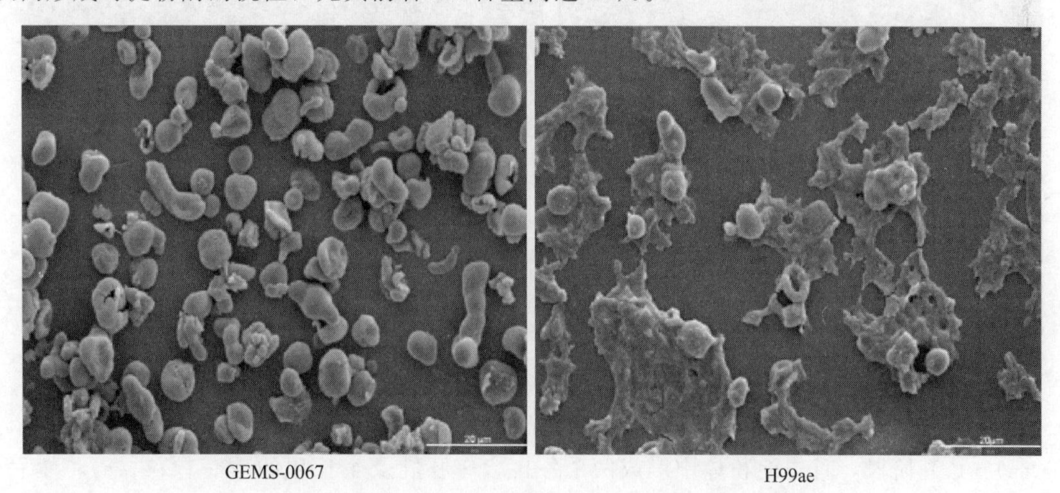

图 5-8　两种高直链玉米淀粉形成 RS 后的 SEM 照片

图 5-9 为不同授粉时间后所得淀粉的热焓特性，从 DSC 图谱中可以看出，随着 DAP 的延长，超过 95℃部分的焓变逐渐升高，从表 5-4 可以看出，对应的抗性淀粉含量也逐渐增加。

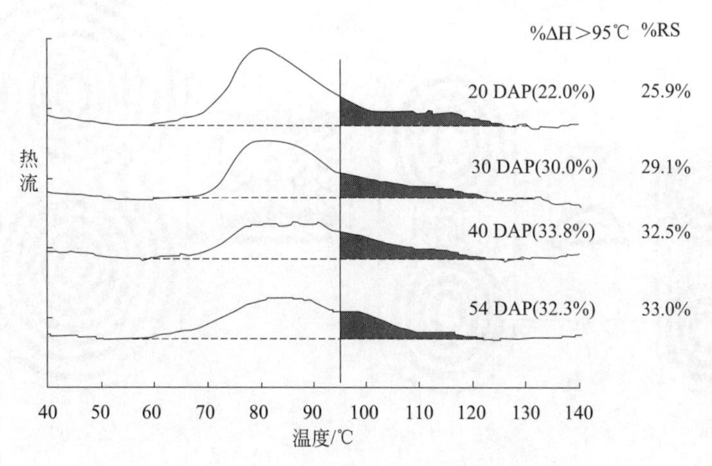

图 5-9　不同 DAP 周期 GEMS0067 淀粉的热焓特性

表 5-4 GEMS0067 淀粉胚乳不同形成阶段 RS 及直链淀粉/中间级分含量

样品	RS/%		Amylose/IC/%	
	2007 年	2009 年	2007 年	2009 年
15 DAP	9.0±1.2	10.1±0.1	55.2±0.5	54.5±0.3
20 DAP	26.4±0.1	25.3±0.7	78.4±0.2	76.9±0.6
30 DAP	29.6±0.8	28.4±0.3	81.9±0.3	84.3±0.8
40 DAP	32.0±0.1	32.9±0.4	88.6±1.3	89.5±0.1
54 DAP	32.1±0.3	33.8±0.2	87.6±0.4	88.8±0.4

注：IC——淀粉中间级分；DAP——授粉后天数；RS——抗性淀粉。

Jiang 等运用 SEM 及 CLSM 分析了高直链玉米淀粉 GEMS0067 的颗粒结构，具体见图 5-10。从图中可以看出，GEMS0067 的颗粒形貌及构成与普通玉米淀粉有很大差异，其具有较多的细长形颗粒，同时从 CLSM 照片中也可以看出，其颗粒具有复粒构造。

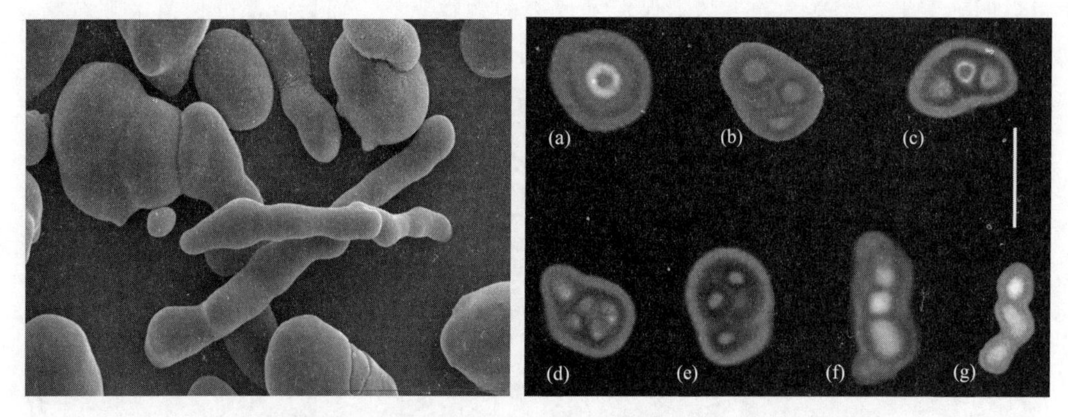

图 5-10 GEMS0067 淀粉的 SEM 及 CLSM 图片

Jiang 等给出了 GEMS0067 淀粉细长颗粒的形成过程的可能机制，具体如图 5-11 所示。在（a）～（c）阶段，首先淀粉体中形成两个各自含有胚乳及生长环的单一颗粒（a），然后，两个颗粒通过直链淀粉间相互作用形成反向双螺旋而开始融合（b），最后，两个颗粒外层生长环融合在一起，形成细长颗粒。

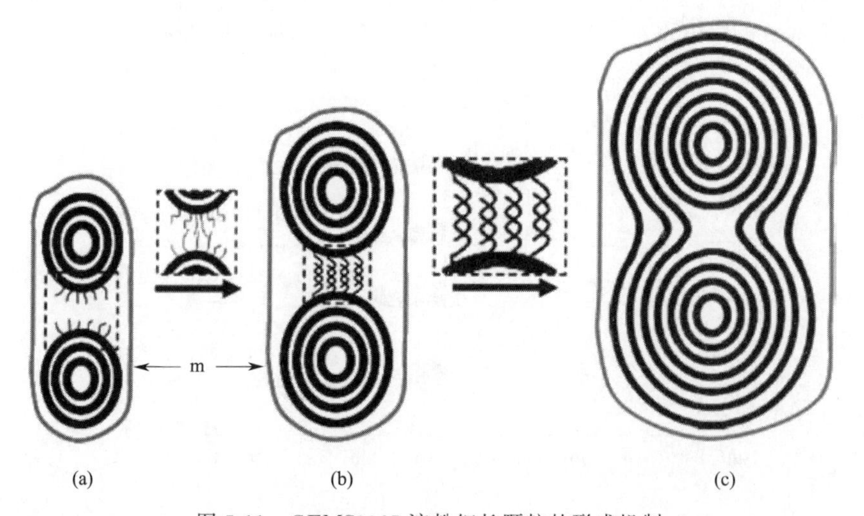

图 5-11 GEMS0067 淀粉细长颗粒的形成机制

GEMS0067及H99ae两种高直链玉米淀粉热处理形成RS后的产物中，分别含有约85%及65%的直链淀粉，但是，直链淀粉的存在方式不同，前者主要存在于细长形颗粒内，后者则主要存在于淀粉凝胶中（如图5-8）。GEMS0067颗粒内，尤其是细长形颗粒内含有很高含量的直链淀粉/中间级分形成的双螺旋结晶体，该构造糊化温度在100℃以上，在95～100℃温度范围内，可抑制颗粒膨胀及分散，从而具有较强的抗酶解性能。另外，颗粒内含有的类脂组分也辅助起到抗酶解作用。H99ae高直链玉米淀粉所形成的凝胶状结构主要为球形颗粒的外层残留，可能是由于支链淀粉分子在胚乳周围松散堆积，可迅速糊化并被耐热性α-淀粉酶在95～100℃水解。而直链淀粉主要分布在颗粒外层，这些分布于球形颗粒外层的直链淀粉相互交织，同时也与支链淀粉交织在一起而形成硬壳，不易分散及酶解，从而产生抗消化特性。

（二）RS_3型抗性淀粉的形成机制

Eerlingen和Delcour等学者提出了两种抗性淀粉的形成模式：微胞体模式（Micelle model）及层状模式（Lamella model）（见图5-12）。微胞体模式主要是直链淀粉在回凝过程中，彼此间形成双螺旋结合，而不同的微胞体，由直链淀粉未形成双螺旋的链相接在一起，最后成为一个较紧密的结晶区域。层状模式主要是直链淀粉在回凝过程里，凝集的双螺旋聚合链，发生了折叠的现象，形成层状的紧密结构。

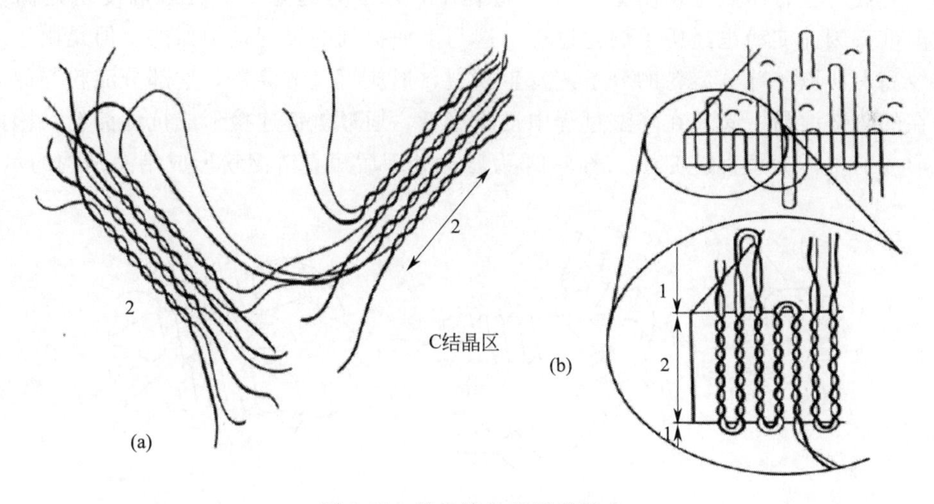

图5-12 抗性淀粉的形成模式

（a）微胞体模式；（b）层状模式

1—无定形区；2—结晶区

RS_3类型的抗性淀粉，其从本质上讲属于老化淀粉，但其形成的条件与普通淀粉糊经过凝沉后的老化进程有一定区别。一般来讲，原淀粉经过糊化-老化过程后，其分子结构经历了由有序到无序再到有序这样一个转变过程，重新形成一定的结晶结构，其对淀粉酶有一定的抵抗作用，在结晶结构中起主要作用的是支链淀粉，因为其含量较高（75%～80%）。图5-13为一般的支链淀粉在原淀粉及老化淀粉情况下形成的结晶结构示意。

从图5-13中我们可以看出，在原淀粉中，由支链淀粉形成的薄层状的结晶区，其长度约为5nm，在薄层之间为无定形区，两个结晶区之间的间距约为10nm。在糊化过程中，支链淀粉形成的结晶区的规则排列被打乱，双折射（birefringence）及结晶结构消失，在老化

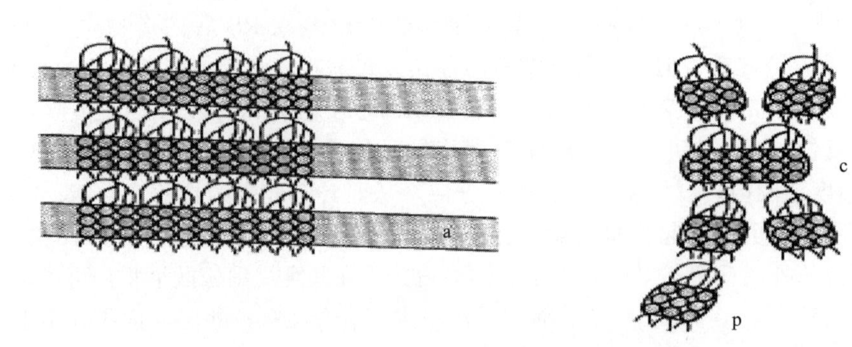

图 5-13　支链淀粉在原淀粉及老化淀粉情况下结晶形成的示意图

a—原淀粉状态下形成的薄层状的结晶区；p—老化淀粉状态下形成的以 α-1,4 糖苷键连接的簇结构；c—邻近的支链淀粉交叉结合形成的簇结构

阶段，则形成上图 5-13 中 p 及 c 中所示的结晶状态。这是一般的淀粉经过糊化-老化过程后所经历的结晶过程。结晶是分子链间有序排列的结果。其过程包括支链淀粉外支链间双螺旋结构的形成与双螺旋间的有序堆积，但支链淀粉形成的结晶其稳定性较差，一般结晶熔融的温度在 60℃左右，因此，大部分谷物食品在老化后，重新加热处理，其老化程度可以在一定程度上减轻，从而使食品硬度降低，口感得到一定的恢复。

而在对淀粉进行压热处理制备 RS_3 的过程中，水分是过量的，处理温度也远高于淀粉的糊化温度，因此淀粉也经历了糊化过程，这与上面提到的过程是类似的。但是由于压热处理温度较高，所以一部分淀粉的分子链发生断裂，形成短直链淀粉，这部分淀粉与原来的淀粉中存在的直链淀粉一起，在降温过程中逐步接近，通过氢键连接形成抗性淀粉，因此，抗性淀粉形成的主体为短直链淀粉。图 5-14 为压热处理后短直链淀粉形成结晶结构的示意图。

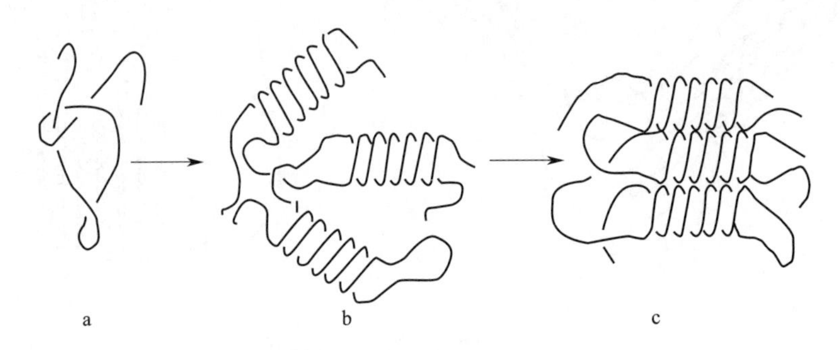

图 5-14　压热处理后短直链淀粉结晶形成示意图

a—糊化状态的淀粉；b—部分断裂而相互联结的短直链淀粉；c—短直链淀粉相互联结而形成的结晶结构

从图 5-14 可以看出，抗性淀粉主要是由老化的短直链淀粉相互之间通过氢键结合而形成的。作为线性高分子，直链淀粉老化（结晶）趋势很强，在水溶液中直链淀粉分子快速凝聚并超过胶体尺寸，从而导致沉淀或形成凝胶。其老化趋势依赖于分子尺寸、浓度、温度、pH 值和其它化学物质的存在等。其中对直链淀粉的老化，进而形成抗性淀粉的影响而言，直链淀粉的聚合度（*DP*）对抗性淀粉形成的有很大影响。Eerlingen 等认为，在 *DP* 为 100 以下时，抗性淀粉的形成是随着 DP 的增大而增加的。Gidley 等也指出，直链淀粉形成双螺旋的最小 *DP* 值为 10，在 *DP* 值为 100 左右时，最有利于抗性淀粉的形成。这就是支链淀

粉不容易形成热稳定性的 RS3 类型抗性淀粉的主要原因。一方面，支链淀粉的空间位阻大，从而阻碍分子运动，不利于分子相互接近而形成稳定的结晶结构；另一方面是因为支链淀粉的典型链长范围为 *DP* 值在 20～40 之间，远远小于 100，因此，不利于抗性淀粉的形成。直链淀粉形成的结晶结构，与支链淀粉形成的结晶结构相比，热稳定性要高得多，其结晶熔融的温度在 120℃以上，因此，由短直链淀粉结晶而形成的 RS_3 类型抗性淀粉对淀粉酶和热的抵抗作用较强。

图 5-15 为采用差示扫描热分析仪测定的不同商品淀粉的糊化温度，其中，高直链玉米淀粉（amylomaize Ⅶ）含约 70%直链淀粉，糊化温度范围约在 65～120℃之间。抗性淀粉 Novelose®属于 RS_2，比高直链玉米淀粉有更高的热稳定性。抗性淀粉 Novelose®，原料是以直链淀粉含量为 70%的高直链玉米淀粉，经由物理热修饰后所产生的二型抗性淀粉。CrystaLean®为另一种商业化生产的抗性淀粉产品，它是由高直链玉米淀粉经高度回凝所产生的 RS_3，此种产品的制作是先让淀粉颗粒水合及崩解，接着再以酶脱支，产生不同 DE 的糊精混合物，此种混合物再经加热、冷却循环达到高度回凝而得。从差示扫描热分析仪结果可以看出，CrystaLean®的糊化温度比 Novelose®240 高，约在 105～145℃。然而不论是 Novelose®240 或 CrystaLean®，因糊化温度皆较高（100℃以上），所以其抗性淀粉，可广泛应用于食品加工过程中。

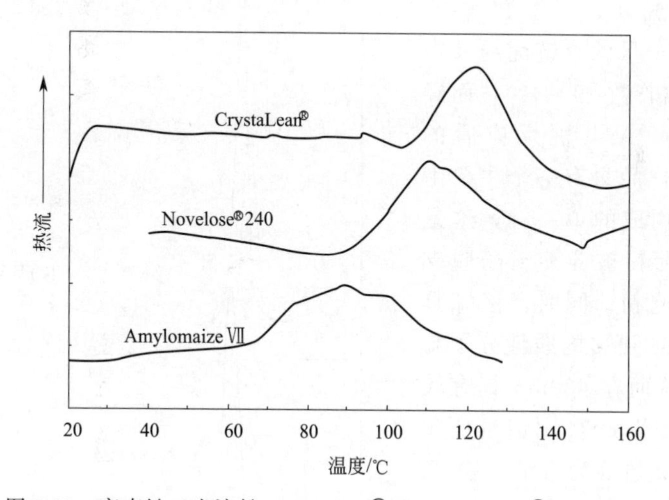

图 5-15 高直链玉米淀粉、Novelose®及 CrystaLean®的 DSC 图谱

（三） RS_5 型抗性淀粉的形成机制

Katz 首次报道了面团加热后形成的直链淀粉单螺旋复合物，与原淀粉的 A、B、C 型结构不同，他将这种复合物形成的新结构命名为 V 型结晶结构（V 为德语词 Vaklinestorone 的首字母，其含义为 gelatinization，即糊化）。1984 年，Jane 和 Robyt 发现，直链淀粉与脂肪酸及其他含有疏水单体结构的化合物形成的复合物可以抗淀粉酶水解。Hasjim（2010）等以高直链玉米淀粉（high-amylose maize starch Ⅶ，HA7）及棕榈酸为原料制备了直链淀粉-脂质复合物，该复合物具有很好的抗消化特性，为抗性淀粉产品增加了一种新的类型，即 RS5 型抗性淀粉。基本的制备工艺包括高直链玉米淀粉经过热处理、采用脱支酶脱支处理，然后与脂肪酸/类脂共混反应，后经离心、干燥后得到 RS5。

图 5-16 为 HA7 脱支处理前后的凝胶层析图谱，从图 5-16(A) 中可以看出，HA7 原淀

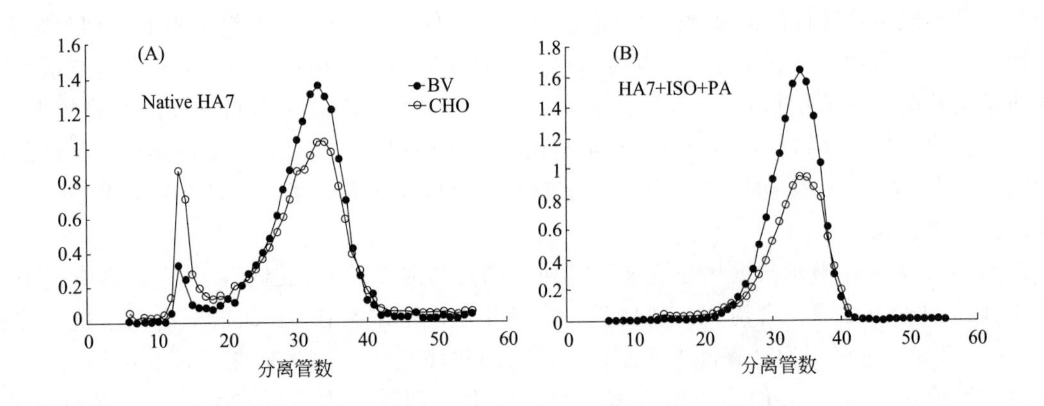

图 5-16　HA7 脱支处理前后的凝胶层析图谱

Native HA7—HA7 原淀粉；ISO—异淀粉酶；PA—棕榈酸；

●—蓝值（BV）；○—总糖（CHO），测定波长为分别为 630nm 及 490nm

粉形成两个独立的峰，前者由高分子量的支链淀粉形成（分离管数 10～18），后者由低分子量的直链淀粉及中间级分形成（分离管数 19～42）。而经过脱支处理及与 PA 共混反应后的 HA7＋ISO＋PA 样品只有一个主要由小分子质量物质构成的单一峰，这是因为大部分支链淀粉被异淀粉酶脱支形成线性的直链淀粉。同时，该峰具有较高的 BV，说明更多的线性分子与碘形成复合物，从而在 630nm 具有较强的吸收峰。后续的 DSC 图谱也证实在 98.4℃形成的吸热峰为直链淀粉-脂质复合物形成的相变峰。

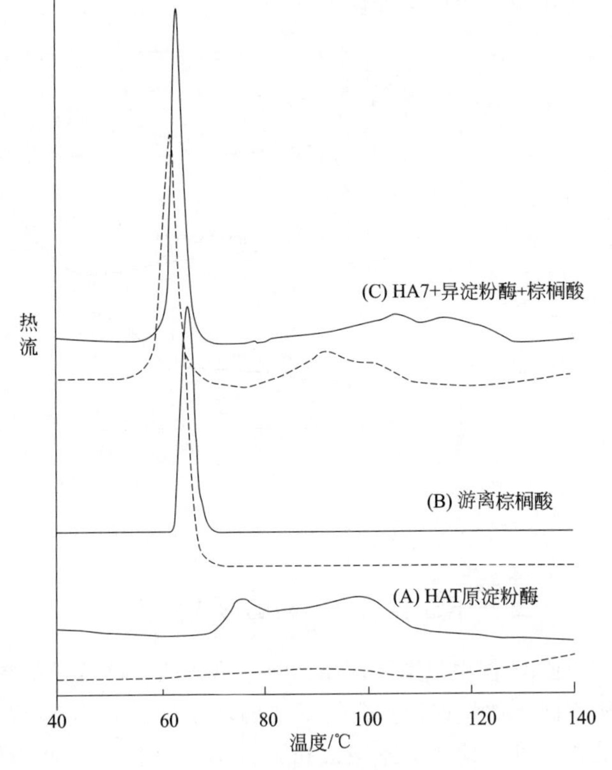

图 5-17　不同组分的 DSC 图谱

Native HA7—HA7 原淀粉；ISO—异淀粉酶；PA—棕榈酸

（实线为初次扫描，虚线为二次扫描）

图 5-17 为 HA7 原淀粉、游离 PA 以及 HA7＋ISO＋PA 样品的 DSC 图谱，从图 5-17(A) 可以看出，初次扫描后，HA7 原淀粉形成两个相变峰，峰值温度分别为 75.3℃及 98.4℃，前者为支链淀粉的糊化峰，后者为直链淀粉-脂质复合物形成的相变峰。第二个峰的终止温度达到 125.3℃，这是因为高直链玉米淀粉中含有热稳定性直链淀粉双螺旋结构，从而具有较高的相变终止温度。HA7＋ISO＋PA 样品初次扫描显示两个相变吸热峰，其中 63.1℃的相变峰对应游离 PA 的相变温度（61.0～65.6℃），105.9℃的

相变峰为直链淀粉-脂质复合物形成的，113.6℃的吸热峰则为脱支处理后产生的直链淀粉老化形成的。初次扫描后立即冷却进行二次扫描，HA7 原淀粉在 64.1～108.0℃范围有一个吸热峰，这是直链淀粉与内源脂质形成的复合物产生的；HA7＋ISO＋PA 样品则产生两个峰，58.6～63.9℃范围的峰为游离 PA 熔融形成，第二个吸热峰在 92.3℃及 100.1℃有两个峰值温度，分别对应不定形（amorphous）及结晶态（crystalline）的直链淀粉-脂质复合物。也被称为Ⅰ型及Ⅱ型直链淀粉-脂质复合物。另外，淀粉-脂质复合物还可与支链淀粉相互缠绕，从而抑制淀粉颗粒膨胀及酶解。

三、影响食品中抗性淀粉含量的因素

影响食品中抗性淀粉含量的因素很多，既有内因，又有外因。内因主要是食品中的其它营养成分的影响、直链淀粉/支链淀粉值、淀粉分子的聚合度和淀粉颗粒的大小等，外因主要是指对食品的处理方式、加工条件等因素，下面分别阐述。

（一）影响抗性淀粉含量的内因

1. 食品中其他成分的影响

（1）水分　食品中的水其实充当着增塑剂的角色，它可以降低食品的玻璃态转变温度（T_g）来改变食品相态转移的动力学和淀粉老化的进程。文献表明湿热处理时形成的抗性淀粉量与原料水分含量紧密相关，且随不同原料变化有较大差异。

（2）蛋白质　Chandrshekar 和 Kirlies 研究了原料中蛋白质对高粱淀粉老化的影响，发现蛋白质对淀粉粒有严格的保护，只有将这些蛋白质去除后，淀粉粒才能发生老化。Escarpa 等作了细致的研究，结果发现，和淀粉老化时会在直链淀粉分子之间形成氢键一样，外加蛋白质也能与直链淀粉分子形成氢键而使淀粉分子被束缚，从而抑制了直链淀粉的老化，降低了食物中的抗性淀粉含量。因此，蛋白质对抗性淀粉含量的影响包括了两个方面：一方面蛋白质对淀粉有包埋、束缚作用，使淀粉难以接触淀粉酶而形成抗性，即增加 RS_1 抗性淀粉含量；另一方面，蛋白质对淀粉形成保护，可以防止淀粉老化，即减少 RS_3 抗性淀粉含量。从整体上看，后一种影响更为重要。

（3）脂质　脂质能与直链淀粉形成复合物，推迟淀粉颗粒的膨胀，而淀粉酶仅能缓慢作用于未膨胀的淀粉颗粒，因此形成抗性。Eliasson 等发现单甘酯可与直链淀粉形成复合物从而竞争性地抑制由于直链淀粉分子间相互复合而导致的淀粉老化。其它脂质如磷脂、油酸和大豆油都会使抗性淀粉含量降低，但其降低幅度远不及单甘酯。而且他们还发现马铃薯直链淀粉与油酸复合物的抗性非常高，但在马铃薯直链淀粉中同时加入油酸和十二烷基磺酸钠则又会使抗性淀粉的含量降低。

（4）可溶性糖　可溶性糖能与淀粉竞争和水的结合，推迟淀粉的糊化，降低糊化淀粉的重结晶程度，抑制老化。Eerlingeen 等发现高蔗糖添加量虽然使小麦淀粉的抗性淀粉含量显著降低，却导致高直链玉米淀粉抗性淀粉含量增加。

（5）其他成分　Eacarpa 等对钙离子、钾离子对抗性淀粉形成的影响进行了研究，结果表明在糊化淀粉糊中添加金属离子可使淀粉老化后形成的凝胶中抗性淀粉含量降低，这可能是因为淀粉分子对这些金属离子的吸附抑制了淀粉分子间的氢键形成。

多酚类物质会大大降低淀粉的生物可利用性，这方面植酸的影响远大于儿茶素，是因为它们对淀粉酶活性的抑制作用有别。但对多酚类物质对抗性淀粉形成影响的研究却表明儿茶素使抗性淀粉含量降低的幅度比植酸大。

2. 直链淀粉与支链淀粉比率对抗性淀粉形成的影响

一般来讲，直链淀粉/支链淀粉值大，抗性淀粉含量高，这是因为直链淀粉比支链淀粉更易老化。表 5-5 表明模拟条件下直链淀粉/支链淀粉值对抗性淀粉含量的影响。表 5-6 给出常见食品在不同的直链淀粉与支链淀粉比下的抗性淀粉含量。

表 5-5　在模拟条件下直、支链淀粉比对抗性淀粉含量的影响

直链淀粉/支链淀粉	抗性淀粉含量/%	直链淀粉/支链淀粉	抗性淀粉含量/%
100∶0	36.45±2.31	25∶75	18.16±0.23
75∶25	28.06±1.46	15∶85	8.97±0.29
50∶50	21.48±0.41	0∶100	7.61±0.38
40∶60	19.07±0.40		

表 5-6　常见食品在不同的直链淀粉与支链淀粉比下抗性淀粉含量

类别	直链淀粉/支链淀粉	抗性淀粉含量/%
直链玉米淀粉	70∶30	21.3±0.3
直链玉米淀粉	53∶47	17.8±0.2
豌豆淀粉	33∶67	10.5±0.1
小麦淀粉	25∶75	7.8±0.2
普通玉米淀粉	25∶75	7.0±0.1
马铃薯淀粉	20/80	4.4±0.1
蜡质玉米淀粉	＜1/99	2.5±0.2

3. 淀粉颗粒的大小、结构及淀粉分子的聚合度对抗性淀粉含量的影响

不同来源的淀粉粒其大小亦有差异，其中马铃薯淀粉粒平均直径较大，约为 140μm，而豌豆、小麦和玉米淀粉粒相对较小，平均直径约 20～30μm，所以，前者与后者的比表面积相差约 20 倍。假设淀粉酶的作用发生在淀粉粒的表面，必然会导致在同样条件下马铃薯淀粉水解速率低于其它淀粉。

Eerlingeen 等研究了平均聚合度（*DP*）在 40～610 的淀粉抗性淀粉的含量，结果发现分子平均聚合度越小，抗性淀粉含量越低，且平均聚合度还与抗性淀粉的聚合度（19～26）和淀粉粒的结构有关。X 射线衍射分析发现抗性淀粉粒有 A、B、C3 种衍射图，其中 B 型的抗性最强。

（二）影响抗性淀粉含量的外因

影响抗性淀粉形成的外因主要包括处理方式、处理工艺、食品形态以及非常规食品添加物等。Parchure 等比较了常压蒸煮、高压蒸煮、焙烤、挤压、煎炸和转鼓干燥等处理方式对玉米和蜡质苋淀粉抗性淀粉形成的影响。结果发现经过常压蒸煮和高压蒸煮后的抗性淀粉含量比其它处理方式高。Lijeberg 等则研究了不同焙烤条件对抗性淀粉形成的影响，发现低温长时间（120℃，12h）烘烤制得的面包中抗性淀粉（5.0%）比一般烘烤方式（200℃，40min）所得的（3.0%）高。温度对抗性淀粉形成的影响表现在温度对淀粉结晶的影响，在温度低于食物的玻璃态转变温度（T_g）时，晶粒无法形成，体系处于“冰冻状态”。而此时由于扩散无法进行，晶体成长速率为零。而当温度高于淀粉的熔化温度（T_m）时，成长速率也为零。

四、抗性淀粉的功能性

抗性淀粉能毫无变化地通过小肠进入大肠，并在大肠中发酵产生短链脂肪酸和其他产物。抗性淀粉属于多糖类物质，从功能性来看一般被视为膳食纤维，对人体健康有益，但与膳食纤维仍有所不同。下面分别介绍抗性淀粉的生理功能。

（一）抗性淀粉与血糖调节

高抗性淀粉饮食与低抗性淀粉饮食相比，具有较少的胰岛素反应，这对糖尿病患者餐后血糖值有很大影响。尤其对于非胰岛素依赖型病人，经摄食高抗性淀粉食物，可延缓餐后血糖上升，将有效控制糖尿病病情。但这种重要益处仍有待进一步研究。

（二）抗性淀粉与肠机能失调及结肠癌发病率

抗性淀粉能增大老鼠的粪便体积，这对于预防便秘、肠憩室病和肛门-直肠机能失调是很重要的。此外，抗性淀粉还有助于稀释致癌有毒物。

抗性淀粉不论类型皆不被小肠吸收，但能为肠内菌发酵利用而产生短链脂肪酸。与直肠癌防治密切相关的短链脂肪酸——丁酸（butyricacid），其经肠内菌发酵作用获得的产量以抗性淀粉为最，足见抗性淀粉为体内丁酸的良好来源。

（三）抗性淀粉与体重控制

抗性淀粉对体重的控制来自两方面：一为增加脂质排泄，减少热量摄取；另一为抗性淀粉本身几乎不含热量。已有明确的证据证明抗性淀粉对人体体重控制有作用。经选择的高抗性淀粉含量的谷物食品可以通过某种与增加脂肪排泄有关的机制对能量平衡产生影响，从而控制体重。

（四）减少血清中胆固醇和甘油三酸酯

DeDeckere 等（1993）以不同抗性淀粉含量的饮食进行动物试验，发现高抗性淀粉含量的饮食可降低血中总胆固醇值（TC）与三羧酸甘油酯（TAG）。推测其原因：血中总胆固醇值降低是因抗性淀粉可有效增加胆固醇与胆酸的排出，且减少吸收并降低胆固醇合成；三羧酸甘油酯的降低则因脂质吸收与脂肪酸合成减少有关。

（五）抗性淀粉与维生素、矿物质吸收

现代研究发现，膳食纤维对食品中的矿物质、维生素的吸收有阻碍作用，主要因为膳食纤维含量高的饮食其植酸含量相对提高。而抗性淀粉则不具此效果。Schulz（1993）试验发现：饮食中天然抗性淀粉（RS_2）能在肠中经肠内菌发酵而使 pH 值降低，促使镁、钙变成可溶性而易通过上皮细胞为人体所吸收。RS_3 则不具此功能。

五、抗性淀粉的研究手段

在上面提到的抗性淀粉分类中，食品中应用比较方便的是 RS_3 类抗性淀粉，因为它是

淀粉或含淀粉类食物经过适当加工得到的。抗性淀粉总体来说是老化淀粉的重结晶体，适用于研究淀粉老化的技术手段都可以用来研究抗性淀粉。具体来说，有以下几种研究手段：①抗性淀粉的空间结构分析，包括采用X射线衍射仪进行结构分析；采用NEM（电镜显微扫描）分析抗性淀粉的微观结构；采用NMR（核磁共振波谱法）监测链段的移动及结晶程度。②采用DSC（差示扫描量热法）研究其热力学指标。③抗性淀粉平均聚合度的研究。采用凝胶排阻色谱研究抗性淀粉的平均聚合度。④抗性淀粉的酶分析方法。采用多种酶（胰α-淀粉酶、淀粉葡萄糖苷酶、葡萄糖氧化酶等）协同，分析抗性淀粉的含量。下面分别阐述不同的研究方法及其差异比较。

（一）抗性淀粉的空间结构分析

1. X射线衍射法

X射线衍射是物质分析鉴定，尤其是研究分析鉴定固体物质的最有效、最普遍的方法。X射线衍射的波长正好与物质微观结构中的原子、离子间的距离（一般为1～10Å）相当，所以它能被晶体衍射。借助晶体物质的衍射图是迄今为止最有效能直接“观察”到物质微观结构的实验手段。

由于抗性淀粉颗粒是部分结晶体，所以有其特殊的衍射图。X射线衍射表明：抗性淀粉分子在空间上形成双螺旋结构。RS的衍射图谱显示B型晶体结构。在1934年抗性淀粉被发现以前，Katz就首先用X射线衍射研究淀粉的老化，他发现无论淀粉颗粒是A型还是B型，在糊化后的老化过程中都形成B型晶体。Hellman等发现老化的谷物淀粉结晶形成的晶型很大程度上依赖于水分含量的多少，水分含量在43%以上形成B型，低于29%形成A型，中等水分含量时则是A型、B型的混合。他认为在原淀粉颗粒的A型消失B型形成的转换过程中有一极限水分含量。另外，其他一些因素如高温、高浓度、水溶性醇类或有机酸的参与，短直链淀粉的存在等都能影响B型结构的形成，并且随着老化时间的延长，结晶程度增大，晶体周围的非定形区也结晶成为定形区；在高温下（100℃）结晶有利于形成A型晶体，这与前人的研究相一致。

在用X射线衍射研究抗性淀粉时所需要的物料数量、浓度、环境温度等都影响研究的结果，而且对这方面的控制很大程度上依赖于经验。

2. 电镜显微扫描和核磁共振波谱法

电镜显微扫描主要用来观察抗性淀粉的微观颗粒结构，当经过一个糊化-老化过程后，淀粉颗粒结构发生很大变化，形成可见的、连续的海绵状、多孔网络结构。抗性淀粉中不存在海绵状结构，因酶的作用使其被消化。将有磁矩的核放入磁场后，用适当频率的电磁波照射，则它们会吸收能量，发生原子核能级的跃迁，同时产生核磁共振信号，得到核磁共振波谱。这种方法称为核磁共振波谱法（NMR），在有机物中经常研究的是^{1}H和^{13}C核的共振吸收谱。抗性淀粉的^{13}C- NMR进一步证明抗性淀粉是来源于直链淀粉的结晶。NMR研究结构的方法，目前还较少地用于对抗性淀粉的研究。

（二）采用DSC分析抗性淀粉的热力学指标

任何物质当其发生从一种晶型变成另一种晶型或与另一物质发生化学反应时都伴随着热

量的变化。DSC分析正是基于此对抗性淀粉的形成过程进行热力学分析，是目前最广泛应用于淀粉热力学分析的方法。差示扫描量热法是指在程序控制温度下，测量输给物质和参比物的功率差与温度关系的一种技术。在这种方法中，试样在加热过程中发生的热量变化，由于及时输入电能而得到补偿，所以只要记录功率的大小就可以知道吸收（放出）能量的多少，这种记录补偿能量所得的曲线称为DSC曲线。

典型的DSC曲线以热流率dH/dT为纵坐标，以t（时间）或T（温度）为横坐标。曲线离开基线的位移代表样品吸收或放出热量的速率，常常用mJ/s表示。而曲线中的峰（表示放热）或谷（表示吸热）所包围的面积代表热量的多少，因此DSC可以直接测量试样在发生变化时的热效应。

Stevens和Elton（1971）首先将DSC用于研究抗性淀粉的糊化和老化。从此DSC便成了测定生淀粉和老化淀粉中晶体含量、确定老化的动力学及研究影响老化因素的最有效工具。用DSC研究发现，抗性淀粉晶体主要是由直链淀粉的结晶形成的。因为在120～165℃之间有一吸热高峰，这一温度范围是直链淀粉晶体的溶解温度，而支链淀粉晶体在60～100℃即被溶解。所以用耐热的α-淀粉酶所分离的抗性淀粉只是直链淀粉的结晶。而且还发现抗性淀粉的焓变值随其产量的提高而增大。随着对抗性淀粉研究的深入，人们还用DSC来研究脂肪、蛋白质、碳水化合物等与RS形成之间的关系。

很明显，建立在不同原理基础上的每一种方法能研究抗性淀粉某一方面的性质。例如DSC可以测定抗性淀粉的晶体熔化时潜热的变化；X射线衍射可以观察抗性淀粉晶体的空间结构，NMR可以监测段的移动及结晶程度。

在研究抗性淀粉应用X射线衍射法时往往和DSC伴随使用。在分析和解释试验结果时应注意，在应用X射线衍射法和DSC时没有必要测定抗性淀粉中同一类型的结构。X射线衍射对有规则的重复性双螺旋结构的敏感性差，而且所需物料的数量、浓度、环境的温度等都会对结果产生影响，对这方面的控制在很大程度上依赖于经验。DSC常用于研究晶体结构遭到破坏时和非晶区的结构转变时的焓变。DSC对直链凝胶片段的转变不敏感。

用DSC研究抗性淀粉，省时且不需要特殊的技术，所需要的样品量只有5～10mg，样品的浓度必须大于20%，稀淀粉浆是无法用此方法研究的。

（三）抗性淀粉平均聚合度的研究方法

抗性淀粉有结晶区与不定型区两部分，结晶区主要是直链淀粉晶体。抗性淀粉也含有少量的支链淀粉、脂类和蛋白质。抗性淀粉对酶的抵抗作用来源于直链淀粉的结晶。直链淀粉在加热后的冷却和贮藏过程中部分分子相互靠近，通过氢键形成双螺旋，双螺旋再相互叠加形成直链淀粉结晶。聚合度为多少的直链淀粉易于结晶参与抗性淀粉的形成是一个很重要的研究课题。国外主要采用还原末端法、凝胶渗透色谱、高效离子交换色谱和高效排阻色谱法测定抗性淀粉的分子量分布。但由于制取抗性淀粉时的形成条件、分离方法、所选用的研究方法等不同，单一的测定方法存在较大的系统误差，在后来的研究中，人们倾向于采用多种方法相结合来测定。

（四）抗性淀粉的酶分析方法

淀粉老化的最初标志是其对水解和酶的抗性增强。老化形成结晶的程度及类型都是影响其消化性能的因素。从前人的研究结果看，老化所形成的RS_3主要是直链淀粉。根据对抗酶解淀粉的界定不同，支链淀粉可能在抗性淀粉中起作用。如果将抗性淀粉定义成淀粉在37℃下用胰α-淀粉酶和淀粉葡萄糖酶水解两小时后不能被水解成葡萄糖的淀粉片段，那么支链淀粉的存在就会使抗性淀粉的产量增高。Eerngen等（1994）也曾报道，当蜡质玉米淀粉在6℃下贮存24小时后，在40℃保持29天则测得的抗性淀粉含量达42%。另一方面，如果将其定义为不被耐热α-淀粉酶在100℃所水解的淀粉片段。那么支链淀粉则不能形成抗性淀粉，因为在此温度下，支链淀粉的分子秩序早被打乱。因此，就此方法而言，选择合适的加热和贮藏条件引起直链和支链淀粉在淀粉凝胶中结晶是非常重要的。

总的来说，酶分析方法可以用来测定食品中抗性淀粉的含量。抗性淀粉的测定中所用的酶主要是淀粉酶（胰α-淀粉酶、耐高温α-淀粉酶、淀粉葡萄糖苷酶），其次是蛋白酶，用于除去食品中的蛋白质，为了模拟人体内淀粉消化所经历的环境常用胃蛋白酶。由于到目前为止没有统一的方法来测定抗性淀粉的含量，所以不同的研究者所测得的抗性淀粉的含量就可能有所不同。一般来说，用耐热α-淀粉酶消化时，含量要低一些。

六、抗性淀粉的测定方法

抗性淀粉的测定方法可以分为体内及体外测定两类方法，前者包括氢呼气试验，回肠造口模型等测定方法。但是目前普遍采用的还是体外分析测定方法。体外测定方法最初由Englyst等（1982）建立，用于进行非淀粉多糖的分析测定。后来Berry（1986）对该方法进行改进，以进一步模拟人体生理环境。该方法省略了原方法中100℃热处理的步骤，采用胰α-淀粉酶及普鲁兰酶在37℃进行酶解，所得抗性淀粉含量较原方法大幅提高。1992年，Englyst等将抗性淀粉分为RS_1、RS_2、RS_3三类，并进一步提出了测定快速消化淀粉（readily digested starch，RDS）、缓慢消化淀粉（slowly digested starch，SDS）及抗性淀粉（resistant starch，RS）的方法。这是一种间接测定方法，即抗性淀粉的含量为总淀粉与可消化淀粉之间的差值，该测定方法工作量较大，对测定人员要求较高，需要经过大量训练才能得到良好的重现性结果。尤其是当涉及的样品中淀粉含量较高，而抗性淀粉含量较低时，该方法的精确性会受到较大影响。直接法比较有影响的是Muir和O’Dea（1992）以及后来Goñi（1996）等改进的测定食品中抗性淀粉的方法。这一方法是Beery方法的改进，它基本上包括除去蛋白质、消化可溶性淀粉、酶水解和定量测定抗性淀粉（以0.9倍葡萄糖释放量表示）等步骤。该方法模拟了胃肠的生理条件，不仅可用于测定含有抗性淀粉较多的淀粉质食品，也适用于抗性淀粉含量低于1%的样品，与Englyst的间接方法相比，该方法测定结果具有更好的重现性。

McCleary和Monaghan（2002）在总结与分析不同RS分析方法的基础上，提出了对样品采用猪胰α-淀粉酶及葡萄糖淀粉酶在37℃酶解16h，然后在2mol/L的KOH中分散、中和后用葡萄糖淀粉酶进行水解，再采用GOPOD分析测定RS含量。该方法被AOAC和AACC采用，即业内广泛采用的AOAC 2002.02和AACC32-40.01法。

另一种具有广泛影响的测定方法是AOAC 991.43法，该方法采用耐热α-淀粉酶对样品沸水浴酶解30min，水解后再采用蛋白酶去除蛋白质，然后采用葡萄糖淀粉酶进一步水解，最后剩余组分作为RS进行计量。

下面简要介绍RS的常用测定方法。

（一）Englyst法

该方法的主要操作步骤包括样品分散在pH5.2的乙酸钠缓冲溶液中，然后采用猪胰α-淀粉酶及葡萄糖淀粉酶水解，再分别在20min及120min测定RDS及SDS的含量，将120min后不能水解的部分定义为RS，具体测定流程如图5-18所示。

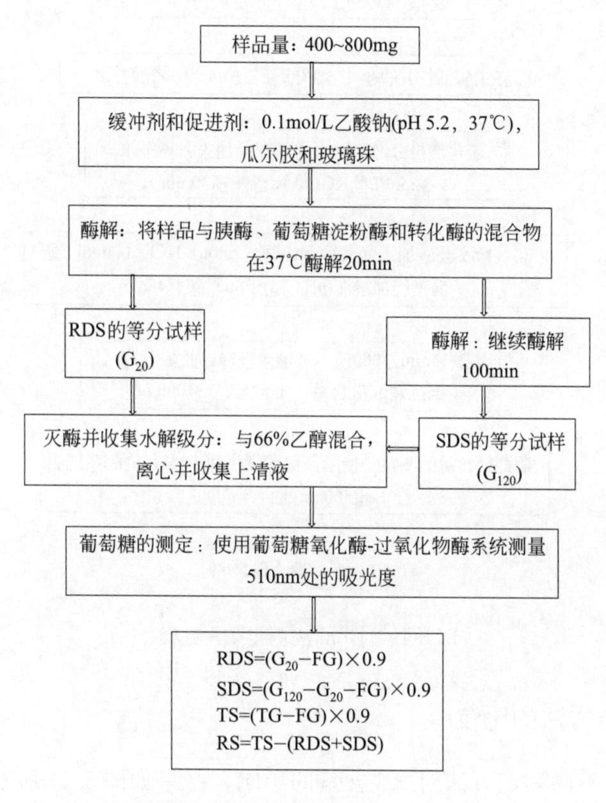

图5-18　Englyst法测定RS流程

FG—游离葡萄糖；TG—总葡萄糖；TS—总淀粉

（二）Goñi法

该方法为直接法，低水分含量的样品碾碎，过1mm筛，如果样品脂肪含量超过5%，则需经过脱脂处理。分析食品中抗性淀粉含量时应避免样品的干燥、冷却或贮存，因为这将影响抗性淀粉的含量。样品应立即处理均匀，放入离心管中待测，分析过程如图5-19所示。

（三）Megazyme的RS套件测定法

Megazyme公司生产的RS测定套件是基于AOAC 2002.02和AACC 32 - 40的测定方法。目前广泛应用于RS的测定，具体操作流程如图5-20所示。

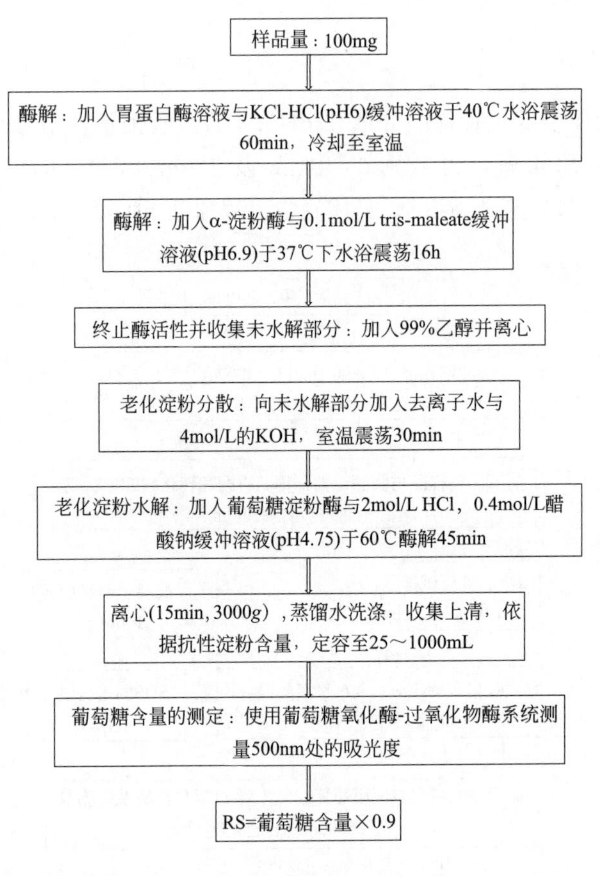

图 5-19　Goñi 法测定 RS 流程

（四）不同测定方法的比较

Moore 等比较了不同测定方法对 RS 含量的影响，结果如图 5-21 所示。对于原淀粉，样品经过蒸煮后，使用 AOAC 991.43 法几乎能够完全水解原淀粉（小麦淀粉、香蕉淀粉、马铃薯淀粉），仅余约 1% RS，但使用 Englyst 法时仍存在 9%～12%的 RS 残留；未经蒸煮时，采用 AOAC 2002.02 法可以完全水解 A 型结晶结构的小麦淀粉，采用 Englyst 法仍有约 30%的 RS 残留。对于 B 型及 C 型结晶结构的马铃薯淀粉和香蕉淀粉，AOAC 2002.02 法测定结果表明，相较于 A 型结晶结构的小麦淀粉，后两者具有较高的 RS 含量；对于改性淀粉，AOAC 991.43 法和 Englyst 法（未蒸煮）分析 Fibersym 的 RS 含量时显著高于其他方法；AOAC 991.43 法分析 RS5 的 RS 含量时显著高于其他方法；Novelose 的 RS 含量在使用所有方法时无显著差异。

七、抗性淀粉的制备技术

1. 热处理法

根据热处理的温度及淀粉乳水分含量的差异，又可分为压热、湿热及韧化处理，不同的处理条件对抗性淀粉的形成和得率具有不同的影响。一般来讲，高温、高压及过量水分含量的压热处理对制备抗性淀粉有利，因为在此条件下淀粉颗粒充分糊化，不同淀粉分子间的直

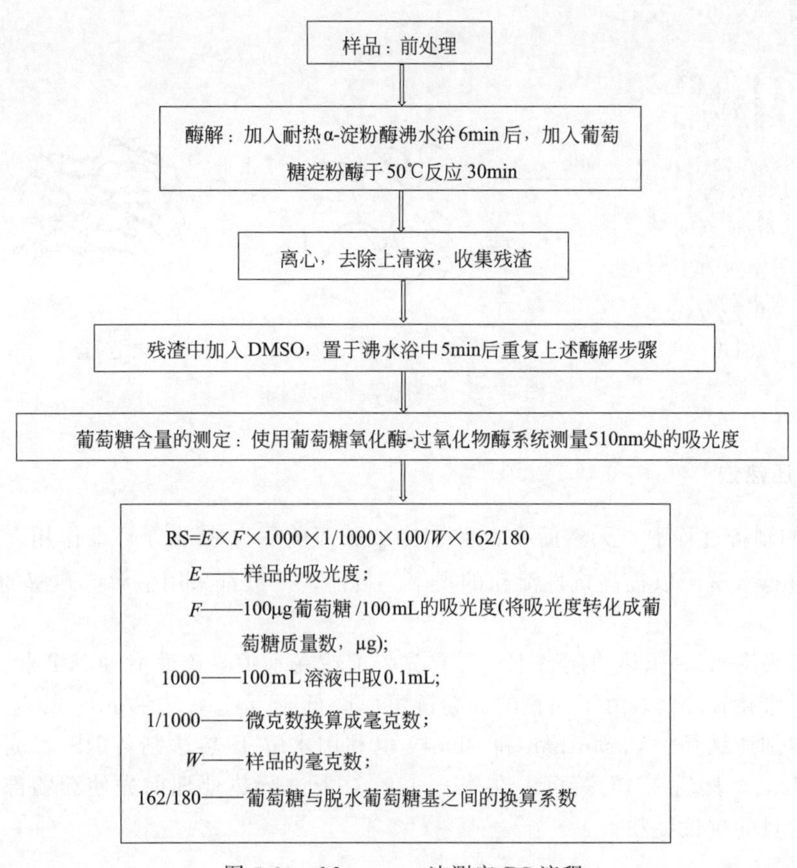

图 5-20　Megazyme 法测定 RS 流程

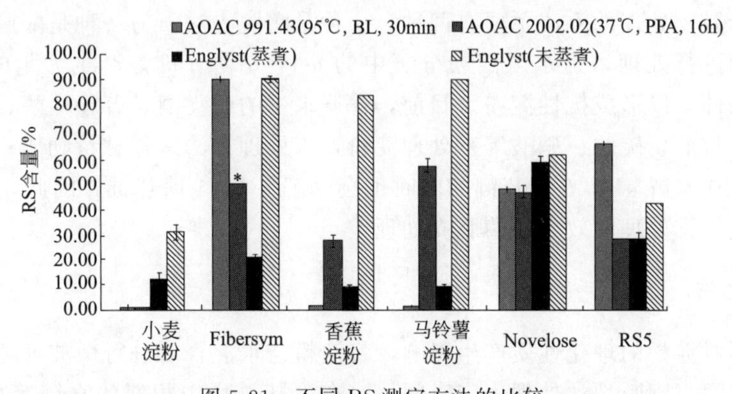

图 5-21　不同 RS 测定方法的比较

链淀粉通过氢键相互缔合，从而有利于抗性淀粉的形成。

压热处理的具体过程是将淀粉加水调成淀粉乳，在高温、高压条件下对淀粉进行热处理，使淀粉颗粒在过量水分下吸水溶胀，晶区崩解，淀粉分子之间的缔合状态被破坏，使淀粉发生糊化作用，然后利用淀粉的老化特性，在低温下静置。如图 5-22 所示，淀粉糊经慢速冷却形成老化淀粉，即抗性淀粉。

国外一些研究者用此方法制备抗性淀粉，他们用普通玉米淀粉（直链淀粉含量 26%）为原料，抗性淀粉的得率为 7%左右，用高直链型玉米淀粉（直链淀粉含量 70%）为原料，抗性淀粉的得率为 30%左右。

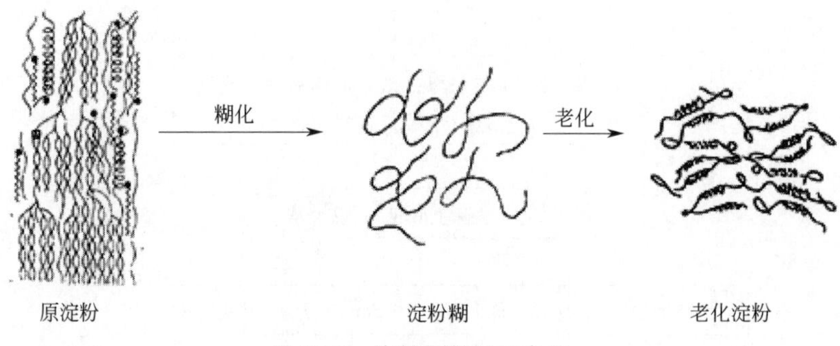

图 5-22　淀粉糊凝沉示意图

2. 水解-压热法

在 RS_3 的制备过程中，天然淀粉颗粒结构被破坏前后存在部分解聚作用，在热处理之前有选择地进行水解可以提高抗性淀粉的得率。目前，一般都采用酸解或热解的方法对原淀粉进行水解。

Iyegar 等采用水解-压热法制备 RS_3，首先将淀粉在水中悬浮蒸煮使其分散，60～120℃下保温，然后维持在 4℃，由于完整的淀粉链可以降低凝沉速率，在 60～120℃下保温前应适度水解，以加速结晶。Vasanthan 和 Bhatty 也利用水解-压热法制备 RS_3：淀粉首先被加热到 100～140℃，然后在 4℃凝沉，在 100～140℃下进行热处理前先使淀粉部分酸解，最后可得到高含量的抗性淀粉。

3. 脱支处理法

对淀粉进行脱支处理的方法主要有两种，一种是酶脱支法，另一种是酸脱支法。前者采用脱支酶对淀粉进行处理，以水解淀粉分子中的 α-1，6 糖苷键，产生大量的短直链淀粉，然后控制老化条件，以形成抗性淀粉。目前，普遍采用的脱支酶是普鲁兰酶。后者主要采用各种无机强酸（盐酸、硫酸、硝酸等）处理淀粉，该处理方法又称林特勒法。但酸脱支处理淀粉随机性强，在水解 α-1，6 糖苷键的同时也会水解 α-1，4 糖苷键，因此，在生产抗性淀粉的过程中，酸脱支处理的效果较酶脱支处理差。

4. 微波处理法

微波处理会对淀粉的理化性质产生影响，将淀粉与水混合后进行微波处理，会造成淀粉颗粒膨胀、分子间氢键断裂，处理一定时间后，在冷却过程中相邻的直链淀粉间形成氢键，即淀粉的老化过程。低水分含量（<20%）的淀粉样品经微波辐照后，温度迅速上升，但该过程对淀粉的 X 射线衍射类型的影响较小，表明原淀粉中的结晶区未遭到破坏；而高水分含量的淀粉样品（20%～35%）则升温缓慢，X 射线衍射类型发生变化，溶解度明显减小，说明淀粉已经老化，形成新的晶体。微波处理法制备抗性淀粉是一种新工艺，目前尚未进行工业化生产。

5. 挤压处理法

挤压处理是食品加工的一种重要手段，在挤压过程中高温、高压和高剪切力使淀粉分子发生一系列变化，导致一些糖苷键断裂、淀粉分子发生解聚作用，分子大小和分子量分布发生变化。挤压处理可促进抗性淀粉的形成，但得率较低，资料表明，在此过程中添加一定量的柠檬酸可提高抗性淀粉的含量。如在谷物早餐生产中，通过添加不同种类的面粉及控制挤压处理条件，通过添加 7.5%柠檬酸及 30%高直链玉米淀粉，可使 RS 的含量从 1.75%增加到 14.38%。挤压处理按照采用的设备不同可分为双螺杆挤压法和单螺杆挤压法。

6. 蒸汽加热法

用蒸汽对黑豆、红豆和菜豆进行处理，经提纯、测定后，发现抗性淀粉的得率为 19%～31%（干基），比原淀粉中的抗性淀粉含量高 3～5 倍。因此，蒸汽加热法也可用来生产抗性淀粉。当进行长时间蒸汽处理时，会导致总淀粉含量下降，其原因是因为长时间加热导致了淀粉的水解，并发生了美拉德及焦糖化反应。上述反应对产物的消化性有影响。

7. 超声波处理法

超声波频率较高，用其处理淀粉将引起淀粉的降解，但与其他淀粉降解方法相比较，超声波降解产物的分子量分布较窄。一般采用超声波法制备抗性淀粉时，常与酶法协同进行，超声波在降解淀粉的同时，可以使酶解速度增加，缩短抗性淀粉的制备时间，通过控制反应条件，取得最佳的制备效果。

8. 其他方法

Parchure 等以大米淀粉为原料，采用多种加工方法如沸水煮、热处理、烤、炒、转鼓干燥、挤压处理等来制备抗性淀粉。结果表明：沸水和热处理提高了抗性淀粉含量，而其他方法都使抗性淀粉含量减少。另外，采用反复脱水的方法处理马铃薯淀粉、木薯淀粉、玉米淀粉及小麦淀粉能够产生具有特定物理特性的抗性淀粉，X 射线和 IR 分析的结果表明，反复的脱水收缩过程致使淀粉发生物理改性。

在抗性淀粉的制备过程中，可考虑将多种技术联合应用，如将挤压或微波处理技术用于对淀粉原料的前处理，超声波处理用于酶解反应的前处理过程等，从而加速反应进程，提高产品得率。

八、抗性淀粉的性质及其在食品工业中的应用

（一）抗性淀粉对谷物食品感官和质构特性的影响

抗性淀粉是很多食品中存在的天然成分。众所周知，诸如加压杀菌、烘焙或高温干燥等食品加工方法，可在一定程度上增加食品中抗性淀粉的含量。然而，有一些加工方式，比如水煮，可以使淀粉失去抗性，这在食品加工中应引起高度重视。国外开发出最新的食品用 RS_2 类型（Novelose® 240，National Starch and Chemical）的抗性淀粉，将其添加于食品中，经过加工处理后仍具有抗酶解特性，并且与普通的纤维相比具有许多优异的性能，如色泽洁白、口感温和、粒度分布均匀（10～15μm）、热量低，可作为无能量填充剂应用于低糖和低脂食品。NOVELOSE240 总膳食纤维含量约 40%，可单独使用，也可作为功能性食品原料添加于其他高纤维食品。最重要的是，其持水性与其他种类纤维相比大大降低。因其用于食品中时吸水少，容易调整配方和工艺条件。例如，生产高纤维面包时，由于纤维的添

加，使面团吸水性大大增加，从而改变面团的流变学性能，进而造成成型、分块及装盘困难，而且烘焙时间也大大延长。图5-23为不同来源的纤维与抗性淀粉持水性的比较。

从图5-23可以看出，抗性淀粉的持水性大大低于其他种类的纤维，因而很适合食品加工的需要，可应用其开发系列谷物功能性食品。

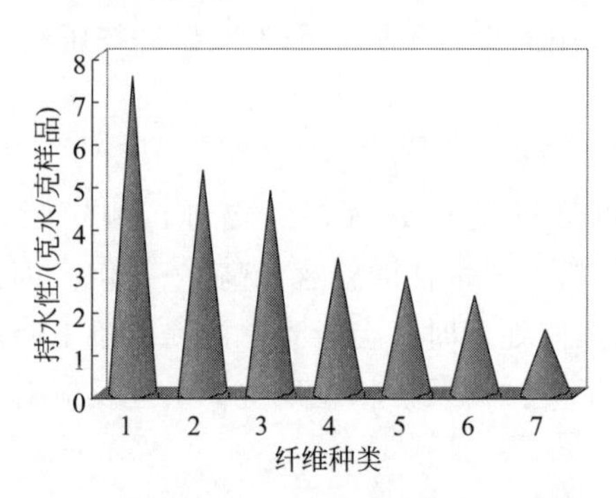

图5-23　不同添加剂对面包持水性的影响

1—燕麦纤维；2—木质纤维；3—小麦纤维；4—燕麦糠；5—玉米糠；6—小麦糠；7—Novelose®240

抗性淀粉在食品中的应用范围主要为开发中、低水分含量的产品。谷物食品因水分含量适中，因此很适合添加抗性淀粉，生产高纤维的保健食品。在日常膳食中，烘焙食品和谷物食品是膳食纤维的主要来源，一些高纤维面包和含米糠的松饼以及早餐麦片都含有丰富的膳食纤维，但这些添加普通膳食纤维的产品口感及质构特性较差，在一定程度上影响了生产和销售。但抗性淀粉可弥补上述不足，用其生产的谷物食品具有较好的外观、质构与口感，膨胀性与脆性良好，这些是普通膳食纤维无法比拟的。

普通高纤维面包通常颜色暗、质构松散、体积小。但使用抗性淀粉则可以开发出高纤维的白面包。美国烘焙学会（American Institute of Baking）的研究表明，面团中添加抗性淀粉或膳食纤维后，面团的吸水性增加，但添加抗性淀粉的面团较添加膳食纤维的面团吸水量增加幅度小。在面团制作过程中，对混合后的面团、发酵过程中的面团和发酵好的面团进行打分，考虑的指标有黏性、干度或硬度、弹性等。

烘焙完成的面包放置1天后打分，考虑的因素有面包表观特性（对称性、表皮特性、表皮颜色、破碎度等）和内在特性（面包屑粒度、质构、色泽、风味、香气和口感等）。结果表明，添加抗性淀粉的面包质量明显优于添加膳食纤维组。图5-24表明了得分情况，添加抗性淀粉的面包，内部与外部特性的得分高于其他组分，总分数也高于添加小麦纤维、纤维素或燕麦纤维的组分。更值得一提的是，添加抗性淀粉组分与添加其他纤维组分相比，颜色白、面包内部颗粒均匀，感官和口感良好。

另一个值得重视的特性是抗性淀粉对谷物食品质构的影响。研究表明，添加抗性淀粉和膳食纤维的高纤维（2.5g纤维/140g产品）饼干，由专业的感官评定人员对硬度与脆性进行评价，结果表明添加抗性淀粉组分的硬度和脆性与对照组相近，而添加膳食纤维组的硬度大、脆性小、整体质构品质差。添加其他成分的高纤维饼干质构特性也较抗性淀粉组差。图5-25为不同组分质构比较情况。

添加抗性淀粉的挤压食品，其质构特性也很优良，同时膨胀性良好。表5-7列出了几种添加抗性淀粉的谷物食品的配方。表5-8展示了添加抗性淀粉和燕麦纤维组分的膨胀性，从表中可以看出，添加抗性淀粉组分的膨胀性较对照组高，而且燕麦纤维和抗性淀粉以25/75

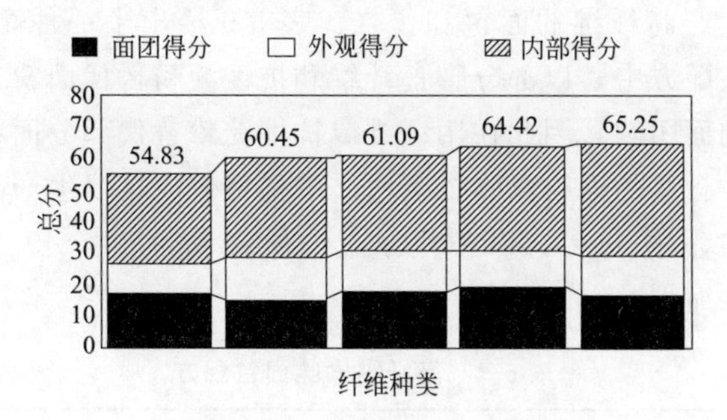

图 5-24 面包感官特性得分情况

（从左至右依次为小麦纤维、纤维素、燕麦纤维、混合纤维、抗性淀粉）

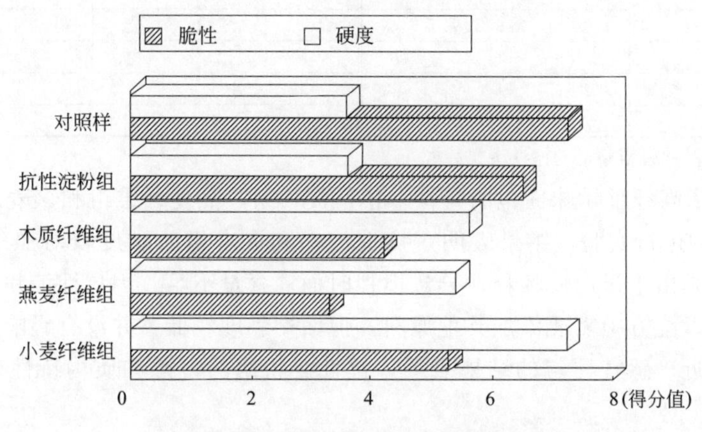

图 5-25 不同组分饼干硬度和脆性比较

比例混合组分的膨胀性较 50/50 比例混合组分的膨胀性好，这表明，添加抗性淀粉有助于改善膳食纤维对挤压食品膨胀性带来的负面影响。

表 5-7 添加抗性淀粉的挤压谷物食品配方

成分	对照产品	添加抗性淀粉	50 燕麦纤维/50 抗性淀粉混合	25 燕麦纤维/75 抗性淀粉混合
玉米粉/%	75.0	32.6	49.0	42.9
燕麦粉/%	10.0	4.4	6.7	5.7
小麦粉/%	10.0	10.0	10.0	10.0
糖/%	4.0	4.0	4.0	4.0
盐/%	1.0	1.0	1.0	1.0
抗性淀粉/%	—	48.0	—	—
燕麦纤维/抗性淀粉/%	—	—	29.3	36.4
合计/%	100.0	100.0	100.0	100.0

注：抗性淀粉为 Novelose240，国民淀粉化学股份有限公司。

表 5-8 添加抗性淀粉的挤压谷物食品膨胀性

谷物食品	膨胀性	变化率/%
对照组	0.2951	—
抗性淀粉组	0.3469	+17.6
燕麦纤维与抗性淀粉 25/75 组	0.2646	−10.3
燕麦纤维与抗性淀粉 50/50 组	0.2841	−3.7

注：挤压温度＝140℃；抗性淀粉为 Novelose240，国民淀粉化学股份有限公司。

抗性淀粉也用来生产高纤维的面包和蛋糕，表5-9给出了一种高纤维（2.5g纤维/55g产品）面包的配方。在配方中，以部分膳食纤维和抗性淀粉替代面粉来生产高纤维面包，因蛋糕面糊较制作面包的面团软，因此在用纤维或抗性淀粉替代部分面粉生产高纤维面包或蛋糕时，适宜用高蛋白质含量的面粉以弥补蛋白质的稀释效应，以生产品质良好的产品。在本例中用的面粉蛋白质含量为11%，以替代原蛋白质含量为8%～9%的蛋糕粉，同时添加1%～2%的乳清蛋白浓缩物。

表5-9 高纤维橘味面包配方

成分	含量/%	成分	含量/%
面粉	27.8	乳清蛋白浓缩物	2.0
纤维或抗性淀粉	可变	橘皮抽取物	1.6
糖	15.2	改性淀粉	1.3
水	16.8	烘焙粉	0.9
人造奶油	11.3	盐	0.3
全蛋	11.0	合计	100
脱脂奶粉	2.0		

注：2.5g纤维/55g产品，AOAC 991.43方法分析。

表5-9表明了高纤维橘味面包的特性。抗性淀粉组、燕麦纤维组和燕麦纤维与抗性淀粉50/50混合组分别进行实验。结果表明，抗性淀粉和混合组的黏度较对照组和燕麦纤维组低。其原因可能是由于蛋白质稀释，导致搅拌时面筋含量不足。因抗性淀粉的总纤维含量较燕麦纤维低，所以配方中需要添加其他原料，但面糊黏度较低，并没有影响其体积膨大，三种面包的比容相近。感官评定的结果表明，抗性淀粉组的口感和质构特性较纤维组和混合组好。

由于抗性淀粉本身的特性以及对人体的生理效应，在食品中适量添加抗性淀粉，即可制成具有不同特色的功能食品和风味食品，这也是当前抗性淀粉最具社会效益和经济效益的应用领域。

国外已经开发出系列抗性淀粉的功能性食品，国内的研究方兴未艾，具有很大的潜力，下面简要阐述抗性淀粉在食品工业中的应用。

（二）抗性淀粉在主食制品中的应用

抗性淀粉主要添加于面包、馒头、米饭和面条中。面包已成为世界性的大众化食品，销售量很大，很便于强化抗性淀粉，在日本已经有一些品种的面包不同程度地强化了抗性淀粉。但面包配料体系十分复杂，在烘焙中抗性淀粉不能简单替代面粉，而需要同时添加活性面筋和品质改良剂来保持最终产品的质量。对如何添加抗性淀粉、添加比例、添加后对面团的流变学特性的影响以及烘焙条件的调整都有待于深入研究。

馒头是中国传统主食制品，在其中添加抗性淀粉，可制成大众化的功能性主食制品，使出笼馒头口感良好，有特殊香味。在主食中添加抗性淀粉将有益于广大群众健康。

（三）抗性淀粉在饼干和糕点中的应用

饼干糖油含量较多，水分含量相对低，更显得添加抗性淀粉的重要，加之饼干加工对面粉筋力质量要求较低，也便于较大比例地添加抗性淀粉，故有利于制作以抗性淀粉功能为主的多种保健饼干。糕点在制作中含有大量水分，而水分过多则不利于糕点烘焙品质的提高，因为会使产品松软，影响质量。加入抗性淀粉，因其有一定的持水力，可吸附一定量的水分，这有利于产品凝固和保鲜，同时有很好的保健功能。

（四）抗性淀粉在其他食品中的应用

在其他食品中也可以添加抗性淀粉，如高抗性淀粉的营养粥、麦片、芝麻糊等。在休闲食品中的各类膨化食品，都可以添加一定比例的抗性淀粉，在改进产品风味的同时还增加了保健功能。

综上所述，抗性淀粉有益于人体健康，是一种重要的非营养素，有着广泛的应用前景，亟待统一规划、有计划地开发资源、协作攻关，在我国形成抗性淀粉系列食品生产的良好局面，满足广大人民群众对健康食品的迫切需求，为改善人民膳食结构作出贡献。

参考文献

[1] BAGHURST P A, BAGHURST K I, RECORD S J. Dietary fiber, non-starch polysaccharides and resistant starch a review. Food Aus-tralia, 1996, 48 (3): 1-35.

[2] BERRY C S. Resistant starch: Formation and measurement of starch that survives exhaustive digestion with amylolytic enzymes during the determination of dietary fibre[J]. Cereal Sci, 1986, 4: 301-314.

[3] BILIADERIS G G. The structure and interactions of resistant starch with foods constituents[J]. J Physiol Pharmacol, 1991, 69: 60-78.

[4] Chandrashekar A, Kirleis A W. Influence of protein on starch gelatinization in sorghum. Cereal Chem, 1988, 65 (6): 457-462.

[5] DEDECKERE E, KLOOTS W J, VAN AMELSVOORT J M M. Resistant starch decreases serums total cholesterol and triacylglycerol concentration in rats[J]. American Institute of Nutrition, 1993, 7: 2142-2151.

[6] DYSSELER D, HOFFEM D. Ring test 1993-1994 for total and resistant starch determination: results and discussion. Comparison between Englyst's method and Berry's modified method on 20 different starchy foods[C]. Proceedings of the Concluding Plenary Meeting of EURESTA, 1994: 87-98.

[7] EERLINGEN R C, VAN D B I, DELCOUR J A, et al. Enyme resistant starch. Ⅵ. Influence of sugars on resistant starch formation. Cereal Chem, 1994, 70: 345-347.

[8] EERLINGEN R C, DECEUNINCK M, DELCOUR J A. Enzyme resistant starch. Influence Ⅱ of am y lose chain lenghth on resistant starch formation. Cereal Chem, 1993b, 70 (3): 345-350.

[9] EERLINGEN R C, VAN HAESENDONCK I P, DE PAEPE G, et al. Enzyme-resistant starch. The quality of straight-dough bread containing varying levels of enzyme-resistant starch. Cereal Chem, 1994, 71 (2): 165-170.

[10] EERLINGEN R C, CROM B M, DELCOUR J A. Enzyme-resistant starch I. Quantitative and qualitative influence of incubation time and temperature of autoclaved starch on resistant starch formation, Cereal Chem, 1993, 70 (3): 339-344.

[11] EERLINGEN R C, CROM BEZ M, DELCOUR J A. Enzyme-resistant starch I. Quantitative and qualitative influence of incubation time and temperature of autoclaved starch on resistant starch formation[J]. Cereal Chem, 1993, 70 (3): 345-350.

[12] EERLINGEN R C, CILLEN G, DELCOUR J A. Enzyme resistant starch Ⅳ. Effect of endogenous lipids and added sodium dodecyl sulfate on formation of resistant starch[J]. Cereal Chem, 1994, 71 (2): 170-177.

[13] ENGLYST H N, CUMMINGS J H. Digestion of the polysaccharides of some cereal foods in the human small intestine[J]. Am J Clin Nutr, 1985, 42: 778-787.

[14] ENGLYST H N, KINGMAN S M, CUMMINGS J H. Classification and measurement of nutritionally important starch fraction[J]. J Clin Nutr, 1992, 46 (2): 33-35.

[15] ERLINGEN R C, DELCOUR J A. Formation, analysis, structure and properties of Type Ⅲ enzyme resistant starch. J Cereal Sci, 1995, 22: 129-138.

[16] ESCARPA A, GONZALEZ M C, MANAS E, et al. Resistant starch formation: Standardization of a High-Pressure-Autoclace process[J]. J Agric Food Chem, 1996, 44: 924-928.

[17] ESCARPA A, GONZALEZ M C, MORALES M D, et al. An approach to the influence of nutrients and other food constituents on resistant starch formation. Food Chem, 1997, 60 (4): 527-532.

[18] GIDLEY M J, COOKE D, DARKE A H, et al. Molecular order and structure in enzyme-resistant retrograded starch. Carbohydrate Polymer, 1995, 28: 23-31.

[19] GOÑI, GARCÍA-DIZ E, MAÑAS F, et al. Analysis of resistant starch: a method for foods and food product [J]. 1996, 56 (4): 445-449.

[20] HARALAMPU S G. Resistant starch-a review of the physical properties and biological impact of RS3. Carbohydrate Polymer, 2000, 41: 285-292.

[21] HASJIM J, LEE S O, HENDRICH S, et al. Characterization of a novel resistant - starch and its effects on post-prandial plasma - glucose and insulin responses[J]. Cereal chemistry, 2010, 87 (4): 257-262.

[22] JIANG H, BLANCO M, CAMPBELL M, et al. Resistant-starch formation in high amylose maize during kernel development. Journal of Agricultural and Food Chemistry, 2010 (a), 58 (13), 8043-8047.

[23] JIANG H, BLANCO M, CAMPBELL M, et al. Characterization of maize amylose extender (ae) mutant starches. Part II: Structures and Properties of Starch Residues, 2010 (b).

[24] LILJEBERG H, AKERBERY A, BJORCK I. Resistant starch formation in bread as influenced by choice of ingredients of baking conditions[J]. Food Chem, 1996, 56 (4): 389-394.

[25] MARLETT J A, LONGACRE M J. Comparison of in vitro and in vivo measures of resistant starch in selected products[J]. Cereal Chem, 1996, 73 (1): 63-68.

[26] MCCLEARY, B V, MONAGHAN D A. Measurement of resistant starch. Journal of the Association of Official Analytical Chemists, 2002, 85, 665-675.

[27] MOORE S A. Studies on mechanisms of resistant starch analytical methods[D]. Iowa State University, 2013.

[28] Moore S A, Ai Y, Chang F, et al. Effects of alpha-amylase reaction mechanisms on analysis of resistant-starch contents. Carbohydrate Polymers, 2015, 115, 465-471.

[29] PARCHURE A A, KULKARNI P R. Effect of food processing treatments on generation of resistant starch. International J Food Sci Nutr, 1997, 48 (4): 257-260.

[30] RANHOTRA G S, GELROTH J A, GLASER B K. Energy value of resistant starch[J]. Food Sci, 1996, 61 (2): 453-455.

[31] RING S G, GEE J M, WHITTAM M, et al. Resistant starch. It' s chemical form on food staffs and effects on digestibility in vitro[J]. Food Chem, 1988, 28: 97-109.

[32] SCHULZ A G M, VAN AMELSVOORT J M M, BEYNEN A C. Dietary native resistant starch but not retrograded resistant starch raises magnesium and calcium absorption in rats[J]. American Institute of Nutrition, 1993, 4: 1724-1731.

[33] SHUKLA T P. Enzyme-resistant starch: A new specialty food ingredient[J]. Cereal Foods World, 1995, 40 (11): 882-883.

[34] SIEVERT D, CZUCHAJOWSKA Z, POMERANZ Y. Enzyme-resistant starch Ⅲ X-Ray diffraction of autoclaved am ylomaize Ⅶ starch and enzyme-resistant starch residuse[J]. Cereal Chem, 1991, 68 (1): 86-91.

[35] SIEVERT D, POMERANZ Y. Enzyme-resistant starch I. Characterization and evaluation by enzymatic, thermo-analytical and microscopic methods[J]. Cereal Chem, 1989, 66 (4): 342-347.

[36] THOMPSON D B, Strategies for the manufacture of resistant starch[J]. Trends in Food Sci and Technol, 2000, 11: 245-253.

[37] TOVAR J, BJORCK I, ASP N G. Starch content and alpha-am yloly-sis rate in precooked legume flours[J]. J Agric Chem, 1990, 38: 1818-1823.

[38] SHI Y C, MANINGAT C C. Resistant Starch: Sources, Applications and Health Benefits[M]. John Wiley & Sons, Ltd, 2013.

[39]　YUE P, WARING S. Functionality of resistant Starch in food applications[J]. Food Austri, 1998, 50 (12): 615-621.
[40]　ADAMU A，金征宇．抗性淀粉的研究与分析[J]. 中国粮油学报，2000，15 (6)：1-5.
[41]　卢声宇，温其标，陈玲．抗性淀粉的酶分析方法[J]. 粮食与饲料工业，2000，(2)：43-44.
[42]　孙京新，花金东．抗性淀粉研究进展[J]. 粮食与饲料工业，1998 (9)：41-42.
[43]　杨光，丁霄霖．抗性淀粉定量测定方法的研究[J]. 中国粮油学报，2002，17 (3)：59-62.
[44]　杨月欣．实用食物营养成分分析手册[M]. 中国轻工业出版社，2002.
[45]　赵国华．食物中抗性淀粉的研究进展[J]. 中国粮油学报，1999，14 (4)：39-42.
[46]　郑建仙．低能量食品[M]. 北京：中国轻工业出版社，2001.
[47]　赵凯．抗性淀粉形成机理及对面团流变学特性影响研究[D]. 东北林业大学，2004.
[48]　赵凯，张守文，方桂珍．抗性淀粉的生理功能及在食品工业中的应用[J]. 哈尔滨商业大学学报 (自然科学版)，2003 (6)：661-663.
[49]　赵凯，张守文，方桂珍．不同热处理方式下抗性淀粉形成机理研究[J]. 食品科学，2006，27 (10)：118-121.
[50]　赵凯，张守文，方桂珍．抗性淀粉的特性研究[J]. 哈尔滨商业大学学报 (自然科学版)，2002，18 (5)：550-553.

第二节　缓慢消化淀粉

一、缓慢消化淀粉概述

淀粉是绿色植物果实、种子、块茎、块根的主要成分，是空气中二氧化碳和水经光合作用合成的产物，是地球上最丰富的贮藏性多糖。作为太阳能的贮存形式之一，淀粉一直是人类和大多数动物的主要能量来源，属于可再生的天然资源。淀粉是食品工业中重要的基础原料，也是人类膳食中碳水化合物的重要来源。近年来国内外的科技工作者对淀粉进行了广泛深入的研究，随着研究的深入，一些学者发现有部分淀粉在体外试验中无法被淀粉酶水解，并且在人体小肠中也无法被水解，于是一种新型的淀粉分类方式产生了。

Englyst 等依据淀粉的生物可利用性将淀粉分为三类（表 5-10）：易消化淀粉（ready digestible starch，RDS），指那些能在小肠中被迅速消化吸收的淀粉；缓慢消化淀粉（slowly digestible starch，SDS），指那些能在小肠中被完全消化吸收但速度较慢的淀粉，主要是一些生的未经糊化的淀粉；抗性淀粉（resistant starch，RS），指在人体小肠内无法消化吸收的淀粉。

表 5-10　依据消化性不同的淀粉分类法

淀粉类型	存在形式	消化速度和程度
易消化淀粉(RDS)	刚烹煮后的含淀粉丰富食品(热米饭、热馒头、热藕粉糊等)	迅速
缓慢消化淀粉(SDS)	大部分生的谷物(生大米、玉米、高粱等)	缓慢但彻底
抗性淀粉(RS)		
物理性包埋淀粉(physically inaccessible starch，RS_1)	轻度碾磨的谷类、种子、豆类食物	抗性
抗性淀粉颗粒(resistant starch granules，RS_2)	绿豆淀粉、马铃薯淀粉、未成熟香蕉、高直链玉米淀粉	抗性
老化淀粉(retrograded starch，RS_3)	冷米饭、放置时间长的面包、绿豆粉丝、麦片、干炸土豆片等	抗性
化学改性淀粉(chemically/ heat treated starch，RS_4)	商业用淀粉(如用于婴儿食品)	抗性

缓慢消化淀粉在食品中天然存在（占所含淀粉的一部分），其含量依食品种类的不同而有所变化，表5-11列出了常见食品中SDS的含量。

表5-11　常见食品中SDS的含量

范围	食品种类(SDS含量)/(g/100g)
≤1%	麦麸早餐(0.5)、膨化小麦(0)、Weetabix早餐(1.0)、棉豆(0.8)、冷冻青豌豆(1.0)、马铃薯(0.7)、甘薯(0.8)、山药(0.4)
1%~5%	甜玉米(1.4)、白面包(3.7)、全麦面包(1.4)、water饼干(3.8)、燕麦片粥(3.1)、Rice Krispies早餐(1.7)、番茄沙司中豆类(1.2)、罐装鹰嘴豆(3.8)、大粒豌豆(5.0)、斑豆(5.0)、即食马铃薯(1.1)、炸薯片(2.8)
5%~10%	荞麦(8.5)、珍珠麦(7.0)、Ryvita脆面包片(6.7)、全黑麦面包(7.4)、燕麦片饼干(6.2)、Rich Tea饼干(8.9)、蒸褐色长粒米(9.2)、蒸白色长粒米(5.6)、意大利式细白面条(9.0)、鹰嘴豆(8.8)、扁豆(5.8)、芸豆(9.8)、罐装芸豆(5.2)、红小扁豆(6.1)
≥10%	消化饼干(12.6)、燕麦麸早餐(13.6)、小麦片早餐(11.9)、蒸谷米(10)、通心面(12.0)

功能食品是21世纪食品工业发展的方向之一，随着人们生活水平的提高，人们越来越关注食品的功能化。世界各国都十分重视来源广泛、价格低廉、可降解的天然高分子资源淀粉的开发利用研究。其中抗性淀粉作为一种重要的膳食纤维资源，已成为食品营养学的一个研究热点，且国外已有工业化生产的RS问世，如National Starch and Chemical Corporation的Novelose®和Opta Food Ingredients的Crystalean®产品。而缓慢消化淀粉也具有特殊的营养特性，但目前只有一些研究报道，未见商业化可利用的产品。本节就近年来国内外缓慢消化淀粉的研究状况作一介绍。

二、缓慢消化淀粉的生理功能

为了描述食物生理学参数的指标和进食后碳水化合物的吸收速率，加拿大科学家Jenkins于1981年引入了血糖生成指数（glycemic index，GI）的概念，它表示当食用含50g有价值的碳水化合物的食物后，在一定时间内体内血糖水平应答和食用相当量的葡萄糖或面包相比的比值。以葡萄糖浆GI值为100%，根据GI值大小可将富碳水化合物食品分为不同等级，GI<55%的食物被认为是低GI食物，在55%~70%范围的为中GI食物，70%以上为高GI食物。有关研究报道，属于低GI食物的缓慢消化淀粉可以缓慢吸收、持续释放能量、有助于维持血糖稳态，预防和治疗各种疾病（如糖尿病、糖原贮积病、心脑血管疾病等）。

（一）SDS与血糖调节

糖尿病是一种慢性内分泌代谢性疾病，其基本病理为胰岛素绝对或相对的分泌不足，从而引起以碳水化合物为主的代谢紊乱，即产生Ⅰ型糖尿病与Ⅱ型糖尿病。

SDS作为低GI的食物，在胃肠中停留时间长，释放缓慢，葡萄糖进入血液后峰值低，下降速度延缓。产生的葡萄糖调控胰岛素的分泌，与普通淀粉相比，SDS刺激餐后胰岛素分泌的作用小（减少尿C-肽），从而调节机体血糖水平，维持胰岛素的功能，改善胰岛素的敏感性，避免高胰岛素血症和胰岛素抵抗等代谢综合征的发生。因此，SDS可有效改善餐后血糖负荷，控制糖尿病患者尤其是非胰岛素依赖型病人的病情，将成为一种糖尿病患者的新食品。

（二） SDS与体重、肥胖控制

长期饮食不当是引起单纯性肥胖的主要原因，肥胖不仅有较高的死亡率，而且有可能并发高血压、心脏病、糖尿病和动脉粥样硬化等。研究认为低GI的SDS在胃肠道中缓慢消化吸收，缓慢释放能量，较长时间产生饱腹感，有利于控制肥胖、保持适宜体重；高GI的普通淀粉消化完全，单位时间内产生的能量高，身体很快得到满足又很快产生饥饿感。对于肥胖者或希望预防肥胖的人群来说，选择富含SDS的食物可以控制体重和预防肥胖。

（三） SDS与脂质代谢和心脑血管疾病

食用低GI膳食降低血甘油三酯、胆固醇水平，减少总脂肪组织，且在总体重不变的情况下增加瘦体质，SDS降低胆固醇的作用主要是通过增加肝LDL受体的水平，LDL颗粒中三酰甘油的数量减少，使LDL胆固醇和阿朴脂蛋白B浓度降低，VLDL和HLD则无明显改变。大量流行病学研究还表明低GI饮食可以缓解高血糖和高胰岛素症状，降低冠心病、微血管并发症等发病率，说明SDS具有改善血脂成分、胰岛素水平、血栓因子及内皮细胞功能等作用。

（四） SDS与结肠癌等肠道疾病

高GI食物可在小肠中被完全消化吸收，结肠缺少必需的运动，减少了肠蠕动和转运，易造成便秘并为结肠癌等肠道疾病的发生提供了便利。而低GI食物一般在肠道难以消化，这不仅能改善肠道运动，促进粪便和肠道毒素排出，减少肠机能失调及结肠癌等的发病率。

（五） SDS与能量供应

由于SDS可以较长时间地维持饱腹感，减少饥饿感，使能量持续而缓慢地释放，它可作为运动员，尤其是马拉松等长跑运动员的碳水化合物补充剂。因为这种缓慢消化的淀粉能够使运动员在运动过程中获得稳定持久的能量，从而保持其耐力。

三、影响淀粉消化性的因素

影响淀粉消化速率的因素很多，主要有内因和外因两个方面。内因包括食物的外形、淀粉颗粒的形状和结晶结构、老化、直链淀粉-脂质复合物、自身α-淀粉酶抑制剂、非淀粉多糖（NSP）、淀粉植物来源以及直链-支链淀粉的比例等。下面分别简述之。

（一）影响淀粉消化性的内在因素

1. 淀粉植物来源对消化速率的影响

在谷物淀粉中，小麦、大麦、燕麦、玉米、高粱的淀粉消化速率次序依次降低，而豆类淀粉比谷物淀粉的消化速率低。

2. 淀粉颗粒大小对消化速率的影响

Harmeet S G等对脱支大米淀粉的研究表明，消化性与淀粉颗粒大小有直接的联系，颗粒越大消化速率越低。Snow P等也指出，颗粒大小在决定消化速率中起着重要的作用。

3. 淀粉颗粒结晶结构对消化速率的影响

淀粉颗粒的结晶结构类型对淀粉的消化性有影响。依据X射线衍射图谱，谷类淀粉具有A型图谱，消化速率较高。块茎类淀粉如马铃薯淀粉具有B型图谱，消化速率较低。豆类淀粉一般具有C型图谱，它介于A型和B型之间，消化速率也介于二者之间。Gallant等发现，支链淀粉的结晶区和无定形区经有组织地变大形成球形，这种球形结构被称作“微粒子（blocklets）”。这种淀粉结构模型假设结晶区由双螺旋的支链淀粉侧链组成。这些侧链与支链淀粉的无定形区相互缠绕。研究结果表明，淀粉对α-淀粉酶的敏感性随着“微粒子”的增大而减弱。

4. 直链淀粉-脂质复合物对消化速率的影响

Szczodrak和Pomeranz发现当用乳化剂与大麦淀粉聚合后制备抗性淀粉，与没有乳化剂相比，抗酶解淀粉的产量减少。这是因为在聚合物中发现构成抗性淀粉的直链淀粉，其可被酶解，导致抗酶解性降低。Holm等发现直链淀粉在体外被α-淀粉酶降解的速率比直链淀粉-溶血卵磷脂聚合物快。Fredrik Tufvesson等研究发现，由于直链淀粉-丙三醇棕榈酸单甘油酯（GMP）的添加和热处理，马铃薯淀粉的水解速率降低，相对于马铃薯淀粉，高直链玉米淀粉（HAMS）有大约有其一半的水解速率。而在高压蒸煮高直链玉米淀粉（HAMS）时添加直链淀粉-丙三醇棕榈酸单甘油酯（GMP），则水解速率增加，这可能是因为有较少的直链淀粉老化。

5. 非淀粉多糖（NSP）对消化速率的影响

Englyst H N等研究认为，人体内的消化酶不能降解膳食纤维中作为主要成分的非淀粉多糖，在三个测试的食品中，它几乎完全残留，其中包括燕麦中主要的非淀粉多糖——水溶性的β-葡聚糖。

6. 其他内在因素对消化速率的影响

R M Faulks和A L Bailey研究表明，含98%直链淀粉的皱豌豆老化淀粉凝胶和含46%直链淀粉的红芸豆老化淀粉凝胶比含有33%直链淀粉的玉米的老化淀粉凝胶和含26%直链淀粉的大米老化淀粉凝胶的消化速率低。Puls W和Keup U从小麦中分离出来的α-淀粉酶抑制剂，经动物和人体实验发现，α-淀粉酶抑制剂可降低由淀粉过量引起的高血糖症，可见淀粉自身含有的α-淀粉酶抑制剂在人体中能降低淀粉的消化速率。

（二）影响食物中淀粉消化速率的外在因素

影响淀粉消化的外在因素主要有淀粉的改性（包括物理改性、化学改性、酶改性和复合改性）、食品的加工处理方式以及食品的储藏过程。

1. 淀粉改性对消化速率的影响

（1）物理改性对消化速率的影响　Yoshino等采用湿热处理淀粉，结果表明这种湿热处理的淀粉更容易被α-淀粉酶消化。Alfred K Anderson等加热20%水分含量（湿基）的非蜡质和蜡质稻米，加热到熔融温度（T_m）并保持60分钟，与未加热的稻米相比，加热后的非蜡质和蜡质稻米的消化性分别减少25%和10%；在熔融温度湿热处理蜡质玉米淀粉、非蜡质玉米淀粉和小麦淀粉，消化性有轻微减少；用微波和烤炉在熔融温度下处理蜡质稻米淀粉，与未处理的淀粉相比，消化性稍有降低，且加热30min淀粉的消化性比加热60min淀粉的消化性高。

Harmeet S Guraya等研究发现，在1℃冷却脱支非蜡质淀粉12h，在没有搅拌时，其消化性减少59%；冷却24h再搅拌时，其消化性减少42%。而冰冻冷却不影响蜡质和非蜡质脱支淀粉的消化性。

陈玲等的研究结果表明，机械球磨微细化处理，使得马铃薯淀粉颗粒的消化速率大大增加，抗酶解淀粉含量降低。机械力化学效应可提高淀粉颗粒对酶的敏感性，增加反应活性。向弘等通过捏合技术处理淀粉，结果表明，机械力的作用导致淀粉颗粒内部产生向四周传播的应力波，在应力的作用下淀粉的聚集态结构受到破坏，从而使得结晶程度降低；但另一方面，机械力又会使得松散的淀粉分子链不断运动发生重新聚合，从而构成新的结晶结构。正是淀粉颗粒结构这种动态变化，影响了酶的作用活性，达到调节淀粉的酶解性的目的。

(2) 化学改性对消化速率的影响　豆类淀粉乙酰基化和羟丙基化后，猪胰α-淀粉酶体外的消化实验表明，消化速率降低。杂色豆、菜豆、黑豆的乙酰基淀粉（DS=0.05）的消化性分别减少5.2%、5.8%和23.8%。李晓玺等研究表明，三氯氧磷交联木薯淀粉被唾液α-淀粉酶消化的速率随交联度的增大而降低。高交联降低淀粉颗粒和淀粉糊的消化速率，低交联增大淀粉颗粒的消化速率但对淀粉糊的消化速率影响较小。陈玲等的研究结果表明，羧甲基基团的引入可以加快淀粉颗粒的总碳水化合物平均消化速率，但大大降低淀粉糊的消化速率。羧甲基淀粉中的抗酶解淀粉含量低于原淀粉，取代度越高含量越低。温其标等研究表明，羟丙基化能够提高淀粉颗粒的消化速率，增加消化产物，对于羟丙基淀粉糊，则随取代度增大，消化速率降低，消化产物减少。取代度大于2.0的高取代度羟丙基淀粉，相同条件下其消化速率远远小于低取代度淀粉糊，甚至小于低取代度的淀粉颗粒。

(3) 酶改性和复合改性对消化速率的影响　H S Guraya等采用普鲁兰酶脱支处理大米淀粉，制备缓慢消化淀粉，从而较大地降低了淀粉的消化速率。Xian-Zhong Han等通过将普通玉米淀粉糊化后进行压热和酶水解复合处理，来制备热稳定的低血糖淀粉。

2. 加工方式对淀粉消化速率的影响

Barampama Z等研究表明，蒸煮普通豆类可提高体外消化性能。豆类淀粉经过蒸煮、高压蒸煮、浸泡、挤压蒸煮，其体外的水解程度增加。经浸泡、蒸煮、高压蒸煮的豆类，将减少单宁酸、肌醇六磷酸和淀粉酶抑制剂，这可能在一定程度上增加了豆类淀粉的水解。经不同方式热处理的豆类淀粉的水解程度的增加也要归功于淀粉颗粒的吸水、糊化作用和颗粒的破裂。刘芳等研究表明，红小豆在烹调前进行碾磨提高了碳水化合物的水解率，尤其是在水解早期，且所含快速消化淀粉明显多于整个豆粒的。

3. 储藏过程对淀粉消化速率的影响

Frei M等发现，无论糯米还是非糯米，冷藏都会降低淀粉的消化指数，原因是糊化淀粉产生了回生现象。王月慧等也发现，4℃冷藏条件下，高直链籼米淀粉前3h的SDS和RS显著增加，RDS显著降低；而对糯米淀粉而言，RS和SDS较少，整个过程中基本没有发生变化，认为直链淀粉易形成三维网络结构，这种结构对淀粉酶的水解有较强的抗性，因而淀粉体系中抗性淀粉的含量和慢消化性淀粉含量快速增加。

四、缓慢消化淀粉的体外测定方法

基于对于缓慢消化淀粉的研究兴趣，近几十年来出现了许多有关SDS的体外测定方法，其基本原理多是使用酶法水解样品测定样品中的SDS含量，文献报道的方法主要包括以下两种：

（一）Englyst法

该法的测定原理是基于在体外模拟的条件下，测定20～120min内酶消化淀粉的量。其基本过程为：将1～2g粉碎样品在10mL 5%混酶（胰淀粉酶：葡萄糖淀粉酶：转化酶=40∶10∶3）存在下，于pH5.2和37℃分别作用20min、120min后，用比色法测定所得淀粉含量的差值，即在20～120min内被酶消化的淀粉量。具体计算公式如下：

$$SDS=(G_{120}-G_{20})\times 0.9$$

式中，G为样品酶解不同时间后，比色法测得淀粉的含量。

（二）Guraya法

该法的测定原理是样品在37℃下用猪胰淀粉酶作用60min后，当在某一段时间间隔水解产生麦芽糖时，可采用3,5-二硝基水杨酸（DNS）法，在540nm下比色测定SDS含量。具体计算公式如下：

$$SDS(\%)=\frac{G-H}{I}\times 100$$

式中　G——脱支改性淀粉在某一时间间隔内麦芽糖含量无变化时的量，mg；

H——脱支改性淀粉在时间间隔1h内产生的麦芽糖量，mg；

I——总淀粉量（以麦芽糖质量计），mg。

S I Shi等改进了Guraya方法，在冷冻干燥样品中添加α-淀粉酶后37℃下作用10h，水解产生的糖浓度通过麦芽糖的标准曲线法确定，即SDS（%）=（$B-A/C$）×100，式中A为消化淀粉1h产生麦芽糖的量，B为消化淀粉10h产生麦芽糖的最大量，C为总淀粉量。

Englyst法由于能模仿淀粉消化的胃肠道内环境，所以被用来测定淀粉部分和淀粉降解产物有一定优势，但该法整个操作时间长，采用混酶消化比较复杂，测试人员需要进行专门训练，否则测定重复性差。因此相比Englyst法，Guraya法只采用单一的胰淀粉酶，测定步骤简单、方便。

五、缓慢消化淀粉的制备技术

国外对缓慢消化淀粉的加工与生产方法已有许多报道和专利发表，但国内目前尚未见报道。现主要有下面4种方法可制备SDS。

（一）热处理

包括热液处理（湿热处理和压热处理）、微波加热等方法。S I Shin等报道将甘薯淀粉的水分含量调整到50%，并在55℃加热处理12h后可形成最高含量为31%的缓慢消化非糊化淀粉粒。具体处理条件见图 5-26。

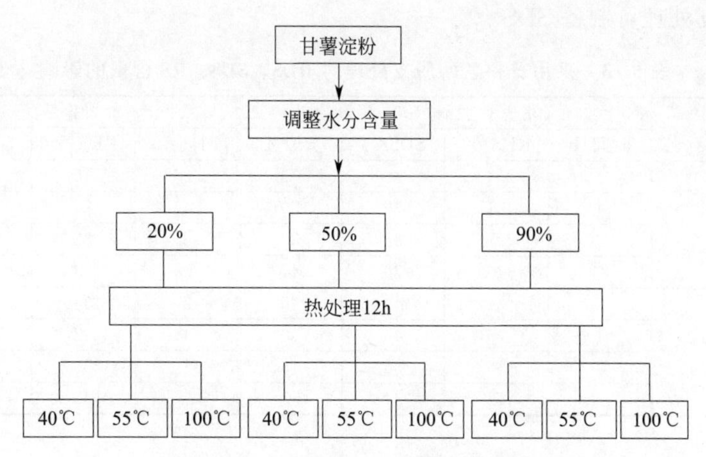

图 5-26　甘薯淀粉热处理条件示意

实验用的甘薯淀粉水分含量为 11%（AACC 44-15A 法测定），采用蒸馏水，将淀粉的水分含量分别调整到 20%、50%及 90%，调整水分含量后的淀粉样品密封于室温下平衡 24h，再在不同的处理温度下处理 12h，然后干燥至水分含量 10%左右，研磨，过 100 目筛后测定不同种类淀粉的含量。结果见表 5-12。

表 5-12　不同处理条件下 RDS、SDS、RS 得率

处理条件	RDS/%	SDS/%	RS/%
SP	17.1	15.6	67.3
$SP^{40℃/20\%}$	17.1	14.0	68.9
$SP^{40℃/50\%}$	17.2	16.8	66.0
$SP^{40℃/90\%}$	16.9	17.3	65.8
$SP^{55℃/20\%}$	19.2	20.7	60.1
$SP^{55℃/50\%}$	25.6	31.0	43.4
$SP^{55℃/90\%}$	31.2	24.8	44.1
$SP^{100℃/20\%}$	20.7	24.7	54.6
$SP^{100℃/50\%}$	59.9	22.3	17.9
$SP^{100℃/90\%}$	82.0	17.7	0.3

注：表中 SP 代表甘薯淀粉，上标表示处理的温度和水分含量。

A K Andersona 等把蜡质大米淀粉和非蜡质大米淀粉水分调到 20%（湿基）后，在淀粉结晶区的熔融温度 T_m 下采用微波加热 60min 后得到热稳定性较好的 SDS；H S Guraya 等将含水量为 20%的淀粉密封在安瓿中，再置于 DSC 中以 1℃/min 的速度加热至 140℃并保持 60min，然后冷却至室温，即得到含 SDS 的产品。

（二）酶脱支处理

H S Guraya 等采用普鲁兰酶脱支处理大米淀粉制备缓慢消化淀粉，其制备工艺为每 100g 蜡质淀粉用 2g 或 10g 普鲁兰酶处理不同时间后在 1℃储藏，可获得不同得率的缓慢消化淀粉（表 5-13）。Hamaker B R 等申请的专利中报道天然淀粉或商业化淀粉通过控制 α-淀粉酶水解来制备 SDS，具体工艺：酶活力为 1～500U 的 α-淀粉酶水解糊化淀粉 1～500min 后，在低于 20℃但高于 0℃的温度下冷却且保持 1～48h（最佳时间 6～24h）。H J CHOI 等报道用异淀粉酶水解蜡质高粱淀粉 8 h 后在 1℃储藏 3d，可以得到缓慢消化淀粉含量 27.0%

的产品，SHI YONG-CHENG 等报道含低直链淀粉或蜡质的各类淀粉中添加 0.05%～2.0%的酶液脱支处理可制备 SDS。

表 5-13　采用普鲁兰酶脱支处理对 RDS、SDS、RS 含量的影响

淀粉种类	10g 普鲁兰酶/100g 淀粉				2g 普鲁兰酶/100g 淀粉			
	时间/h	RDS/%	SDS/%	RS/%	时间/h	RDS/%	SDS/%	RS/%
蜡质	1	34	36	30	2	36	33	31
	4	31	39	30	4	36	28	36
	8	27	35	38	8	32	30	38
	24	26	30	44	24	33	25	42
非蜡质	2	24	40	36	2	38	40	22
	4	16	44	40	4	32	44	24
	8	16	38	46	8	30	44	26
	24	16	34	50	24	28	44	28

（三）化学改性

B W Wolf 等采用普通淀粉（直链淀粉 27%）、蜡质玉米和角质蜡质玉米（直链淀粉 0）和高直链淀粉（直链淀粉 50%）经过环氧丙烷交联或糊精化改性来制备缓慢消化淀粉。S I Shin 等采用柠檬酸处理大米淀粉制备缓慢消化淀粉，通过响应曲面方程优化得到的反应条件：反应温度 128.4℃，反应时间 13.8h，柠檬酸 2.62mmol，淀粉 20g。

（四）复合变性

复合变性的方法主要有酶法-物理法、交联-醚化、酯化-物理法等。Xian-Zhong Han 等通过将普通玉米淀粉糊化后进行压热和酶水解复合处理来开发一种热稳定的低血糖淀粉，Jung-Ah Han 等把蜡质玉米淀粉先交联再羟丙基化或乙酰化处理得到的 SDS 比单一交联处理多，且交联-羟丙基化改性得到 SDS 最高含量为 21%，同时将不同淀粉先后经过辛烯基琥珀酸酐酯化和干热处理后得到 SDS 含量分别为蜡质玉米 47%、普通玉米 38%、木薯 46%、马铃薯 33%。

在以上四种制备方法中，第三种方法制备的缓慢消化淀粉，一般来讲属于化学改性淀粉范畴，而第四种方法制备的缓慢消化淀粉有的是采用物理和酶法联合制备，有的是采用化学-物理法，有的是经过多次化学改性制备。一般意义上的缓慢消化淀粉主要是指经过物理方法、酶技术及物理-酶法联合处理技术制备的。因此，后续的性质及应用中，主要涉及上述两种条件下制备的缓慢消化淀粉。

六、缓慢消化淀粉性能评价方法

（一）缓慢消化淀粉的含量

可通过直接测定缓慢消化淀粉含量来评价所采用的工艺条件以及得率高低，但应当注意的是，不同测定方法所得到的 SDS 含量存在差异。所以，一定要注明所采用的分析方法，以便于比较参照。

（二）淀粉平均消化速率的测定

根据 Jenkin 等提出的模型，利用渗析管模拟人体肠道，在人的正常体温（37℃）条件下，用唾液 α-淀粉酶水解淀粉样品，测定不同时间透过渗析管的成分，计算它们的平均消化速率，以此观察淀粉的消化性能。有关计算公式如下：

淀粉的消化产物产量 $CHO=C\times D\times (V-S)$；

平均消化速率 $v=CHO\div m\div t$

式中 CHO——在 In-vitro 消化模型整个体系中所产生的水解糖量，mg；

C——从标准曲线中查出标准麦芽糖量，mg；

D——渗析液稀释倍数；

V——In-vitro 消化模型中整个体系的溶液体积，mL；

S——每次从体系中取出的溶液体积，mL；

m——样品质量（以干基计），mg；

t——反应时间，h；

v——平均消化速率，$mg\cdot g^{-1}\cdot h^{-1}$。

（三）淀粉消化速率指标的测定

反映样品中淀粉消化速率的主要指标，即淀粉样品水解率的时间进程和水解指数（hydrolysis index，HI）。样品的酶消化处理方法按 Goni I 等所描述的进行。

淀粉水解率(%)=(取样时间点时已水解碳水化合物量/总碳水化合物量)×100；水解指数(%)=(样品的碳水化合物水解率曲线下面积/参比样品的碳水化合物水解率曲线下面积)×100。

还可以还原糖释放率和释放指数来作为反映碳水化合物消化速率的指标，具体如下：

还原糖释放率(%)=(取样时间点时水解体系中的还原糖释放量/总干物质量)×100；还原糖释放指数(%)=（水解反应终点时样品的还原糖释放率曲线下面积/参比样品的还原糖释放率曲线下面积)×100。

七、缓慢消化淀粉的应用

SDS 与普通淀粉相似，添加到固体或液体食品后，它不会影响食品的感官和质地。目前，国外已将 SDS 应用到烘焙食品（蛋糕、饼干、糕点）、面制品、快餐、糖果、调味料、乳制品等。如法国 Danone Vitapole 的 R&D 中心开发了低 GI 和高缓慢消化淀粉的 EDP@ 系列普通饼干。而且由于 SDS 具有潜在的生理功能，可以应用于开发特定保健食品、热量持续型运动饮料等产品。

参考文献

[1] BJÖRCK I, ASP N G. Controlling the nutritional properties of starch in foods-a challenge to the food industry [J]. Trends in Food Science & Technology, 1994, 5 (07): 213-218.

[2] ELLS L J, SEAL C J, KETTLITZ B, et al. Postprandial glycaemic, lipaemic and haemostatic responses to ingestion of rapidly and slowly digested starches in healthy young women[J]. British Journal of Nutrition, 2005, 94 (06): 948-955.

[3] ELIASSON A C. Starch in food: Structure, function and applications[M]. Cambridge: Woodhead Publishing Limited, 2004, 477-505.

[4] ENGLYST H N, HUDSON G J. The classification and measurement of dietary carbohydrates[J]. Food Chemistry, 1996, 57 (01): 15-21.

[5] GURAYA H S, JAMES C, CHAMPAGNE E T. Effect of enzyme concentration and storage temperature on the formation of slowly digestible starch from cooked debranched rice starch[J]. Starch-Stärke, 2001, 53 (03-04): 131-139.

[6] HAN X Z, AO Z, JANASWAMY S, et al. Development of a low glycemic maize starch: Preparation and characterization[J]. Biomacromolecules, 2006, 7 (04): 1162-1168.

[7] JENKINS D J, WOLEVER T M, TAYLOR R H, et al. Glycemic index of foods: a physiological basis for carbohydrate exchange[J]. American Journal of Clinical Nutrition, 2002, 76 (01): 264-265.

[8] SHIN S I, KIM H J, MOON T W. Formation and structural characteristics of slowly digestible starch in sweet potato as affected by hydrothermal treatments[C]. Abstr Papers, 2004 IFT Annual Meeting and Food Expo@, Las-Vegas, NEVADA, USA, 2004: 04-12.

[9] SPARTI A, MILON H, DI VETTA V, et al. Effect of diets high or low in unavailable and slowly digestible carbohydrates on the pattern of 24h substrate oxidation and feelings of hunger in humans[J]. The American Journal of Clinical Nutrition, 2000, 72 (06): 1461-1468.

[10] WOLEVER T M S. Slow digestible carbohydrates[J]. Danone Vitapole Nutritopics, 2003, 28: 1-17.

[11] WOLF B W, BAUER L L, FAHEY G C. Effects of chemical modification on in vitro rate and extent of food starch digestion: an attempt to discover a slowly digested starch[J]. Journal of Agricultural and Food Chemistry, 1999, 47 (10): 4178-4183.

[12] WÜRSCH P. Carbohydrate food with specific nutritional properties-a challenge to the food industry[J]. Am J Clin Nutr, 1994, 59: 758-762.

[13] 赵凯，谷广烨．淀粉消化性分析研究进展[J]. 食品科学，2007，28 (09)：586-590.

[14] 赵凯，缪铭．缓慢消化淀粉研究[J]. 现代化工，2007，27 (SUPPL. 1)：370-373.

第三节 糊 精

糊精（dextrin）是淀粉经过不同方法降解得到的产物（不包括单糖和低聚糖）。所有糊精产物都是脱水葡萄糖聚合物（$C_6H_{10}O_5$）n，但分子结构有直链状和环状。目前糊精主要可分为麦芽糊精、热解糊精、难消化糊精、环状糊精、大环糊精、改性环糊精等。工业化生产的糊精产品采用湿法或干法工艺，前者是指淀粉的变性反应在液相（水或醇类）条件下进行，后者是指淀粉的变性反应在固相条件下进行。其中热解糊精、难消化糊精采用干法，其它糊精生产采用湿法。本节对上述各类糊精的生产工艺、性质及应用进行介绍。

一、热解糊精

热解糊精是指淀粉经不同干热法降解的产物。根据对淀粉的预处理和热处理的条件差异，热解糊精通常可分为白糊精、黄糊精和英国胶（或称“不列颠胶”）三类。其中白糊精是在较低温度下转化生成，并控制反应的 pH，防止有色产物形成；黄糊精是在低 pH 及高温下的高度转化产品；英国胶是在较高 pH 及较高温度下转化的。

（一）基本原理

糊精干法转化过程中，淀粉发生的化学反应是很复杂的，至今尚未完全搞清楚。但其主要反应可能包含水解反应、苷键转移作用、再聚作用和焦糖化作用。每种反应发生的相对程度随所生产糊精的转化条件而异。

1. 水解反应

在干燥和转化初阶段，酸可催化水解淀粉中的α-1，4 糖苷键，也可能水解α-1，6 糖苷键，淀粉分子量不断降低。表现为淀粉的水分散液黏度不断降低，同时由于糖苷键水解导致还原性端基增加。在生产低转化度的白糊精过程中，低 pH 及水分促使了水解反应。

2. 苷键转移作用

在这类反应中，α-1,4 糖苷键水解，接着与邻近分子的游离羟基再结合，形成分支结构。

3. 再聚合作用

葡萄糖在酸存在下，在高温时具有聚合作用。例如在黄糊精化的转化过程中，出现明显的葡萄糖或新生态糖的再聚作用，生成较大的分子。这也反映在还原糖量降低，黏度略有升高，以及能溶解于混合溶剂（90%乙醇/10%水）中的糊精百分率降低。黄糊精制备过程中可能发生再聚合作用。

4. 焦糖化作用

水解反应产生的葡萄糖、麦芽糖在酸性或碱性条件下，高温时还具有焦糖化作用。糖在强热下发生脱水、裂解、缩合等复杂反应，形成浅棕色至深褐色的有色物质。这是黄糊精与英国胶具有颜色的原因。

（二）糊精的生产工艺

热解糊精的生产过程包括预处理（酸化）、干燥、热转化和冷却等四个工序。生产不同热解糊精的条件见表 5-14 。

表 5-14　生产糊精的条件

生产条件及产品性质	白糊精	黄糊精	英国胶
反应温度/℃	110～130	135～160	150～180
反应时间/h	3～7	8～14	10～14
催化剂用量	高	中	低
溶解度	从低到高	低	从低到高
黏度	从低到高	低	从低到高
颜色	白色至乳白色	米黄至深棕色	浅棕至深棕色

1. 预处理

通常这个阶段将酸性催化剂、氧化性催化剂或碱性催化剂稀溶液喷洒到含水 5%以上的淀粉上，在制取白糊精和黄糊精时，通常使用盐酸，用喷雾器将其以很细的雾滴均匀地喷洒在混合器中不断搅拌的淀粉上。对于英国胶，可加微量酸，或不加酸，或加磷酸三钠或二钠、碳酸氢钠、碳酸氢铵、三乙醇胺等碱性催化剂或缓冲剂。

2. 干燥

根据不同种类糊精的要求，热转化前淀粉的含水量范围应在 1%～5%。淀粉中含水量过高将加剧淀粉的水解作用并抑制缩合反应。若淀粉的水分大于 3%，缩合反应是难以进行的。干燥能否成为一个独立阶段，取决于制取的糊精种类及设备。淀粉中水分会引起水解，尤其是在低 pH 值及加热时。在转化过程中，这种水解作用应该是最小的。例如黄糊精，在糊精化或热转化之前干燥预处理过的淀粉常常是必要的，例如用气流干燥快速除去水分。在许多白糊精生产中，并不需要严格的预干燥，因为有些水解作用有助于获得所需的性能。在英国胶生产过程中很少用酸，但干燥是必需的，因为淀粉水分过高导致缩合反应无法进行。

3. 热转化

热转化作用通常在混合器中完成，可以用蒸汽或油浴加热。欲制得高质量的均匀的产品，整个转化过程中应保证有良好的搅拌作用及均匀的热量分布。在转化过程中，采用充足且能控制的空气流保护，以使水分在初始阶段就能快速除去，避免局部过热或焦化，并使设备温度控制在所需值。转化温度与时间可有很大的差异，取决于所制产品种类及设备类型。温度一般在 100～200℃，加热时间从几分钟到数小时。通常，白糊精倾向于在低温及较短的时间中制备，而黄糊精和英国胶需要长反应时间和高温。

4. 冷却

转化阶段结束时，通常是根据色泽、黏度或溶解性来确定，温度可能在 100～200℃之间，甚至更高。这时糊精正处于转化的活性状态，急需使用快速冷却方法使它尽快停止转化作用。为此，通常将热糊精倾入冷却混合器或冷却水中冷却。若转化作用的 pH 值非常低，需将酸中和，以防止冷却期间及随后贮存时的进一步转化。可以用碱性试剂在干态时混合进行中和作用。由于最后的糊精产品只有很少的水分，与水混合时会发生结块及起泡现象。因此可将糊精放在湿空气中，使糊精吸收水分，含水量升高到 5%～12%或更高。

（三）性质

热糊精在物理性质和化学性质方面与原淀粉有很大的差异，这些差异随转化度不同而变化。

1. 颗粒结构

在显微镜下放在甘油中检验时，热糊精颗粒外形与制造它的原淀粉相似。但在水与甘油混合物中用显微镜观察时，较高转化度的热糊精有明显的结构削弱及外层剥落现象。

2. 水分

在干燥及热转化阶段，糊精的含水量是逐渐降低的。如果不经吸湿，最后的水分：白糊精是 2%～5%；黄糊精及英国胶都少于 2%。但糊精有较强的吸水性，在储存时其平衡含水量为 8%～12%。

3. 色泽

糊精的色泽受转化温度、pH 值及时间影响。一般转化温度越高和转化时间越长，色泽越深。pH 值高时较低时色泽加深速度快。对黄糊精来说，溶解度达到 100%之后颜色变深的速率增大。

4. 溶解度

随着转化作用的进行，糊精在冷水中的溶解度逐渐增加。白糊精溶解度范围从高黏度类型的最小溶解度60%到最高转化率的低黏度类型的溶解度为95%。英国胶溶解度范围从70%～100%，相同转化度时，英国胶的溶解度大于白糊精。几乎所有的黄糊精都是100%可溶解的。

5. 还原糖含量

随着转化作用的进行，还原糖稳定地上升到最高值。除高转化度类型外，所有白糊精的这个值是不断上升的。但是，在转化作用的后期，还原糖增加的速度较缓慢。还原糖含量主要取决于品种，白糊精在10%～12%，黄糊精接近1%～4%，而英国胶更低。

6. 碱值

与还原糖或葡萄糖值相似，这是转化作用过程中形成醛基的一个指标。随着分子链变短，醛基量增加，碱值达到峰值后，随着继续加热，开始下降。这是由于苷键转移及可能的再聚作用形成了分支链结构所致。

7. 糊精含量

糊精含量是指用半饱和氢氧化钡溶液配制的1%溶液中可溶部分的量。淀粉、水化淀粉及低转化度糊精会被半饱和氢氧化钡沉淀。糊精含量一般是用经验试验方法来测定的。对于各种热转化糊精，糊精含量都随转化程度升高而升高。

8. 黏度

糊精黏度通常用热黏度和冷黏度来表示。白糊精有一个很宽的黏度范围，随转化度的提高，黏度逐渐降低。黄糊精也是如此，当转化作用使溶解度达到100%时，黏度降低，速率降低，最后降到一定值。英国胶的黏度较白糊精和黄糊精大，随着转化度的提高，黏度开始有所下降，然后逐渐上升。

9. 溶液稳定性

糊精水溶液的稳定性有很大的差异，取决于转化度、糊精种类、原淀粉的特性及添加剂的影响。一般的原淀粉中含有较多的直链淀粉，而支链淀粉溶液比直链淀粉溶液更稳定，但直链淀粉分子在糊精化作用时，受到分解及通过苷键转移或再聚作用转化成分支型结构，故这种产品的水溶液稳定性更高。分支型结构的增加量随糊精种类及转化度而异。一般来说，在白糊精生产中除了高转化度品级外，都是水解反应占优势。玉米白糊精的支化度2%～3%，因此，白糊精溶液的稳定性一般是较差的，冷却及放置时会形成不透明的浆液。英国胶是在含酸量最少的情况下转化的，水解反应最小，加热温度和时间是转化作用的主要因素，结果使分子重排形成20%～25%的糊精支化度，因此对相同转化度来说，英国胶的水溶液稳定性比白糊精高。在黄糊精制取中，水解作用最初占主导地位。但高转化温度有利于广泛的苷键转移及再聚作用，也由于它们有较高的转化度，黄糊精溶液比英国胶溶液稳定。

制取糊精的原淀粉的性质也是一个重要因素，淀粉中直链淀粉含量及微量脂质的存在会影响溶液的稳定性。糯玉米淀粉比普通玉米淀粉转化成的糊精溶液稳定性好得多。淀粉中的微量脂质与直链淀粉可形成复合物，使转化成的糊精溶液具有触变性。预糊化淀粉可用来制备稳定性优良的糊精。添加剂也常用于增加糊精溶液的稳定性，最常用的添加剂是硼砂。硼砂与淀粉分子羟基形成络合物，增加溶液的黏度和稳定性，提高清澈度，并可增加它的内聚性和黏着性。这种效应可通过添加碱将硼砂转化成偏硼酸钠得到加强。

10. 薄膜性能

一般来说，用原淀粉溶液制取的薄膜比由热转化淀粉溶液制取的薄膜的拉伸强度要高得多。对同一类型的转化产品，其薄膜拉伸强度随转化程度增加或黏度降低而逐渐降低。但是，黏度较低的糊精分散在水中的固体较多，因而形成高固体含量的薄膜。这种薄膜干燥速度更快，有较强的黏着性，并能迅速与表面黏结。

对同一类型的热转化作用来说，黏度越低或转化度越高，薄膜越容易溶解。黄糊精制得的薄膜可溶性最大，白糊精薄膜溶解性最差。糊精薄膜有结晶化特征，使薄膜有变脆及剥成碎片的倾向，薄膜结晶化作用与转化度有关；添加增塑剂或吸湿剂可克服这个缺点。

（四）应用

热转化糊精的主要用途为胶黏剂，因此其可适用于许多纸制品的胶黏剂，如壁纸、标签、邮票、胶带纸等。该类胶黏剂黏度要高，形成的薄膜具有强韧性，适宜用白糊精或英国胶。在做药片胶黏剂时，需要快速干燥、快速散开、快速黏合及再湿可溶性，可选择白糊精或低黏度黄糊精产品。

造纸行业应用糊精于纸张表面施胶和涂布，在纺织工业中可用于上浆、印染和织物整理。食品工业用糊精为香料、色素冲淡剂和载体。医药行业用于片剂黏合剂和若干种抗生素发酵的营养料。铸造工业用糊精为铸模砂芯黏合剂。

二、麦芽糊精

麦芽糊精，也称水溶性糊精、酶法糊精，是一种介于淀粉和淀粉糖之间的，经酸法、酶法或酸-酶协同法控制低程度水解 *DE* 值在20%以下的产品。其主要成分为聚合度在10以上的糊精和少量聚合度在10以下的低聚糖，因此与淀粉经热解反应生产的糊精产品有很大的区别。美国把以玉米淀粉为原料水解转化后，经喷雾干燥而获得的碳水化合物产品取名为“麦特灵” （maltrin)，其系列产品的 *DE* 值从5%到20%，其商品规格简称为MD50、MD100、MD150、MD200等。

（一）麦芽糊精的制备

麦芽糊精生产，按照工艺流程来分，有单阶段法和双阶段法。具体如下：

单阶段法：淀粉乳+酶/酸→液化→反应至合适 *DE* 值→灭酶→中和→加硅藻土真空过滤→活性炭脱色→过滤→蒸发→喷雾干燥→包装。

双阶段法：淀粉乳+ 酶/酸→液化至较低 *DE* 值→灭酶→中和→调pH→二次酶解→灭酶→中和→加硅藻土真空过滤→活性炭脱色→过滤→蒸发→喷雾干燥→包装。

双阶段法的优点在于可以精确控制产品的 *DE* 值，因为发现液化后产品酶解时，*DE* 值与作用时间在一定范围内呈线性关系。但也有研究表明，第二阶段的高温灭酶处理会导致副反应的增加，影响产品质量；同时由于设备的增加也导致费用的增加和操作的复杂性，可能弊大于利。故采用单阶段还是双阶段法往往取决于原料的性质。一般而言，对于较易处理的淀粉原料可选用单阶段法，而对于含有蛋白质、脂肪等其它成分的粗粮则采用双阶段法。

按照作用机理来分，分为酸法、酶法或酸酶法三种。早期生产中酸法一直占据主导地位，多采用柠檬酸、盐酸等。当淀粉悬浮液在高于糊化温度下与酸一起加热时，就会迅速水解。一般操作条件为：135～150℃下处理5～8min。酸法工艺中淀粉α-1，4糖苷键和α-1，6糖苷键被随机打断，因此在生产中存在水解反应速度太快、工艺操作难以控制、过滤困难、产品溶解度低、易发生浑浊或凝沉、生产成本高等缺点，而且必须采用精制淀粉为原料。酶法生产工艺主要采用α-淀粉酶水解淀粉，具有高效、温和、专一等特点，相比酸法，更易于产生低转化率的淀粉水解产品或适合于进一步处理的淀粉液化产物，而且副反应少，易于控制。目前，国内外生产麦芽糊精均采用的是酶法工艺，具体工艺流程如下（以大米为原料）：

大米→浸泡清洗→磨浆→调浆→喷射液化→过滤除渣→脱色→真空浓缩→喷雾干燥→成品

1. 原料预处理

原料预处理包括原料筛选、计量投料、热水浸泡、淘洗去杂、粉碎磨浆等工序，具体操作同其它淀粉糖的生产相似。

2. 喷射液化

采用高温α-淀粉酶，用量为10～20U/g，米粉浆浓度30%～35%。pH值控制在6.2左右。一次喷射入口温度控制在105℃，并在层流罐中保温30min。二次喷射出口温度控制在130～135℃，液化最终*DE*值控制在10%～20%。

3. 喷雾干燥

由于麦芽糊精产品一般以固体粉末的形式应用，因此必须具备良好的溶解性，通常采用喷雾干燥的方式进行干燥。其主要参数为：进料浓度40%～50%；进料温度60～80℃；进风温度130～160℃；出风温度70～80℃；产品水分≤5%。

（二）麦芽糊精的结构与性质

作为一种淀粉降解产物，麦芽糊精含有线性和支链两种降解类型。一般认为麦芽糊精是一类D-葡萄糖的聚合物，其中每个α-D-呋喃葡萄糖残基由α-1,4糖苷键相连形成线性长链，同时也有少许α-1,6分支点形成的支链。还原端数量即为脱水α-D-葡萄糖单位数量。

任何还原糖的测定方法均可用于测定麦芽糊精的*DE*值。Lane-Eynon法是一种经典方法，也是目前广泛使用的方法。测定时需小心控制温度，最好重复两次以减少误差。由于它是一种非化学计量方法，麦芽糊精的理论*DE*值通常比测定的低。另外，该方法耗时、需配制标准溶液而且终点判断带有一定的经验性。冰点降低法可快速测定麦芽糊精的*DE*值，冰点的降低与溶液中物质的摩尔数有关，测定结果受小分子盐类影响，与蛋白质的存在无关。利用凝胶过滤色谱法对麦芽糊精中的低聚糖组分进行分级测定是目前最好的淀粉水解产物的定性定量方法。也可利用高效液相色谱进行分离。

麦芽糊精的主要性质和 *DE* 值有直接关系，因此 *DE* 值不仅表示水解程度，而且还是掌握产品特性的重要指标。全面了解麦芽糊精系列产品 *DE* 值和物性之间的关系，有助于准确地计划生产和帮助用户正确地选择应用各种麦芽糊精系列产品。表 5-15 表示了麦芽糊精的 *DE* 值与其特性之间的关系。

表 5-15　麦芽糊精转化程度与性质的关系

产品特性	低←――――→高
组织性	←――――――
褐变反应	――――――→
色素稳定性	←――――――
泡沫稳定性	←――――――
抗结晶性	←――――――
发酵性	――――――→
冰点下降性	――――――→
渗透性	――――――→
吸湿性	――――――→
黏度	←――――――
甜度	――――――→
溶解性	――――――→

麦芽糊精的水解程度越高，产品的溶解性、甜度、吸湿性、渗透性、发酵性、褐变反应及冰点下降性越大；而组织性、黏度、色素稳定性、抗结晶性越差。具体表现为：

1. *DE* 值

反映了淀粉水解程度，可以间接指示平均分子量的大小。随着水解程度的增加，各组分向分子量减小的方向移动，而 *DE* 值升高。

2. 黏度

在正常浓度下，黏度较低。溶液黏度随着 *DE* 值的降低迅速增加。当 *DE* 值为 3～5 时形成凝胶。

3. 褐变反应

含有还原糖和蛋白质的体系在加热时会发生褐变。由于麦芽糊精还原糖含量较低，其褐变反应不明显。

4. 黏结性能

随着 *DE* 值的升高，麦芽糊精的结合/黏合能力下降，这与平均分子量大小有关。*DE* 值较低的麦芽糊精，平均分子量较大，具有较强的成膜或涂抹性能。

5. 冰点降低

体系冰点与溶液中的分子数目有关。随着 *DE* 值的降低，平均分子量增加，溶液中分子数目下降，冰点降低。

6. 吸水性

指产品吸水能力。尽管随着 *DE* 值的升高麦芽糊精的吸水性能逐渐增加，但就整体而言，麦芽糊精的吸水性较低。

7. 渗透性

较低 *DE* 值的麦芽糊精，由于在水中的分子数目少，具有较低的渗透压，易透过半透膜，可作为病人营养液的碳源。

8. 防止粗结晶生成

利用低 *DE* 值的麦芽糊精可以防止冷冻食品中粗大冰晶的生成，保证产品质量。

9. 溶解性

相对于淀粉而言麦芽糊精是可溶的。随着 *DE* 值的升高，麦芽糊精的溶解度逐渐增加。

10. 甜度

随着 *DE* 值的升高，麦芽糊精的甜度也逐渐增加。由于麦芽糊精是低 *DE* 值的淀粉水解产物，其甜度都不高，接近于无味。

一般而言，当麦芽糊精的 *DE* 值在 4 %～6%时，其糖组成全部是四糖以上的较大分子。*DE* 值在 9%～12%时，其糖组成是低分子糖类的比例较少，而高分子糖类较多。因此，此类产品无甜味，不易受潮，难以褐变。在食品中使用，能提高食品的质感，并产生较强的黏性。*DE* 值在 13%～17%，其甜度较低，不易受潮，还原糖比例较低，故难以褐变，溶解性较好。用于食品中，能产生适当的黏度。*DE* 值在 18%～22%时，稍有甜味，有一定的吸潮性，还原糖比例适当，能发生褐变反应，溶解性良好，在食品中使用，不会产生提高黏度的效果，见表 5-16。

表 5-16　麦芽糊精 *DE* 值与糖成分的组成

项目	*DE* 值			
	4～8	9～12	13～17	18～22
单糖(G1)	—	0.5	1.0	1.0
二糖(G2)	—	3.5	3.5	6.0
三糖(G3)	—	6.5	7.5	8.0
四糖(G4)以上	100	89.5	88.0	85.0

麦芽糊精中的糖成分将直接影响它的甜度、黏性、吸潮性及着色性。一般而言，酶法工艺生产的麦芽糊精中糖成分组成与水解程度无关，单糖成分较少，低聚糖成分较多。而酸法麦芽糊精却不同，由于淀粉不规则地被切断，故麦芽糊精中糖成分不会随着 *DE* 值的不同而发生变化。麦芽糊精的溶解度低于砂糖和葡萄糖，但水化力较强，一旦吸收水分后，保持水分的能力较强。这是麦芽糊精很重要的一种特性，在使用中将会经常利用这一特性。麦芽糊精的黏度随着淀粉的水解程度、浓度及温度的不同而产生变化。当浓度和温度相同时，产品的 *DE* 值越低，产品的黏度越高。若产品的 *DE* 值相同，则浓度越高或温度越低，产品的黏度越高。即使同一 *DE* 值的产品，若制法不同，其糖成分的分布状态也不相同，从而引起黏度变化。

根据麦芽糊精的碘反应特性，麦芽糊精产品可分为下列几种：淀粉糊精为白色粉末，遇碘反应时呈紫蓝色，可溶于 25%酒精内，在酒精含量 40%时即沉淀，其聚合度为 30～30 以上；显红糊精，遇碘反应时呈棕红色，可溶于55%的酒精内，在酒精含量65%时即沉淀，其聚合度为7～13；清色糊精，遇碘反应时不显色，可溶于70%酒精内，其聚合度为4～6。

上述麦芽糊精系列产品都是外观呈白色的非晶状物质。综上所述，麦芽糊精的主要性状特点归纳如下：流动性良好，无淀粉和异味、异臭；几乎没有甜度和不甜；溶解性能良好，有适度的黏性；耐热性好，不易变褐；吸湿性小，不易结团；即使在浓厚状态下使用，也不会掩盖其他原有风味或香味；有很好的载体作用，是各种甜味剂、香味剂、填充剂等的优良载体；有很好的乳化作用和增稠效果；有促进产品成型和良好的改善产品组织结构的特点；成膜性能好，既能防止产品变形又能改善产品外观；极易被人体消化吸收，特别适宜作为病人和婴幼儿食品的基础原料；对食品饮料的泡沫有良好的稳定效果；有良好的耐酸和耐盐性能；有抑制结晶性糖晶体析出的作用，有显著的“抗砂”“抗烊”作用和功能；低*DE*值麦芽糊精遇水易生成凝胶，其口感与油脂相似，因此可以用于油脂含量较高的食品中。

（三）麦芽糊精的主要用途

1. 在食品工业中的应用

麦芽糊精在食品中有多用途，除作为高甜度新糖源的填充料外，还有增稠、保水、乳化等作用。

添加到糖果中可增加其韧性，防止烊化返砂和粘纸现象，尤其能降低糖果甜度，改变口感，改善组织结构，大大延长了糖果的货架保存期。在发达国家利用麦芽糊精代替蔗糖制糖果，可减少牙病、肥胖症、高血压、糖尿病等。

用作固体饮料、汤料的填充剂和分散剂。能保持其香味的持久，保持风味质量长期不变，增加可口性、耐久性，加速固体饮料组分的溶化速度，并突出其他原料独有的风味。

在冷冻食品中，麦芽糊精可作为被膜剂使用，可以避免过早熔化，减少水分的蒸发，并能使冷冻食品（如冰淇淋、雪糕）的组织细腻、口感理想，无冰晶，是冰淇淋理想的乳化剂、稳定剂。

低*DE*值麦芽糊精添加到高脂类食品中，如鲜奶油蛋糕，代替部分油脂，降低食品热量，同时不影响口感。

在饼干类或脆性类糕点中加入适量的麦芽糊精，可以增强产品的松脆性，可以推迟软化或潮解的时间。

在面包生产中，麦芽糊精可促使油与水的乳化结合，增加面包的弹性，提高保鲜性能，延长面包货架寿命。在蛋糕制作中，麦芽糊精能使脆弱的泡沫增强弹性或韧性，提高蛋糕浆泡沫的持久性，使蛋糕的松散性和弹性增强。

用麦芽糊精代替蔗糖、葡萄糖和其他糖类，生产的各种浓缩型果汁，黏度适宜、甜味温和，且具有对人体肠壁的渗透性，有利于人体的吸收。

麦芽糊精还可作为维生素的增量剂、香辛料的载体和酶制剂的酶活性调整物等。

2. 在造纸工业中的应用

麦芽糊精具有较高的流动性及较强的黏合力，利用上述特性，在国外已将其应用于造纸行业中，作表面施胶剂和涂布涂料的黏合剂。国内有的造纸厂已将其应用于铜版纸的生产上。据多次使用的结果表明：麦芽糊精对浆种没有选择性，流动性能好，透明度强，用于表面施胶时，不但吸附在纸面纤维上，同时也向纸内渗透，提高纤维间的黏合力，改善外观及物理性能。

3. 在其他行业中的应用

根据麦芽糊精独特的功能，它的应用范围还不限于上述领域内。由于它的分子量低，乳化稳定性强，用于粉末化妆品中作为遮盖剂和吸附剂，对增加皮肤的光泽和弹性、保护皮肤有较好的功效。在各种溶剂和粉剂的农药生产上，可利用其较好的分散性和适宜的乳化稳定性。还可利用其较高的溶解度和一定的黏合度，在制药行业中作为片剂或冲剂的赋形剂和填充剂，这是原淀粉或羧甲基纤维素钠所不可比拟的（主要从性能及价格两方面考虑）。它还可用于某些领域以降低成本，如在牙膏生产上代替部分 CMC 作为增稠剂和稳定剂。

综上所述，麦芽糊精作为一种新产品，一种新型的淀粉衍生物，生产麦芽糊精作为一种投资少、取效显著的粮食深加工项目，有着广阔的发展前景和市场前景，有着显著的经济效益和社会效益。因此，麦芽糊精的生产、开发、应用必将形成一个新的投资热点。

三、难消化糊精

难消化糊精是一种低热量葡聚糖，由淀粉加工而成，属低分子水溶性膳食纤维。根据膳食纤维含量不同，难消化糊精分为Ⅰ型和Ⅱ型两种。由于其含有抗人体消化酶（如胰淀粉酶、葡萄糖淀粉酶等）作用的难消化成分，在消化道里不会被消化吸收，可直接进入大肠。因此它是一种低热量食品原料，可作为膳食纤维发挥各种生理功能。在日本，松谷化学工业株式会社开发出了难消化糊精（商品名 Fibersol-2），并取得了日本政府特定保健用食品原料的认定。

（一）制备方法

难消化性糊精，是各种淀粉在盐酸存在下，粉末状态在 130～180℃的高温下加热分解，变成焙烧糊精。把焙烧糊精溶解在水中，和普通糊精一样经过 α-淀粉酶的水解，再通过活性炭的脱色、离子交换树脂的脱盐精制，液体色谱分离装置的分离，最后经过喷雾干燥等工艺制成（难消化性物质含量 85%～95%）。

生产工艺流程如下：

淀粉→加酸热解→酶水解→脱色→离子交换→浓缩→喷雾干燥→Ⅰ型难消化糊精→酶水解→色谱柱分离→Ⅱ型难消化糊精

在难消化糊精生产过程中淀粉热解方式（加酸量、加酸方式、热解温度、热解时间及热解压力）和酶处理方式（酶配方、加酶比、pH、温度和处理时间）是影响难消化糊精产量和质量的主要因素。难消化糊精的生产关键在于淀粉热解、酶水解以及喷雾干燥等过程。

生成的难消化糊精具有复杂的分支结构，它们是淀粉在加热分解过程中所含的还原性葡萄糖端基发生分子内脱水或被解离的葡萄糖残基转移到任意羟基上形成的。另外，难消化糊精中具有 α-1，2 和 α-1，3 键合的葡萄糖苷结构，并在部分还原末端上有分子内脱水的缩葡聚糖和 β-1，6 结构存在，除直链部分外，还有许多不规则结构，如图 5-27 所示。

（二）性质

难消化糊精为白色或淡黄色粉末，略有甜味，无异味。溶于冷水，不溶于乙醇，在水中

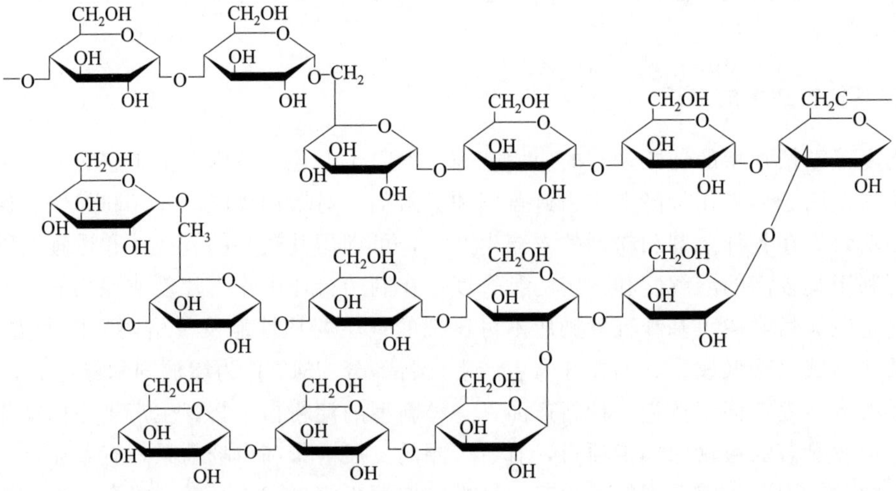

图 5-27　Fibersol-2 的分子结构

溶解性好。10%水溶液为透明或淡黄色，pH3.0～5.0。难消化糊精的水溶液黏度很低，其水溶液黏度值随剪切速率和温度变化而引起的变化很小。难消化糊精耐热、耐酸及耐冷冻性好，热量较低。

其中，Fibersol-2 与其他淀粉分解物一样，易溶于水、无异味、甜度低（为蔗糖甜度的 1/10），但分支构造发达，不易老化，耐冷冻冷藏，其水溶液长时间不产生沉淀，渗透压、冰点等方面的特性与同一 *DE* 值（10～12）的麦芽糊精特性大体一致。表 5-17 为 Fibersol-2 的基本特性。

表 5-17　Fibersol-2 的基本特性

项目	参数	项目	参数
热量值	1.0kcal/g	透明性	100%
平均分子量	1600～2000	耐酸性	无变化
甜度	砂糖的 10%	耐褐性	比饴糖低
黏度	10mPa·s(30%溶液)	耐高温,高压性	无变化
溶解度	70g/30mL	耐冷冻性	无变化(冰冻、解冻 3 次循环)
冰点	−0.3℃(20%溶液)		

由 Fibersol-2 的分子构造可知其不易被各种淀粉酶分解。首先不被口腔内的唾液淀粉酶分解，也不被龋齿菌利用。即使是胃酸、胰淀粉酶、小肠黏膜酶等也不能分解、吸收 Fibersol-2。由于在上部消化道内不受分解，故分类为膳食纤维，而且归类为低分子量水溶性膳食纤维。经过动物试验及试管试验证实，Fibersol-2 的热量值为 0.5～1.4cal/g。难消化糊精具有如下生理学功能：其摄入人体后，在上消化道中可减缓糖类的吸收和饭后血糖的上升，并可阻止胆汁酸进入肠肝循环，从而降低血清胆固醇浓度。难消化糊精进入下消化道后，通过机械式刺激，促进肠道蠕动，并可改善肠内菌群的状态，有利于形成短链脂肪酸等发酵产物，从而起到整肠的作用。

（三）应用

Fibersol-2 由于具有溶解性高、黏性低的特点，可像砂糖、食盐一样易于添加到食品中，而不影响食品原有的口感，能改善添加膳食纤维引起的问题，因此作为营养强化剂得到广泛应用。Fibersol-2 的低黏性、低甜度、耐酸、耐高温的特点，非常适合于应用到饮料中，如碳酸饮料、果汁饮料、乳酸饮料、茶饮料等。在点心甜食等方面也有广泛的应用。并且由于热量低，可代替砂糖或脂肪来制备低热量食品或低脂肪食品，是理想的功能性食品基料。

1. 利用 Fibersol-2 基本特性的食品

（1）在饮料方面的应用

① 改善口感。高甜度甜味剂有一种特有的不愉快后味，而添加了 Fibersol-2 后，可改善口感。图 5-28 是高甜度甜味剂（5%蔗糖）溶液里添加了 0.5%的 Fibersol-2 后的口感改善图，具有良好的后味爽口度、丰富的浓厚口感及柔和的甜度。甜味达到最大值的时间提前，味质由后甜味变成前甜味。因此，添加了 Fibersol-2 既可以不提高热量值，又可以使口感细腻。

② 强化膳食纤维饮料。Fibersol-2 的膳食纤维含量为 90%，根据日本厚生劳动省的营养标准：平均每 100mL 含有 1.5g 膳食纤维时，可注册为含有膳食纤维饮料，平均每 100mL 含有 3.0g 膳食纤维时，可以注册为食物纤维强化饮料，达到上述标准时 Fibersol-2 添加量分别为 1.7g 和 3.4g。

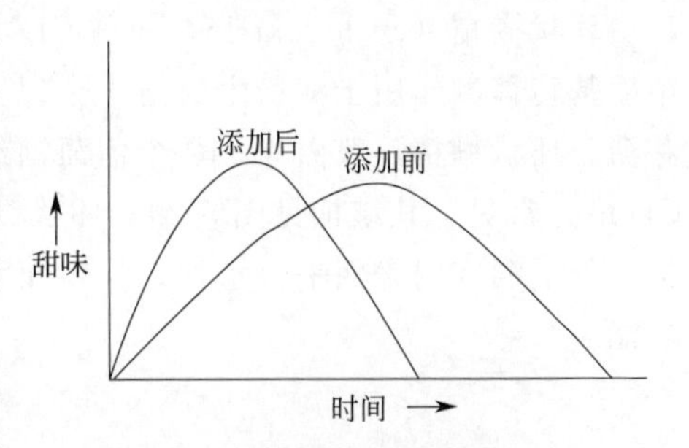

图 5-28　高甜度甜味剂的甜味改善

③ 酒精饮料上的应用。普通啤酒中的酒精及糖类是肥胖的原因之一。而利用 Fibersol-2 不容易被酵母发酵利用的特性可生产低热量啤酒。为了降低啤酒的热量，在酿造原料中添入 Fibersol-2，既给啤酒带来浓厚感，又能使泡沫醇香细腻、保持时间长。

（2）作为膳食纤维原料的应用　当前普遍使用的膳食纤维多为不溶性膳食纤维，即使已使用的可溶性膳食纤维也大多是天然树胶等高黏性物质。因此，若将这些物质用于食品中会遇到消费者嗜好性、食品加工方面的许多问题。例如使食品的口感或咀嚼感恶化，给人们造成口感上的不适，降低产品的感官品质。由于这类物质黏度高，其吸水性和黏性又给食品加工造成困难。与砂糖或全糖粉有着同样粉状特性和加工适应性的低黏度水溶性食物纤维 Fibersol-2 基本满足上述所要求的特性且使用方便。这种膳食纤维黏度和甜度均比较低，还具有耐酸、耐热性，可用于点心、面包等焙烤制品，凉点、小吃等小食品，果汁、碳酸饮料、酒类等饮品中。另外也能方便地添加到汤、蛋黄油、调味汁、肉类加工品和水产加工品中。

（3）Fibersol-2 在乳制品中的应用　由于 Fibersol-2 与脂肪有相似的口感，热量低，也可作为与乳制品风味匹配的低热量原料来使用。例如，可替换一部分砂糖或脂肪来调制低热量冰淇淋、低脂肪型酸奶饮料等。同时，其又具有耐酸、耐高温等特性，故使用范围相当广泛。Fibersol-2 作为增加肠内有用微生物的一种有效配料，在益生菌食品、酸奶等乳制品中的应用，将会产生协同增效作用。

2. 利用 Fibersol-2 生理功能的食品

（1）在特定保健食品上的应用　由于 Fibersol-2 具有整肠、抑制血糖值上升、降低血清胆固醇、降低中性脂肪的功能，到 2002 年 9 月 30 日为止，日本厚生劳动省认定的特定保健用食品有14%是使用Fibersol-2的商品（共45种）。大体使用量为，整肠作用每日或每餐食用3～10g，抑制血糖上升和降低血清胆固醇。除整肠作用之外，最好与食物一起摄取，而且消费者能够长期食用（短期见效不大）。

（2）在能量持续型运动饮料中的应用　运用Fibersol-2的调节血糖效果（抑制胰岛素分泌），并用高纯度麦芽糊精可开发运动饮料。麦芽糊精能被迅速吸收，Fibersol-2能抑制血糖值上升，两者合用可提高脂肪燃烧效率，延长持久力。

（3）在低热量食品中的应用　一般糖类物质热量高达4cal/g，各种糖发酵后产生的酒精的热量高达2cal/g，而难消化糊精的热量只有1cal/g。因此可作为低热量添加剂使用。还可用于含有强甜味剂（如甜菊糖苷、阿斯巴甜等）的低热量食品中，添加后能改善产品风味或使风味增浓。

四、环状糊精

环状糊精（cyclodextrin，简称CD），又称为环聚葡萄糖、Schardinger糊精等，是环糊精糖基转移酶作用于淀粉生成由6个以上葡萄糖通过α-1，4糖苷键连接而成的环状低聚麦芽糖。环状糊精一般由6～12个葡萄糖组成，其中以含6～8个葡萄糖的α-CD、β-CD和γ-CD最为常见，其结构见图5-29。环状糊精分子结构是由脱水葡萄糖单位组成的分子洞穴结构，分子洞穴内表面呈疏水性，外表面呈亲水性，因此其分子空腔具有包接客体分子的独特功能。

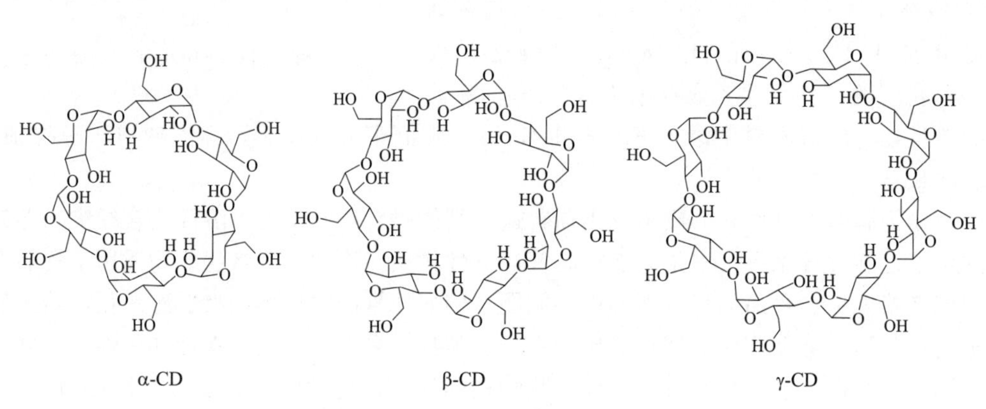

图5-29　三种主要环状糊精的化学结构

（一）生产

关于环状糊精的生产方法已有很多报道，但都为酶法生产，化学合成的方法价格很高，到目前还未见过这方面的报道。当前日本在环状糊精的生产与应用方面处于世界领先水平，是国际市场环状糊精的主要出口国。催化淀粉水解成环状糊精的环糊精糖基转移酶（CGTase）是一种有几种催化功能的多糖合成酶，可从多种微生物中获得，但目前常用于工业化生产的菌种一般只有软腐芽孢杆菌、嗜碱芽孢杆菌、嗜脂芽孢杆菌等少数几种。环状糊精的生产过程通常包括以下三个主要阶段：制备生产环状糊精的CGTase，利用该酶将淀粉糊水解产生环状糊精，环状糊精的提取和精制。制备环状糊精的底物原料包括玉米淀粉、木薯淀粉和马铃薯淀粉等，不同原料的环状糊精收率不同。

1. CGTase 制备

环糊精糖基转移酶（CGTase，E. C. 2.4.1.19）通过催化环化、偶联和歧化反应来降解淀粉（见图 5-30），其主要作用是将淀粉、糖原、麦芽低聚糖通过环化反应生成环状糊精。制备 CGTase 的培养基和培养条件因菌种而异。软腐芽孢杆菌的产酶培养基为玉米浆 1%、可溶性淀粉 1%、$(NH_4)_2SO_4$ 0.1%、$CaCO_3$ 0.3%，用豆油作消泡剂，pH5.0～6.0，37℃培养 70h，主要产物是 α-CD；巨大芽孢杆菌的培养基以麦皮 1%、蛋白胨 1%、玉米浆 1%、可溶性淀粉 4%、酵母膏 0.5%，37℃振荡培养 70h，主要产物为 β-CD。嗜碱芽孢杆菌培养基：玉米淀粉 1%，酵母膏 0.1%，玉米浆 5%，K_2HPO_4 0.1%，$Mg_2SO_4 \cdot 7H_2O$ 0.02%、Na_2CO_3 1%。30℃振荡培养 40h，主要产物为 γ-CD。

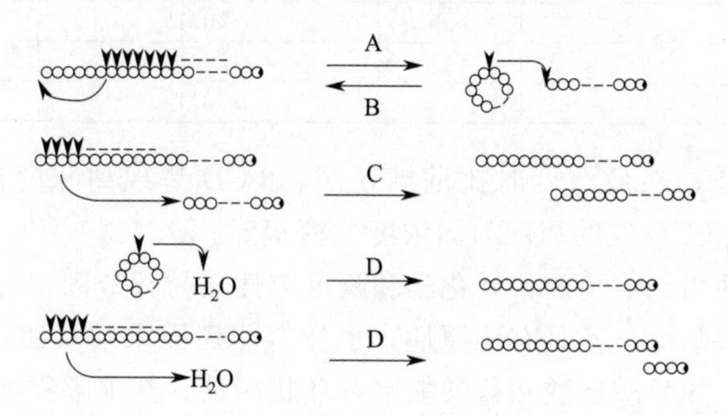

图 5-30 CGTase 的作用方式图

○—葡萄糖残基；◑—有还原末端的葡萄糖残基；▼—CGTasc 对 a-1，4-糖苷键的作用；
A—催化环化作用；B—偶联作用；C—歧化作用；D—水解作用

2. 淀粉的转化

将 15%左右的淀粉悬浮液于 85～90℃糊化 30min，冷却至酶反应温度，将糊化淀粉溶液调到酶反应的最适 pH 后，再加入 CGTase 进行酶反应，然后升温至 100℃使酶失活，再冷却至 80℃，调 pH 值至 6，用葡萄糖淀粉酶将未转化的淀粉水解成麦芽糖和葡萄糖。

3. 环状糊精的分离

水解液经活性炭和离子交换树脂处理后，减压浓缩至原体积的 50%左右，低温放置，纯度大于 98%的 β-CD 首先结晶出来，分离 β-CD 后的母液经离子交换树脂和凝胶过滤，分离出其中的 α-CD 和 γ-CD。

（二）环状糊精的性质

环状糊精是由多个 D-吡喃葡萄糖单元环状排列而成的一组低聚糖的总称。由 6 个、7 个和 8 个 1，4-α-D-糖苷键连接的吡喃葡萄糖残基分别称为 α-CD、β-CD 和 γ-CD。这三种环状糊精的结构相似，但性质却存在差异，其主要物理性质如表 5-18 所示。三种环状糊精均为白色晶体，其中 β-CD 的溶解度最低，易从水溶液中结晶提纯。环状糊精在水中的溶解度随温度上升而增高，在一般有机溶剂中不溶解，并且其结晶体无一定的熔点，加热到 200℃以上开始分解。

表 5-18　环状糊精的理化性质

理化性质	α-CD	β-CD	γ-CD
葡萄糖残基数	6	7	8
分子量	973	1135	1297
空腔内径/Å	5～6	7～8	9～10
空腔长度/Å	7～8	7～8	7～8
空腔体积/$Å^3$	176	346	510
结晶形状	六角片	单斜晶	方片或长方柱
结晶水/%	10.2	13.2～14.5	8.13～17.7
旋光度($[\alpha]_D^{25}$)	+15.5	+162.5	+177.4
与碘显色	紫	黄	褐
溶解度/(g/100mL)(25℃)			
水	14.5	1.85	23.5
甲醇	<0.1	<0.1	<0.1
乙醇	<0.1	<0.1	<0.1
丙醇	<0.1	<0.1	<0.1

环状糊精具有甜味，在低浓度时比蔗糖还甜，β-CD 呈现甜味的最低浓度为 0.039%，蔗糖是 0.27%。0.5%β-CD 液的甜度与同浓度蔗糖相等。

环状糊精的化学性质相当稳定，其化学和酶反应性质与开链糊精有本质的差别，因为环状糊精没有还原性末端基团，不具有还原性，也没有非还原末端基团，除非环状糊精水解，不涉及还原糖的反应。如强酸硫酸和盐酸能水解环状糊精，其水解程度取决于酸的浓度和反应温度。弱有机酸如乙酸不能水解环状糊精。在食品的正常 pH 范围内，CD 不能被水解。α-淀粉酶属于内酶，能水解开链糊精分子内部的糖苷键，不需要末端基团，所以也能水解环状糊精，但水解速度很慢。其水解率取决于酶的来源，一些酶比另一些酶更能开环，如真菌淀粉酶一般比细菌淀粉酶更能水解环状糊精。而与客体形成复合物的环状糊精比未复合的环状糊精更能抗酶的水解。β-CD 能抗唾液淀粉酶的水解，因此在口腔中不能检测到它的水解。有的淀粉酶也不能水解环状糊精，例如 β-淀粉酶属于外酶，水解方式是由开链糊精分子的非还原末端基开始，却不能水解环状糊精，环状糊精也不能被酵母和其它微生物发酵。

环状糊精属于环状分子，具有“外亲水，内疏水”的特殊环形立体结构（见图 5-31）。因此，环状糊精这种结构特征能使环状糊精与各种固体、液体和气体化合物形成晶体包合物（见图 5-32）。若化合物分子大小适当，能被环状糊精洞穴包埋在内，就得到包络化合物；而较大分子不能被全部包埋在洞内，分子的一部分在洞内，其余部分在洞外，这种反应称为包接反应，所得产物称为包接化合物。在包接化合物中，被包接化合物分子常被称为客体分子，环状糊精分子称为主体分子。由于其这种构造上的特异性，使环状糊精分子很容易用它内部的中空结构包覆各种较小的分子，形成包接化合物，并可由范德华力和氢键的作用而提高包接化合物的稳定性。同时，环状糊精的分子结构决定了它特有的表面活性，其内部呈疏水性，外部呈亲水性，这种独特的结构性质，使环状糊精具有嵌入各种有机化合物，从而形成稳定络合物的独特包接作用。亲水性较差的化合物和化合物的基团能包络在环状糊精分子的空腔里。包络的原则主要决定于环状糊精空腔的尺寸，其推动力是把水分子置换出来。这种置换方式降低了环状糊精环上的应力，属于非极性-非极性的缔合，从而产生更稳定的低能级。包络的其它因素还包括客体分子的电荷或极性以及在介质中分子的竞争，这种包络复合物相对来说比较稳定，容易从溶液中以晶体的形式分离。

大量的动物实验研究表明，环状糊精口服后安全无毒。由于其特殊的结构，其性质与淀

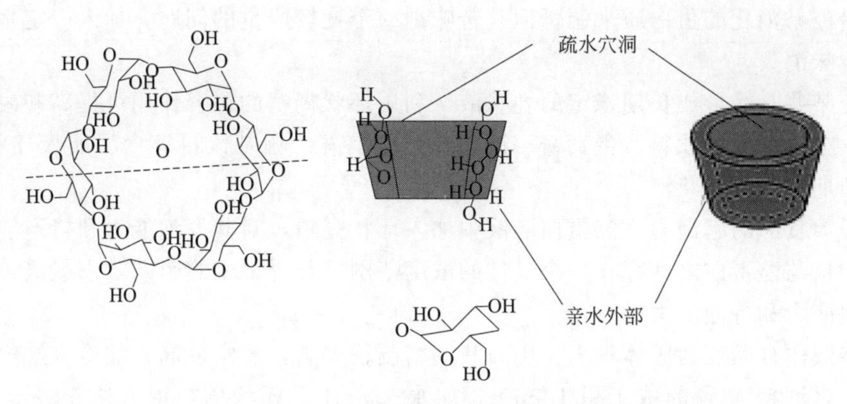

图 5-31　环状糊精的立体结构示意

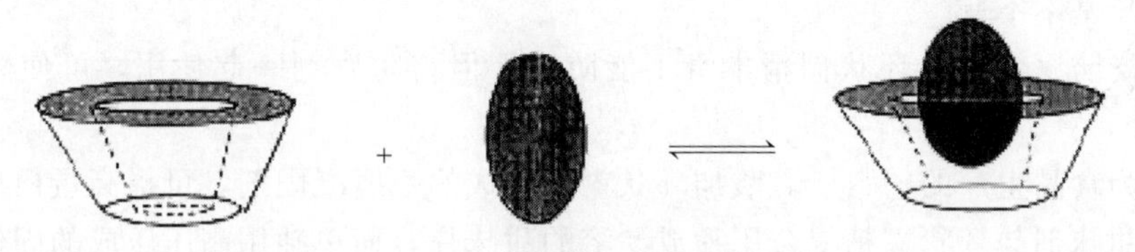

图 5-32　环状糊精复合物形成示意

粉和蔗糖相比有很大的差异，虽已被若干国家食品和医药法规批准使用，但制定了严格的质量规格。环状糊精在人和动物胃肠道中被直接吸收的量很少，主要是在结肠中被微生物菌丛分解成开链麦芽糊精、麦芽糖和葡萄糖，以后的代谢和吸收与淀粉这类碳水化合物相同，最后转变成二氧化碳和水。三种环状糊精的代谢速度比较：α-CD 较 β-CD 慢，γ-CD 较 β-CD 快得多。

（三）环状糊精的用途

由于环状糊精的特殊结构可形成复合物的包接或包络能力，在食品、化妆品、制药和农化工业上已有许多实际的应用。分子包络能改变客体化合物的物理或化学性质，提供一些非常有用的功能。这些功能包括保护活性成分，抗氧化、光、热和挥发；掩盖、降低或清除不喜欢的成分，如讨厌的气味或味道；稳定农药、颜料、染料、风味、维生素或乳剂；增加农药和化学品的溶解性；把气体和液体粉末化；改变化学反应性等。具体如下：

1. 在食品工业中的用途

（1）稳定食品中的某些成分　防止其挥发、抗氧化、抗光和热分解、保护色素、防潮解、保湿等。食品中的香精易挥发，易受空气、日光氧化分解，用环状糊精包接香精后，再与动物油或植物油混合，能在高温条件下保持稳定，用在罐头食品、烘烤食品、速溶饮料等的制造和储藏过程中，这样食品的香味就可保持较长时间；同样，环状糊精与食品中的色素形成包合物后，也可使食品的颜色保持长久而减缓褪色。

（2）除去食品中的不良气味和苦涩味　环状糊精除去食品中的不良气味和苦涩味的效果也比较显著。生鱼、咸鱼和其它海产品、羊肉和其它肉类、动物内脏、乳制品、大豆制品等用环状糊精处理后能消除异味。蔬菜加工中存在的特殊异味也可用环状糊精除去。补钙用的骨粉存在不愉快的气味，加少量 β-CD 和少许水，60℃搅拌 25min，可消除上述气味。干酪素水解物是极易消化的蛋白质来源，但其苦味是一个比较严重的问题，加入一定量的环状糊精后，其苦味消失。

（3）使某些食品形成长期稳定的乳状液　利用环状糊精的包合作用可提高和改善食品的组织结构。含油量高的饮料、蛋黄酱、调味汁、冰淇淋、咖啡饮料等食品加入环状糊精后，可以形成长期稳定的乳状液。

（4）增大食品的起泡力　酪蛋白溶液中加入环状糊精，对其发泡能力和持泡能力均有改善，环状糊精与酪蛋白之间存在一个最佳的浓度范围，并受 pH 的影响，一般高 pH 有利于改善其发泡能力和持泡能力。

（5）将液体食品变为固体粉末　用环状糊精制粉末酒，稳定性高，加冷水溶解与原来酒风味相同。含酒精 43%的威士忌 100mL，加水 188mL、环状糊精混合浆 143mL，混合搅拌，喷雾干燥得粉末酒，取 1g 粉末酒，溶于 10mL 冷水中，得威士忌酒。这种粉末酒能长期储存，风味基本不变。

（6）提高防腐效果　环状糊精本身不能防腐，但与防腐剂一起使用，可使防腐剂长期有效。

（7）作为食品生产的辅料　乳酸加环状糊精制成的豆腐凝固剂，可提高蛋白质胶体组织结构。各种甜味剂与环状糊精混合压片成易溶的甜味片，而单独用高压压成的固体甜味剂则难溶于水。环状糊精同其它原料聚合成高分子化合物可作为卷烟工业过滤嘴原料使用。

食品生产不需要精制的环状糊精，环状糊精饴糖就能满足要求，可省去精制的费用，同时对于精制过程中不易提取的 α-CD、γ-CD 也能起包合作用，因此成本大大降低。

2. 在医药工业中的用途

（1）增加药物的稳定性　有的药物具有爆炸性，如硝酸甘油用环状糊精包接后，其络合物就不具爆炸性，操作也安全。用这种络合物制成口服药片，稳定性更好，疗效也好。

（2）提高药物的溶解度　异羟基洋地黄毒苷用环状糊精包接后，其溶解度增高 200 倍。

（3）控制药物的释放速度　口服制剂需要根据其治疗目的和药理活性控制其释放的时间和速率。止痛剂、退热剂、心血管类药物等一般是在紧急情况下使用，需制成速释制剂，这就需要用亲水性的环状糊精与之形成包合物。而水溶性、生物半衰期短的药物应制成缓释制剂，如吗多明、布比卡因等药物，从而增加其药效。

（4）降低药物的刺激性　匹罗卡品前药治疗青光眼引起的眼内压升高效果很好，但由于对眼部的刺激性强在临床上无法应用。用环状糊精包接，可降低药物对眼部的刺激，并不影响疗效。

（5）掩盖苦味和异臭　大蒜精油具有抗菌消炎、降血脂、降低血小板凝聚、减少冠状动脉粥样硬化斑块的形成及抗肿瘤等作用，但有特殊的臭味，用环状糊精可除去臭味。

（6）作为药物的载体。

（7）通过包络改变药物的性质　CD 既能在水溶液中也能在固体状态下用其疏水性的空腔将客体分子包合成包合物，从而导致客体分子物理、化学、生物学等性质的改变。

3. 在化学工业中

（1）用作化妆品等成分的乳化剂、稳定剂　在化妆品中应用 CD 可保持香味，减轻对皮肤的刺激。将环状糊精应用于护肤产品，由于空心的环状糊精与皮肤中的多不饱和脂肪酸形成包覆复合物，防止了它的进一步氧化，抑制自由基的产生，减少皮肤感染与发炎的可能性，从而有效地抑制粉刺、痤疮的产生。

（2）能催化有机合成反应　CD能催化有机合成反应，并且增强反应的选择性，尤其是CD衍生物是当前研究的热点，它可以进行分子识别，模拟生物酶催化反应。通过对CD进行修饰常常能改变其催化反应的选择性。

（3）用于印染、卷烟、照相及芳香制品。

4. 在分析化学中的用途

环状糊精具有协同增敏、荧光增强、对映体拆分作用，在测量痕量金属、传感器、糊精诱导室温磷光法中有其广泛的应用。环状糊精与离子表面活性剂对显色反应具有协同增敏作用；环状糊精的手性内腔早已引起人们的注意，并成功地应用在对映体化合物的手性拆分、模拟酶反应和选择性催化反应等领域。用烷基化三氟乙酰化的β-CD作手性固定相（DP-TFA-β-CD），并把它与普通聚硅烷OV-7混合制备了柱效高、热稳定性好的手性石英毛细管柱；环状糊精在传感器的应用研究也在进一步扩大，基于其简单、快速、实时等特点，被广泛应用于临床、环境等领域。

环状糊精具有影响有色分子的吸收光谱，对显色反应有增敏、增溶和增稳作用，并且可利用CD及其衍生物对手性分子的识别作用，近年来已逐渐用于各类色谱分析和光谱分析中。

5. 在环保方面的用途

由于环状糊精存在疏水的内腔和亲水的外缘，而且能与许多有机物形成包合物，环保工作者将CD的这一特性用来处理弱极性有机污染物。如环状糊精对三氯乙烯、氯苯、萘、蒽和DDT五种弱极性有机污染物具有增溶作用。在γ-CD溶液中添加1%体积的环戊醇可以使γ-CD对多环芳烃的增溶倍数增加数倍至数十倍，亲水性的环状糊精能完全溶于水，不会在土壤等介质中滞留造成二次污染，另外，环状糊精还能促进弱极性有机物的生物降解。

用环状糊精及其衍生物的水溶液从污染土壤中萃取有机污染物，然后利用微生物进行降解，该方法可用来清除土壤中的多环芳烃、酚类、苯胺类、呋喃类、二噁英类、联苯酚类，以及有机染料等多种污染物。

通过对环状糊精进行适当的修饰，在环状糊精分子上连接不同的活性基团后，还可以用来去除土壤中的重金属。这种方法用来处理同时含有有机污染物和重金属的所谓复合污染物特别有效。环状糊精及其衍生物可作为含油或有机物污水的处理剂。从混合气体中，用它还可以回收有机溶剂。

6. 在农业方面的用途

（1）作为植物生长调节剂。

（2）提高难溶性农药的溶解速度和溶解度　如农药浓度增高，生物药效增高，则降低药物用量仍能获得相同效果，同时可保护环境。挥发性高的液体或固体经环状糊精包接后能提高稳定性，减少挥发损失。许多农药具有臭味，经包接后能除去不快味道，但不影响药效，并可增强其对光和热的稳定性、掩盖臭味，长期保持杀虫效果。

五、大环糊精

目前工业中所用的环状糊精主要是α-CD、β-CD和γ-CD及其衍生物，尤其以β-环状糊精应用最为广泛，因而人们认为环状糊精常指α-CD、β-CD和γ-CD。为了区别于上述环状糊精，大环糊精是指聚合度从9到几百不等的环状葡聚糖。目前大环糊精的英文名称比较多，其专业术语有环状淀粉（cycloamyloses）、大环-环状糊精（large-ring cyclodextrins）和大环糊精（large cyclodextrins）。现在比较通用的表示方式是缩写为CD_n，其中CD意为cyclodextrin，n代表聚合度，比如聚合度为20的大环糊精可以称为CD_{20}。

（一）大环糊精的制备与纯化

很久以来科学家都认为D-酶（包括麦芽糖转糖基酶）催化的是分子间的转糖基，1996年Takaha等的研究表明，D-酶不仅能够催化分子间的转糖基，而且可以催化分子内的转糖基，当催化分子内的转糖基时，发生环化反应，生成环状α-1，4-葡聚糖，亦即大环糊精，其聚合度从17到几百不等。该研究小组于1998年再次证实D-酶作用于支链淀粉也能进行分子内糖基转移而发生环化反应。由于麦芽糖转糖基酶和D-酶的结构和催化相似性，用麦芽糖转糖基酶作用于淀粉，也可催化淀粉糖基的分子内转移生成大环糊精。Terada等利用从*Thermus aquaticus* ATCC 33923克隆的麦芽糖转糖基酶基因，在*E. coli*中表达获得的麦芽糖转糖基酶作用于直链淀粉，证实麦芽糖转糖基酶同样可以像D-酶一样催化分子内的糖基转移形成大环糊精。

从近10年的研究成果看，并不是只有CGT酶（E. C. 2. 4. 1. 19）能催化糖基的分子内转移形成环状糊精，麦芽糖转糖基酶和D-酶也能催化淀粉形成环状糊精，甚至可以认为所有的4-α-糖基转移酶（4-α-glucanotransferase）都能催化分子内的糖基转移而使淀粉环化。同时，也不是只有麦芽糖转糖基酶和D-酶能催化淀粉形成大环糊精，许多研究证实CGT酶在一定条件下也能够催化淀粉生产大环糊精，其在催化淀粉成环状糊精时，刚开始形成大环糊精，聚合度一般为50左右，但随着反应的进行，环状糊精的分子越来越小，不同的CGT酶所催化形成的最终产物聚合度不同。Terada等研究了来自*Bacillus* sp. A2-5a的CGT酶，发现其在作用直链淀粉时，可以形成聚合度9～60的大环糊精。在反应的开始阶段，大环糊精的聚合度较大，随着反应时间延长，聚合度变小，最终产物主要是β-环状糊精。而来自*Bacillus macerans*的CGT酶反应的最初阶段也能生产大环糊精，其最终产物是α-CD。此外，Takata等用来自*Bacillus stearothermophilus*的分支酶（E. C. 2. 4. 1. 18）分别作用直链淀粉和支链淀粉，也制备出大环糊精。Yanase等应用从*Saccharomyces cerevisiae*获得的GDE酶（Glycogen debranching enzyme，E. C. 2. 4. 1. 25/E. C. 3. 2. 1. 33）不仅作用于直链淀粉形成大环糊精，其聚合度从11～50不等，而且作用于支链淀粉也可以有效形成大环糊精。不同的转移酶催化形成的大环糊精的最小聚合度以及聚合度分布不同。由此可见，可以通过一系列4-α-糖基转移酶，如CGT酶、D-酶（或麦芽糖转糖基）、GDE酶或分支酶作用于淀粉制备聚合度从9到几百不等的大环糊精。

大环糊精的分离不像α-CD、β-CD和γ-CD分离那么简单。从现有的研究成果看，比较成功的分离方法是通过淀粉酶类（如葡萄糖淀粉酶和支链淀粉酶）将未成环的糊精降解成极限糊精或葡萄糖，并通过酵母消耗这些糊精或葡萄糖，然后再通过有机溶剂沉淀去除α-CD、β-CD和γ-CD，剩下的就是聚合度不等的大环糊精。如果要进一步分离这些大环糊精，常常采用不同的色谱技术，高效离子色谱（HPAEC）是常用的方法。Endo 等分别于 1997 年和 1998 年应用高效离子色谱（HPAEC）分离纯化了聚合度 10～21 的大环糊精。尽管在大环糊精的分离方面已经取得了一定的研究成果，由于其处理量小、分离成本高等因素，目前仍处于实验室研究阶段，离工业应用尚有一定的距离。但是，如果只是需要大环糊精混合物而不是特定聚合度的单个大环糊精，则用适当的淀粉酶类和酵母处理酶反应混合物即可，其分离成本将大为降低。

（二）大环糊精的结构

大环糊精一般认为是聚合度大于 9 的环状葡聚糖，聚合度较小的大环糊精都形成一个独立的环，立体结构为一圆筒，但是，当聚合度较大时，形成的环比较复杂。聚合度不同，所形成的环的大小和结构也不同。目前尚不清楚当聚合度上升到多少时大环糊精具有两个环状疏水内腔，但知道聚合度小于 14 时具有一个较大的疏水内腔，聚合度为 26 时折叠成“8”字形状，具有两个疏水内腔（见图 5-33、图 5-34）。然而，即使是同样一个疏水内腔，其结构和性质差异也非常大，对客体分子也会具有不同的俘获能力，这正是大环糊精的奇异之处。

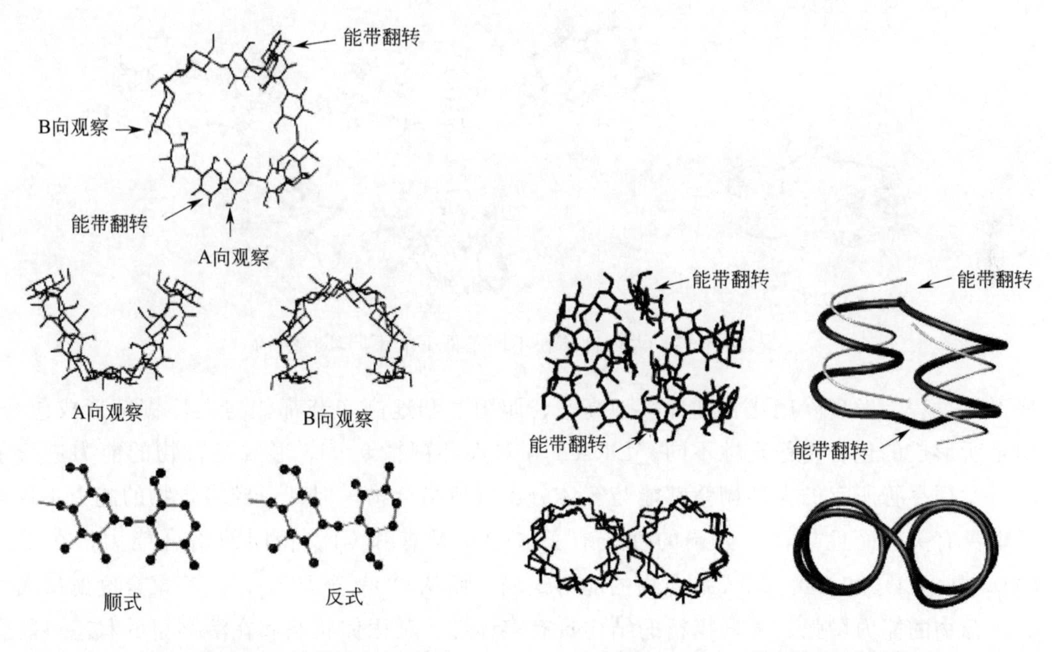

图 5-33 CD_{14} 糊精环状结构模型图　　图 5-34 CD_{26} 糊精环状结构模型图

此外，大环糊精的环状结构并不是稳定的，具有不稳定性和多变性，其环状结构不仅可以随着客体分子而且可以随着溶剂的变化而发生改变。图 5-35 即是聚合度同为 14、21、26、28 的大环糊精在不同条件下所具有的不同环状结构。目前对大环糊精的环状结构研究仍处于初级阶段，其功能、结构和作用了解得还不是很清楚，有待于进一步研究。

（三）大环糊精的性质

大环糊精所形成的疏水通道类似于直链淀粉的 V-类型螺旋结构。Tomono 等同时研究了大环糊精及 α-CD、β-CD 和 γ-CD 及地高辛、胆固醇、地高辛苷和硝化甘油等药物的包合

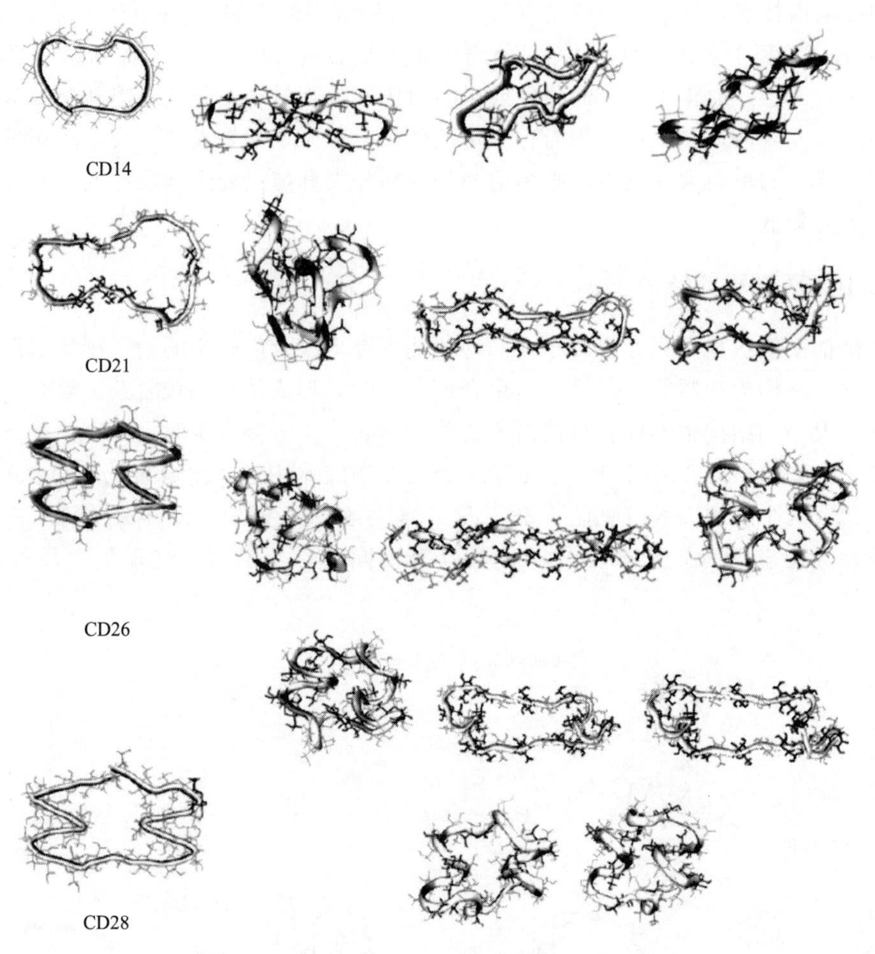

图5-35　大环糊精在不同条件下的不同环状结构

物形成过程，发现除硝化甘油外，地高辛、胆固醇和地高辛苷都能与大环糊精形成包合物，但是所形成的包合物稳定性不同。Larsen等对大环糊精9～13形成络合物的能力进行了比较，发现尽管所有的大环糊精都能与客体分子形成络合物，但其形成络合物的能力不仅与分子本身有关，而且与客体分子的性质有关。CD_9 具有和 CD_8 相同的络合能力，在 CD_9～CD_{13} 中，CD_9 和 CD_{10} 形成络合物的能力最弱，而从 CD_{10} 至 CD_{13}，随着聚合度的增大，形成络合物的能力增强。大环糊精的结构具有多样性，其固体状态和在溶剂里的状态可能会具有不同的立体结构。不同的大环糊精水溶性不同，与分子量的大小没有明显的关联，比如，CD_{10}、CD_{14} 这两种分子的水溶性很小，分别为2.82g/100mL、2.3g/100mL，而 CD_{11}、CD_{13}、CD_{15} 的水溶性较大，分别为150g/100mL、150g/100mL、120g/100mL。大环糊精还具有帮助蛋白质折叠的功能，Machidas等研究了大环糊精对蛋白质重折叠的作用，发现其能够促使变性的酶重新正确折叠，并恢复酶的活性，该性质是否可以用于酶的保护需要进一步研究和论证。用麦芽糖转糖基酶处理的淀粉因为形成了大环糊精而改变了淀粉的流变学性质，可以作为食品辅料。Kaper等使用来自 *T. thermophilus* 的麦芽糖转糖基酶处理土豆淀粉，此产品加热时可以溶解在水中，冷却时呈凝固状，再次加热时，具有热可逆性，其性质与来自牛骨的胶质类似。通常食品中所用的胶类物质都不能被人体利用，而用麦芽糖转糖基酶处理的淀粉具有凝胶的性质，可以替代生物胶用于食品加工中，增加食品的营养，还可代替动物胶用于素食食品的制造。由于聚合度不同，大环糊精的环性质差异较大，即使是同一种大环糊精，也具有不稳定性和多变性。当前用于结构和性质研究的大环糊精都来自直链淀粉，对于以支链淀粉为底物而形成的带侧链的大环糊精的性质研究甚少，因而，广泛开展其结构和功能性质的研究尤其重要。

（四）大环糊精的应用前景

小的环状糊精（α- CD、β- CD 和 γ-CD）在用量大的时候有一定的毒性，这限制了其在食品工业的大量应用。而当前的研究还没有发现大环糊精具有毒性。大环糊精具有大小不一、结构各异的疏水空穴，因此可以用于包合成分复杂、分子大小各异的混合物。由于大环糊精具有高水溶性、低黏度和不回生等特性，可以广泛地用于工业生产。在食品工业中，可以作为高能软饮料添加物、面包的回生控制剂、抗冻胶，并可用于制造低黏度食物。食品中不良气味组成复杂，用单一环状糊精难以达到良好的去除杂味的效果。大环糊精尤其适合用于去除食品的杂味；在化学工业可以用作纸张表面整理的材料，在黏合剂和生物降解塑料中作为淀粉的替代物使用；其高水溶性、低黏度等特性使其能和长链脂肪酸、乙醇和去垢剂等分子更好地形成包合物。在制药工业中，可以作为药物分子的包埋剂，以达到保护药物分子不被光照氧化及恶劣环境破坏，同时也可用于药物的控释或缓释。正因为大环糊精的结构多变性和复杂性，当大环糊精与客体分子形成包合物时，大环糊精的分子构象可能随着客体分子而发生适当变化，以适合与客体分子形成包合物，而且具有小环状糊精所没有的营养性、结构可变性和阻止回生等特性。可以预见大环糊精将会有更加广泛的工业应用价值，由此可能成为淀粉深加工的一个新的经济增长点，具有潜在的经济和社会效益。

六、改性环糊精

环状糊精具有环状结构允许其包埋客体分子并形成内含复合物，因此在食品和制药行业应用范围很广泛，但它也有一些缺点，其中之一是环状糊精和其包接化合物在水中的溶解性较差，这在制药和化妆品的应用中更显突出，不仅用量受到限制，如果出现包接化合物沉淀的现象，还会影响产品的质量。通过环状糊精分子中的羟基反应能制备多种衍生物，从而扩大分子的亲水区，改善其溶解性。

改性环糊精（modified cyclodextrin）指在保持环状糊精大环基本骨架不变的情况下引入修饰基团，得到具有不同性质或功能的产物，因此改性后环状糊精也叫环状糊精衍生物。首先，可引入取代基团增加水溶性。在 β-CD C_2、C_3 羟基处引入取代基团，破坏其分子内氢键，可大大提高衍生物的水溶性。例如，β-CD 引入甲基后形成二甲基-β-CD，室温下在水中溶解度达到 55g/100mL，比 β-CD 提高近 30 倍。其次，在结合位附近构筑立体几何关系，形成具有特殊手性位点 CD 衍生物，主要是将改性后的环糊精应用于分离、分析方法中。再次，对环糊精进行三维空间改性，可提供特定几何形状空间。另外，还可引入特殊基团，构筑有特殊功能的超分子；构筑研究弱作用力模型；或融入高分子结构，获得有特殊性质的新材料。例如，具有大平面共轭体系的铁卟啉具有载氧功能，将其键合到 CD 上，有望成为人造血浆的功能成分。

环状糊精改性的方法主要有化学法和酶工程法。化学法是利用环状糊精分子外表面醇羟基进行酯化、醚化、氧化、交联等化学反应，引进新的功能团，生成具有新性质或新功能的环糊精衍生物，主要分为环糊精醚衍生物、环糊精酯衍生物、桥联环糊精、糊精/高分子衍生物等具有特殊功能的环糊精衍生物。近年来，化学改性的产品在药剂学、色谱学上有着广泛的应用，但因为安全问题还不能用于食品工业。酶工程法是利用环糊精葡萄糖基转移酶（CGTase）或普鲁兰酶等将麦芽糖、葡萄糖、半乳糖等与环状糊精 α-1，6 糖苷键相连，所得的产物称为分支环糊精（branched cyclodextrin）或歧化环糊精。在国外，酶法改性的研究工作主要集中在日本、欧美等，20 世纪 80 年代初期至 90 年代后期酶法改性的产品主要是均分支环糊精，而杂分支环糊精的研究始于 90 年代初。下面简要介绍酶法改性环糊精的制备及性质。

(一) 分支环糊精

分支环糊精，也称支链环糊精，常用表达式为 G_n-CD_s，n 和 s 分别代表侧链单糖数和环上葡萄糖基数，G 代表单糖或低聚糖，CD 代表环糊精。分支环糊精可分为单支链环糊精与双支链环糊精两类，前者包括葡萄糖基环糊精、麦芽糖基环糊精、潘糖基环糊精、麦芽三糖基环糊精等，后者又可进一步分为均双支链环糊精（如二葡萄糖基环糊精、二麦芽糖基环糊精、二潘糖基环糊精、三葡萄糖基环糊精、三麦芽糖基环糊精等）和杂双支链环糊精（如葡萄糖基-麦芽糖基环糊精、葡萄糖基-潘糖基环糊精等）。

（二）酶法引入修饰基

1. 分支环糊精制备

（1）均分支环糊精

① 从环麦芽糊精转葡萄糖苷酶（CGTase）作用于高分支淀粉的产物中分离。1984 年 Abe 等从商品化的玉米糖浆 Celdex 中分离出了葡萄糖基 β-CD（G_1-β-CD）。同年，Kobayashi 等利用软化芽孢杆菌环糊精转葡萄糖苷酶（BME，EC 2.4.1.19）作用于蜡质玉米淀粉制得分支寡糖，在 SDS 的存在下再用 BME 作用于分支化的寡糖，然后在葡萄糖淀粉酶和 Taka-amylase A 的联合作用下得到了 G_1-α-CD，分支糊精产率为 84.2%。整个制备过程相当复杂。

② 利用脱支酶的转移作用制备分支环糊精。1987 年，Kitahata 等发现普鲁兰酶能以 α-G_2F 为底物，将 α-麦芽糖基转移到环状糊精上。Yoshimura 采用普鲁兰酶 2.8U/mL，同 40mmol/L 和 90mmol/L 的 α-CD 在 60℃反应，生成 12mmol/L 的 G_2-α-CD，转化率为 32%（以 α-G_2F 计），而在同样的条件下，用 α-麦芽糖代替 α-G_2F，G_2-α-CD 的产率仅为 0.5mmol/L。

③ 利用脱支酶的缩合作用制备分支环糊精。1989 年，Shiraishi 等详细研究了普鲁兰酶逆向合成分支环糊精的条件。在下列条件下，各种环糊精的转化率都超过了 40%：麦芽糖和环糊精的总浓度为 70%～75%（质量分数），麦芽糖和环状糊精的摩尔比为 9～18，普鲁兰酶的量为 100～200U/g CD，pH 值和温度分别为 4.0～4.5 和 60～70℃。

1997 年，Watanabe 等设计了一种制备高产率 G_1-α-CD 的新方法。这种方法包括两个步骤：普鲁兰酶将麦芽糖和α-CD缩合成G_2-α-CD以及G_2-α-CD在葡萄糖淀粉酶的作用下水解。由于葡萄糖淀粉酶将G_2-α-CD水解为G_1-α-CD，普鲁兰酶缩合反应的平衡偏向麦芽糖基α-CD的合成，结果导致分支率增加，此法分支率到达69%。

1986年，Abe等报道了假单胞菌异淀粉酶以环糊精和麦芽糖或麦芽三糖为底物逆向合成分支环糊精的研究情况。结果表明，随着环状糊精的分子量增大，麦芽三糖比麦芽糖分支化速率更高。麦芽三糖与环状糊精的缩合反应的速率比普鲁兰酶高几倍，这是麦芽三糖基-CD合成的优点。麦芽糖和麦芽三糖作为支链供体与α-CD∶β-CD∶γ-CD的反应速率之比分别为1.0∶9.8∶24和1.0∶4.3∶8.2。因此，较大的受体反应速率更高些，而且麦芽糖和麦芽三糖作为供体有较大的差异。可以得出，假单胞菌异淀粉酶的反应速率取决于受体和供体的大小。

1997年，Yim等尝试用黄杆菌异淀粉酶和克雷伯氏芽孢杆菌普鲁兰酶逆向合成G_2-CD。研究表明，每1mL反应混合物中克雷伯氏芽孢杆菌普鲁兰酶可以合成50.4mg G_2-α-CD、35.0mg G_2-β-CD、55.4mg G_2-γ-CD，在相同的条件下，生成的G_2-β-CD量最少。这可能是相同条件下β-CD的溶解性最差的缘故，而黄杆菌异淀粉酶并不能生成分支环糊精。

④ 固定化酶法生产分支环糊精。水溶性酶批量生产分支环糊精有诸多缺陷，如成本高、产品带有黄色，而固定化酶法则没有这些缺陷。为了改进分支环糊精的酶法生产，Sakano等用交联、吸附以及离子键合的方法对普鲁兰酶进行固定。在清蛋白和聚乙烯胺的存在下用戊二醛对普鲁兰酶进行固定，每1g产品含20U普鲁兰酶，在60～65℃、pH3%下可以稳定反应，G_2-α-CD的产率超过40%，在60℃、pH4.0下持续反应900h，酶活也不会降低。另外，以陶瓷为载体用硅烷耦合的固定化酶活力可以达到1000U/g，在60℃、pH5.0下持续反应300h，仍然能保持86%的初始酶活。

1989年，Hisamatsu等用固定化酶法连续生产分支环糊精。将普鲁兰酶固定在部分脱乙酰的聚乙酰氨基葡萄糖上，固定化率达90%，将10g β-CD和75g麦芽糖溶于85mL 50mmol/L的乙酸缓冲液（pH3.75）中，在54～56℃时，使其以3mL/min的速度连续循环通过固定化反应柱，第一天转化率为35%，4d后约有50%的环糊精转化成分支环糊精，酶的活力保持不变。

上述方法中，基于安全性、产率、产品分离等综合考虑，以普鲁兰酶和异淀粉酶的逆向合成较好。其中，Watanabe等报道的两种酶联合生产方法能大大提高分支环糊精的产率，而Sakano等报道的固定化酶法不仅能连续提高酶的使用率，而且能减少酶的分离工序，提高产品品质。

（2）杂分支环糊精　与均分支环糊精相同，杂分支环糊精也是利用水解酶的逆反应或者转移反应，将葡萄糖基以外的糖单元连接到环糊精的侧链或者环上。

① α-半乳糖基CD（Gal-CD）。1991年，Kitahata等发现咖啡豆α-半乳糖苷酶能将半乳糖残基直接转移到α-CD环上。向含600mg蜜二糖和300mg α-CDs的缓冲液（pH6.5）中加入9.4U的α-半乳糖苷酶，混合物在40℃反应24h，可得到100mg的Gal-α-CD。

② β-半乳糖基-葡萄糖基-CDs。1992年，Kitahata等发现*B. circulans*和*P. multicolor*所产生的β-半乳糖苷酶能将半乳糖转移到均分支环糊精的侧链上，次年，他们以乳糖为供体、各种均分支环糊精作受体，用β-半乳糖苷酶合成了半乳糖基分支环糊精。

（3）甘露糖基杂分支CDs　1994年，Hara、Fujita等以刀豆和杏仁的α-甘露糖苷酶作用于甲基-α-甘露吡喃糖苷和各种分支环糊精，也得到了各种甘露糖基杂分支环糊精。

2001 年，Ishiguro 等用微生物氧化的方法将 G_2-β-CD 支链末端的—CH_2OH 氧化为—COOH，得到了新产物 GUG-β-CD，因其溶血活性更低，应用前景更为看好。侧链比麦芽三糖基更长的均分支虽然可以由异淀粉酶制备，但因价格问题尚未工业化。

目前，G_1-CD、G_2-CD 已经有工业化产品。日本盐水港制糖公司（Ensuiko Sugar Refining Co. Ltd.）生产的分支环糊精（Isoeleat，艾莎里特）是由各种麦芽糖基环糊精组成的混合物，根据 α-CD、β-CD、γ-CD 的比例可以分 A、B、C、D、E 五个等级，广泛用于食品、化妆品和药物工业。杂分支环糊精种的半乳糖基或者甘露糖基环糊精尚无工业化产品。

2. 分析检测与结构鉴定

分支环糊精的常用分析方法有纸层析、柱层析、薄层层析和高效液相色谱。其中，纸层析法用于分析产物组分比较复杂的样品：使用一种合适的显色剂，使各组分显示不同颜色，直观性强，也可粗略定量和计算各组分比例。展层剂为丙醇∶丁醇∶水＝5∶3∶1，显色剂用 90%丙酮配成 0.5%碘溶液；薄板层析法一般适合分析产物比较简单的物质。用 70%乙腈作为展层剂，展开二次，用甲醇-硫酸（比例为 70∶30）喷雾后，110℃加热 5min 显色，根据迁移率不同，可进行鉴定分析。纸层析和薄层层析常配合柱层析作分支环糊精的定性检测，最有效的是高效液相色谱，可有效分离检测各种分支环糊精。正相法用氨基柱，流动相一般为 40%乙腈溶液，流速为 1.5mL/min。反相法一般采用 ODS 柱，流动相为 70%甲醇溶液。常用的色谱柱有氨基柱和十八烷基硅柱。1986 年，Koizumi 和 Utamura 发现用十八烷基硅柱分离环状寡糖和多糖非常有用。用这种分离技术可以从环麦芽糖糊精转葡萄糖苷酶（CGTase 酶）作用于马铃薯淀粉所产生的环糊精混合物中分离得到 G_1-β-CD、G_1-α-CD 和 G_2-β-CD。1994 年，Okada 等用 ODS 柱和石墨化碳柱从 G_2-β-CD 混合物中分离出了 5 种 Trimaltosyl-β-CD 的同分异构体。

分支环糊精的结构分析主要有四个内容：侧链的长度、侧链的个数、环链的长度及侧链和环链的连接方式。分支环糊精的结构鉴定的方法主要有甲基化分析、Smith 降解法、酶分析法、FAB-MS 法和 C-NMR 法。酶分析法主要是利用糖化酶（水解 α-1，4 糖苷键）和普鲁兰酶（水解 α-1，6 糖苷键）作用的高度特异性，使样品完全水解，用高压液相色谱进行单体的定性定量分析，根据单体的性质和比例，推断出分支环糊精的结构。

3. 分支环糊精性质

（1）溶解度　分支环糊精与母体环糊精比较，在水、80%乙醇乃至 50%甲醇、丙醇、乙二醇等溶剂中都有极好的溶解性。分支环糊精的溶解度尚无规律，G_2-β-CD 很高，G_2-α-CD 并不高。引入支链后 β-CD 的溶解度变化最大，如 G_2-β-CD 在水中的溶解度（25℃）是 β-CD 的 60 多倍，结构与溶解度的关系很大。这种性质可用于油溶性物质的增溶，如四氯乙烷、正癸醇与 α-CD 包结生成沉淀，而 G_1-α-CD 包结则不生成沉淀。

① 水溶性。表 5-19 列举了纯分支环糊精在水中的溶解性，表明环糊精糖支链结合在环糊精链上后能大大提高其溶解性。由于纯的分支环糊精成本太高，只有混合的分支环糊精才能被产业化利用。目前日本已面市的混合分支环糊精 Isoeleat，主要成分包括 $G_2$3.3%、

$G_3$0.7%、$G_4$8.3%、α-CD17.3%、β-CD1.3%、γ-CD1.0%、G_2-α-CD30.5%、G_2-β-CD10.5%、G_2-γ-CD14.6%、G_2-，G_2-α-CD14.6%、G_2-，G_2-β-CD8.9%、G_2-，G_2-γ-CD0.3%。从图 5-34 可看出，这种产品的水溶性明显高于非分支环糊精。

表 5-19　α-CD 和支链 α-CD 的溶解性（25℃）

种类	溶解性/(mmol/mL)		
	水	5%甲醇	10%甲醇
α-CD	1.8	0.7	0.4
G_1-α-CD	8.0	9.0	10.8
G_2-α-CD	2.4	7.7	7.7
G_3-α-CD	10.7	11.1	8.4
G_4-α-CD	9.6	8.8	7.5
G_5-α-CD	8.8	8.5	6.8

② 在有机溶剂中溶解度。分支环糊精在有机溶剂中的溶解度一般比非分支环糊精溶解度大些，表 5-20 为分支环糊精在一些有机溶剂中的溶解度。从表中可看出，一些非分支环糊精在有机溶剂中的溶解度低，而分支环糊精在有机溶剂中的溶解度明显好得多。

表 5-20　不同环糊精在有机溶剂中的溶解度　　单位：μg/mL

有机溶剂	分支环糊精				α-CD				β-CD			
	100%		50%		100%		50%		100%		50%	
	25℃	45℃	25℃	45℃	25℃	45℃	25℃	45℃	25℃	45℃	25℃	45℃
甲醇	—	—	170	189	—	—	<1	3	—	—	—	<1
乙醇	—	—	169	187	—	—	<1	3	—	—	<1	3
异丙醇	—	—	35	35	—	—	5	9	—	—	<1	8
丙醇	—	—	125	—	—	—	<1	—	—	—	<1	—
吡啶	—	—	145	169	7	7	21	30	37	37	11	20
四氢呋喃	—	—	61	—	—	—	3	—	—	—	1	
甲酰胺	139	164	170	204	5	5	19	27	14	14	16	19
甘醇	111	159	165	204	9	5	7	14	21	33	<1	2
甘油	22	40	107	126	—	—	7	22	—	—	—	—

③ 增加微溶性物质的溶解度。分支环糊精与微溶性物质形成包合物后，能大大增加微溶性物质的溶解度，如表 5-21 所示。

表 5-21　微溶性物质与环糊精形成包合物后的溶解度（30℃）

微溶性物质	溶解度/(μg/mL 水)	在 1.5×10^{-2}mol/L 环糊精溶解度/(μg/mL)				
		α-CD	G_1-α-CD	β-CD	G_1-β-CD	G_2-β-CD
地黄毒苷	17	100	100	1300	5800	5300
雌甾醇	29	32	30	710	2600	2500
灰黄霉素	15	16	16	21	19	20
苯巴比妥	1400	1900	1900	4500	4500	4500
维生素 D_3	0	0	0	3	520	520
维生素 E	0	0	0	1	1	1
维生素 K_2	0	0	0	1	0	0
维生素 K_3	150	230	230	510	510	500

（2）改变包合性能　分支环糊精与环状糊精在包合性能上稍微有点不同，可能是因为其立体结构发生改变或侧链部分糖基盖住一部分洞口，从而引起分支环糊精包合性能的改变。如分支环糊精能包合低分子量和高挥发性物质，对亲水性物质有较好的亲和性，而对大分子量、强亲脂性分子表现出稍差的包合性能。

G_1-CD、G_2-CD、G_3-α-CD、β-CD和γ-CD包结一些药物分子的能力与母体相当。稳定常数也几乎不受侧链长度的影响。但似乎存在一个趋势，就是包结能力按以下次序降低：β-CD、G_1-β- CD、G_2-β-CD、$(G_2)_2$-β-CD，这可能是侧链立体障碍增大的结果。研究结果表明，分支β-CD被酸催化水解的速率按照以下顺序增加：β-CD、G_1-β-CD、G_2-β-CD、$(G_2)_2$-β-CD（HCl-KCl，0.1mol/L L，60℃）。从结构上看这类分支环糊精中含有3种可能被水解的糖苷键：环中的α-（1→4）键，分支葡萄糖侧链中的α-（1→4）键以及CD环中分支葡萄糖残基间的α-（1→6）键。这3种糖苷键中侧链葡萄糖残基间的α-（1→4）键对酸水解最敏感，而α-（1→6）键最有抵抗力。

（3）酶水解　母体环糊精难以被细菌、动物、植物中存在的淀粉水解酶作用，但是米曲霉中的α-淀粉酶能水解环糊精。α-淀粉酶对G_6～G_8低聚糖的水解速度为100时，则对α-CD、β-CD、γ-CD的水解速度分别只有0.044、2.22、14.8。当葡萄糖键合到环糊精上时，被α-淀粉酶水解的速度下降为原环糊精的1/10。如果键合两个以上葡萄糖的复分支环糊精则几乎不被作用。

1985年，Sakano等研究了不同淀粉酶对G_2-α-CD的作用。尽管高温放线菌α-淀粉酶（TVA）和米曲霉α-淀粉酶（TAA）的作用模式不同，但是它们均能水解G_2-α-CD。TVA的作用是先打开G_2-α-CD的环，生成的辛糖立即降解为葡萄糖、分支四糖或五糖。α-淀粉酶不仅能打开母体环，而且能将G_2-α-CD分解为葡萄糖和G_1-α-CD。1989年，Kobayashi等分别以麦芽糖、潘糖和环糊精为底物，用普鲁兰酶合成了分支环糊精，并详细研究了葡萄糖淀粉酶对它们的降解作用。葡萄糖淀粉酶对麦芽糖、G_2-α-CD、G_2-β-CD的降解速率之比为1∶3.6∶5.0，对潘糖、panosyl-α-CD、panosyl-β-CD的降解速率之比为1∶3.0∶2.2。研究还表明，G_2、G_1-α-CD对葡萄糖淀粉酶有抑制作用，故分支环糊精有望作为研究葡萄糖淀粉酶作用机理的合适底物。

（4）生物学性质　实验证明，分支环糊精对人红细胞的溶血活性低于母体CDs，而且随侧链葡萄糖基数目的增加而降低。引起50%溶血作用的浓度顺序：$(G_2)_2$-β-CD（14.4mmol/L）＞G_2-β-CD（9.6mmol/L）≈G_1-β-CD（8.5mmol/L）＞β-CD（5.3mmol/L）。对兔的局部组织刺激作用明显低于β-CD。

与母体CDs相比，分支CDs具有更多优点。不仅溶解度大为提高，而且溶血活性和肌肉刺激性比母体CDs更小，可用于增溶、稳定药物和提高生物利用度。

① 增溶和稳定作用。分支CDs在水中的溶解度大而且可生成可溶包结物，这种优于CDs的性质可以开拓许多应用空间。如市售分支CDs香精包结物在90℃可以保持7h不损失，而母体CDs则只残存45%。分支CDs增溶脂肪酸能力有可能用于动物细胞和癌细胞的无血清培养。2000年，Ajisaka等研究了G_2-β-CD和GUG-β-CD对12种萜烯的溶解性和稳定性的影响。结果表明，与β-CD相比，G_2-β-CD和GUG-β-CD对12种萜烯有更高的溶解度，且两者几乎相同，对萜烯的稳定性GUG-β-CD比G_2-β-CD高，尤其是在固相中，可能是两者侧链上的羟甲基和羧基不同造成的。

② 溶血活性更低。最近的研究表明，GUG-β-CD 对兔红细胞的溶血活性不仅低于母体β-CD，而且低于 G2-β-CD。GUG-β-CD 和 G2-β-CD 的浓度达到 0.1mol/L 时，对 Caco-2 的毒性也可以忽略。GUG-β-CD 对中性和酸性药物的包结能力相当于或者略低于母体 β-CD 和 GUG-β-CD，但对基本药物而言，因为其羧基负离子与基本药物的正电荷的静电相互作用则具有更大的亲和力，因此，对基本药物而言将是一种安全的溶剂。

③ 靶向载体作用。1998 年，Shinoda 等发现 10mmol/L 的半乳糖基分支环糊精（Gal-CDs）或半乳糖可抑制 PVLA 与体外肝细胞的结合，而 20mmol/L 的葡萄糖或葡萄糖基分支环糊精（G-CDs）无此作用。因此 Gal-CDs 很有可能作为肝细胞的药物靶向载体。

七、其他糊精产品

（一）微晶粒淀粉糊精

1. 基本原理

可在高浓度醇的环境下，利用稀盐酸作用于淀粉链的非结晶区而得到具有合适属性的淀粉片段，即微晶粒淀粉糊精。采用高浓度醇为介质的目的在于，在淀粉糊化温度之上反应时可以避免糊化现象的发生。采用弱酸反应的目的在于使其只作用于非结晶区，而非对淀粉进行彻底水解。经过反应得到的淀粉基脂肪代用品具有和脂肪相似的黏度、乳化性和稳定性，其易形成胶体的能力极其相似地模仿了脂肪，因此，可按一定的比例与脂肪结合形成较好的特性以应用于食品工业。

2. 生产工艺

玉米淀粉在高于糊化温度（80～82℃）的条件下，通过在 2%盐酸-70%乙醇中水解 2h 或 2%盐酸-99.9%乙醇中水解 5h，并结合机械球磨，可制备出颗粒直径在 2～5μm 之间适于脂肪替代的微粒淀粉糊精。

3. 性质

经过变性处理和球磨处理的淀粉仍保持 A 型特征峰，说明水解发生在无定形区，结晶特性未发生变化；另外，相应浓度的微粒淀粉糊精的持水性比原淀粉明显高。

4. 应用

（1）焙烤食品　以多种淀粉为原料制成焙烤食品专用的脂肪替代品，用于生产低脂和中等水分含量的饼干、松饼和面包等焙烤食品，脂肪的用量可以减少 50%左右。低脂食品在储藏过程中变干的缺点可以通过添加乳化剂等方法克服。

（2）肉制品　传统的肉制品脂肪含量较高。一般乳化肉含 30%脂肪，汉堡含 20%～30%脂肪，热狗和肉饼一般含 20%脂肪。现在通过添加淀粉为基质的脂肪替代品可以减少这类食品的脂含量。例如，在牛肉饼的制作中，添加 1%淀粉为基质的脂肪替代品 Leanbind（或 Sta-Slim171）制成含 10%脂肪的肉饼比起含 20%脂肪的传统牛肉饼更嫩、更具汁液，并且产量更高。

（3）低脂甜食　麦芽糊精类脂肪替代品在甜食制作中的应用效果好于蛋白质类替代品和

葡聚糖类替代品。在冰淇淋的制作中，添加适量麦芽糊精可以使其脂肪含量从传统的10%左右降到1%，而冰淇淋的口感、外观和质构等性能并未发生明显改变。以淀粉为基质的脂肪替代品和蛋白质基替代品的混合使用可以控制冰晶的形成，取得了更好效果。

（4）调味料　已经可以制成含有低于1%脂肪的优良的具有可涂抹性的调味料。在低脂调味料的制作中，利用15%的淀粉为基质的脂肪替代品溶液可以替代脂肪，而添加风味物质可以弥补由于脂肪减少而带来的风味损失。

（5）乳制品　以淀粉为基质的脂肪替代品在低脂奶酪、冰奶和人造黄油中应用也具有良好效果，可以替代30%甚至更多的脂肪而不影响产品质量。

（二）极限糊精

1. 基本原理

极限糊精，也称直链糊精，是指支链淀粉中带有支链的核心部分，该部分经支链淀粉酶水解作用，糖原磷酸化酶或淀粉磷酸化酶作用后仍然存在。糊精的进一步降解需要α-（1→6）糖苷键的水解。当淀粉受β-淀粉酶作用时，可水解得到61%～68%的麦芽糖（理论值），以后生成的是不能分解的残留物，这种残留物称为β-淀粉酶极限糊精。淀粉中的直链淀粉部分几乎能完全被β-淀粉酶分解，而支链淀粉则相当于淀粉中的非分解残留物，这是由于β-淀粉酶仅能切断1，4-糖苷键，而对具有1，6-糖苷键的分支没有作用，在分支点前反应就终止了。

2. 生产工艺

取玉米淀粉1000g加蒸馏水配制成5%的淀粉乳，完全糊化后，用0.02mol/L、pH5.0的醋酸缓冲液调节至大麦β-淀粉酶最适作用pH，加入大麦β-淀粉酶，然后置于55～60℃的恒温水槽中酶解24～48h，将反应液充分煮沸30min灭酶，再加入乙醇沉降，离心，将沉降物冷冻干燥，得β-极限糊精。

3. 性质

极限糊精在水中不溶胀，有很好的黏合性，可充当黏合剂。Veen等试验表明纯极限糊精制成的药片在水中不会崩解，可以大大减少药物的突释效应，适当加大压片压力，在药物含量75%时也可以得到稳定的药物释放。片剂的释放速率可以通过改变药片的厚度来调整，也可以用添加易溶的乳糖或疏水的滑石粉进行调节。Rob S等认为水分会影响极限糊精的黏弹性和压制性，虽然极限糊精水分含量低，由其制成的片剂疏松度小，可以增加硬度，但可获取的最大片剂硬度会因为粒子间成键的减少和弹性系数的降低而减小。同时水分会引起释放速率的变化。在足够的压力下，由10%～17%水分含量的极限糊精制成的片剂保持持续的释放速率。所以应控制适当的水分含量才能使片剂具有合适的疏松度、硬度和溶出性能。另外，极限糊精也具有润滑作用，会减弱疏松度的影响，改善片剂的稳定性。

4. 应用

在食品行业，极限糊精可用作橡胶糖的增稠剂、饮料的悬浊剂、脂肪替代品，还可作填充剂、疏松剂使用，另外，在挤出食品、无糖食品中也可使用，喷雾干燥中用作易挥发成分的载体；在医药行业中，β-极限糊精可作麻醉药的缓释材料。

参考文献

[1] DEL VALLE E M M. Cyclodextrins and their uses: a review[J]. Process Biochemistry, 2004, 39(09): 1033-1046.

[2] EASTBURN S D, TAO B Y. Applications of modified cyclodextrins[J]. Biotechnology Advances, 1994, 12(02): 325-339.

[3] LARSEN K L. Large cyclodextrins[J]. Journal of Inclusion Phenomena and Macrocyclic Chemistry, 2002, 43(01): 1-13.

[4] MAESTRE I, BEÀ I, IVANOV P M, et al. Structural dynamics of some large-ring cyclodextrins. A molecular dynamics study: an analysis of force field performance[J]. Theoretical Chemistry Accounts, 2007, 117(01): 85-97.

[5] OHKUMA K, HANNO Y, INABA K, et al. Process for preparing dextrin containing food fiber: U S. Patent 5, 620, 873[P]. 1997, 4: 15.

[6] OHKUMA K, WAKABAYASHI S. Fibersol-2: a soluble, non-digestible, starch-derived dietary fibre[J]. Advanced Dietary Fibre Technology, 2000: 509-523.

[7] WATANABE N, YAMAMOTO K, TSUZUKI W, et al. A novel method to produce branched α-cyclodextrins: Pullulanase-glucoamylase-mixed method[J]. Journal of Fermentation and Bioengineering, 1997, 83(01): 43-47.

[8] YIM D K, PARK Y H. Production of branched cyclodextrins by reverse reaction of microbial debranching enzymes [J]. Starch-Stärke, 1997, 49(02): 75-78.

[9] 包海蓉，王慥．酸-乙醇介质制备的玉米淀粉糊精特性[J]．上海水产大学学报，2003，1：45-50.

[10] 曹新志，金征宇．支链环糊精研究进展[J]．粮食与油脂，2004，2：48-50.

[11] 童林荟．环糊精化学-基础与应用[M]．北京：科学出版社，2001.

[12] 徐良增，许时婴，杨瑞金．浅述麦芽糊精[J]．食品科学，2001，22(05)：87-90.

[13] 徐忠，缪铭．淀粉基吸附剂的制备及应用研究进展[J]．化学与黏合，2006，28(06)：435-439.

[14] 尤新．淀粉糖品生产与应用手册[M]．2 版．北京：中国轻工业出版社，1997.

[15] 张力田．淀粉糖(修订版)[M]．北京：中国轻工业出版社，1998.

[16] 张力田．变性淀粉[M]．2 版．广州：华南理工大学出版社，1999.

[17] 张友松．变性淀粉生产与应用手册[M]．北京：中国轻工业出版社，1999.

第四节 淀粉球晶

一、淀粉球晶概述

淀粉球晶（Starch Spherulite）是短直链淀粉或淀粉降解得到的极限糊精重结晶后形成的晶体，具有双折射现象，在偏振光下呈现“马耳他十字”。淀粉球晶是以淀粉为原料制备的球晶，因此，其具有淀粉和球晶二者的一些共同特性。淀粉球晶可作为稳定剂、增稠剂和保型剂等广泛用于食品、医药和化妆品等领域。淀粉球晶除了起到质构改善效果外，还可防止食品中油脂的氧化；与原淀粉相比，淀粉球晶因其具有晶体结构，故具有抗消化特性，可起到抗性淀粉或缓慢消化淀粉的功能作用。Kiatponglarp 等证实由蜡质米淀粉和普通米淀粉制备的淀粉球晶都具有抗酶解的能力，且蜡质米淀粉所得球晶的抗酶解效果更佳，这种抗消化的特性有利于餐后血糖的控制与肠道健康。

二、淀粉球晶的制备方法

淀粉球晶主要是通过短直链淀粉重结晶后得到的晶体，而短直链淀粉的来源可以通过水解淀粉或通过酶法合成获得。前者是通过“自上而下”的方法将淀粉等通过酸解或酶解，并经过高温处理制备出来；后者是通过“自下而上”的方法，采用蔗糖酶或磷酸化酶将小分子的底物转化为短直链淀粉。

（一）自上而下法制备淀粉球晶

目前自上而下法制备淀粉球晶主要采用酸水解法及酶水解法两类。

1. 酸水解法

酸解法主要分为两步：一是快速酸解淀粉无定型区，二是缓慢水解淀粉的结晶区。由于淀粉无定形区的结构疏松，在氢离子（H_3O^+）的作用下，脱水葡萄糖的构象发生改变，由椅式转变成船式，进而水解淀粉糖苷键；而结晶区由于有双螺旋结构的存在，H_3O^+不容易渗透进去，因而作用缓慢、耗时长、回收率低。目前国内外主要采用盐酸或硫酸来酸解淀粉，制备短直链淀粉球晶，具体如图5-36所示。

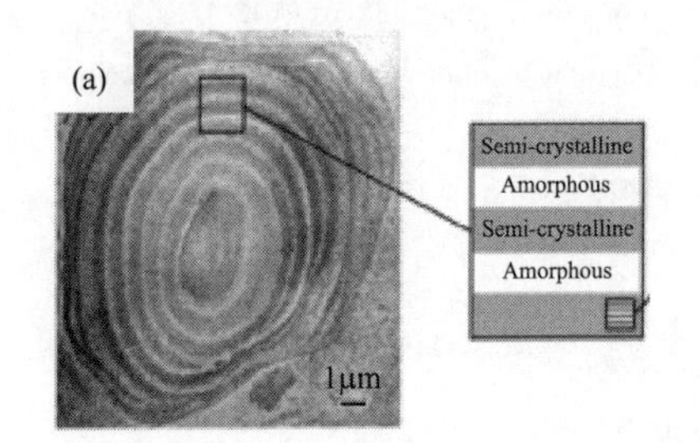

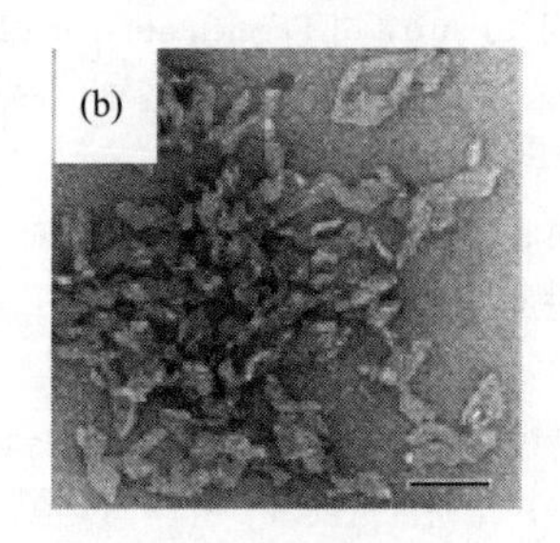

图5-36 酸水解法制备淀粉球晶示意图

(a) 蜡质玉米淀粉颗粒超微结构；(b) 酸解6周后的纳米晶体（标尺：50nm）；(c) B型球晶

酸水解会提高淀粉颗粒的相对结晶度，对于大多数淀粉来说酸水解不改变晶型，少数淀粉经酸水解后，会引发晶型的改变，如大麦、木薯、小麦淀粉酸水解后晶型会由A型转变为B型。甘薯、山药及豌豆淀粉晶型会由C型转变为A型。

Helbert等用2.2mol/L HCl在35℃水解马铃薯淀粉35d得到短链淀粉糊精，然后再经120℃溶解分散并与乙醇混合、降温到4℃，得到平均粒径10μm的A型淀粉球晶；Ring等以直链淀粉为原料，酸解得到平均聚合度为22的残余片晶，加热溶解后重结晶制备淀粉球晶。结果表明，快速冷却至2℃重结晶，可得到粒径在10～15 μm的B型球晶，若在结晶之前加入30%（质量分数）的乙醇则形成A型球晶。所得淀粉球晶显微图片及粉末状X射线衍射图谱如图5-37所示。

国内刘延奇等利用酸解玉米淀粉和马铃薯淀粉，后经过糊化、脱支、冷却、过滤和结晶后均得到B型淀粉微晶，并分析了制备条件对淀粉微晶结构的影响。

2. 酶水解法

酶水解法一般以蜡质淀粉为原料，采用脱支酶处理，以获得短直链淀粉。异淀粉酶和普鲁兰酶是最常用的两种脱支酶，均作用于支链淀粉的α-1,6糖苷键，但两种酶在作用方式和

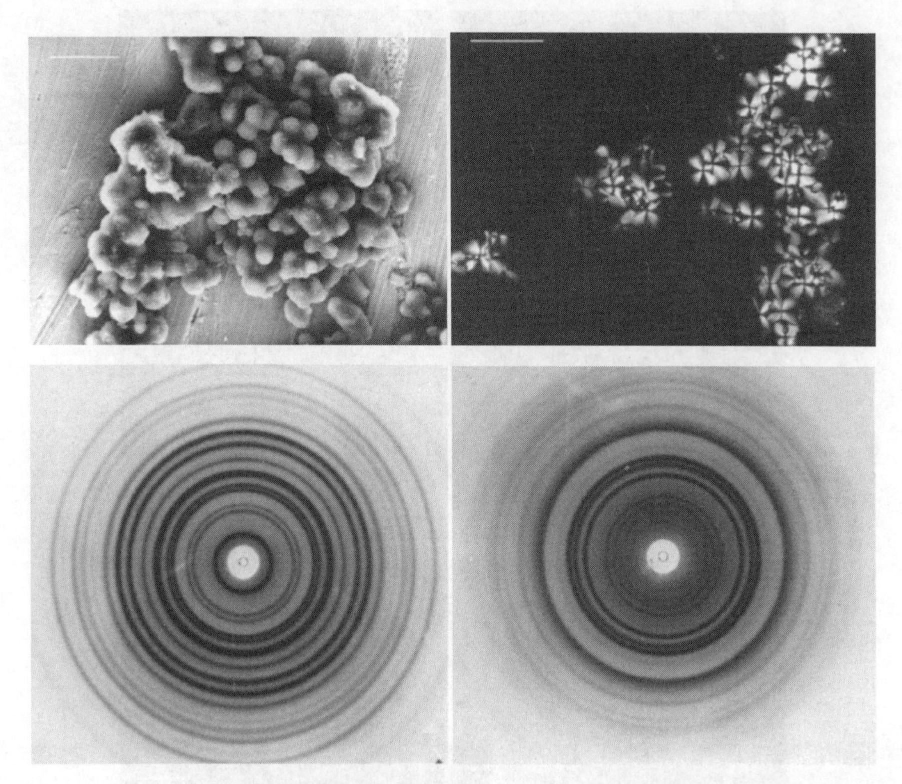

图 5-37 酸解直链淀粉所得球晶及其衍射图谱

（上图左右分别为扫描电镜及偏光显微镜图片，下图左右分别为 A 型及 B 型衍射图谱）

最小作用单位上存在差异，在实际制备淀粉球晶中，两种酶均有采用。普鲁兰酶能脱掉聚合度更小的链，所以一般可以用其制备粒度更小的纳米球晶。在对蜡质淀粉脱支处理，得到短直链淀粉后，再经过高温加热破坏双螺旋结构，重结晶即可得到淀粉球晶。

Cai 和 Shi 利用异淀粉酶酶解脱支蜡质玉米淀粉（25%，质量分数），后在 180℃下加热 30min 破坏链间的双螺旋结构，形成完全透明的短直链淀粉分散液，重结晶制备淀粉球晶。发现在 4℃和 25℃结晶，球晶粒径在 4～10μm，得率分别为 87%和 72%，50℃结晶时，球晶粒径在 1～5μm，得率为 50%。采用酶水解法制备淀粉球晶的示意图如图 5-38 所示。

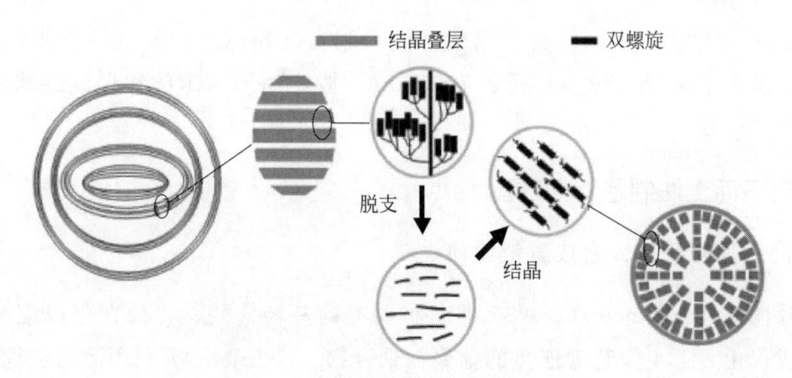

图 5-38 酶水解法制备淀粉球晶示意

Cai 和 Shi 采用酶脱支及控制结晶温度的方法制备出的淀粉球晶扫描电镜图片如图 5-39 所示。

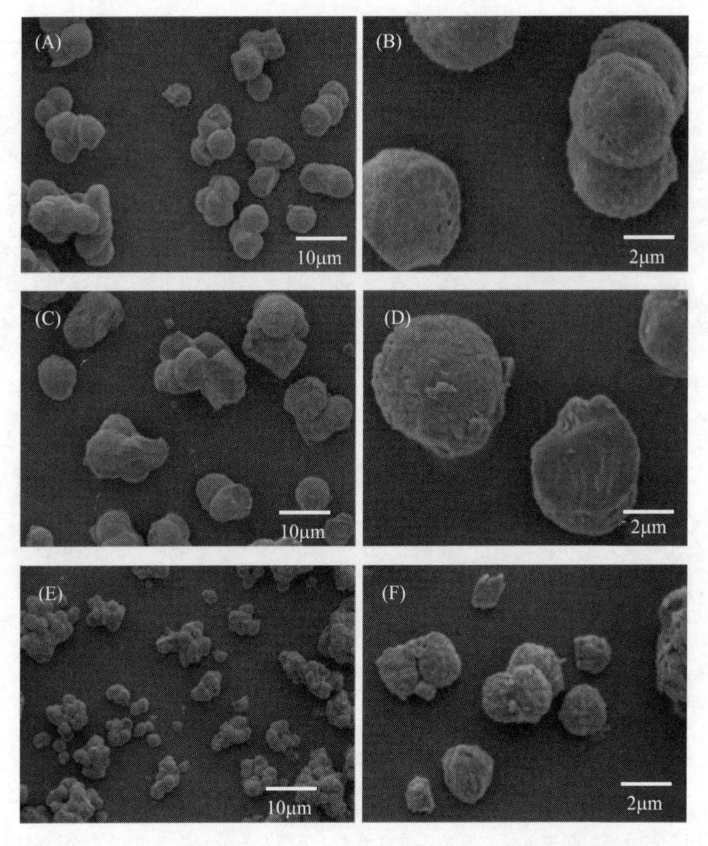

图 5-39　蜡质玉米淀粉脱支结晶后所得淀粉球晶的 SEM 图片

［加入脱支处理后的蜡质玉米淀粉乳（25%）至 180℃，然后在不同温度下结晶：

（A），（B）4 ℃；（C），（D）25 ℃；（E），（F）50 ℃］

孙庆杰等采用普鲁兰酶水解蜡质淀粉，脱支处理后进行离心，以除掉没有完全脱分支的大分子及剩余长链，得到聚合度更为均匀的短直链淀粉，进而制备得到了纳米级别的球晶。该团队也研究了淀粉乳浓度、普鲁兰酶添加量、脱支时间、重结晶温度以及时间等因素对球晶的结构及功能的影响。酶脱支水解法结合重结晶操作工艺简单、产率高，是制备淀粉球晶比较理想的技术手段。

Worawikunya 等酶解大米淀粉和蜡质米淀粉制备淀粉球晶，发现脱支米淀粉重结晶后形成的淀粉球晶表面粗糙，球晶粒径在 7～11μm，脱支蜡质玉米淀粉形成的球晶表面光滑，而粒径在 15～20μm。

（二）自下而上法制备淀粉球晶

1. 利用淀粉蔗糖酶体外合成直链淀粉

淀粉蔗糖酶（amylosucrase，AS）是一种葡萄糖基转移酶，该酶在仅以蔗糖为底物时，能够催化合成仅由 α-1,4 糖苷键连接的葡聚糖聚合物。Gabrielle 等利用淀粉蔗糖酶以蔗糖为底物合成直链淀粉（图 5-40）。研究表明，形成的直链淀粉结晶体的形态及结构只与起始的蔗糖浓度有关。当采用 100mmol/L 的低蔗糖浓度时，所得直链淀粉的平均聚合度为 58，当蔗糖浓度提高到 300mmol/L 及 600mmol/L 时，聚合度则分别降低为 45 及 35。从低蔗糖浓度到高蔗糖浓度底物（100～600mmol/L），所得直链淀粉浓度分别为 2.9g/L、54g/L 及 24g/L。无论哪种底物浓度所得直链淀粉结晶都为 B 型结构。

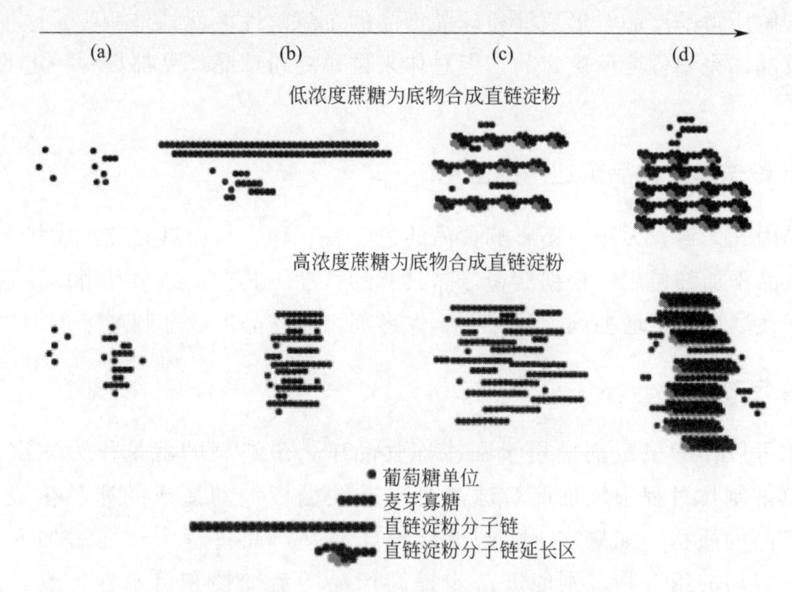

图 5-40　直链淀粉分子链的延伸与凝沉示意图

（a）葡萄糖和麦芽寡糖的合成；（b）链的延长；（c）链的延长与凝沉（低蔗糖浓度）以及进一步延长（高蔗糖浓度）；（d）链的凝沉

2. 利用磷酸化酶体外合成直链淀粉

磷酸化酶（Phosphorylase）是一种能够将对应底物去磷酸化的酶，即通过水解磷酸单酯将底物分子上的磷酸基团除去，并生成磷酸根离子和自由羟基。作用机理与水解酶类似，可以将 A-B 化合物分解为 AOH 和 B-磷酸。磷酸化酶可以被用来在体外合成具有可溶性和单分散的 α-葡聚糖。但它需要活化的葡萄糖-1-磷酸（G1P）为底物来转移葡萄糖单元到引物（最低聚合度为 4）的非还原端，释放磷酸盐，来合成 α-葡聚糖。合成的链长依赖于 G1P/引物的比例，高比例合成直链淀粉的聚合度能达到 14000，低比例形成直链淀粉的聚合度为 25。具体反应式如下：

$$[\text{直链淀粉}]_n + \text{葡萄糖-1-磷酸} \xrightleftharpoons{\text{磷酸化酶}} [\text{直链淀粉}]_{n+1} + \text{磷酸}$$

利用底物合成淀粉球晶的方法基本停留在实验室研究阶段，主要是因为淀粉蔗糖酶和磷酸化酶价格高、制备过程繁琐、淀粉球晶得率低等缺点，限制了其在工业中的应用。

综上所述，目前制备淀粉球晶的方法主要以自上而下的方法为主，尤其是酸水解及酶水解的方法。酸解法制备时间较长、过程复杂、得率较低，制备的淀粉球的粒径较大；而酶解法是目前国内外研究的热点领域，该方法制备时间短、得率较高，但聚集现象显著，所得淀粉球晶的粒径亦较大，可通过采用普鲁兰酶及离心处理等工艺措施，减少粒径尺寸，得到纳米淀粉球晶，具有较好的工业化应用前景。

三、淀粉球晶的特性及应用

淀粉球晶主要是以淀粉为原料，对其进行酸解或酶解而得到的产品，在分子结构上并未引入新的基团，其在食品工业中应用的安全性与原淀粉一样。不同制备方法所得淀粉球晶产品的性能也存在一定的差异。通过脱支酶处理并反复重结晶所得产品具有较强的抗酶解性能，而利用酸解所得的产品，形成淀粉球晶产品的抗酶解性能就稍差一些。这主要是由结晶产品晶型以及晶体完整程度所决定的，但总体来讲，淀粉球晶产品都具有一定的抗酶解（消化）性能。

（一）淀粉球晶在食品工业中的应用

淀粉球晶因其无毒，无味，不影响食品的色、香、味，从而具有独特优势，在食品工业中可以作为食品添加剂使用。根据淀粉球晶具有的特性，其在食品中可用作高温稳定剂、乳化剂、非营养性填充物、增稠剂、悬浮剂、保形剂以及冰晶形成抑制剂等。

1. 用作稳定剂

淀粉球晶可以作为稳定剂应用于在冷冻食品中，最典型的就是作为冰淇淋生产的稳定剂。在冰淇淋制作过程中添加淀粉球晶可以减缓温度波动造成的冰晶生成，并能改善口感，保持产品的质构。如果在干燥制得淀粉球晶基产品过程中或之后加入一些植物胶或改性淀粉或它们的组合物，则能进一步提高产品的流变性和持水性，改善终产品的稳定性能。

2. 用作乳化剂

淀粉球晶可使油-水乳化液中水相被增稠和胶化，防止油滴彼此靠近，乃至聚集，因此，可以用作食品乳化剂。同时它能强化油水分界面，并使之在高温下保持优良的稳定性，因而在食品无菌加工过程中得以应用。该特性使其可以作为食品添加剂用于色拉油、乳脂、调味品等，另外，也可应用于肉及鱼类罐头中。

3. 用作膳食纤维及抗性淀粉

膳食纤维属于低能量食品添加剂，在食品中可以起到填充、质构调整、降低体系能量等作用。淀粉球晶所具有的结晶特性及抗消化性，可以在食品工业中起到类似膳食纤维的功能，可以部分或全部取代糖和面粉应用于低热量谷物食品中。不同工艺制备的淀粉球晶都具有一定的抗酶解特性，在食品中的作用类似于抗性淀粉，添加到食品中后，其在小肠中不分解或缓慢分解，在大肠中被微生物分解后生成大量的短链脂肪酸，降低pH，促使镁、钙等矿物质溶解，形成可溶性钙、镁，可增进人体对维生素、矿物质的吸收，故具有增强肠道健康的功效。

4. 用作脂肪替代物

淀粉球晶还可作为脂肪替代物用于低脂或无脂食物配方中。淀粉球晶复水及加热后，可得到类似脂肪质构特性的半固体食品，在食品中可用其部分或全部替代脂肪，从而降低食品热量，制备低热量食品，适合对热量摄入敏感的特定人群使用。此外，淀粉球晶还可以进一步进行改性处理，如经过交联、酯化或醚化可以增强其亲脂类特性，可获得油状、软滑口感等模拟的脂肪感官特性，其中以交联改性效果最佳。

5. 用作低热量甜味剂

应用酸解、酶解或凝沉方法生产的淀粉球晶如果不进行后续的分离提纯，而是直接按一定比例加入食品及饮料中，则由于淀粉水解过程中产生的葡萄糖及低聚糖具有甜味，故可以用作低热量的食品甜味剂。

（二）淀粉球晶在其它行业中的应用

除了应用于食品行业，淀粉球晶还可以应用于化妆品、医药、纺织及造纸等行业中。在化妆品中使用微晶淀粉可改善乳液、膏霜及粉末外观，其具有天然淀粉流变性或增稠性，能稳定乳液，赋予化妆品亮丽的外观；在医药工业中，淀粉球晶有很好的保水性能，可利用它与水形成效果稳定、膏状或悬浮状类药物；也可应用其质构调整作用，用作药片的赋形剂。淀粉球晶在纺织工业中可用作轻纱上浆料；在建材中可用于制造无灰浆墙壁结构用石膏板；造纸工业可用淀粉球晶作为表面施胶剂，能改善纸表面强度和印刷时的着墨性能等。

参考文献

[1] ATICHOKUDOMCHAI N, VARAVINIT S, CHINACHOTI P. A study of ordered structure in acid-modified tapioca starch by 13C CP/MAS solid-state NMR[J]. Carbohydrate Polymers, 2004, 58 (04): 383 ~ 389.

[2] BULEON A, DUPRAT F, BOOY F P, et al. Single crystals of amylose with a low degree of polymerization[J]. Carbohydrate Polymers, 1984, 4 (03): 161 ~ 173.

[3] CAI L, SHI Y C. Structure and digestibility of crystalline short-chain amylose from debranched waxy wheat, waxy maize, and waxy potato starches[J]. Carbohydrate Polymers, 2010, 79 (04): 1117 ~ 1123.

[4] CAI L, SHI Y C. Self-assembly of short linear chains to A-and B-type starch spherulites and their enzymatic digestibility[J]. Journal of Agricultural & Food Chemistry, 2013, 61 (45): 10787 ~ 10797.

[5] CAI L, SHI Y C. Preparation, structure, and digestibility of crystalline A- and B-type aggregates from debranched waxy starches[J]. Carbohydrate Polymers, 2014, 105: 341 ~ 350.

[6] DE DECKERE E A M, KLOOTS W J, VAN AMELSVOORT J M M. Resistant starch decreases serum total cholesterol and triacylglycerol concentrations in rats[J]. The Journal of Nutrition, 1993, 123 (12): 2142 ~ 2151.

[7] KIATPONGLARP W, RUGMAI S, ROLLAND-SABATÉA, et al. Spherulitic self-assembly of debranched starch from aqueous solution and its effect on enzyme digestibility[J]. Food Hydrocolloids, 2016, 55: 235 ~ 243.

[8] MCPHERSON A E, JANE J. Comparison of waxy potato with other root and tuber starches[J]. Carbohydrate Polymers, 1999, 40 (01): 57 ~ 70.

[9] MORRISON W R, TESTER R F, GIDLEY M J, et al. Resistance to acid hydrolysis of lipid-complexed amylose and lipid-free amylose in lintnerised waxy and non-waxy barley starches[J]. Carbohydrate Research, 1993, 245 (02): 289 ~ 302.

[10] PLANCHOT V, COLONNA P, BULEON A. Enzymatic hydrolysis of α-glucan crystallites[J]. Carbohydrate Research, 1997, 298 (04): 319 ~ 326.

[11] RING S G, MILES M J, MORRIS V J, et al. Spherulitic crystallization of short chain amylose[J]. International Journal of Biological Macromolecules, 1987, 9 (03): 158 ~ 160.

[12] QIU C, YANG J, GE S, et al. Preparation and characterization of size-controlled starch nanoparticles based on short linear chains from debranched waxy corn starch[J]. LWT, 2016, 74: 303 ~ 310.

[13] VERMEYLEN R, GODERIS B, REYNAERS H, et al. Amylopectin Molecular Structure Reflected in Macromolecular Organization of Granular Starch[J]. Biomacromolecules, 2004, 5 (05): 1775 ~ 1786.

[14] 刘垚，高群玉，蔡丽明．微晶淀粉性质，功能及其在食品中应用[J]. 粮食与油脂，2006 (11): 2.

[15] 刘延奇，杨留枝，于九皋，等．微晶淀粉的制备方法及应用[J]. 粮食与饲料工业，2006 (08): 3.

［16］ 刘延奇，于九皋．微晶淀粉[J]．高分子通报，2002（06）：24-32.

［17］ 刘延奇，于九皋，孙秀萍．A-型淀粉球晶的制备及表征[J]．中国粮油学报，2004（01）：31-34+60.

［18］ 刘延奇，杨留枝，于九皋．酸酶催化水解法制备微晶淀粉的研究[J]．食品科技，2009，34（02）：238-242.

［19］ 尚亚倩．淀粉球晶的制备、表征及其应用[D]．天津科技大学，2018.

［20］ 谢芳，杨银洲，张斌，等．淀粉球晶的制备及其理化性质[J]．现代食品科技，2018，34（12）：153-158.

［21］ 杨银洲．淀粉球晶的制备及其在 Pickering 乳液中的应用[D]．华南理工大学，2017.

第五节　多孔淀粉

一、多孔淀粉概述

多孔淀粉（porous starch）又称微孔淀粉（microporous starch）或有孔淀粉（aperture starch），是利用物理、化学或生物酶法对生淀粉进行改性处理后所得的一种改性淀粉。本书统一采用多孔淀粉来表述该种改性淀粉。图 5-41 为玉米原淀粉及酶法制备的玉米多孔淀粉。

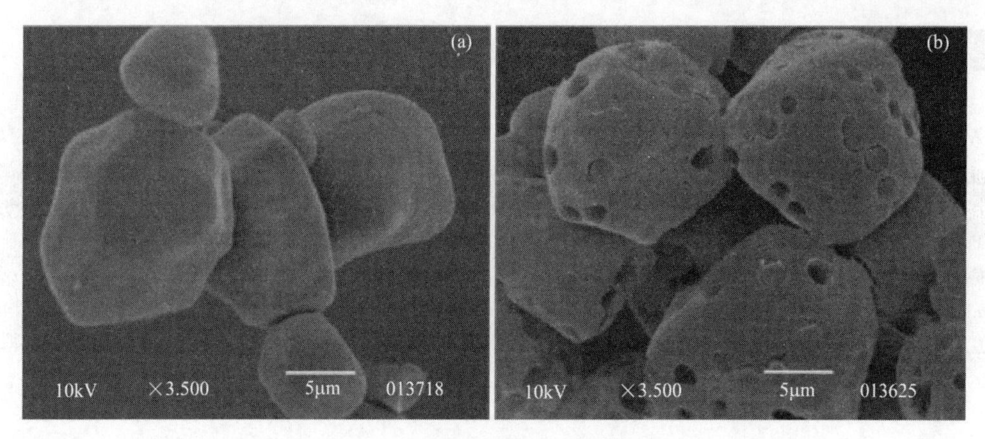

图 5-41　玉米原淀粉及多孔淀粉

（a）玉米原淀粉；（b）多孔淀粉

近年来，多孔淀粉已成为食品碳水化合物领域研究热点之一。但其实在很早以前研究人员就已经发现了多孔淀粉的存在。少数原淀粉如玉米、高粱、小米等颗粒表面本身就有孔洞（直径约为 1000 Å）存在。Fannon、Baldwin 及 Huber 等认为这些孔是天然存在的，而不是由加工过程中人为因素造成的。但有孔的淀粉颗粒只占小部分，而且孔数较少，孔径也不大，如玉米淀粉的孔径约 0.1μm。

早在 19 世纪 60 年代，就有研究者观察到动物在喂食含生淀粉的食物后，其粪便中有没被消化的淀粉颗粒，这些颗粒有的呈多孔状，有的表面呈鳞片状。这些未被消化的淀粉颗粒其实就是多孔淀粉。

1957 年，日本的二国二郎和美国普渡大学的 Whistler 就用透射显微镜观察经高活性淀粉酶处理后的玉米颗粒的超薄切片，他们发现淀粉酶能从淀粉颗粒表面一直作用到颗粒中心，破坏淀粉的层状结构，同时使淀粉形成孔状结构。1984 年，Whistler 在《starch chemistry and technology》一书中首次提出了“aperture starch”（即有孔淀粉）的概念。1985 年日本学者分离得到黑曲霉生淀粉水解酶，1993 年日本学者发现糖化酶和淀粉酶能使玉米淀粉表面形成孔结构。1996年，Whistler发表了第一篇有关多孔淀粉吸附性能和应用方面的初步研究的论文。1998年日本サンエイ糖化株式会社的长谷川信弘首次提出了较明确的多孔淀粉的定义，并提出了以玉米淀粉为原料，用曲霉糖化酶制备多孔淀粉的方法，并测定多孔淀粉的吸附性能、吸附量、堆积密度、比表面积等参数。同年，美国的Whistler等则使用化学试剂对多孔淀粉进行表面改性，如交联、酯化、醚化等，然后将其用作功能性物质的吸附剂。2000年，Rizzi研究发现，多孔淀粉可以通过交联、醚化或酯化等方法进行复合改性处理，优化其流变学特性。

国内对多孔淀粉较系统的研究始于2000年以后，2001年，姚卫蓉、姚惠源等研究了酶和原料粒度对多孔淀粉形成过程的影响。结果表明，国内生产的糖化酶、α-淀粉酶均有分解生淀粉的酶活力，适合制备多孔淀粉，而β-淀粉酶对生淀粉酶基本没有活力，且糖化酶、α-淀粉酶复合作用时成孔效果更佳，原料的粒度直接影响多孔淀粉的形成。2004年，姚卫蓉、姚惠源等对多孔淀粉包埋益生菌的工艺进行了研究，结果表明，多孔淀粉吸附双歧杆菌后不仅在喷雾干燥过程中，而且在贮藏过程都对其存活率有较好的保护作用。

2005年，周坚等改进了多孔淀粉的制备工艺，在酶法制备多孔淀粉的基础上采用预糊化和超声波对原淀粉进行预处理，提高了多孔淀粉的吸油率。同年，姚卫蓉、姚惠源等研究了淀粉开孔后的物性变化。结果表明，淀粉开孔后，除了吸油率提高、堆积密度下降以外，比表面积增大、平均粒径降低、结晶度下降、直链淀粉含量降低。

2013年，江慧娟等以交联酯化葛根多孔淀粉为壁材，通过物理吸附制备粉末紫苏籽油。以包埋率为指标，通过实验得到了最佳包埋条件，并对包埋前后的紫苏籽油进行加速氧化实验，由过氧化值的变化得出粉末化后的紫苏籽油能显著延长油脂氧化时间，可达到较好的抗氧化效果。

2018年，黄强等采用酶解预处理、辛烯基琥珀酸酐（OSA）疏水改性和Al^{3+}交联复合改性制备疏水多孔淀粉。研究发现：在相同的OSA添加量下，随着加酶量的增加，疏水多孔淀粉的取代度降低。激光共聚焦显微镜显示酯化处理后辛烯基琥珀酸（OS）基团在整个颗粒均有分布，随着酶水解率的提高，OS基团更多地分布在疏水多孔淀粉颗粒的内部。疏水多孔淀粉的吸油率随水解率的增大而增大。

相比于原淀粉，多孔淀粉具有更高的孔隙率和比表面积、较低的颗粒密度和堆积密度、良好的吸附性等优越性能。近年来，多孔淀粉的研究主要集中在工艺条件优化、结构和理化性质的表征、应用开发等方面。

二、多孔淀粉的制备方法

多孔淀粉的制备方法可以有不同的分类标准，从采用的技术种类看可以分为物理法（超声波、微波、辐照、挤压、喷雾、机械撞击等）、化学法（酸、交联剂、酯化剂等化学试剂处理）、生物法（酶处理、发酵处理）三种方法。以上三种方法，在制备多孔淀粉过程中往往只涉及一类技术措施，一般也称为单一法；与之相对应的，若将两种或多种方法同时使用，如：用物理法-辅助酶法和化学法-辅助酶法来制备多孔淀粉，则称为复合法。下面简要阐述不同方法制备多孔淀粉的技术特点。

物理法主要通过物理作用，破坏淀粉颗粒的表面结构，增加孔洞的数量和容积，形成多孔结构。物理法制备的多孔淀粉多在表面形成部分腐蚀和凹坑，不能形成纵横贯穿的孔洞结构。上述物理法中，超声波、辐照、机械撞击等方法的生产成本较高，不易实现产业化；而喷雾法形成的是一种实心球体构造，吸附作用只发生在表面凹凸不平的沟壑内，吸附量有限，影响应用效果。

化学法是指通过无机强酸（主要是盐酸）、交联剂、酯化剂等化学试剂的处理，使淀粉颗粒由表面向内部形成多孔结构。其中，酸水解法是最主要的化学方法，在实际应用中除了要考虑酸浓度、温度、淀粉用量和反应时间等因素对多孔淀粉产品的影响外，还要注意到，酸水解法在糊化温度以下处理淀粉，反应速率较慢、降解不一、随机性强，不易形成孔状结构，酸水解法的这些缺点也限制了其进一步应用。

生物酶法是最普遍采用的改性方式，该方法一般是在低于淀粉糊化温度的条件下酶解各种生淀粉，控制反应条件，最终制备出这种中空多孔结构的改性淀粉——多孔淀粉。在多孔淀粉的制备方法中，生物酶法是目前最有实用价值的方法，其中，仅采用一种酶处理的制备方法称为单一酶法，采用多种酶协同处理的制备方法称为复合酶法。目前国内外文献报道的可用于制备多孔淀粉的酶包括 α-淀粉酶、葡萄糖淀粉酶、糖化酶和脱支酶等，其中 α-淀粉酶和葡萄糖淀粉酶、α-淀粉酶和脱支酶的复合形式较为常见。生物酶法制备多孔淀粉的一般工艺流程包括：原淀粉（玉米淀粉、甘薯淀粉、籼米淀粉、木薯淀粉等）→低于糊化温度条件下适度酶解（α-淀粉酶、葡萄糖淀粉酶、脱支酶等）→过滤→洗涤→干燥→多孔淀粉。

三、生物酶法制备多孔淀粉的机理

生物酶法制备多孔淀粉的关键技术环节是将原淀粉在低于淀粉糊化温度的条件下进行酶解处理，从而形成一种蜂窝状多孔淀粉载体。该方法所使用的淀粉酶为生淀粉酶，生淀粉酶一般是指可以直接作用、水解或糖化未经过糊化的淀粉颗粒的酶。生淀粉酶主要通过微生物发酵生产。通过生物酶法制得的多孔淀粉为中空颗粒，具有较大的吸附量。

生淀粉酶所涉及的酶有好几种，α-淀粉酶、β-淀粉酶、葡萄糖淀粉酶、脱支酶中都有对生淀粉起水解作用的成分。不同来源及种类的生淀粉酶对生淀粉的水解能力存在差异，在以上几种含有生淀粉酶活性的酶中，葡萄糖淀粉酶、猪胰 α-淀粉酶对生淀粉具有较好的水解能力。以下就以葡萄糖淀粉酶（糖化酶）、α-淀粉酶为例阐述生淀粉酶的作用机制。

生淀粉糖化酶一般由三部分组成：含催化位的 GAI′、连接催化位与直接亲和位的 GP-I 和直接亲和位 Cp，其结构示意图如图 5-42(a) 所示。因此，酶是否能与生淀粉颗粒表面结合是水解生淀粉的关键。生淀粉糖化酶的亲和位不仅与肽链的氨基酸残基有关，而且与亲和

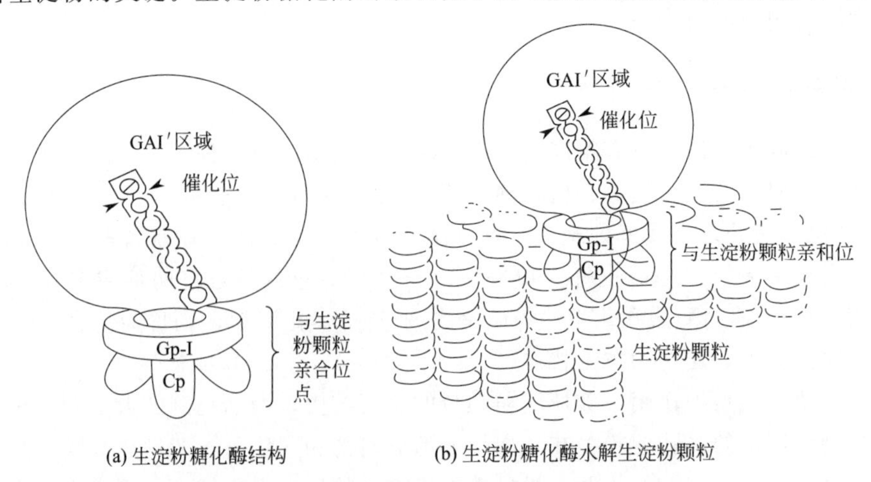

图 5-42 生淀粉糖化酶结构及其水解生淀粉颗粒示意

位点中的碳水化合物有关，当含量高时有利于生淀粉的吸附和水解。Cp 区域中色氨酸、GP-I 中的苏氨酸、丝氨酸及其与甘露糖通过糖苷键形成的复合物通过氢键都与淀粉颗粒表面连接，两者共同作用使酶与淀粉形成一个内含复合物，其含有的多个高焓水分子可以破坏淀粉分子颗粒内维系螺旋空间结构的氢键。当螺旋结构被破坏了可能游离出淀粉分子的非还原末端，该非还原末端进入 GAI′区域的催化位点后被分解，见图 5-42(b)。

生淀粉颗粒在水中由于其表面与水分子形成氢键，从而形成水束，生淀粉颗粒表面大量水束形成了一层水分子无法通过的水束层。只有当温度升高时水束层被破坏，水分子才渗入淀粉颗粒，使淀粉颗粒膨胀、糊化。人们称之为“水束隔离模式”（water-cluster dissociating model），见图 5-43。

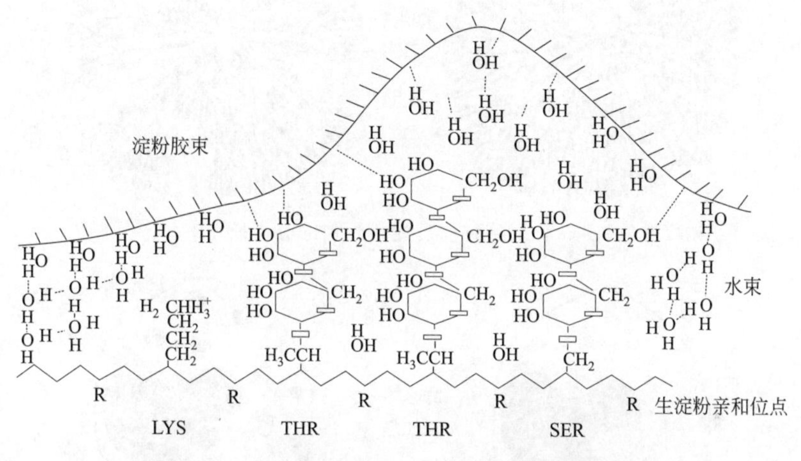

图 5-43　淀粉糖化酶 GP-I 与生淀粉水束隔离模式

生淀粉 α-淀粉酶在结构上有三个功能区，共由 496 个氨基酸残基和糖分子组成。功能区 A 是最大的一个区域，由（α/β）8 的空间回折构象组成；功能区 B 是一个很长的 β3→α3 环状结构；功能区 C 是一个有空穴的球状构象，它包含有 β 折叠形成的回形结构，酶解时通过各功能区的相互作用形成活力中心。根据生淀粉 α-淀粉酶的大小可有效吸附到淀粉颗粒上，镶嵌在结晶区与无定形区之间（见图 5-44），就可以水解排列较松散的无定形区，从淀粉链内部随机水解无规则排列的淀粉链，为糖化酶提供新的非还原末端，糖化酶再根据特有的水解方式从非还原末端连续水解淀粉链，从而达到协同作用。

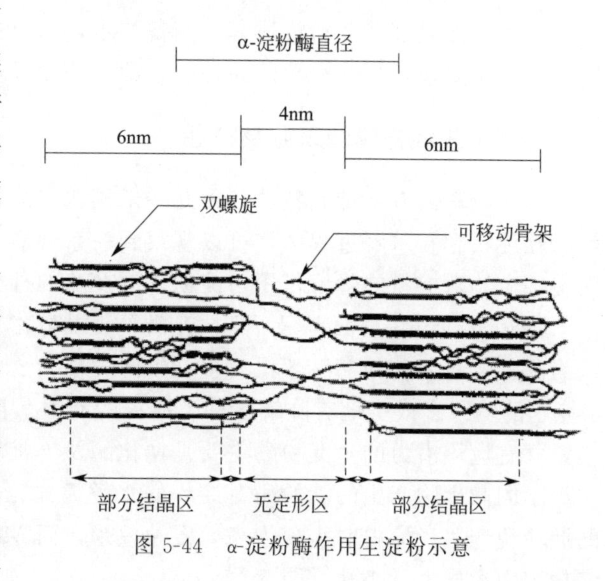

图 5-44　α-淀粉酶作用生淀粉示意

Whistler 等研究发现，在玉米淀粉和小麦淀粉中加入等量的 α-淀粉酶和糖化酶所制得的多孔淀粉的孔径比单独使用一种酶的都大。姚卫蓉等也发现制备多孔淀粉采用 α-淀粉酶和葡萄糖淀粉酶组合效果较好。从机理上分析，这一水解过程是分步进行的，首先糖化酶酶解突出在生淀粉颗粒表面的不规则部分及较容易水解的无定形区，沿着淀粉分子的非还原末端逐级水解；随着水解的进行，淀粉颗粒的吸水溶胀使 α-淀粉酶能接近颗粒内部，α-淀粉酶的随机内切作用为糖化酶提供新的非还原末端，这两种酶的复合协同作用不仅提高了水解速率，也使水解沿着更多的点逐级向淀粉分子内部推进，生淀粉的天然立体结构支持这种水解行为的连续性。其宏观效果是在淀粉颗粒表面形成一个个很小的孔，然后沿着径向逐步向颗粒中心推进，同时小孔的孔径逐渐扩大，然后在中心附近相互融合形成一个中空的结构，但保持颗粒的基本形状，具体过程如图 5-45 及图 5-46 所示。

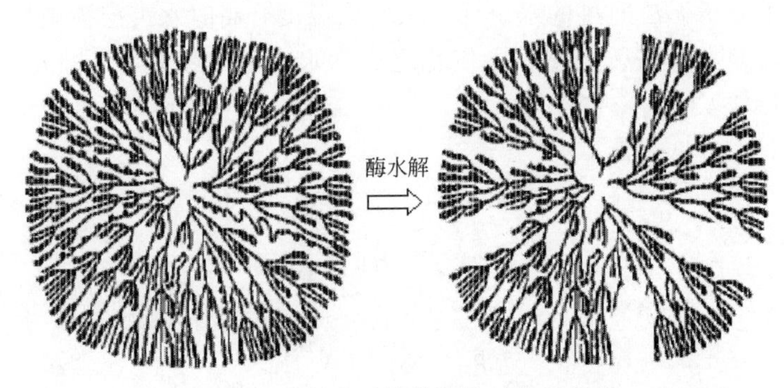

图 5-45　酶解前后淀粉颗粒的分子模型

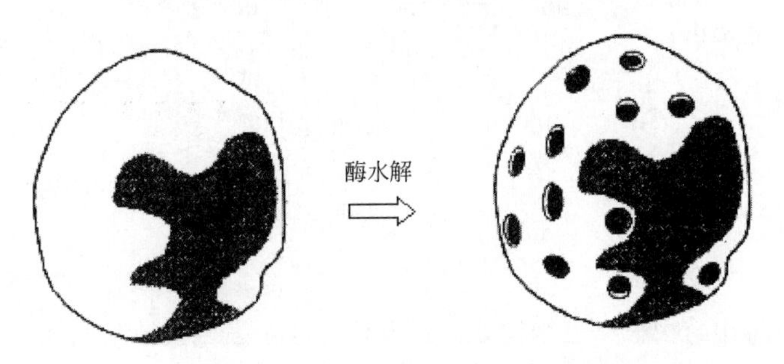

图 5-46　淀粉颗粒的水解示意

四、多孔淀粉的生物酶法制备技术

生物酶法是多孔淀粉最适宜的制备技术，这里主要探讨采用酶法制备多孔淀粉的相关影响因素，主要包括生淀粉酶的品种、来源、浓度等，生淀粉的特性，反应条件等。

（一）生淀粉酶的来源及特性

由于淀粉具有半结晶特性，因此，未糊化的淀粉颗粒较糊化淀粉及淀粉溶液更难被酶水解。在淀粉颗粒水解过程中，可以观察到一系列形态变化，如表面出现小洞、表面剥落、表面侵蚀。酶对淀粉的降解作用与淀粉来源及酶的种类有关系。

1980 年 Fuwa 全面考察了不同来源的淀粉降解酶作用于不同来源的生淀粉颗粒的情况，认为除了大豆 β-淀粉酶一般没有生淀粉降解能力外，细菌 β-淀粉酶以及不同来源的糖化酶、α-淀粉酶均或多或少地有降解各种生淀粉的能力。目前国内外的研究结果表明，形成多孔淀粉，并有应用潜力的生淀粉酶主要是糖化酶及 α-淀粉酶。

不同微生物产生的淀粉酶对淀粉的水解模式完全不同。*Paenibacillus granivorans* 产生的淀粉酶作用于淀粉时表现为表面侵蚀效果，而 *Microbacterium aureum* 产生的淀粉酶则在淀粉表面形成大量小孔（图 5-47）。

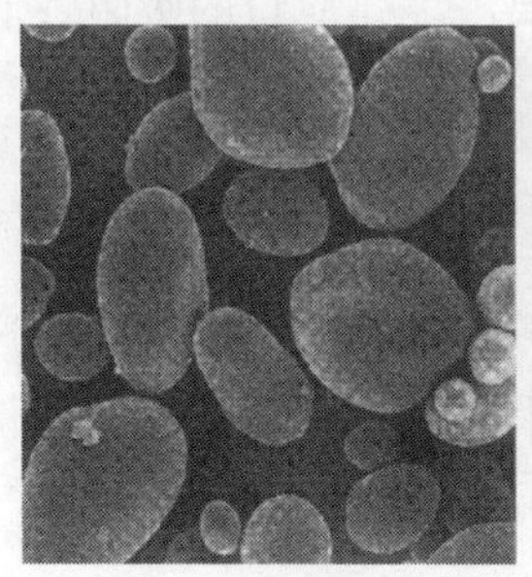
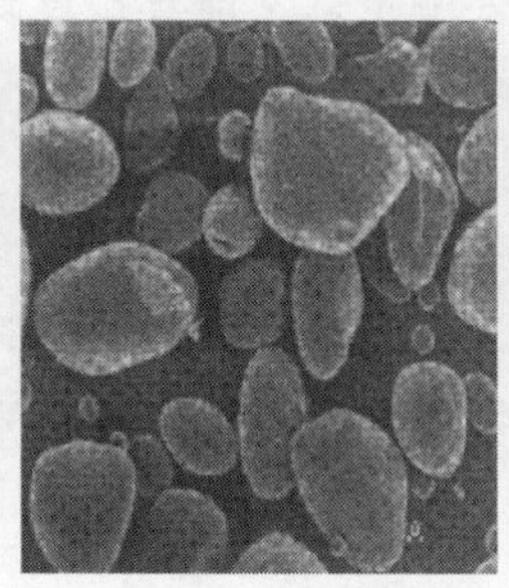
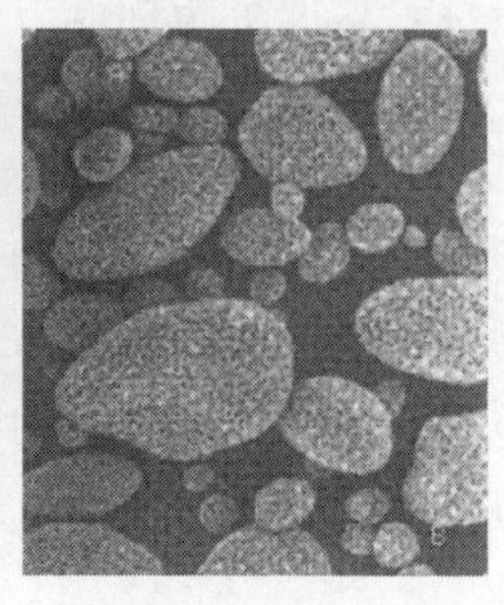

图 5-47 马铃薯淀粉颗粒酶处理前后表面状态

(从左至右依次为原淀粉颗粒、*Paenibacillus granivorans* 淀粉酶作用后颗粒、*Microbacterium aureum* 淀粉酶作用后颗粒)

(二)生淀粉的来源及特性

与谷物淀粉相比，马铃薯淀粉水解速度较慢，另外，马铃薯淀粉的水解表现为表面侵蚀，而像谷物淀粉在颗粒表面形成小孔。酶作用后颗粒形态的差异可能与不同淀粉的结晶类型有关，马铃薯淀粉为 B 型结晶结构，而谷类淀粉为 A 型结晶结构。马铃薯淀粉结晶区中的簇结构较谷类淀粉联结紧密，这可能是淀粉降解模式存在差异的部分原因。生淀粉主要来源于玉米、木薯、甘薯、土豆、大米、小麦、大麦等；并不是所有淀粉都可用于制备多孔淀粉，有的淀粉不管用何种酶水解，能从淀粉粒表面一层一层剥离，最终形成鳞片状外表面，如香蕉、百合、莲子淀粉等。另外淀粉自身的特性也会影响多孔淀粉的制备效果，其中直链淀粉含量、淀粉粒度及颗粒表面淀粉分子链非还原末端的分布等因素与多孔淀粉的制备密切相关，直链淀粉含量高的淀粉颗粒不利于生淀粉酶作用；淀粉粒度越小，越易被酶水解，但有时大颗粒能形成多孔结构，小颗粒只在表面腐蚀，酶对大颗粒小麦淀粉的作用是从赤道沟开始的，这表明酶对颗粒的作用是有一定选择性的；颗粒中的直链淀粉与蛋白质或脂质形成的复合物可以抵抗酶的水解作用，另外蛋白质的存在也具有物理阻隔作用，在一定程度上阻碍了酶接近淀粉分子，淀粉中蛋白质含量越高，酶解速度越低。

(三)生淀粉预处理的影响

原淀粉由于具有结晶构造，不易被酶水解。一般来讲，淀粉经过预处理后，能显著提高其对生淀粉酶的敏感性。Yamada 等发现小麦淀粉、马铃薯淀粉经过球磨处理后，溶解性提高，生淀粉酶敏感性增强。Celia 等发现在酶解前对淀粉进行湿热预处理，能增加糖化酶的敏感性，且谷物类淀粉的效果好于根茎类淀粉。谢莹将小麦淀粉经过湿热处理后，发现淀粉对酶的敏感性会增强，有利于被酶解生成多孔淀粉。张倩倩等以大米淀粉为原料，采用湿热处理辅助酶法制备多孔淀粉，结果表明，湿热处理辅助酶法制备多孔淀粉与普通酶法制备多孔淀粉相比，酶解时间减少一半，可达到同等的吸附性能，吸附过程可以通过等温线模型描述。

(四)酶解条件的影响

采用生物酶法制备多孔淀粉，可以采用单一酶或复合酶进行处理。国内外的研究结果表明，复合酶处理具有更好的水解效果。一般通过控制反应过程中的酶用量、酶解时间、温度、pH 等获得最优的制备条件。无论单酶或复合酶，对于多孔淀粉的制备来讲，较少通过直接测定孔径及其分布确定最佳条件，而是经常采用吸油率、吸水率作为控制多孔淀粉制备条件的间接指标，这两个指标既方便测定，又能直接反映出多孔淀粉的吸附性能。

五、多孔淀粉的复合改性

采用生淀粉为原料制备而成的多孔淀粉，在本质上仍是淀粉，与原淀粉有类似的性能，但由于受到酸、机械及酶等作用后，其颗粒结构稳定性降低，机械强度下降，这在一定程度上影响了其应用。为了改善其应用性能，研究人员往往采用酯化、交联等改性技术提高其稳定性及应用范围。

（一）多孔淀粉的酯化改性

多孔淀粉由于具有多孔状结构及较大的比表面积，可大大提高其吸附性能，但淀粉本身的亲水性质，使其对疏水性物质的吸附方面存在不足，限制了其应用。若要提高其对疏水组分的吸附效果，则需对多孔淀粉进行疏水改性以提高其吸附非极性和弱极性物质的能力。业内通常采用酯化的方法对多孔淀粉进行改性。酯化改性可采用有机酸及无机酸进行，基于安全、环保及成本等因素综合考虑，食品工业主要采用有机酸对多孔淀粉进行改性，制备多孔淀粉有机酸酯。国内外研究最多、应用最为普遍的是辛烯基琥珀酸改性多孔淀粉酯。图 5-48 为辛烯基琥珀酸淀粉酯合成反应机理示意图，淀粉分子的羟基在碱性环境下，解离羟基氧负离子，羟基氧负离子会进攻带部分正电荷的辛烯基琥珀酸酐，发生亲核取代反应，然后生成淀粉酯。

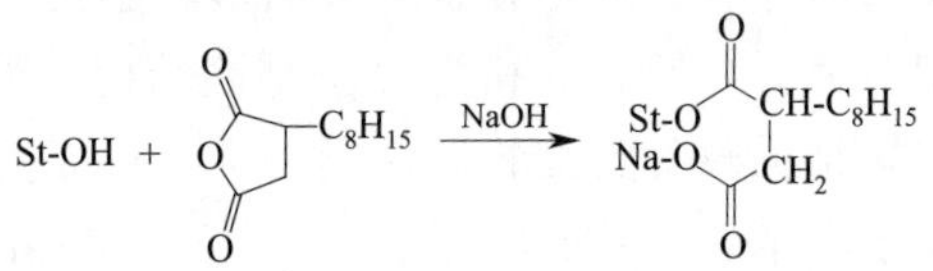

St-OH + (O, O, O, C_8H_{15}) $\xrightarrow{NaOH}$ St-O, Na-O, O, O, CH-C_8H_{15}, CH_2

图 5-48　辛烯基琥珀酸淀粉酯合成反应机理

酯化后的淀粉特性取决于所用的淀粉种类、酯化度以及取代基团在淀粉颗粒内的分布情况。可以通过对上述条件的控制，制备出具有不同特性的辛烯基琥珀酸酯淀粉，因此该种改性淀粉应用广泛。

酯化作用是在淀粉链中接入长链脂肪酸基团，新分支基团的特性会影响整个淀粉分子的性质。酯化淀粉与原淀粉相比，提高了对疏水性物质的吸附能力，同时改性会改变淀粉糊的性质，具体表现为：糊化温度下降、糊黏度上升、糊的透光率增大、凝沉性降低、冻融稳定性提高。经辛烯基琥珀酸酯化改性后的多孔淀粉具有双亲特性，可以起到乳化及包埋作用。龙海涛等以玉米淀粉为原料、辛烯基琥珀酸酐为酯化剂、α-淀粉酶为酶解剂，制备了酯化多孔淀粉，测定了酯化多孔淀粉的取代度及水解度，并通过红外光谱及扫描电镜对其进行了表征。将该酯化多孔淀粉用于吸附番茄红素，吸附能力得到明显提升，饱和吸附量从 106.90μg/g 提高到 225.45μg/g。

（二）多孔淀粉的交联改性

原淀粉经酶或其他物理作用形成多孔淀粉后，淀粉颗粒受到不同程度的破坏，结构变得疏松，机械强度下降，同时，多孔结构的形成使水分子容易进入淀粉粒内部，导致其糊化温度降低。酶解后淀粉分子链长减小，抗剪切性能下降，热糊黏度及稳定性均劣化。如果在多孔淀粉应用中需要涉及较多输送、搅拌等环节，则需要对多孔淀粉进行交联改性，以提高其机械强度及抗溶胀性能。通常采用三氯氧磷、偏磷酸盐、二羧酸衍生物等化学交联剂对多孔淀粉进行交联改性。经交联处理后，可提高多孔淀粉的吸水率和吸油率以及热稳定性、冻融稳定性、耐酸性等物化特性。甘招娣等以玉米淀粉为原料，采用 α-淀粉酶和糖化酶复合酶解与三偏磷酸钠交联改性相结合的方法制备了一系列具有不同交联度的交联多孔淀粉，相比原淀粉和未交联多孔淀粉，交联多孔淀粉的吸油率有较大提高。经过交联反应后的交联多孔淀粉未改变淀粉结晶类型，提高了多孔淀粉总孔面积、平均孔直径和孔隙率值，其分子结构也更加紧凑，更具刚性和更高的糊化温度，说明交联改性提高了多孔淀粉的结构性能。

（三）多孔淀粉的交联酯化复合改性

在交联和酯化两种单一改性多孔淀粉的基础上，为了进一步提高多孔淀粉的功能性及稳定性，可以采用复合改性技术制备出交联酯化多孔淀粉。复合改性充分利用了两种单一改性的优点，交联改性能大幅度增加淀粉糊黏度，提高淀粉糊热稳定性；酯化改性可以增强淀粉的亲水性，降低淀粉糊化温度。这样对多孔淀粉进行交联酯化双重改性，则可得到兼具交联多孔淀粉和酯化多孔淀粉两者优点的淀粉产品。徐忠等以玉米多孔淀粉为原料、三氯氧磷为交联剂制备酯化交联多孔淀粉。结果表明，经交联处理后多孔淀粉的吸水率、吸油率与原淀粉相比有较大提高，溶解度、膨胀率、冻融稳定性、耐酸性都有较大改善，优于原淀粉和多孔淀粉，同时也提高了多孔淀粉的结构性能。

六、多孔淀粉的应用

多孔淀粉作为一种高效、无毒、安全的吸附剂被广泛地应用于食品、医药卫生、农业、造纸、印刷、化妆品、洗涤剂、胶黏剂等行业。目前，多孔淀粉的应用主要利用其对目标物质的吸附、缓释或保护作用等。

（一）在食品工业中的应用

1. 作为吸附剂

多孔淀粉具有多孔构造，比表面积大，具有优良的吸附性能，可对食品中水溶性较差的活性物质进行吸附，提高其生物利用率。根据被吸附物的理化性质差异，可采用不同的技术手段提高吸附效果。目标物质为液体或可制备成溶液时，可将溶液直接喷洒于多孔淀粉表面，或将多孔淀粉加入其中充分混合、吸附，再经过滤或离心，然后干燥即可。若被吸附物质不溶或微溶于水时，可将其直接与多孔淀粉高速混合，并通过机械力作用（如球磨、锤磨等方式）将其挤入多孔淀粉中。目前已有文献报道多孔淀粉对薄荷香精、番茄红素、茶多酚、可可脂、石榴多酚等物质的吸附。用多孔淀粉吸附上述物质可以达到缓释及保护作用，更有利于物质的利用，提高使用效率。

2. 作为包埋剂

食品工业中用多孔淀粉进行吸附并包埋的目标物往往在空气中易氧化、易分解或光、热不稳定，经包埋处理后可提高稳定性。多孔淀粉作为包埋剂可用于包埋褪黑色素、岩藻黄素、紫杉醇、青蒿素、维生素 E 等生物活性物质以及益生菌。上述生物活性物质主要是与淀粉的葡萄糖分子的羟基之间形成氢键，固定在孔洞结构中。研究表明，生物活性物质经多孔淀粉包埋后其活性有一定的提高。实验数据表明，不同物质由于自身特性的差异，在模拟胃肠道消化时，释放效率存在差异。

3. 作为微胶囊芯材或壁材

在将多孔淀粉用作微胶囊芯材时，先利用其吸附功能，将待包埋的组分吸附到多孔淀粉上，然后将吸附了目标物的多孔淀粉作为微胶囊芯材，用适当的壁材进行微胶囊化，此方法可以解决微胶囊制备过程中颗粒度不均一的问题。通常的操作是先采用多孔淀粉吸附目标物，再与壁材混合、喷雾干燥，可以得到大小均一的粉末。

多孔淀粉是近年来发展迅速的一种壁材，由于其具有良好的吸附性，许多学者将其用作微胶囊的壁材，取得了良好的效果。最典型的用途就是采用多孔淀粉作为壁材制备各种类型的粉末油脂。目前，微胶囊多孔淀粉的应用主要有以下几个方面：

（1）在通常环境下不稳定的物质经包埋使之稳定化（如DHA、EPA、维生素E、维生素A、胡萝卜素、番茄红素、大豆磷脂等）。

（2）防止挥发，保留香气等成分，赋予保健品、香精、香料等缓释性。

（3）掩盖刺激味，掩盖药品、食品中的苦、臭味（如肽类、中药提取物、灵芝、人参、芦荟的苦味，豆制品的豆腥味，海产品的海腥味等）。

（4）使油脂或溶于油脂的物质粉末化。

4. 作为脂肪替代物

脂肪是食品中的基础成分，对食品的风味、口感、质地等感官特性起重要作用。然而脂肪的过多摄入易引起严重危害人类健康的一些疾病，如脑血栓、高血压、高胆固醇、冠心病、青年肥胖症等，并且与某些癌症的发病率有关。

（二）在其他领域的应用

多孔淀粉在农业领域可用于制备杀虫剂和除草剂，有效控制农药和除草剂的挥发、分解与释放的时间，提高其使用效率。多孔淀粉也可用来生产生物可降解膜和超吸水剂，提高沙质土堤的保水性和农作物的存活率。在化妆品行业，可将多孔淀粉添加到化妆品中，降低化妆品对皮肤刺激的同时可以提高产品的性能。多孔淀粉也可应用到涂料行业，提高调湿涂料的吸水性和吸放湿性能。多孔淀粉因其良好的生物相容性和可降解性，且在体内可完全吸收，因此，可以用作外科手术的止血剂。

（三）多孔淀粉的应用展望

多孔淀粉是以原淀粉为原料制备的改性淀粉，本质上仍是淀粉，因此，具有良好的安全性及类似淀粉的功能特性。由于多孔淀粉具有特殊的中空多孔结构，这就赋予了它特殊的性能。与原淀粉相比多孔淀粉具有相对较大的比表面积和比孔容积、较低的堆积密度和颗粒密度、吸附性能高且安全无毒。其吸附了目的物后，可以根据生产需要添加，被吸附物可以是粉、水溶液、油溶液、有机溶剂等多种物态，因而具有广阔的应用前景。为获得结构均匀、性能稳定的产品并实现工业化生产，可通过工艺优化调控多孔淀粉的孔径大小、孔洞形状及分布特点，并可以对多孔淀粉进行再次改性以提高其品质和应用价值。

参考文献

[1] BALDWIN P M, ADLER J, DAVIES M C, et al. Holes in starch granules: confocal, SEM and light microscopy studies of starch granule structure[J]. Starch-Stärke, 1994, 46 (09): 341-346.

[2] CHEN J H, WANG Y X, LIU J, et al. Preparation, characterization, physicochemical property and potential appli-

cation of porous starch: A review[J]. International Journal of Biological Macromolecules, 2020, 148: 1169-1181.

[3] FANNON J E, HAUBER R J, BEMILLER J N. Surface pores of starch granules[J]. Cereal Chem, 1992, 69 (03): 284-288.

[4] HUBER K C, BEMILLER J N, Channels of maize and sorghum starch granules[J]. Carbohydrate Polymers, 2000, 41: 269-276.

[5] KHLESTKIN V K, PELTEK S E, KOLCHANOV N A. Review of direct chemical and biochemical transformations of starch[J]. Carbohydrate Polymers, 2018, 181: 460-476.

[6] LI H, MA Y, YU L, et al. Construction of octenyl succinic anhydride modified porous starch for improving bioaccessibility of β-carotene in emulsions[J]. RSC Advances, 2020, 10 (14): 8480-8489.

[7] RIZZI. Modified porous starch, US Patent, 2000, 11-14.

[8] WHISTLER R L, Microporous granule starch matrix composition[P]. US: 4985082, 1991.

[9] 曹亚飞．疏水多孔淀粉的制备及其吸油性能研究[D]. 广州：华南理工大学，2016.

[10] 长谷川信弘．有孔淀粉の性质とマィクロカプセル化への利用[J]. 食品工业（日），1998，18: 42-50.

[11] 甘招娣，彭海龙，熊华．酶解-交联法制备多孔淀粉及其负载红景天苷研究[J]. 食品工业科技，2017，38（03）：68-73.

[12] 黄强，林晓瑛，曹亚飞，等．疏水多孔淀粉的制备及其吸油性能[J]. 现代食品科技，2018，34（05）：123-129.

[13] 江慧娟，吕小兰，黄赣辉．多孔淀粉粉末紫苏籽油的制备及其抗氧化性[J]. 食品科学，2013，34（12）：95-98.

[14] 龙海涛，孙艳，张慧秀，等．酯化微孔玉米淀粉制备及其吸附番茄红素的研究[J]. 食品工业科技，2015，36（22）：293-297＋312.

[15] 缪铭．缓释载体-玉米多孔淀粉的制备、应用及机理研究[D]. 哈尔滨：哈尔滨商业大学，2006.

[16] 施晓丹，汪少芸．多孔淀粉的制备与应用研究进展[J]. 中国粮油学报，2021，36（02）：187-195.

[17] 徐阮园，徐敏，杜先锋，等．交联酯化大米多孔淀粉的制备工艺优化及其吸附性能研究[J]. 食品科技，2010，35（09）：267-271.

[18] 姚卫蓉，姚惠源．多孔淀粉的研究Ⅰ酶和原料粒度对形成多孔淀粉的影响[J]. 中国粮油学报，2001（01）：36-39.

[19] 姚卫蓉，姚惠源．多孔淀粉包埋益生菌的工艺研究[C]. 第三届“益生菌、益生元与健康研讨会”论文集，2004: 34-36＋62.

[20] 姚卫蓉，姚惠源．淀粉性质及预处理对多孔淀粉形成的影响．中国粮油学报，2005，5（20）：51-55.

[21] 杨宝，刘亚伟，袁超，等．交联酯化淀粉研究[J]. 中国粮油学报，2003（06）：56-58.

[22] 张倩倩，徐超，曹俊英，等．湿热处理辅助酶法制备大米多孔淀粉及其性质研究[J]. 中国粮油学报，2022，37（01）：66-71.

[23] 周坚，沈汪洋，万楚筠．微孔淀粉制备的预处理工艺研究[J]. 食品科学，2005（11）：134-136.

[24] 诸葛斌，姚惠源，姚卫蓉．生淀粉糖化酶的结构和作用机理[J]. 工业微生物，2001（01）：49-51.

[25] 朱仁宏．玉米多孔淀粉制备和应用的研究[D]. 无锡：江南大学，2005.

第六节　微细化淀粉

微细化淀粉（micronized starch）是采用指采用物理（机械、气流）的方法，克服淀粉颗粒的内聚力，使其破碎，从而使淀粉颗粒的粒度达到微米级甚至纳米级的一种物理改性淀粉。淀粉是一种天然植物多糖化合物，它以颗粒状态广泛存在，不同种类的淀粉具有不同的颗粒大小及形态。淀粉颗粒的大小和形状影响其结构和理化性质，本节主要介绍微细化淀粉的制备原理、设备、性质及应用。

一、微细化淀粉的制备原理

超微粉碎技术通常又可分为微米级粉碎（1～100μm）、亚微米级粉碎（0.1～1μm）、纳米级粉碎（0.001～0.1μm，即1～100nm）。在淀粉微细化处理过程中应用的超微粉碎技术一般使粉碎后的淀粉颗粒达到微米或亚微米级即可获得良好的改性效果。

（一）粉碎的基本方法

物料粉碎时所受到的作用力包括挤压力、冲击力和剪切力（摩擦力）三种。根据施力种类与方式的不同，物料粉碎的基本方法包括压碎、劈碎、折断、磨碎和冲击破碎等形式。

在选择粉碎方法时，应根据物料的物化性质与所要求的粉碎比而定，尤其是物料的硬度和破裂性对方法的选择影响很大。对于特别坚硬的物料用挤压和冲击很有效，对于韧性物料用研磨和剪切较好，而对于脆性物料则以劈裂、冲击为宜。在对淀粉进行超微粉碎时，经常采用的粉碎方法为磨碎和冲击破碎。

（二）超微粉碎的形式

超微粉碎可分为干法粉碎和湿法粉碎，根据粉碎过程中产生粉碎力的原理不同，干法粉碎有气流式、高频振动式、旋转球（棒）磨式、锤击式和自磨式等几种形式；湿法粉碎主要使用胶体磨和均质机。表5-22列出了干法粉碎和湿法粉碎常用的几种形式。

表5-22　超微粉碎的主要类型

粉碎形式	类型	基本原理
干法	气流式	利用气体通过压力喷嘴的喷射产生剧烈冲击、碰撞和摩擦等作用力实现对物料的粉碎
	高频振动式	利用球或棒形磨介的高频振动产生冲击、摩擦和剪切等作用力实现对物料的粉碎
	旋转球(棒)磨式	利用球或棒形磨介在水平回转时产生冲击和摩擦等作用力实现对物料的粉碎
湿法	胶体磨	通过转子的急速旋转，产生急剧的速度梯度，使物料受到强烈的剪切、摩擦和湍动骚扰来粉碎物料
	均质机	由于急剧的速度梯度产生强烈的剪切使液滴或颗粒发生变性和破裂以达到微粒化的目的

在微细化淀粉的制备过程中，主要采用干法进行生产，最常用的方法是球磨粉碎。

旋转球磨式超微粉碎的原理是利用水平回转筒体中的球或棒状研磨介质研磨淀粉颗粒，后者由于受到离心力的影响产生了冲击和摩擦等作用力，达到对颗粒粉碎的目的。

（三）微细化淀粉的制备原理

利用球磨设备，如为真空球磨设备则应设定适当的真空度，然后调整淀粉质量浓度（g/mL）、球磨转速，并以无水乙醇为溶剂对淀粉进行微细化处理，通过控制微细化处理时间，从而获得不同粒度梯度的微细化淀粉。

淀粉的微细化过程是一种动态平衡过程，一方面大颗粒粉碎、微细化为小颗粒，另一方面细小颗粒聚结、团聚成大颗粒。粉磨初期，原淀粉颗粒受到机械力作用，内能增加，产生较大的应力和应变，并在颗粒内部产生向四周传播的应力波，在内部缺陷处、裂纹处、结晶区域处等产生应力动态集中，使颗粒首先由这些脆弱面破碎，因此在球磨初期观察到裂纹增大、四周崩裂、表面粗糙进而凹陷等现象。随着颗粒的不断细化，内部缺陷减少，粉碎必须通过破坏晶格结构来完成，粉碎能量产生的应力使颗粒中相邻的原子链发生断裂，微细化颗粒形成新表面，同时使颗粒的表面能增加，导致颗粒的强度、硬度增加，此时颗粒较前难以粉碎，这也是球磨中期颗粒微细化趋势变慢的原因。此外，新表面在机械力作用下处于激活状态，当继续研磨时，颗粒会产生更高的活性，颗粒表面的范德华力和静电引力增大，产生团聚现象，即形成二次颗粒，使颗粒的粒径增大。团聚现象恰恰说明在机械力作用下可使微细化粉体产生综合的机械化学活性。

在此过程中要注意以下几方面的问题：

1. 球磨时间对微细化质量的影响

随着颗粒的不断细化，脆弱面不断减少，微细化速度减缓。但是，当微细化时间达到颗粒物料的微细化极限后，无论时间如何增加，颗粒的细化度也不会增加。相反，随着时间的进一步增加，由于细化物料之间的相互接触程度增加，黏着力增大，相互之间的相互作用力也增大，从而使物料的颗粒增大。因此，在微细化处理时，如何选择合理的微细化时间是很重要的。

2. 混合介质对微细化质量的影响

微细化处理过程中，细化介质对微细化质量也有很大的影响作用。在没有混合介质的情况下，湿度比较低的物料，在微细化处理过程中，由于分子内部没有足够的水分，各个细胞之间紧密排列，相互之间的作用力比较大，外层的细胞在很强的研磨和冲击作用下首先和内部细胞发生连接的断裂，然后逐步地相互断裂。但是如果物料和一些诸如水、乙醇等介质进行混合后，由于水分子进入到物料分子的内部孔隙中，导致物料分子逐步膨胀，萎缩的结合键得到软化，这样在比较强烈的剪切力作用下很容易断裂。因此，在微细化处理过程中，适当加入一定量的球磨介质，有利于淀粉颗粒的快速细化。

3. 球磨转速对微细化质量的影响

球磨的转速越高，研磨体和物料之间的碰撞程度越激烈，造成物料颗粒很大的破碎；球磨的转速越低，研磨体和物料之间的接触频率越低，物料所受到的冲击力在一定程度上必然会降低。因此，球磨转速对微细化效果有着重要的影响。

在实际进行微细化淀粉制备的过程中，一定要注意以上 3 个方面的问题，进行综合调整，从而达到最佳的制备效果。

二、淀粉微细化处理设备

制备微细化淀粉最常用的设备就是球磨机，采用球磨机粉碎是一种历史悠久，至今仍被广泛应用的粉碎技术。该方法设备结构简单、可靠，易损件的检查更换比较方便，适应范围广、适应性强，能处理多种物料并符合工业化大规模生产的需要。

图 5-49 为球磨机筒体示意，圆柱形筒体的两端有端盖，端盖的法兰圈通过螺钉与筒体的法兰圈相连接。端盖中部有中空的圆筒形颈部称为中空轴颈，它支承于轴承上。筒体上固定有大齿圈。电动机通过联轴器和小齿轮带动大齿圈和筒体缓缓转动。当筒体转动时，磨介随筒体上升至一定高度后，呈抛物线抛落或呈泻落下滑，如图 5-49(中) 所示。由于端盖有中空轴颈。物料从左方的中空轴颈进入筒体，逐渐向右方扩散移动。在自左而右的运动过程中，物料受到钢球的冲击、研磨而逐渐粉碎，最终从右方的中空轴颈排出机外，如图 5-49(左) 所示。物料进入筒体后即堆积于筒体左端。由于筒体的转动和磨介的运动，物料逐渐向右方扩散，最后从右方的中空轴颈溢流出去，故称为溢流型球磨机。

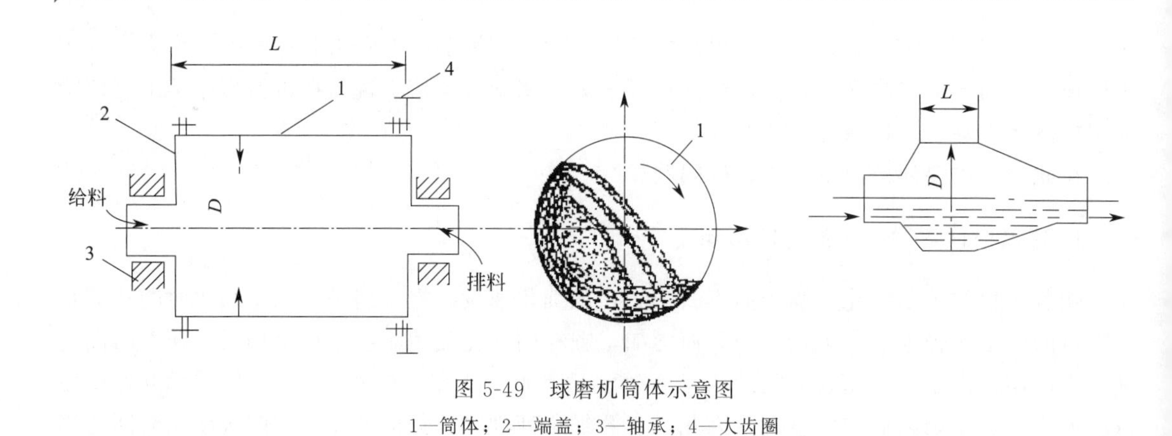

图 5-49　球磨机筒体示意图

1—筒体；2—端盖；3—轴承；4—大齿圈

三、微细化程度的评价

淀粉微细化程度的评价方法主要是测定处理后淀粉颗粒的粒度分布。目前最主要的测定方法就是采用激光粒度分布仪测定，激光粒度分布仪是利用光学散射原理制成的高精度测量仪器，其光学测试部分主要由三个部分组成：发射区、样品区及接收区。发射区包括激光和产生激光光束的电子仪器；样品区是介于发射设备和接收设备之间的部位，样品在样品区里穿过激光束而被测量；接收区主要负责收集和存储雾滴通过光束时得到的各种有效信息，并且把各信息数据传送给计算机，用于数据处理和分析。

四、微细化处理对淀粉性质的影响

（一）微细化处理对淀粉颗粒特性的影响

1. 微细化处理对淀粉颗粒形貌的影响

Shinji Tamaki 等通过机械球磨对玉米淀粉、蜡质玉米淀粉和高直链玉米淀粉进行微细化处理，研究了粉磨前后淀粉颗粒形貌的变化情况，具体结果见图 5-50。

图 5-50　球磨处理玉米淀粉的 SEM 图片

（从上到下依次为玉米淀粉、蜡质玉米淀粉、高直链玉米淀粉）

从图5-50中可以看出，经过球磨处理后，随着处理时间的延长，三种淀粉的颗粒逐渐失去平滑结构，变得粗糙。球磨时间在80h以前，三种淀粉基本保持原来的体积和完整的颗粒结构，处理320h时，可以看到一些颗粒堆积在一起，但是随着处理时间的延长，三种淀粉颗粒的变化情况存在差异，蜡质玉米淀粉颗粒表面变化速度最快，而高直链玉米淀粉变化速度最慢，普通玉米淀粉变化速度介于二者之间，但当处理时间达到320h时，三种淀粉的变化情况基本相同。

在对马铃薯淀粉进行球磨处理时，颗粒的变化情况与玉米淀粉相似，但经过320h的球磨处理后，马铃薯淀粉的颗粒依然保持完整状态，只是颗粒表面变得极为粗糙。

陈玲等对木薯淀粉微细化处理时，研究了球磨时间与粒度分布的关系，具体结果见表5-23。

表5-23　球磨时间对木薯淀粉颗粒粒度的影响

球磨时间/h	淀粉颗粒粒度分布/%						中粒径/μm
	15～10μm	10～8μm	8～6μm	6～5μm	5～4μm	4～0μm	
0	59.2	20.0	11.1	4.0	3.5	2.1	10.78
6	17.7	23.9	25.9	13.3	14.0	5.2	7.35
12	0	10.4	49.4	17.1	11.8	11.2	6.4
20	—	0	19.4	22.5	32.2	34.9	4.65
48	—	—	0	4.8	17.7	77.8	2.91
72	—	—	—	—	7.1	92.9	1.70
100	—	—	—	—	3.1	96.9	1.53

从表5-23可以看出，木薯淀粉颗粒的粒度主要分布在6～15μm之间，其中10～15μm的颗粒占近60%。经过6h球磨后，淀粉中的大颗粒减少，小颗粒增加，颗粒粒度比较平均，分布在4～15μm之间。12h的球磨使木薯淀粉颗粒的粒度发生很大变化，10～15μm的颗粒基本被破碎成小颗粒，其中6～8μm的颗粒占了一半。球磨时间增加到20h，粒径≤5μm的超微细木薯淀粉颗粒占了67%。随着球磨时间的继续延长，超微颗粒量不断增加，当到达72h时，已将木薯淀粉全部超微细化，颗粒粒径均在5μm以下。继续球磨到100h，淀粉颗粒粒度变化不大，表明存在粉碎极限。

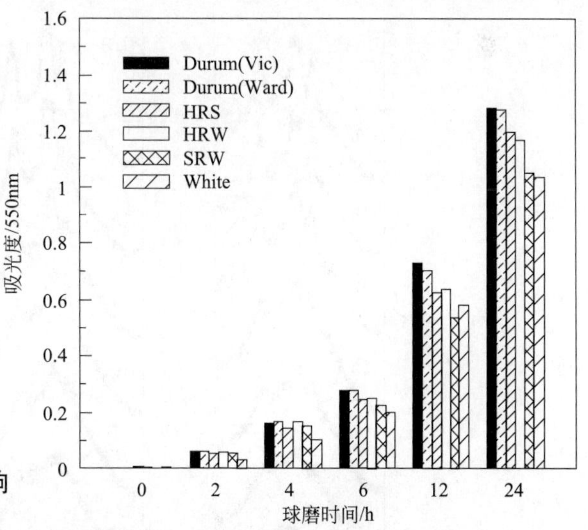

图5-51　球磨时间对淀粉损伤程度的影响

Durum—杜伦硬质小麦淀粉；HRS—硬红春麦淀粉；HRW—硬红冬麦淀粉；SRW—软红冬麦淀粉；White—白麦淀粉

2. 微细化处理对淀粉损伤程度的影响

图5-51为不同种类的小麦淀粉经球磨处理后颗粒的损伤程度，从图中可以看出，不同种类的小麦淀粉中以杜伦小麦淀粉经球磨处理后损伤程度最大，其次是硬麦和软麦。这表明小麦的硬质率越高，从其中获得的淀粉对球磨处理的敏感程度也越高。一般认为杜伦小麦的硬质率最高，其次是硬麦和软麦，Kulp等的研究结果也表明，不同种类的小麦淀粉经球磨处理后，损伤程度存在差异，硬质小麦较软质小麦损伤率高。

（二）微细化处理对淀粉糊性质的影响

任广跃等研究了微细化木薯淀粉糊的特性。结果表明，微细化木薯淀粉的黏度变化趋势与原淀粉基本相同，糊化温度、峰值黏度及保温过程中黏度下降幅度等，均随淀粉颗粒粒度的降低而呈下降趋势。微细化处理对淀粉颗粒的溶胀有抑制作用，且微细化后淀粉黏度的热稳定性明显提高。

木薯淀粉经微细化处理后，其冻融稳定性与原淀粉相近，微细化木薯淀粉糊的沉降体积随淀粉颗粒粒度的降低而增大。微细化木薯淀粉凝胶析水程度小于原淀粉凝胶，其冷稳定性好于原淀粉凝胶。

微细化木薯淀粉的溶解度随淀粉颗粒的粒度降低而增大，其膨胀率随颗粒粒度的减小先上升后下降。

姚怀芝等也研究了超微粉碎籼米淀粉的糊化特性，结果表明超微粉体比原淀粉更易糊化，峰值黏度明显降低，且在冷却保温过程中，超微粉体的黏度值比原来的黏度峰值低。因在超微粉碎过程中，分子结构受到破坏，增加了颗粒与水的结合概率，故使糊化温度下降。且超微粉碎也导致分子量减小，故在冷却保温过程中其黏度值偏低。

（三）微细化处理对淀粉结晶特性的影响

图5-52为微细化处理的马铃薯淀粉X射线衍射图谱，从图中可以看出，球磨处理5h后，淀粉仍保持B型结晶结构，处理时间达到10h后，逐步失去结晶结构，到20h时完全失去结晶结构。

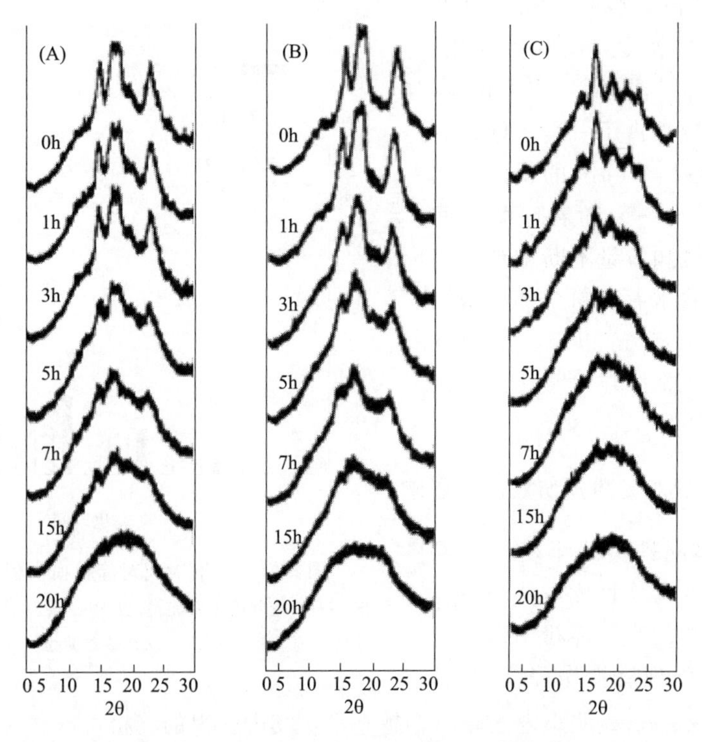

图5-52 球磨处理淀粉的X射线衍射图谱

（A）玉米淀粉；（B）蜡质玉米淀粉；（C）高直链玉米淀粉

胡飞等采用偏光显微考察了马铃薯淀粉颗粒在机械球磨微细化过程中结晶结构的变化，具体见图 5-53，从图中可以看出，马铃薯淀粉颗粒呈现很强的双折射性，其颗粒都有偏光十字。球磨 5h 后，受到球磨介质冲击的颗粒出现崩裂、破碎，这些地方的偏光十字消失，而整体大部分颗粒的偏光十字依然存在。球磨至 10h 时，有更多的马铃薯淀粉颗粒被破碎而消失偏光十字，体系中只有少数颗粒还存在偏光十字，相当部分是不完整的十字。当球磨到 25h 时，马铃薯淀粉颗粒的偏光十字基本消失，说明结晶结构受到严重破坏。

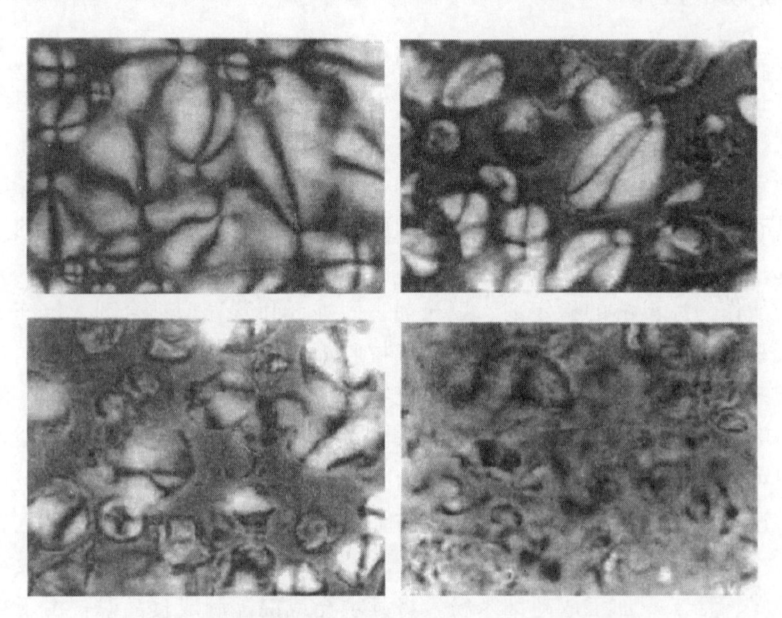

图 5-53　球磨处理对马铃薯淀粉偏光十字的影响

（从左到右依次为原淀粉，球磨处理 5h、10h 和 25h）

（四）微细化处理对淀粉热焓特性的影响

图 5-54 为不同球磨时间处理马铃薯淀粉的 DSC 图谱，具体参数见表 5-24，从图 5-54 和表 5-24 中可以看出，随着处理时间的延长，T_p 逐渐降低，由最初的 63.7℃变为 58.8℃。但变化最大的是焓值，从最开始的 9.8mJ/mg 逐渐降低，到 80h 时，已经变为 1.7mJ/mg。DSC 图谱上的糊化峰几乎消失，这表明淀粉的糊化过程是不均一的，而是从表面向内部逐渐进行的，在球磨 80h 后，接近淀粉颗粒中心，而在处理 320h 时，已接近完全糊化。

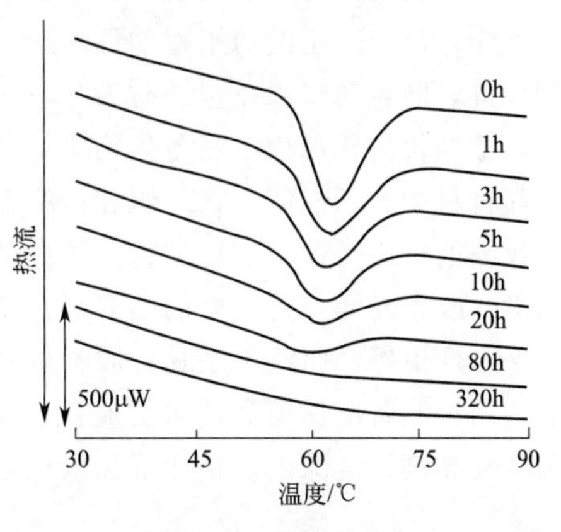

图 5-54　球磨处理马铃薯淀粉的 DSC 图谱

表 5-24　球磨处理马铃薯淀粉的 DSC 图谱参数

球磨时间/h	T_o/℃	T_p/℃	T_c/℃	ΔH/(mJ/mg)
0	56.3	63.7	73.6	9.8
1	56.3	63.5	13.6	7.5
3	55.8	63.0	12.9	6.9
5	55.4	62.6	72.5	4.8
10	52.3	62.4	12.4	3.8

续表

球磨时间/h	T_o/℃	T_p/℃	T_c/℃	ΔH/(mJ/mg)
20	51.0	60.8	71.6	2.9
80	50.3	59.2	69.2	1.7
320	49.5	58.8	66.5	1.1

五、微细化淀粉的应用

在棒冰、雪糕类冷食生产中，需加进相当数量的糯米粉和玉米淀粉，目的是起到稳定和填充作用，防止冰晶产生，保证固形物含量，但实际的效果却是冰晶较多、组织粗糙、口感欠佳。如果把糯米粉和玉米淀粉微细化处理后再添加进去，制成的雪糕、棒冰产品冰结晶会明显减少，稳定性显著提高，口感细腻、柔和，无粗糙感。这是由于糯米粉、玉米淀粉经过超细处理后具有微粉的新特性，能储存水分和脂肪，稳定性增加，且有较大的亲和力和高溶解性，使其乳化力大大提高，同时阻止了冰结晶的产生。

超微细粉能作为冰淇淋的稳定剂、填充剂、固香剂和营养型黏合剂、抗冻剂。在冰淇淋生产中，一般采用白明胶、羧甲基纤维素、卡拉胶等作为稳定剂，但它们成本较高。在生产过程中常添加一些糯米粉和玉米淀粉作为填充物。但普通糯米粉、玉米淀粉一般只有 200 目左右，细度不够，因此其稳定性也不高，无法大量替代明胶。如果用超微细糯米粉和超微玉米淀粉，不但可以大大降低明胶的使用量，而且可达到相同的稳定效果；不但可以阻止大冰晶体的产生，还可防止料液游离水析出和脂肪上浮，缩短老化和凝冻时间，且有较好的凝胶力和膨胀力。

稻米、小麦、稻米等加工成超细米粉，将其填充或混配制成食品时，由于粒度细小，淀粉等物质受到活化，产品具有优良的加工性能，且易于熟化，风味及口感较好。

微细化淀粉可用于制备淀粉基食品包装膜，所生产的包装膜具有良好的力学以及生物降解性能，具有一定的耐水耐油性和透气性，可用于一般食品的短期包装，以及包装果蔬的气调保鲜，防止新鲜果蔬包装时因呼吸作用产生大量 CO_2 所造成的伤害。

微细化淀粉可用于制备生物降解塑料，由于颗粒小、均匀，是很好的填充剂，能有效地提高材料的力学性能。在纺织和造纸上浆中使用超微粒淀粉，其细小的颗粒更易穿透纤维，其较高的反应活性，使得淀粉分子更易与纤维分子结合，有较大的留着力，使纤维更进一步铺平并改善光泽，是很好的上浆剂。超微粒淀粉用于化妆品、牙膏等日用品生产中，使产品的保水性更好，组织更细腻，质量得到较大提高。利用超微粒淀粉对酶降解作用更敏感的特点，用于制备淀粉糖品，可提高反应效率、增加产率和提高质量。此外，超微粒淀粉在医药、胶黏剂、洗涤剂、钻探等领域也大有作为。

参考文献

[1] MOK C, DICK J W. Response of starch of different wheat classes to ball milling[J]. Cereal Chemistry, 1991, 68, 4: 409-412

[2] TAMAKI S, HISAMATSU M, TERANISHI K, et al. Structural change of potato starch granules by ball-mill treatment[J]. Starch-Stärke, 1997, 49 (11): 431-438.

[3] TAMAKI S, HISAMATSU M, TERANISHI K, et al. Structural change of maize starch granules by ball-mill treat-

ment[J]. Starch-Stärke, 1998, 50 (08): 342-348.
[4] 丁明，姚婕．超细粉碎技术在农副产品深加工中的应用[J]. 中国农学通报，1996，12 (06): 40 ~ 41.
[5] 盖国胜．重质碳酸钙在立式搅拌磨中的粉磨改性和机械力化学效应的研究[J]. 粉体工业，1997 (06): 13-19.
[6] 盖国胜．超细粉碎分级技术[M]. 北京：轻工业出版社，2000.
[7] 盖国盛，徐政．超细粉碎过程中物料的理化特性变化及应用[J]. 粉体技术，1997，3 (02): 41-42.
[8] 高福成．现代食品工程高新技术[M]. 北京：中国轻工业出版社，1997.
[9] 胡飞，陈玲，李琳．马铃薯淀粉颗粒在微细化过程中结晶结构的变化[J]. 精细化工，2002，19 (02): 114-117.
[10] 胡飞，陈玲，温其标，等．淀粉微细化国内外研究概况与展望[J]. 郑州工程学院学报，2001，22 (02): 74 ~ 77.
[11] 任广跃，毛志怀，李栋等．微细化木薯淀粉糊特性研究[J]. 中国农业大学学报，2006，11 (02): 88-92.
[12] 孙彦明．淀粉微细化处理及其糊化特性研究[D]. 中国农业大学，2005.
[13] 吴俊，谢笔钧．超微淀粉在生物降解食品包装膜中的应用[J]. 食品科学，2002，23 (10): 99-101.
[14] 姚怀芝，涂清荣，姚惠源．籼米淀粉超微粉体的理化性质[J]. 食品工业，2003，5: 9-10.
[15] 张余诚．超微细粉在冷食工业中的应用[J]. 冷饮与速冻食品工业，1998，2: 18.

第七节　颗粒状冷水可溶淀粉

原淀粉不溶于冷水，在加工或应用过程中需要加热使之糊化。颗粒状冷水可溶（granule cold-water swelling，GCWS）淀粉主要是指采用物理方法将原淀粉进行变性处理而得到的一种可在冷水中溶解成糊的变性淀粉，实际应用时可直接将其用水调成糊，无需加热蒸煮，非常方便，因而受到日益广泛的关注。本节主要阐述颗粒状冷水可溶淀粉的制备技术、性质及应用。

一、颗粒状冷水可溶淀粉制备技术

早期应用的冷水可溶淀粉为预糊化淀粉，因具有方便、经济、黏性大、在冷水中迅速糊化等特点，用途极为广泛，国外已广泛应用于食品、医药、化工、饲料、铸造、石油钻探、纺织和造纸等工业中。国内对预糊化淀粉的研究和开发始于20世纪80年代，近几年来预糊化淀粉工业迅速发展起来，全国各地投产了许多条预糊化淀粉生产线。应用方面，预糊化淀粉广泛地应用在水产饲料中，特别是鳗鱼饲料和深水鱼饲料。但是，预糊化淀粉也存在一些缺陷，如少光泽、柔性不够等，用它生产出的方便食品还是赶不上蒸煮食品，而使用颗粒状冷水可溶性淀粉则能满足要求。目前用于颗粒状冷水可溶淀粉的制备技术主要有以下四种：

（一）双流喷嘴喷雾干燥法

1981年Pitchon等使用双流喷嘴喷雾干燥器制备颗粒冷水可溶淀粉。此干燥器与一般喷雾干燥器的区别是其采用了特制的双流喷嘴。其生产过程为：固形物含量为35%～45%的淀粉乳用0.01%的交联剂交联，于21℃温度下，以4.6L/min的流速注入喷嘴中。同时，压力为1050kPa的加热蒸汽以172kg/h的流速从另一路进入密封的双流喷嘴腔内，其腔内温度可达155℃。两者混合使淀粉乳雾化并糊化，糊化的淀粉颗粒迅速离开双流喷雾小室而进入干燥塔。干燥塔进口温度可达150～195℃，出口温度为80～95℃。一般喷雾干燥法只能处理固形物含量10%的淀粉乳，而采用双流喷嘴的喷雾干燥器可处理固形物含量大于15%的淀粉乳，生产时浓度可达35%～40%。此种方法生产的颗粒状冷水可溶淀粉有80%保持原淀粉颗粒状态，且均匀并完全被糊化。但此种方法反应条件要求严格，需要特制的双流喷嘴，设备造价高，需要高温高压加热蒸汽，耗能大。

（二）高温高压醇法

取10～25份（质量比，干基）的未糊化玉米淀粉及50～75份的乙醇或丙醇，与13～30份质量比的水混合配成淀粉乳液，此淀粉乳液含水量为15%～35%（包括原淀粉中的水分），即乙醇或丙醇与水的质量比为(5.7∶1)～(1.9∶1)。此淀粉乳在密闭容器中加热至149～182℃并保温1～30min，加热后淀粉乳冷却至49℃左右，经过滤或离心从乳液中分离出GCWS淀粉，然后用乙醇洗涤，在110℃下干燥4h。该法可以基本保持原淀粉的颗粒状态，但生产过程需要高温高压，且该方法不能应用于高支链淀粉。

（三）常压多元醇法

将淀粉、水和多元醇按一定比例配成混合液，在80～130℃下加热此淀粉乳液3～30min，然后将乳液冷却至100℃左右，此时加入乙醇等食用醇类，进一步冷却至45～50℃，真空过滤，从液相中分离颗粒状冷水可溶淀粉，后用乙醇洗涤，加热干燥制得淀粉颗粒。常压多元醇法克服了前面两种方法的部分不足，但该方法在生产过程中需要高温，而此时物料不易流动，传热不理想，不易控制产品的质量。

（四）乙醇碱法

碱性溶液中，淀粉这种弱离子交换剂上—OH的质子被解离，淀粉分子带负电，它们之间相互排斥促进颗粒溶胀。随着碱浓度的增大，这种斥力也相应增强，最终导致双螺旋区的展开变成单螺旋，结晶结构被打破，结晶序列发生变化。但同时淀粉颗粒周围由于乙醇的存在，抑制颗粒溶胀，保持颗粒的完整性。中和作用后，淀粉分子与乙醇形成了螺旋复合物（V型复合物）。乙醇被蒸发后，颗粒内形成空穴，使淀粉处于一种亚稳态，保证它具有极好的冷水溶解性。

乙醇碱法实际上就是控制两种力（斥力和抑制力）的平衡，使淀粉在保持颗粒形态的同时达到最佳的溶胀状态，实现在糊化状态淀粉颗粒的完整性，淀粉糊黏度明显提高，性能更稳定。目前乙醇碱法是制备颗粒状冷水可溶淀粉的主流工艺，具体操作过程如下：

原淀粉（100g，干基）与400～700g的乙醇溶液（质量分数40%）混合→加入220～500g的NaOH溶液（3mol/L）→搅拌反应→室温下静置，分离取下层淀粉颗粒→质量分数40%的乙醇水溶液洗涤→HCl（3mol/L，溶于无水乙醇溶液）中和→静置过滤→再用无水乙醇脱水洗涤→干燥→过筛→成品

反应过程中，体系始终处于30～40℃的恒温条件下，并不断搅拌。这种方法对各种淀粉包括普通玉米淀粉、高直链玉米淀粉、蜡质玉米淀粉都有效。

二、颗粒状冷水可溶淀粉的特性

（一）颗粒状冷水可溶淀粉的颗粒特性

1. 颗粒型貌

采用扫描电子显微镜对GCWS淀粉进行观察，发现其仍保持原有的颗粒状，未受损伤或未改性的淀粉团粒表面相当平滑，并无小孔、裂隙或破面。双流喷嘴喷雾干燥法产品有80%保持了原淀粉的颗粒状态。高温高压醇法生产的冷水可溶颗粒状玉米淀粉产品和小麦淀

粉产品与原淀粉相比形状有改变，但还是颗粒形状，颗粒表面较光滑。常压多元醇法生产的冷水可溶颗粒状玉米淀粉产品、小麦淀粉产品和木薯淀粉产品为颗粒形状，但颗粒表面不是光滑的。图 5-55、图 5-56 为经乙醇碱法制备的 GCWS 淀粉的 SEM 图片，从图中可以看出，淀粉经过处理后仍保持颗粒状态，但处理后淀粉较原淀粉体积大，并且 GCWS 淀粉具有凹痕的外观，这可能与处理过程中颗粒结构变化有关。相比较而言，GCWS 蜡质淀粉外观的凹痕较其他淀粉（玉米淀粉、HA5、HA7）要明显得多，这种变化与直链淀粉含量有关。直链淀粉可在处理过程中保持颗粒的完整，而支链淀粉与颗粒的溶解性有关，因此，蜡质玉米淀粉具有很高的支链淀粉含量，在处理过程中较其他淀粉更容易膨胀，颗粒表面出现大量凹痕。从显微图片中可以看出，在乙醇碱法处理过程中，大颗粒更容易膨胀，而在同样的处理条件下，小颗粒具有较强的抑制膨胀的能力。

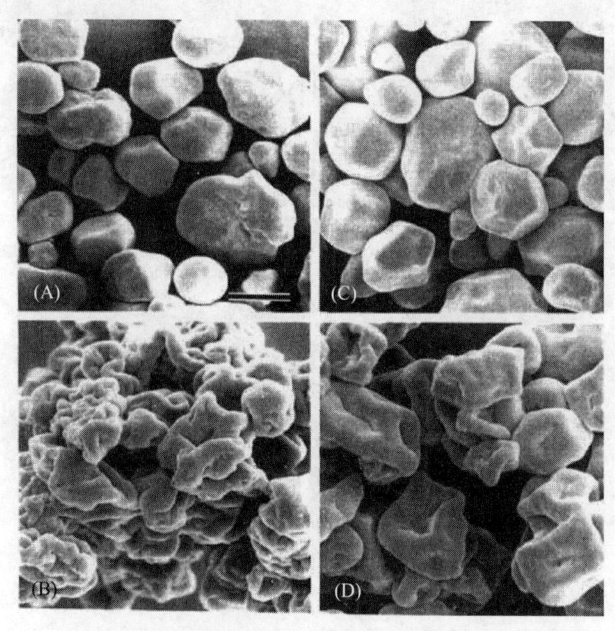

图 5-55 GCWS 淀粉的 SEM 图片（一）

（A）蜡质玉米淀粉；（B）GCWS 蜡质玉米淀粉；（C）玉米淀粉；（D）GCWS 玉米淀粉

在 GCWS 淀粉的制备过程中，少量可溶性淀粉进入上清液，蜡质玉米淀粉、玉米淀粉和高直链玉米淀粉（HA5，HA7）的失重分别为 0.01%、0.4% 和 1.9%。Jane 和 Chen (1992) 采用 GPC（Sepharose CL-2B）分析表明，溶于上清中的主要是线性小分子，具有较高的蓝值。可溶性淀粉的分子质量约为 1.02×10^4Da。对上述成分用异淀粉酶脱支处理，处理前后的 GPC（Bio-Gel P6）图谱表明，淀粉经酶处理后 GPC 图谱上的峰强度稍有降低，并出现肩峰，这表明溶解的淀粉是具有轻度分支的。

另外，采用乙醇碱法制备 GCWS 淀粉时，不同种类的淀粉颗粒形貌变化情况也不相同。相对于玉米淀粉，马铃薯淀粉受影响较大，表现为马铃薯淀粉颗粒膨胀程度较大，处理后淀粉表面出现大量的凹痕，而玉米淀粉则变化相对较温和。而且研究表明，不同来源的马铃薯淀粉处理后的表面状态也存在差异，但总体来讲，淀粉颗粒越大，受到的影响也越明显。图 5-57 为两种马铃薯淀粉（A 为 Kufri Badshah 淀粉，B 为 Kufri Jyoty 淀粉）采用乙醇碱法制备 GCWS 淀粉后的颗粒变化情况。

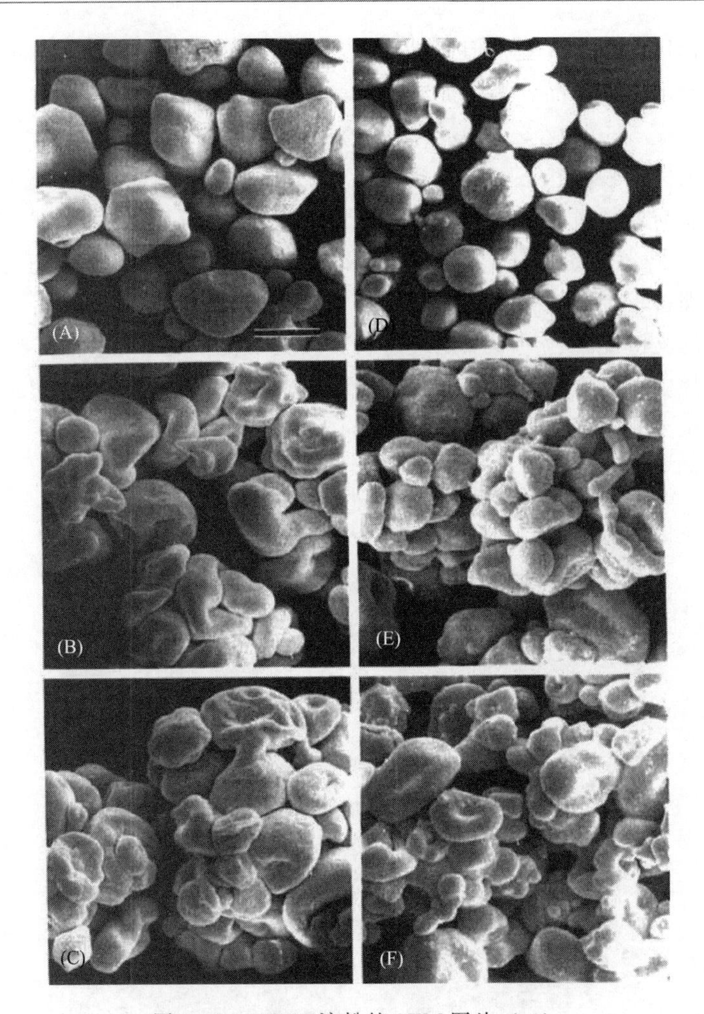

图5-56 GCWS淀粉的SEM图片（二）

（A）HA5淀粉；（B）GCWS HA5淀粉（处理温度25℃）；（C）GCWS HA5淀粉（处理温度35℃）；（D）HA7淀粉；（E）GCWS HA7淀粉（处理温度25℃）；（F）GCWS HA5淀粉（处理温度35℃）

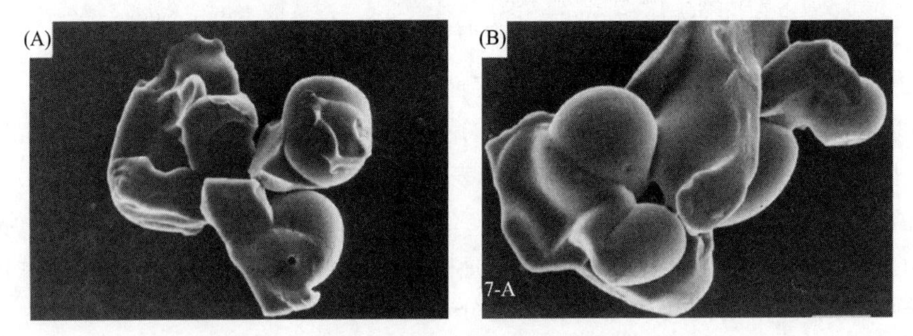

图5-57 GCWS马铃薯淀粉颗粒的SEM图片

2. 颗粒成分

乙醇碱法反应时用盐酸中和后有微量的盐残留在GCWS淀粉颗粒中，灰分含量达到了原淀粉的2～5倍，而脂质含量则降低了20%～40%。表5-25表明了原淀粉与GCWS淀粉灰分和类脂含量的变化情况。

表 5-25 不同淀粉的灰分和类脂含量

淀粉种类	灰分含量/%		类脂含量/%	
	原淀粉	GCWS 淀粉	原淀粉	GCWS 淀粉
蜡质玉米	0.09±0.02	0.40±0.07	0.05±0.01	0.04±0.01
玉米	0.08±0.01	0.14±0.00	0.46±0.04	0.35±0.01
HA5	0.16±0.02	0.81±0.00	0.74±0.06	0.45±0.02
HA7	0.22±0.01	0.81±0.08	0.86±0.06	0.64±0.01

（二）颗粒状冷水可溶淀粉的结晶结构

J. CHEN 等研究了乙醇碱法制备的 GCWS 淀粉的结晶结构（图 5-58）。结果表明，除了以蜡质玉米淀粉为原料制备的 GCWS 淀粉呈非晶结构外，绝大部分 GCWS 淀粉形成 V 型结晶结构。这可能是因为，无论是直链淀粉还是支链淀粉，在制备过程中加热处理时，双螺旋结构被打开，然后与加入体系中的乙醇结合后都形成 V 型结晶复合物，去除乙醇后的淀粉处于亚稳状，可溶于冷水。

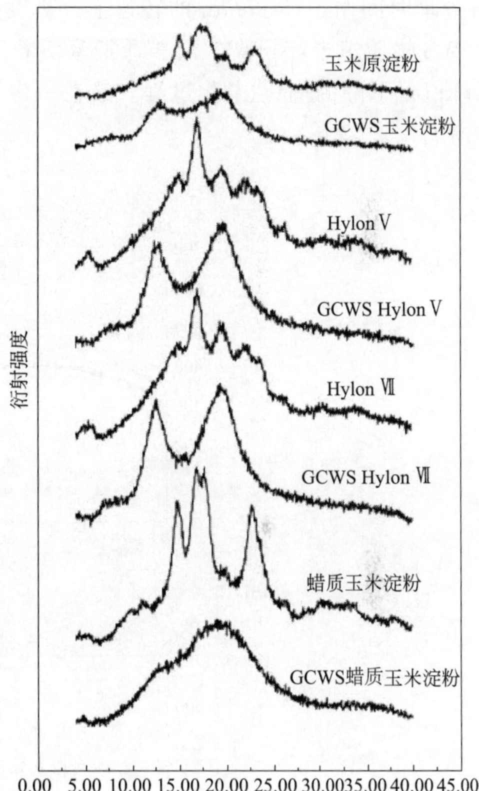

图 5-58 不同 GCWS 淀粉的 X 射线衍射图谱

（三）颗粒状冷水可溶淀粉的热焓特性

采用差示扫描量热仪扫描经乙醇碱法制备的玉米 GCWS 淀粉，发现在 25～100℃范围内无吸热峰出现（图 5-59），这表明淀粉颗粒已基本糊化。在对其他种类淀粉制备的 GCWS 淀粉进行 DSC 分析时，也得到了相同的结果。

高温高压醇法和常压多元醇法生产的冷水可溶颗粒状淀粉产品在 7～127℃之间的 DSC 分析中也无糊化吸收峰出现。酶解实验表明，上述冷水可溶颗粒状淀粉产品经酶解后可以得到化学计量的葡萄糖，说明冷水可溶颗粒状淀粉没有发生化学变性。

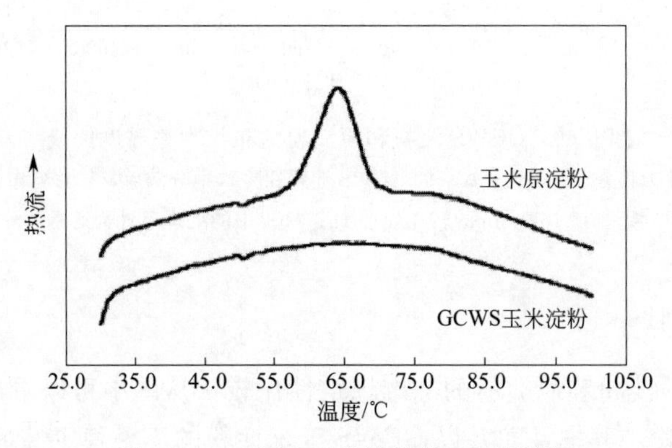

图 5-59 GCWS 玉米淀粉的 DSC 图谱

（四）颗粒状冷水可溶淀粉糊的性质

1. 糊的黏度特性

J. CHEN 等（1994）采用布拉本德黏度仪研究了 GCWS 淀粉和原淀粉的黏度特性，具体结果见图 5-60。从图 5-60 中可以看出 GCWS 玉米淀粉和 GCWS 蜡质玉米淀粉的黏度很快达到 300BU，在 30℃温度下 15min 后，黏度逐渐增加到 400BU，然后趋于稳定，在随后的 1h 处理时间内，75 r/min 的转速下，黏度变化很小。而且 GCWS 玉米淀粉的黏度稳定性较 GCWS 蜡质玉米淀粉高。而普通玉米淀粉和蜡质玉米淀粉则经历了黏度逐渐上升，然后达到峰值再下降的糊化-老化过程，这在一定程度上说明，GCWS 淀粉的黏度稳定性较好，不容易老化。

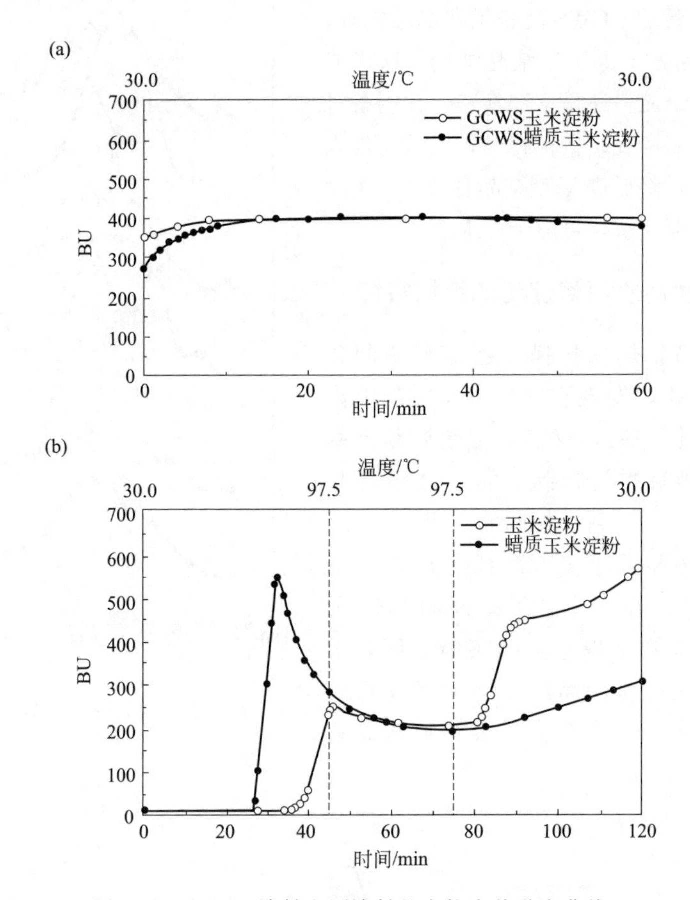

图 5-60　GCWS 淀粉和原淀粉的布拉本德黏度曲线

［（a）中处理条件为将 6%（质量分数）的 GCWS 淀粉在冷水中分散后，转移到布拉本德黏度仪中，在 30℃温度下，以 75r/min 的转速处理 1h；（b）中的处理条件为通常的处理程序］

2. 糊的冻融稳定性

图 5-61 为 GCWS 淀粉和原淀粉的冻融稳定性比较，从图中可以看出，GCWS 淀粉的冻融稳定性要优于原淀粉。其中，尤其以 GCWS 玉米淀粉的冻融稳定性最为良好。

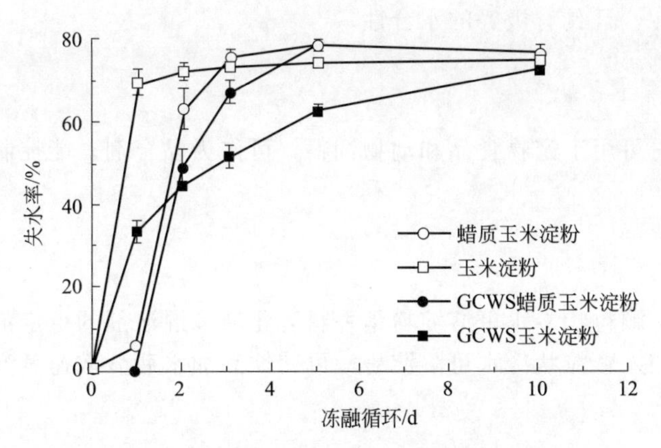

图 5-61　GCWS 淀粉和原淀粉的冻融稳定性

三、颗粒状冷水可溶淀粉的应用

（一）在食品工业中的应用

1. 肉制品

颗粒状冷水可溶淀粉水化后，颗粒能完全膨胀，因此能使食品具有优良的品质和稳定性。将其应用于火腿肠中，具有很好的热稳定性和冻融稳定性。

2. 微波食品

烹煮式食品依靠面粉或烹煮式淀粉来产生黏度和稠度，但是淀粉只有在达到糊化温度以上时才会有较高黏度，如用微波加热，约需要 2min。在这个过程中，面粉和未糊化的淀粉颗粒在稀糊中会沉底或分层，使得容器下部很稠甚至成胶但上面却较稀。而选择适当比例的 GCWS 淀粉可使产品能适应微波加热调理，受热后产生黏度，使得食品能具有较好的稳定性和平滑的质构。并且它还具有显著的耐微波加热特点，使食品的黏度能迅速形成，而且淀粉用量可适当降低。

3. 烘焙制品

在面包中应用 GCWS 可以提高面包等食品的柔软度，延长货架期，在冷冻面团中应用也能赋予冻面团较好的抗冻融稳定性。在蛋糕中应用 GCWS 淀粉，能够包裹更多的空气泡，增大蛋糕的比体积，使其结构更加松软。

4. 冷冻食品

GCWS 淀粉经特殊处理后，功能性质进一步改善。（美国）国民淀粉公司生产的一种高效冷水溶胀淀粉与预糊化淀粉比较，对热、酸的稳定性提高，即使在冷冻条件下也具有优异的结构稳定性，在冷冻、焙烤食品中使用效果非常好。

5. 休闲食品

颗粒状冷水可溶淀粉可用于压片式烘焙小食品、油炸小食品和低温挤压的小食品中，能增强酥脆性和加工性，且具有极好的水合性。

6. 宠物食品

颗粒状可溶淀粉可用于宠物食品和动物饲料，可作为黏合剂，能控制饲料的膨化、密度和颗粒强度。

7. 饮料工业

在饮料工业中，颗粒状冷水可溶淀粉是香料乳化液和混浊剂的稳定剂，具有增强口感的作用。粉末饮品中加入颗粒状冷水可溶淀粉，可使饮品加水后分散速度变快，增加了稠度和外观。

8. 乳制品

GCWS 玉米淀粉，在冷水中溶解成糊后，溶液具有较高的黏度，将其用于奶昔、酸奶、果肉饮品中，可产生非常润滑的奶油质地，即使是在低脂肪食品中也一样具有良好的口感。

木薯和马铃薯淀粉制备的 GCWS 淀粉，溶于冷水后成低黏度糊，可用在乳饮料及光滑、低脂或低热量的乳制品中，因具有独特的流变特性、较低的糊化温度，可为低黏度食物提供丰富的奶油口感，提高口腔涂布感和奶油状态，使食品具有清淡的风味，对凝胶具有稳定性。

9. 馅料与水果制品

GCWS 淀粉可作为水果和馅料制品的稳定剂与增稠剂。如用于烘焙稳定的水果馅料、冷加工的大馅饼和馅料，因为这种变性淀粉吸水后黏度产生快，具有短丝结构和良好的耐加工性，抗蒸煮，且具有良好的冻融稳定性。用在即食馅料中，如做成柠檬甜点的填充物，可形成凝胶。

（二）在其他工业中的应用

颗粒状冷水可溶淀粉除应用于食品工业外，还广泛应用于医药、化妆品、化工、纺织、石油钻探等行业中。

1. 医药

在医药行业中，新型西药片由药用成分、GCWS 淀粉、润滑剂等组成，其中的 GCWS 淀粉除了起物质平衡作用外，还起黏合剂作用，这样就减少了其他黏合剂所引起的不必要的副作用，同时还具有成形后强度高，服后易消化、易崩解等特点。

2. 化妆品

在化妆品行业中，爽身粉是一种常见的护肤粉。近年来，国外用颗粒冷水溶胀淀粉代替滑石粉和淀粉制造了新型爽身粉。这种爽身粉不但具备普通爽身粉的特点，还具有皮肤亲和性好、吸水性强等优点。

3. 纺织

在纺织工业中，由于颗粒冷水溶胀淀粉具有很好的黏结性，可用作各种纤维的轻纱上浆剂，以增加浆纱强度，提高纤维的织造性能。此外还用于纺织成品精整加工的浆料，由于其渗透性较强，可以增加织物的硬挺性和手感。

4. 石油、建筑

在石油、建筑行业中，GCWS淀粉快速溶于冷水形成高黏度淀粉糊及具有耐加工等特性，可用作石油钻探中泥浆的保水剂，建筑工业中的水质涂料等。

当然，颗粒状冷水可溶淀粉的一些性质还存在不足，如稳定性和分散性还不够好。这可通过对其进行复合改性处理来进一步改善，如运用交联、酯化或醚化等手段，开发出冷水可溶淀粉的新品种，拓展其应用领域。

参考文献

[1] CHEN J, JANE J. Preparation of granular cold-water-soluble starches by alcoholic-alkaline treatment[J]. Cereal Chem, 1994, 71 (6): 618-622.

[2] CHEN J, JANE J. Properties of granular cold-water-soluble starches prepared by alcoholic-alkaline treatments[J]. Cereal Chem, 1994, 71 (6): 623-626.

[3] SINGH J, SINGH N. Studies on the morphological and rheological properties of granular cold water soluble corn and potato starches[J]. Food Hydrocolloids, 3003 (17): 63-72.

[4] 高福成．现代食品工程高新技术[M]. 北京：中国轻工业出版社，1997.

[5] 罗志刚，扶雄，罗发兴等．微波辐射下蜡质玉米淀粉性质的变化[J]. 华南理工大学学报（自然科学版），2007，35（4）：35-38.

[6] 张立彦，芮汉明，李作为．淀粉的种类及性质对微波膨化的影响[J]. 食品与发酵工业，2001，27（3）：21-25.

第八节 预糊化淀粉

一、基本原理

预糊化淀粉（pregelatinized starch）又称α-淀粉、预煮淀粉、预胶凝淀粉。制备过程一般是将原淀粉在一定量水存在的条件下进行加热处理，使淀粉颗粒溶胀、糊化，规律排列的胶束结构破坏，分子间氢键断开，失去双折射现象，结晶结构消失，从而容易被酶作用。这个过程也称作淀粉的α-化，以区别于老化状态下形成的β-淀粉。将上述完全糊化的淀粉在高温下迅速干燥，蒸发掉多余的水分，将得到一种多孔状、无明显结晶结构的淀粉颗粒，即预糊化淀粉。预糊化是一种物理改性方法，经预糊化处理的淀粉具有冷水可溶、分散性好、保水性强的特点，加热至100℃以上也能保持凝胶强度，可方便地应用于食品及其他工业中。

二、生产工艺

预糊化淀粉一般用干燥处理技术制备，其中最常用的干燥方式是滚筒式干燥，其次是喷雾干燥，另外挤压处理技术、微波处理技术等也可用于制备预糊化淀粉。预糊化淀粉的生产工艺包括加热原淀粉乳使淀粉颗粒糊化、干燥、磨细、过筛、包装等工序。下面简要介绍常用的预糊化淀粉生产工艺。

（一）滚筒干燥法

将一定浓度的淀粉乳分散于温度很高的滚筒的表面，淀粉乳在连续旋转的滚筒表面上连续糊化、干燥，形成预糊化淀粉薄片，然后被设备上的刮刀刮下，经粉碎后就得到预糊化淀粉。上述操作过程关键是要保持淀粉乳进料均匀地分布于滚筒的表面，使其上淀粉乳形成薄膜的厚度适当，过薄则生产能力低、过厚则较难干燥，可能造成局部未干燥好，粘住刮刀，另外，进料量、滚筒的转速、干燥温度等也要配合适当。

滚筒式干燥机有单滚筒和双滚筒干燥机两种（见图 5-62)。通蒸汽于筒内加热，两个滚筒向相反方向旋转。双滚筒干燥机剪力大，能耗也大，但容易操作。单滚筒干燥机剪力、能耗均较双滚筒低，但不易控制。

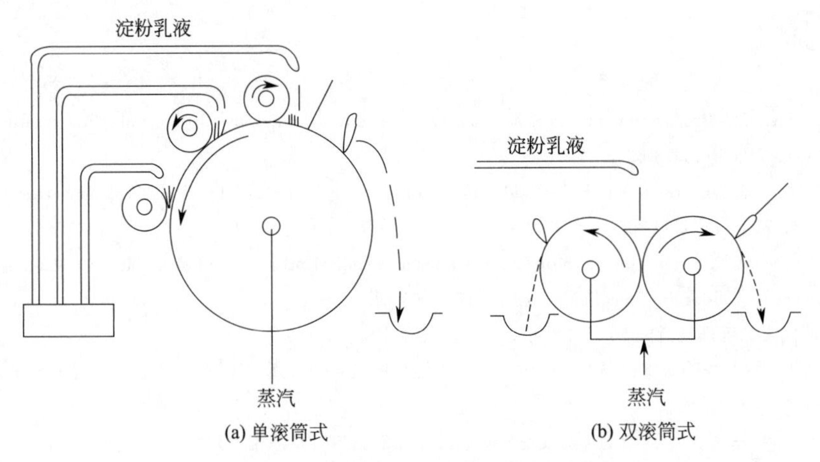

图 5-62　单滚筒和双滚筒干燥机示意

淀粉乳浓度一般控制在 20%～40%，最高可达 44%。淀粉乳可用两种方法制备，一是将淀粉加入水中搅拌、混合均匀；另外还可以采用原淀粉生产厂未经过离心的淀粉浆液。

直接加热淀粉乳只有 80%糊化，在淀粉糊化过程中，加入一些添加剂，有助于进一步提高糊化度。$NaHCO_3$、NaOH 能降低淀粉聚合度，从而使淀粉易于糊化，添加量为干淀粉重量的 0.5%左右。单硬脂酸甘油酯等能与直链淀粉的螺旋结构形成复合物而抑制淀粉老化，也有利于淀粉糊化，添加量为干淀粉重量的 0.2%～0.5%。添加上述成分也可以防止粘滚筒，同时改进产品的复水性。为防止产品发生酸败现象，可在其中添加 0.2%～2%碱金属正磷酸盐或柠檬酸盐。除对天然淀粉改性外，还可对各种变性淀粉进行预糊化处理以获得性质不同的产品。

滚筒温度一般控制在 150～170℃。淀粉乳均匀地分布于滚筒表面，形成薄层，受热糊化，干燥到水分约 5%，被刮刀刮下，粗碎、细碎、包装。

（二）喷雾干燥法

本方法先将淀粉乳糊化，将所得淀粉糊喷入干燥塔，淀粉乳浓度控制在 10%以下，一般为 4%～5%，糊黏度在 0.2Pa・s 以下。浓度过高，糊黏度太高，会引起泵输送和喷雾操作困难，应用这种低浓度淀粉乳，水分蒸发量高，能耗随之增加，因此生产成本高。采用高温和高压喷雾工艺能将淀粉乳浓度提高到 10%～40%，最好 20%～35%。例如，玉米淀粉乳浓度31%，加热到55℃，用离心泵送入高压体系，增加压力到约135×10^5Pa，进入管式热交换器，加热到210～220℃，淀粉在热交换器时间约1～2min，经雾化喷嘴喷入干燥塔，一直保持在高压高温条件下，淀粉糊化溶解完全，黏度低，喷雾无困难。进入干燥塔热风温度155℃，卸出时温度135℃。所得产品水分11%，溶解度约87%。普通喷雾干燥工艺所得产品的溶解度较低，在30%以下。喷雾干燥器结构示意见图5-63。

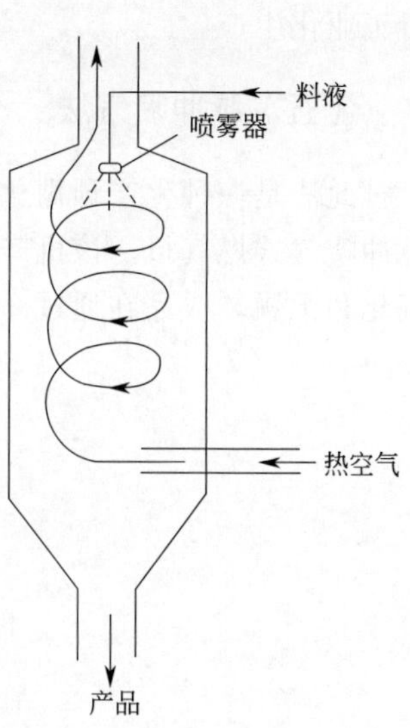

图5-63　喷雾干燥器结构示意

（三）挤压法

挤压法一般先将淀粉调整水分含量至20%左右，然后，通过进料装置将调整好水分的淀粉引入挤压机，在温度为120～200℃、压力为$(30\sim100)\times10^5$Pa的条件下挤压处理，使淀粉在高温、高压条件下迅速糊化，然后通过孔径为1mm至几毫米的小孔挤出，由于压力急速降低，立即膨胀，使水分蒸发而干燥，最后经粉碎、筛分获得成品。常见的单螺杆挤压机结构见图5-64。

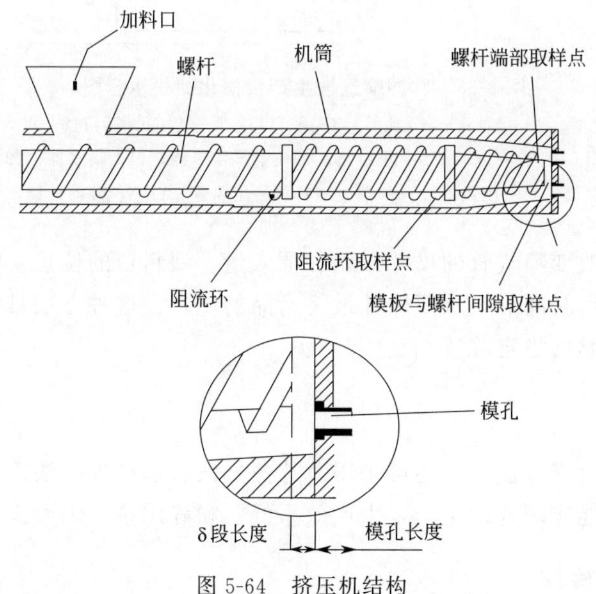

图5-64　挤压机结构

挤压法生产预糊化淀粉具有投资少、动力消耗小、生产成本低的特点。但此法获得的预糊化淀粉由于受高强度剪切力作用，黏度低、弹性差。

挤压法生产预糊化淀粉的影响影响因素包括进料水分含量、挤压温度、螺旋转速、压力等。

（四）微波法

微波法是一种较新的工艺，原理是利用微波加热使淀粉乳糊化、干燥，然后经粉碎、筛分后获得成品。本法基本上消除了剪切力的影响，但目前主要处于实验室研究阶段，尚未进行工业化生产。

（五）脉冲喷气法

此法是一种生产预糊化淀粉的新方法。主要工作部件的核心是一个频率为 250 次/s 的脉冲喷气式燃气机。该机产生 137℃的喷气，将喂入的水分为 35%的淀粉在几毫米内雾化、糊化和干燥，成品在通过一个扩散器后，用成品收集器收集，见图 5-65。

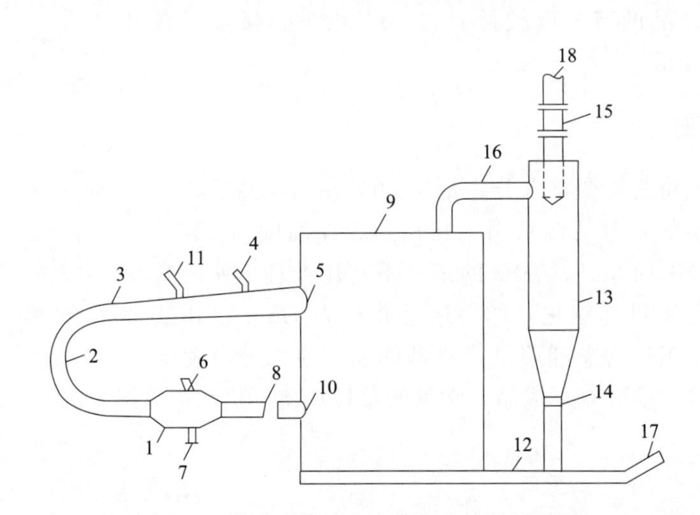

图 5-65　脉冲喷气法生产预糊化淀粉示意图

1—燃烧腔；2—弯管；3—气流管；4—喂料口；5—气体扩散口；6—点火装置；7—燃料进口；8—空气进口；9—集料箱；10—空气增压器；11—喷水器；12—输送带；13—集料筒；14—闭风器；15—抽风扇；16—出风管；17—包装器；18—抽风管

该系统中，通过改变喷气管的尺寸形状、喂入量、喂料口的位置、喷气量，可调整淀粉的温度、含水量、停留时间等，从而保证最终产品的质量。这种方法具有热效率高、生产率高、适应性广、产品黏度稳定等特点。

（六）其他方法

除了上面介绍的生产方法外，还可采用薄片蒸熟法、远红外线法、烤箱法等生产预糊化淀粉，但这些方法不能实现连续生产，生产效率低、粉碎困难，因而工业化生产中不采用。

三、预糊化淀粉的特性

（一）颗粒特性

不同方法生产的预糊化淀粉，产品的颗粒状态存在差异。将不同方法制备的样品悬浮在甘油中，用显微镜（放大 100～200 倍）观察，滚筒干燥法的产品为透明薄片状；喷雾干燥法产品为空心球状；微波法生产的产品为不规则的类球形。

将预糊化淀粉样品溶于冷水中，用偏光显微镜观察，可初步确定预糊化淀粉中糊化与未糊化淀粉颗粒的分布情况，糊化不完全或未糊化的颗粒仍呈现偏光十字，据此可初步判断所得淀粉的质量，一般来讲，未糊化完全的颗粒越少，产品质量越高。

（二）糊化的性质

预糊化淀粉的复水性受粒度的影响。粒度细的产品溶于水所形成的糊具有较高的冷黏度、较低的热黏度，表面光泽性好，但复水太快，易凝块，中间颗粒不易与水接触，分散困难。粒度粗的产品溶于冷水速度较慢，不易凝块，生成的糊冷黏度较低、热黏度较高。

另外，不同颗粒密度的产品，糊的性质也存在差异。高密度样品颗粒大致为立方形，为滚筒上厚淀粉糊层干燥而得，复水速度较慢；低密度样品颗粒呈薄片状，为滚筒上很薄淀粉糊层干燥而得，复水速度较快，但容易凝块。

预糊化淀粉溶于冷水成糊，其性质与加热原淀粉所得的淀粉糊有一定差异，其增稠性和凝胶性有所降低。这是由于湿糊薄层在干燥过程中发生凝沉的缘故。预糊化淀粉所形成的糊凝沉性较原淀粉糊有所降低。

（三）结晶特性

张本山等研究了预糊化淀粉的结晶特性，发现淀粉糊在经加热干燥成预糊化淀粉的过程中会形成大量的微晶结构。预糊化淀粉是由结晶结构和非晶结构两部分组成的。预糊化淀粉的X射线衍射曲线是由一个弥散的结晶衍射峰和一个弥散的非晶衍射峰组合而成的（见图5-66、图5-67）。将淀粉糊干燥成预糊化淀粉的过程，表现在X射线衍射曲线的变化上，就是双峰的形成与分离过程。其中弥散结晶衍射峰从无到有，从小到大且按照晶体的衍射规律峰位向衍射角减小的方向移动；弥散非晶衍射峰则从大到小，最后趋于稳定，同时，还按照非晶的衍射规律峰位向衍射角增大的方向移动。

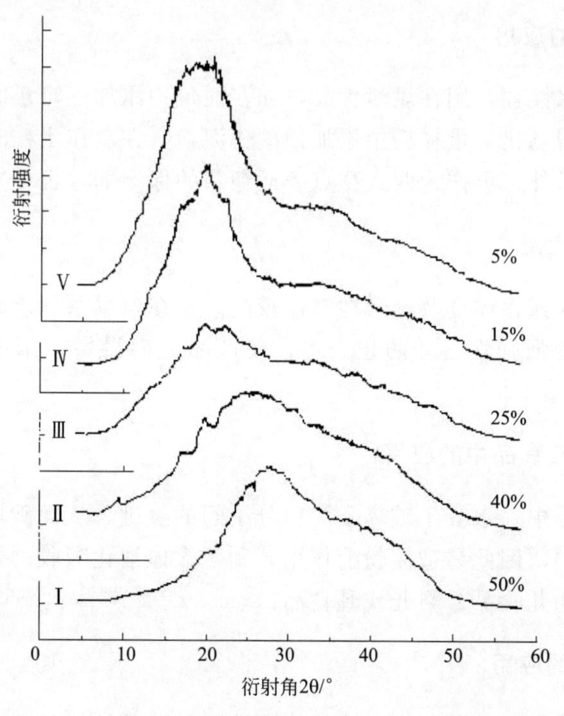

图5-66　不同水分含量糊化玉米淀粉X射线衍射曲线

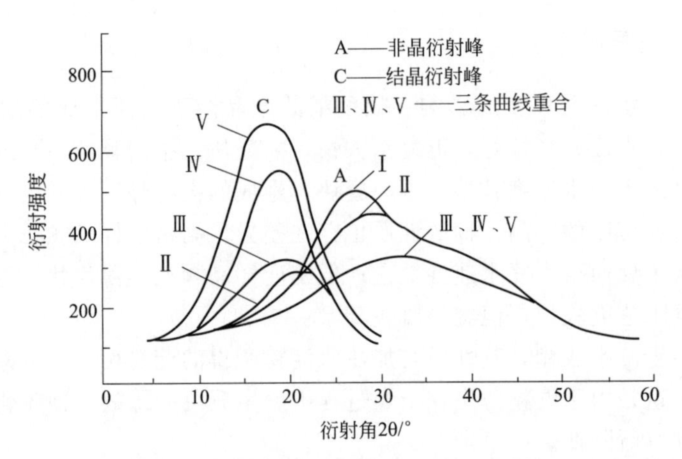

图5-67　糊化玉米淀粉X射线衍射曲线

四、预糊化淀粉的应用

（一）在食品工业中的应用

1. 在方便食品中的应用

广泛应用于各种方便食品中。在食用时省去蒸煮加热，并且还起到增稠、改善口感等作用。可用于软布丁、调料、脱水汤料、果汁软糖、休闲食品、油炸食品等作增稠剂和保形剂。在面条中添加适量预糊化淀粉可减少面条断头，并可快速煮熟。

2. 在烘焙工业中的应用

预糊化淀粉的保水性强，用在烘烤食品，如在面包中添加一定量的预糊化淀粉，可使产品保持柔软蓬松，延缓老化。蛋糕粉中添加预糊化淀粉，在制作蛋糕时加水易混成面团，制成的蛋糕体积较大。另外，可作为西式糕点表面糖霜的保湿剂，也可抑制蔗糖结晶。

3. 在肉制品中的应用

预糊化淀粉吸水性强，黏度及黏弹性都比较高。用在鱼糜系列产品、火腿、腊肠等食品中，可提高成型性，增强弹性，并防止失水，使产品饱满滑嫩。添加量宜为10％～40％，过高则易老化。

4. 在老人及婴幼儿食品中的应用

淀粉在预糊化过程中，水分子破坏了淀粉分子间的氢键，从而破坏了淀粉颗粒的结晶结构，使之润胀溶于水中，因此易被淀粉酶作用，利于人体消化吸收。预糊化淀粉的这一性质可用于生产老人及婴幼儿食品、婴儿代乳食品。

5. 在冷冻食品中的应用

预糊化淀粉冷冻稳定性好，可用于稳定冷冻食品的内部结构。速冻食品中加入适量预糊化淀粉，可避免产品在速冻过程中裂开，提高成品率，从而降低生产成本。

（二）在养殖业中的应用

用于养殖业，主要是配用在鳗鱼、甲鱼饲料中。在饲料中应用预糊化淀粉作为黏合剂，块状的鳗鱼饲料要求其黏合剂必须具备无毒、易消化、有营养、透明，始终能维持饲料颗粒的整体形状，不被水溶解，加工时不粘设备等特性。

同一生产方法、不同原料生产的预糊化淀粉性能存在差异。如预糊化马铃薯淀粉的黏弹性比其他预糊化淀粉好，比较适合于用作鳗鱼饲料的黏结剂。它也可用作观赏鱼浮性饲料的黏结剂，使饲料颗粒光滑度增大，同时鱼也喜欢食用。

（三）在医药工业中的应用

预糊化淀粉在医药工业中作为药片黏合剂，具有成型后强度大、服后易消化、易溶解及无副作用的特点。

（四）在铸造工业中的应用

在铸造工业中主要用作型砂黏合剂。在浇铸过程中，不会产生气泡，因而制品不含砂眼，表面光滑，且强度高。用预糊化淀粉代替膨润土作为矿粉冶炼黏合剂，可减少环境垃圾及污染。

（五）在石油工业中的应用

加用少量氯化钙或尿素对预糊化有促进作用，并使得产品具有更优良的性质，适于钻井应用。在石油钻井中预糊化淀粉作泥浆降滤失剂，能降低泥饼的渗透性，可稳定井壁、预防粘卡、不堵塞油气层。

（六）其他应用

近年来，国外用预糊化淀粉来代替滑石粉和淀粉制造新型爽身粉，除了具有普通爽身粉的特点外，还具有皮肤亲和性好、吸水性强的特点。

参考文献

[1]　孟爽，申德超．挤压膨化过程中大米淀粉糊化程度研究[J]. 东北农业大学学报，2005，36（01）：82-85.
[2]　张本山，杨连生．玉米预糊化淀粉结晶性质的研究[J]. 华南理工大学学报（自然科学版），1997，25（02）：107-111.
[3]　张力田．变性淀粉[M]. 广州：华南理工大学出版社，1999.
[4]　张燕萍．变性淀粉制造与应用（第二版）[M]. 北京：化学工业出版社，2007.
[5]　张友松．变性淀粉生产与应用手册[M]. 北京：中国轻工业出版社，2001.
[6]　周建芹，罗发兴．预糊化淀粉在食品中的应用[J]. 食品工业，2000.

第九节　微波改性淀粉

微波改性淀粉是将原淀粉置于微波场中进行辐射加热得到的一种新型物理改性淀粉，与其他改性方法相比，微波改性加热效率高、渗透性强、热量在淀粉内部可实现均匀分布。经过微波改性的淀粉，不仅具有比容积大、溶胀性低、糊化温度高、反应活性大以及对酶敏感性强等特点，而且原淀粉的晶体结构也发生了相应变化。以微波改性技术对原淀粉进行变性，改善淀粉的物化性质，研究微波改性中淀粉的结构变化及改性程度对淀粉化学合成反应和生化反应活性的影响，已成为当前国内外淀粉科学研究领域的一个前沿课题。

一、微波概述

微波技术是在第二次世界大战期间随雷达的应用而发展起来的。1945年美国雷生公司的一名工作人员在进行雷达实验时，发现口袋里的糖果因雷达的微波泄漏而被加热熔化，此后，他进行了一系列有针对性的实验，并于1946年申请了第一个微波用于食品加工的专利。第二年，世界上第一台微波炉在美国诞生。

微波是指波长在1mm～1m（频率300MHz～300GHz）的电磁波，由于它具有直线传播、空间衰减小以及对金属反射性能好的特点，因此广泛应用在雷达和通讯工业中，在食品工业中主要应用其热效应。目前微波加工已被用于冷冻食品的解冻、食品干制、烘焙、熔解、巴氏杀菌等食品加工领域。

为了防止民用微波技术对军用微波雷达和通讯广播的干扰，国际上规定供工农业和医学等民用的微波有4个波段，见表5-26。

表5-26　常用的微波波段

频率/MHz	波段	中心频率/MHz	中心波长/m
890～940	L	915	0.330
2400～2500	S	2450	0.122
5725～5875	C	5850	0.052
22000～22250	K	22125	0.008

目前915MHz和2450MHz 2个频率已广泛地为微波加热所采用，另外2个较高频率，由于还没有大功率的发生设备，所以，仅在小功率情况下，如在测湿仪和其它科研试验中有所应用。

普通家用微波炉使用的频率一般为2450MHz，而食品工业所使用的微波加热设备的频率则有915MHz和2450MHz两种。

二、微波加热的原理与特点

（一）微波加热的原理

微波加热的原理主要基于两方面：热效应与非热效应（生物学效应）。

1. 热效应

热效应是指食品是由水、蛋白质、脂肪、碳水化合物等极性分子所组成的，极性分子在微波能场的作用下要发生偏转，分子间彼此摩擦产生大量热能。例如，用普通家用2450MHz的微波炉加热食品，1秒钟一个极性分子旋转的次数高达二十四亿五千万次！从而使食品温度迅速升高。带电粒子在交变电场中的运动状态示意见图5-68。

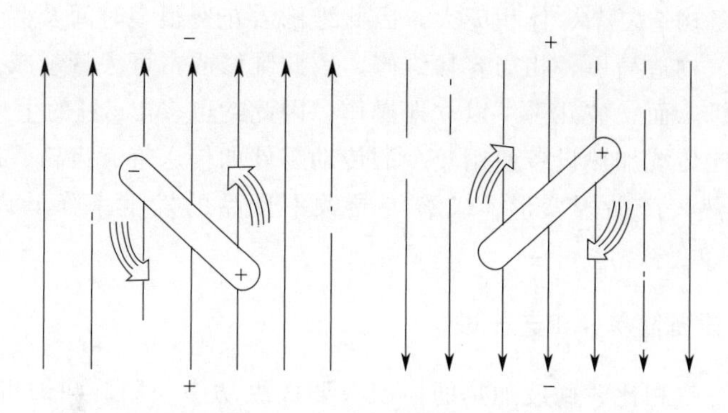

图 5-68　带电粒子在交变电场中的运动状态示意图

2. 非热效应

微波能的非热效是指细菌在其生命化学过程中，都会因化合、分解而出现大量的“半自由”电子、离子和其他带电的粒子，这些粒子在微波场的作用下改变了它们的生物性排列组合状态及运动规律，而且场力所感应的离子流会影响细胞膜附近的电荷分布，从而使膜的屏障作用受到损伤，影响 Na-K 泵的功能，导致膜功能障碍，使细胞的正常新陈代谢功能受到干扰破坏，导致细菌生长抑制、停止或死亡。再就是细胞中的核糖核酸（RNA）和脱氧核糖核酸（DNA）是生命的决定性化合物，两者是由若干氢键和碱基对连在一起的卷曲状大分子，具有稳定遗传和繁殖的作用。但在一定微波场力作用下可导致氢键的松弛、断裂或重组，诱发基因突变或染色体畸变，甚至打乱重组，从而使生命过程受到改变，延缓或中断细胞的稳定遗传和增殖。

非热效应还可以引起一些化学反应动力学的改变和加速化学反应速度的催化效应，引起聚合物分子链断裂等生化效应和磁效应等。

（二）微波加热的特点

1. 时间短、温升快

常规加热需要较长的时间，才能达到所需的干燥温度和杀菌温度。使用微波加热，食物中的极性分子会受到微波作用而产生热量，并很快升温，因而比传统加热速度快，可节省 1/4 以上的时间。

2. 保持食品营养成分和风味

微波杀菌是热效应与非热效应共同作用的结果，所以可在较低温度下获得所需的杀菌效果，不仅高度保持食品的营养成分，而且保持了食品的色、香、味、形。

3. 高效节能

常规热力杀菌是通过环境或传热介质的加热，把热量传递给食品，而微波加热，食品直接吸收微波能而发热，设备本身不吸收或很少吸收微波能，故不会额外损耗热能，效率高，且可节电 30%～50%。由于微波设备比传统设备体积更小，因此设备安装的时间又可大大节省。

传统式干燥设备构造复杂、体积庞大，因此维修需花费很多时间及劳力成本，但是微波干燥设备则体积小、构造简单、相当容易维修，因此维修成本可大量削减。另外传统式干燥机需要时间升温待机，而微波几乎可以立即操作，因此约可多出 5%的生产时间。

微波加热设备比传统加热设备使用较少的传动零件如传送带、齿轮、链轮等，因此机械故障较少。微波加热，产品因变形、破裂等导致不良品的发生率降低许多，使成本消耗减少。

4. 易于控制，设备简单，工艺先进

与常规的加热方法相比，微波加热的控制只要操纵功率控制旋钮即可瞬间达到升、降、开、停的目的。在加热时只有物体本身升温，腔内无余热，并可根据不同食品的加工要求，用微机调整控制条件，使之实现自动化控制。采用微波设备则很明显地可以改善工厂空间的问题，而且使用微波加热实质上生产能力能大幅度提升，比传统方式更为划算。

5. 安全无害

微波加热不会产生烟尘、有害气体，既不污染食品，也不污染环境。通常微波能是在金属制成的封闭加热室内和波道管中工作，所以能量的泄漏极小，符合国家安全标准，没有放射线的危害，是一种十分安全的加热技术。

三、微波加热设备

目前，用于工业化生产的微波加热设备主要有两种，一种是箱式微波加热器，另一种是隧道式微波加热器。无论哪种类型的加热器都是通过一个微波发生器产生微波能，再把该微波能输送到微波加热器中，加热器中的物料受到微波的照射就发热，图 5-69 就是一个典型的微波加热系统。

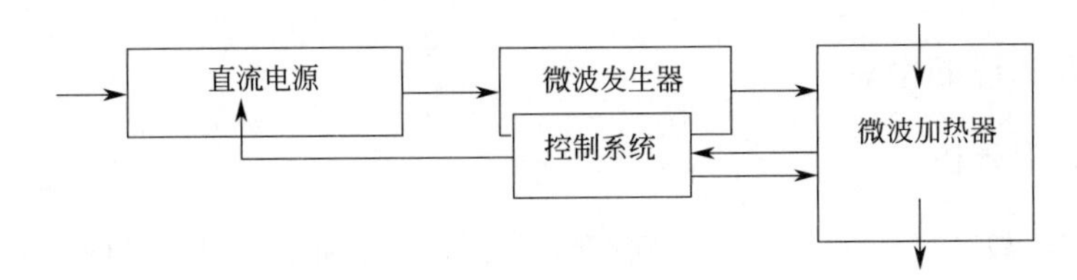

图 5-69　微波加热系统工作原理

（一）箱式微波加热器

箱式微波加热器是在微波加热应用中较为普及的一种加热器，属于驻波场谐振腔加热器。用于食品烹调的微波炉，就是典型的箱式微波加热器。设备的结构和工作原理见图 5-70、图 5-71。

（二）隧道式微波加热器

隧道式微波加热器也称连续式谐振腔微波加热器，一般用于工业化生产，可实现连续操作，增加产量，提高效率。图 5-72 是隧道式连续多谐振腔微波加热器的结构示意。

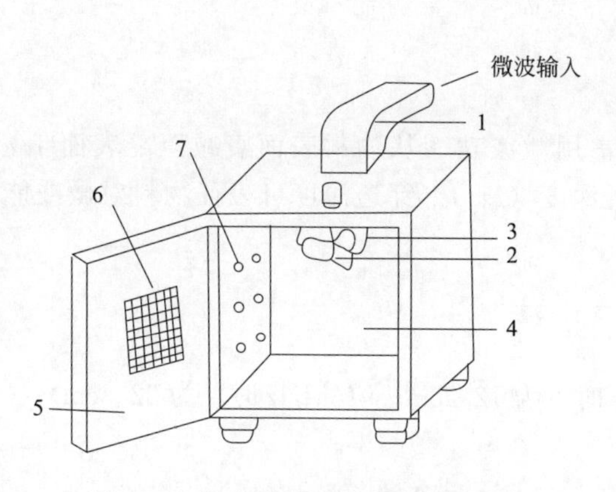

图 5-70　箱式微波加热器结构示意图

1—波导；2—搅拌器；3—反射板；
4—腔体；5—门；6—观察窗；7—排湿孔

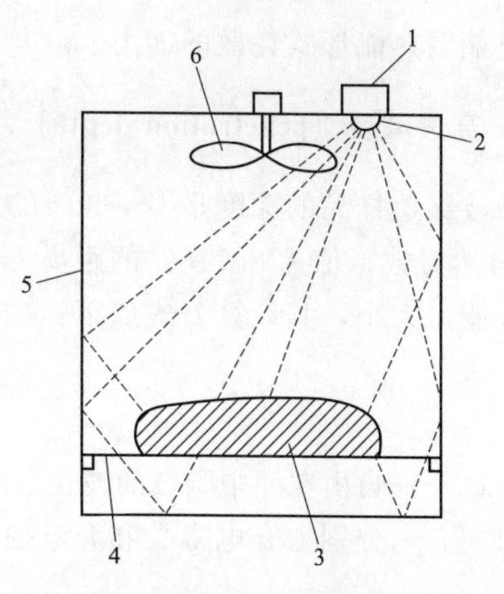

图 5-71　谐振腔加热器工作原理

1—磁控管；2—微波辐射器；3—食品；
4—台面；5—腔体；6—电场搅拌器

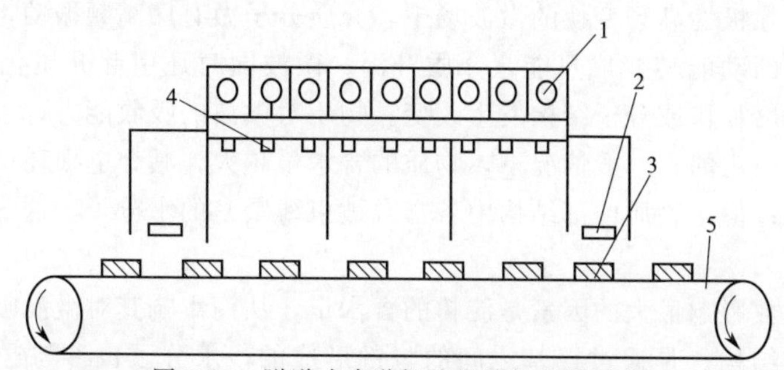

图 5-72　隧道式多谐振腔微波加热器示意

1—磁控管震荡源；2—吸收水负载；3—被加热物料；4—辐射器；5—传送带

（三）波导型微波加热器

波导型微波加热器在一端输入微波，在另一端有吸收剩余能量的水负载，这样使微波能在波导内无反射地传输，构成行波场。波导型微波加热器还可具体分为开槽波导加热器（蛇形管波导加热器、曲折波导加热器）、V 型波导加热器、直波导加热器等。

（四）辐射型微波加热器

辐射型微波加热器是利用微波发生器产生的微波通过一定的转换装置，再经辐射器等向外辐射的一种加热器。这种加热方法容易实现连续加热，设计制造也较方便。

四、淀粉微波改性过程中的几个重要参数

1. 介电常数（dielectric constant）

介电常数一般用 ε'表示，是介质阻止微波通过能力的量度，也就是用来表征原料对电磁辐射的储存能力。

2. 介电损耗系数（dielectric loss factor）

介电损耗系数一般用 ε''表示，介质损耗是介质耗散微波能量的效率，也就是用来表征原

料将电能以热能形式耗散的能力。

3. 穿透深度（penetration depth）

微波穿透样品的深度是由 ε' 和 ε'' 决定的。常用微波功率从物料表面衰减至离表面 $1/e$（e 是自然对数，值为 2.718）的距离，称为穿透深度（D_p）。穿透深度可表征物料对微波能的衰减能力大小，其计算公式如下：

$$D_p=\frac{\lambda_0}{\pi\sqrt{2}}\left\{\varepsilon'\left[\sqrt{1+(\varepsilon''/\varepsilon')^2}-1\right]\right\}^{-0.5}$$

式中 λ_0——自由空间中微波的波长（2450MHz 时，为 12.2cm；915MHz 时，为 32.8cm）；

ε' 和 ε''——分别为介电常数和介电损耗系数。

五、微波对淀粉改性的原理

在一定频率的微波辐照下，介质发生热效应和电磁效应。微波热效应是介质内部无温度梯度加热方式，因在极性高频变换的微波场中，介质分子做有序高频振动，相互碰撞、挤压和摩擦，分子具有的动能转变成热能，介质升温；微波同时还引起介质化学反应动力学变化，使介质反应速度加快或分子结构发生改变。物质对微波的吸收能力，主要是由介电常数和介电损耗系数来决定的。一般情况下，物质的含水量越大，其介电损耗也越大，有利于加大微波的加热效率；但是物质内部结构中若富含被束缚紧密的水分子，这部分水对微波的加热几乎是不起作用的。

对淀粉介电常数影响最大的因素是淀粉的含水量，从而影响其对微波吸收的性能。淀粉颗粒的散射状结晶结构，是通过羟基之间的氢键形成的，水分子也参与这种氢键作用。同时，在晶体表面或在分子链螺旋的凹陷处，也都有水分子存在，正是这部分水使淀粉对微波吸收起着决定性作用。

淀粉分子中含较多的极性基团（—OH）和性能不太稳定的糖苷键。它们在微波交变电磁场的作用下产生取向性的高频摆动。由于大分子链的空间阻碍作用及分子间的摩擦，造成大分子链侧基的断裂及主链上苷键的断裂，从而造成大分子链降解，表现为分子量降低、浆液黏度下降和浆膜强度降低等。

六、微波改性对淀粉性质的影响

（一）微波处理对淀粉颗粒特性的影响

由图 5-73 扫描电子显微照片可知，淀粉经过微波处理后，其形状和大小没有发生改变，但其表面变得粗糙，出现小孔，在微波辐射过程中，颗粒内部产生的热量使表面受到由内到外的强大作用，由于脐点部位的结构比其它部位弱，容易被破坏，故颗粒脐点出现凹坑，而其它部位表面则变得粗糙。

（二）微波处理对淀粉介电性质的影响

1. 对淀粉颗粒介电性质的影响

调整淀粉水分含量，然后将其置于频率为 2450MHz 的微波能场中进行辐射处理，处理温度为 30～95℃，然后分别测定其介电常数和介电损耗系数，结果见图 5-74、图 5-75。

(a) 原淀粉

(b) 微波处理淀粉

图 5-73　蜡质玉米淀粉微波处理前后的 SEM 照片

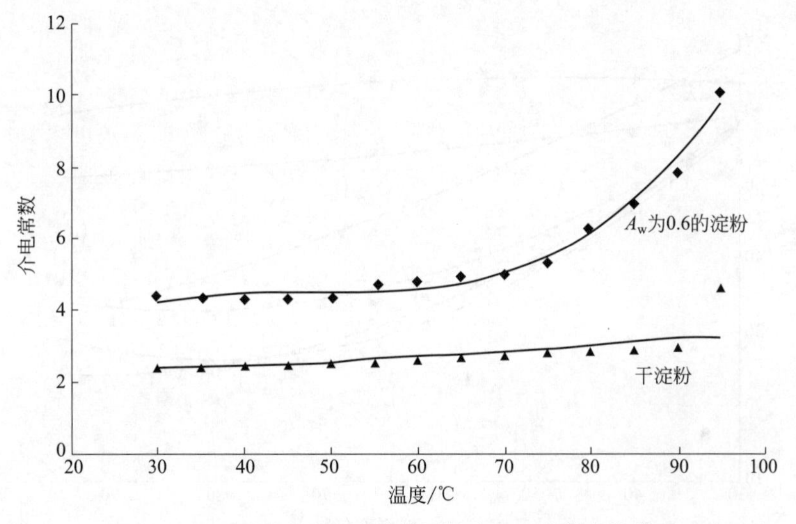

图 5-74　不同湿度的小麦淀粉颗粒介电常数的变化情况

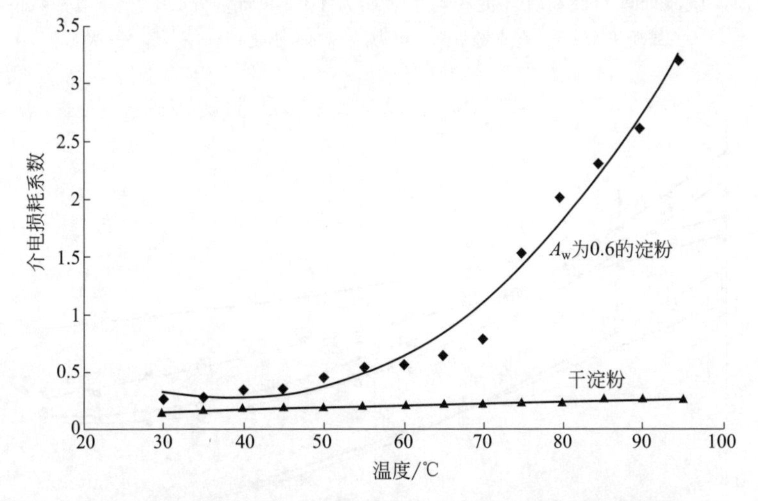

图 5-75　不同湿度的玉米淀粉颗粒介电损耗系数的变化情况

图 5-74 为微波处理小麦淀粉颗粒的介电常数变化情况，图 5-75 为微波处理玉米淀粉颗粒介电损耗系数的变化情况，从图中可以看出，在干颗粒状态下（水分含量<1%），介电常数和介电损耗系数与处理温度呈线性关系，并且随着处理温度的升高，二者数值都增大；当颗粒的水分活度（A_w）为 0.6 时（水分含量 13%），介电常数和介电损耗系数都随温度的

升高而增加，但与温度不呈线性关系。其他种类淀粉也有类似的结论。

2. 对淀粉乳介电性质的影响

图 5-76、图 5-77 为微波处理对不同淀粉乳介电常数和介电损耗系数的影响。从图中可以看出，随着处理温度的升高，不同种类的淀粉乳介电常数和介电损耗系数都不同程度地降低。不同淀粉介电常数的变化存在较大差异，其中，玉米淀粉、小麦淀粉和大米淀粉介电常数变化较大；介电损耗系数对微波加热的影响更大，介电损耗系数越大，淀粉在微波炉中的温升速度越快。因此，小麦淀粉、大米淀粉和玉米淀粉更容易在微波炉内被加热、糊化。这可以作为微波焙烤食品加工时淀粉原料选择的参考。

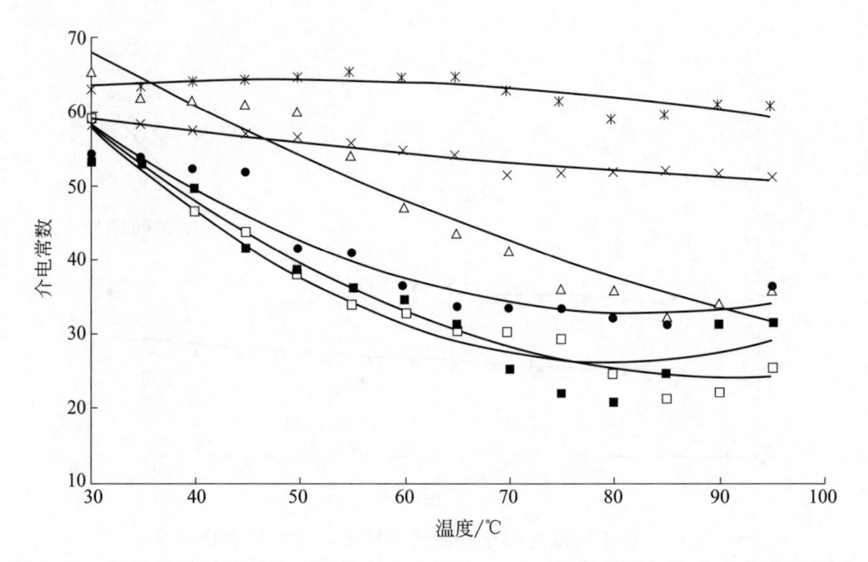

图 5-76　微波处理对淀粉乳［淀粉与水之比为 1∶2（质量分数）］介电常数的影响

□—蜡质玉米；⋇—高直链玉米；■—玉米；△—小麦；●—木薯；×—大米

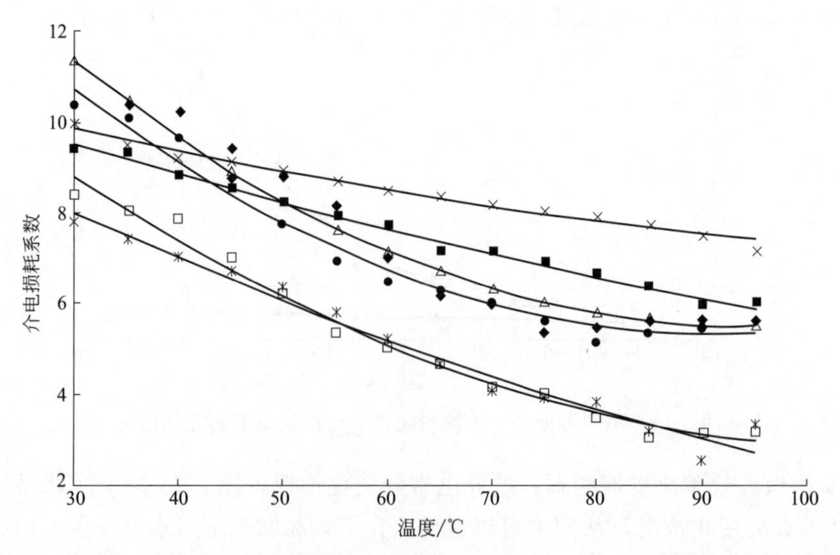

图 5-77　微波处理对淀粉乳［淀粉与水之比为 1∶2（质量分数）］介电损耗系数的影响

□—蜡质玉米；⋇—高直链玉米；■—玉米；△—小麦；●—木薯；×—大米

从图 5-76、图 5-77 中可以看出，微波加热对淀粉颗粒和淀粉乳状态介电常数和介电损耗系数的影响是存在很大差异的。淀粉颗粒经微波处理后介电常数和损耗系数都增加，而淀粉乳经处理后普遍降低。而且，无论是颗粒态还是淀粉乳状态都以大米淀粉的介电损耗系数降低最为明显。这可能与大米淀粉的容积密度较小有关系。

（三）微波处理对淀粉穿透深度的影响

从图 5-78 表明了不同淀粉在不同微波处理温度下穿透深度的变化情况。随着处理温度的提高，穿透深度也逐渐增加，尤其以木薯淀粉和高直链玉米淀粉变化最为明显。

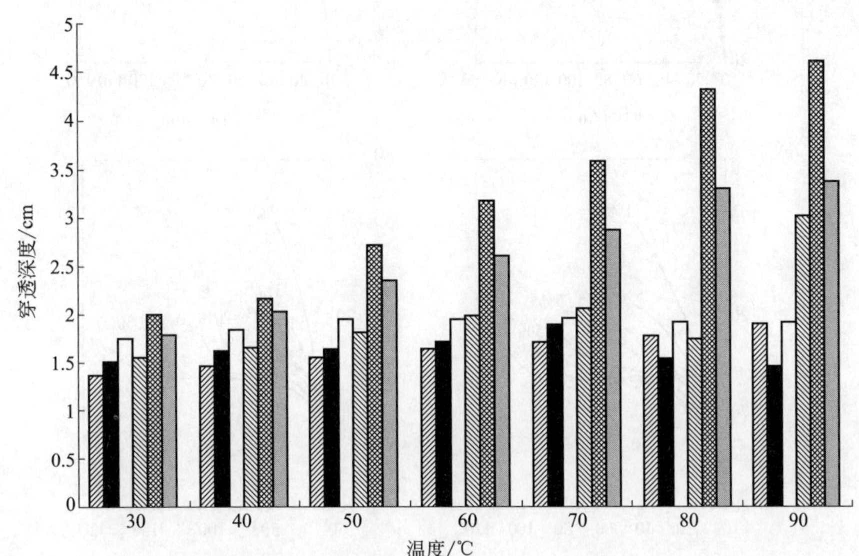

图 5-78　微波处理对淀粉乳［淀粉与水之比为 1∶1.5（质量分数）］穿透深度的影响

▨—大米；■—小麦；□—玉米；▧—蜡质玉米；▩—木薯；▒—高直链玉米

（四）微波处理对淀粉糊特性的影响

1. 淀粉水分含量与温升的关系

从图 5-79 可以看出，淀粉水分含量与温升具有较强的相关性，样品水分含量较低（1%～5%）时，温升迅速；在中等水分含量（7%～15%）时，则温升速度大大降低；而水分含量较高（>20%）时，则出现一个平台期，即随着加热时间的延长，温升在一定时间内无变化。平台期的时间间隔随水分含量的增加而延长，这种变化在密闭容器中较敞口容器中的变化明显。

2. 微波处理对淀粉糊化特性的影响

图 5-80 说明了微波处理木薯淀粉的糊化黏度特性。从图中可以看出，当对低水分含量的淀粉进行微波处理后，处理后淀粉糊的黏度大大降低，而糊化温度几乎不变；而对稍高水分含量的淀粉进行处理后，则糊的黏度降低幅度变慢，20%水分含量的木薯淀粉经微波处理后，其 Branbender 黏度曲线与原淀粉几乎相同；而水分含量在 20%～35%时，则糊化黏度曲线与原淀粉相比发生较大变化，表现为糊黏度的降低及糊化温度的升高。而在密闭容器内微波处理的淀粉，糊化温度上升更为明显。

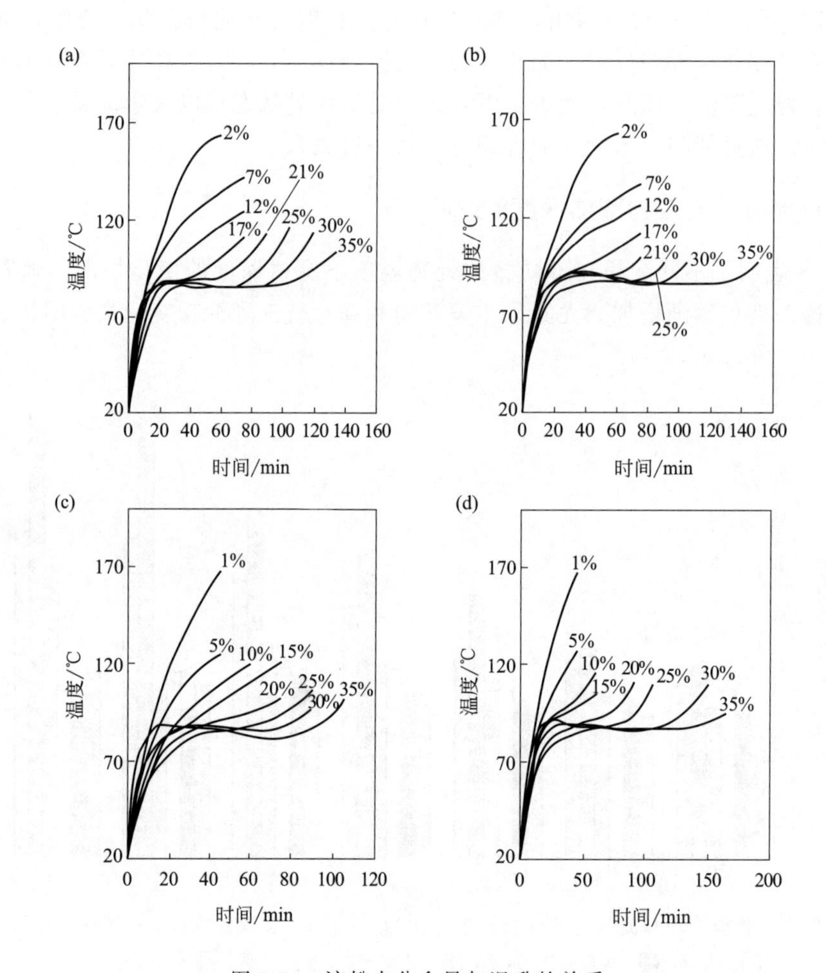

图 5-79　淀粉水分含量与温升的关系

（a）马铃薯淀粉在敞口容器中加热；（b）马铃薯淀粉在密闭容器中加热；

（c）木薯淀粉在敞口容器中加热；（d）木薯淀粉在密闭容器中加热

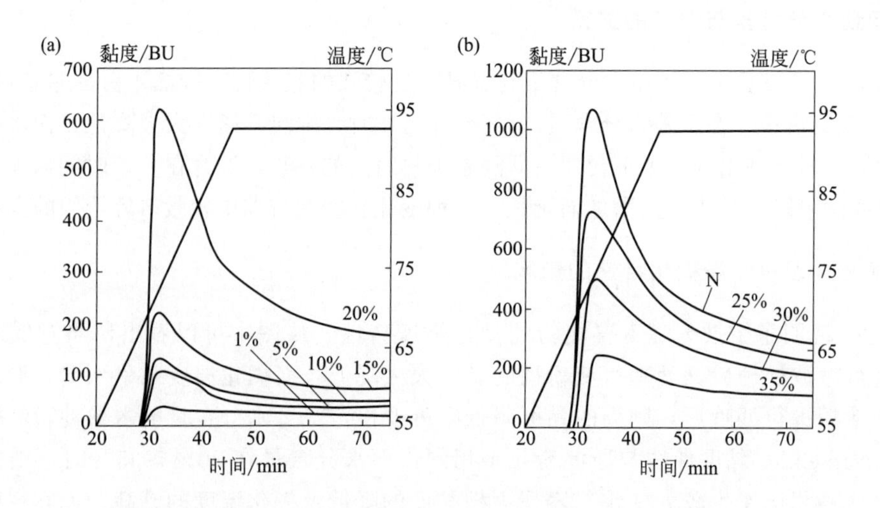

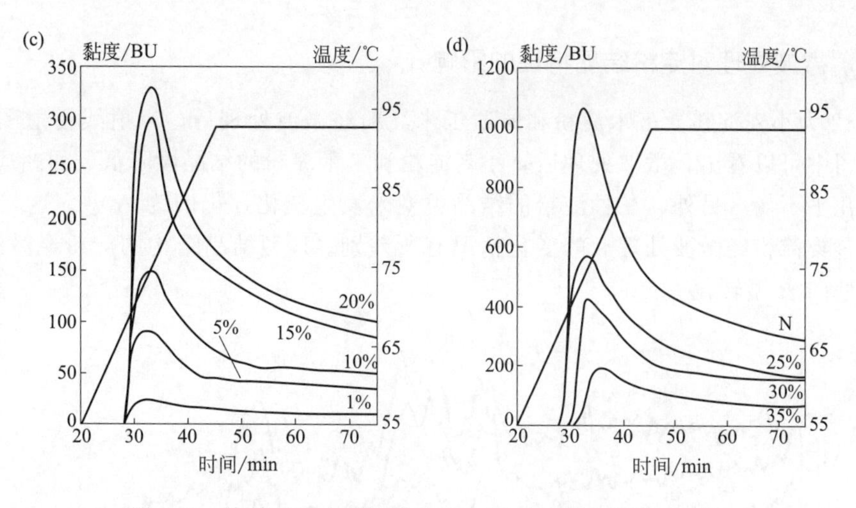

图 5-80 微波处理木薯淀粉的 Branbender 黏度曲线（8%）

（a）水分含量为 2%～17%的木薯淀粉在敞口容器中加热处理后的 Branbender 黏度曲线；
（b）水分含量为 21%～35%的木薯淀粉在敞口容器中加热处理后的 Branbender 黏度曲线；
（c）水分含量为 2%～17%的木薯淀粉在密闭容器中加热处理后的 Branbender 黏度曲线；
（d）水分含量为 21%～35%的木薯淀粉在密闭容器中加热处理后的 Branbender 黏度曲线；
（N 为原淀粉）

（五）微波处理对淀粉溶解性的影响

如图 5-81 所示，小麦淀粉加热到 75℃时，淀粉颗粒轻微膨胀，有少量直链淀粉从颗粒中游离出来，当加热到 95℃时，颗粒急剧膨胀，大量直链淀粉从颗粒中游离，而经微波处理的淀粉则表现与原淀粉不同，在 75℃时，颗粒基本无变化，而在 95℃时，只有少量直链淀粉游离，颗粒破坏程度也较原淀粉轻微许多。这说明，经微波处理后的淀粉溶解性降低。

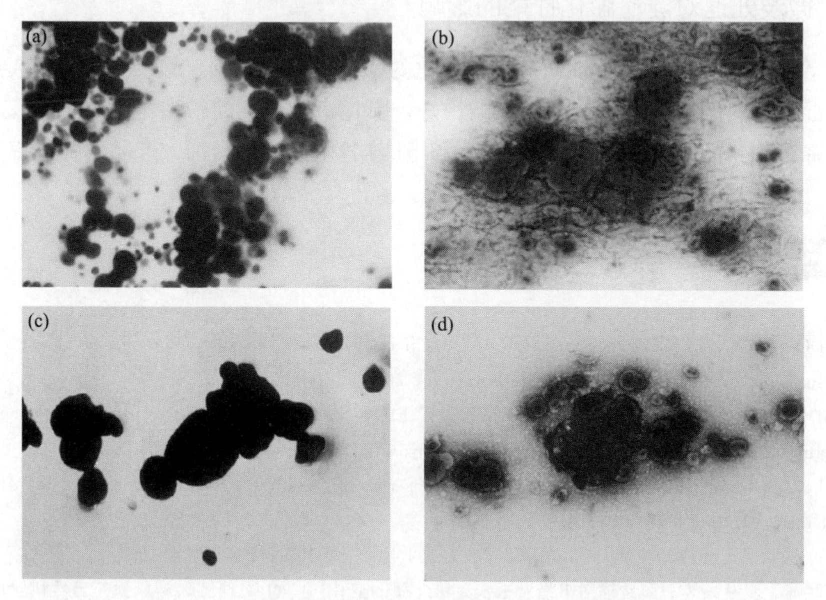

图 5-81 原淀粉和微波处理后淀粉的光学显微图片

（a）、（b）小麦原淀粉加热至 75℃和 95℃；（c）、（d）微波处理小麦淀粉加热至 75℃和 95℃

（六）微波处理对淀粉结晶特性的影响

图5-82为小麦淀粉、玉米淀粉和蜡质玉米淀粉经微波处理后，X射线衍射图谱的变化情况。从图中可以看出，微波处理后，小麦淀粉和玉米淀粉的结晶度降低，而蜡质玉米淀粉的结晶度几乎不变。另外，三种淀粉的结晶类型未发生变化，仍旧为A型。这与B型结晶结构的根茎类淀粉经微波处理后的变化情况有所差别。B型结晶结构的淀粉经微波处理后，其结晶类型向A型转化。

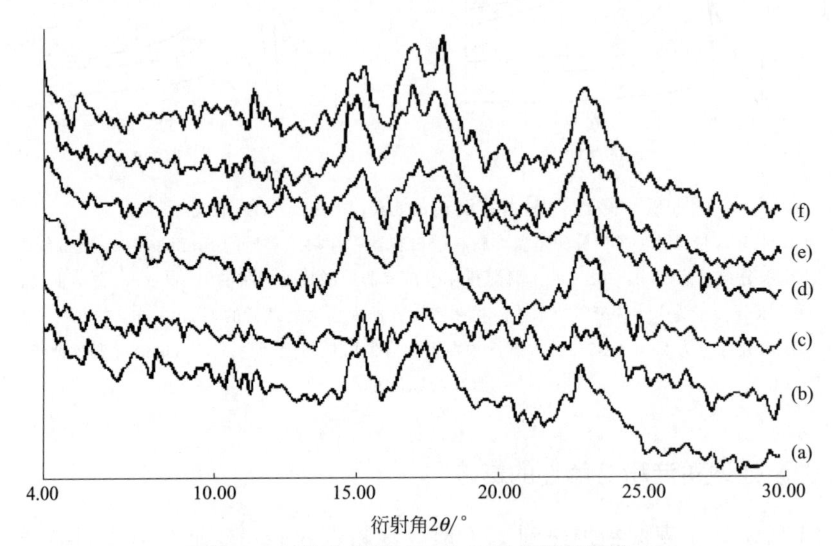

图5-82　微波处理淀粉的X射线衍射图谱

（a）小麦淀粉；（b）微波处理小麦淀粉；（c）玉米淀粉；（d）微波处理玉米淀粉；（e）蜡质玉米淀粉；（f）微波处理蜡质玉米淀粉

（七）微波处理对淀粉膨化性能的影响

张立彦等研究了淀粉种类及性质对微波膨化的影响。结果表明，糯米及马铃薯淀粉等含支链淀粉较多的混合物料的微波膨化产品组织结构好，膨化率较高；淀粉糊化度大于95%后，产品的膨化率将下降；淀粉的老化不利于微波膨化，并随着老化程度的增加，产品的膨化率不断下降。

参考文献

[1] LEWANDOWICZ G, JANKOWSKI T, FORNAL J. Effect of microwave radiation on physico-chemical properties and structure of cereal starches[J]. Carbohydrate Polymers, 2000, 42 (02): 193-199.

[2] LEWANDOWICZ G, FORNAL J, WALKOWSKI A. Effect of microwave radiation on physico-chemical properties and structure of potato and tapioca starches[J]. Carbohydrate Polymers, 1997, 34 (04): 213-220.

[3] NDIFE M K, ŞUMNU G, BAYINDIRLI L. Dielectric properties of six different species of starch at 2450 MHz[J]. Food Research International, 1998, 31 (01): 43-52.

[4] 高福成．现代食品工程高新技术[M]．北京：中国轻工业出版社，1997.

[5] 罗志刚，扶雄，罗发兴等．微波辐射下蜡质玉米淀粉性质的变化[J]．华南理工大学学报（自然科学版），2007，35（4）：35-38.

[6] 张立彦，芮汉明，李作为．淀粉的种类及性质对微波膨化的影响[J]．食品与发酵工业，2001，27（3）：21-25.

第十节　超高压改性淀粉

一、超高压技术概述

（一）超高压的概念

超高压处理就是使用100MPa以上（100～1000MPa）的压力（一般是静水压），在常温或较低温度下对食品物料进行处理，从而达到灭菌、物料改性和改变食品的某些理化反应速度的效果。超高压处理过程是一个纯物理过程，瞬间压缩、作用均匀、操作安全、耗能低，处理过程中不伴随化学变化的发生，有利于生态环境的保护。

（二）超高压技术的发展历史

利用超高压来进行食品加工的历史较长，早在1895年Royer H和他的合作者就已进行了利用超高压处理杀死细菌的研究；1899年，Hite B H等报道了在680MPa的高压力下处理牛奶10min，可大大降低牛奶中的细菌数量，延长牛奶的保存期；1914年Bridgman发现，超高压处理能使卵蛋白质凝结；Cheftel（1992）发现，超高压处理能破坏蛋白质的二级和三级结构，但对共价键没有影响；Stute等（1996）研究表明，超高压处理具有瞬时性，与处理基质的大小和形状无关。1986年，日本京都大学林力丸副教授发表了超高压保藏食品的报告，随后，日本开始进行高压在食品中的研究。1991年4月，日本首次将超高压技术处理的果酱产品投放市场，其制品无需加热杀菌即可达到一定的保质期，且由于其具有鲜果的色泽、风味和口感而备受消费者青睐。之后又有果味酸奶、果冻、色拉和调味料等面世。至今在欧洲已举行了多次高压技术研讨会，食品超高压加工技术被称为“食品工业的一场革命”及“当今世界十大尖端科技”等。

目前，日本在食品超高压处理技术方面居国际领先地位，该技术在德国、美国、英国、法国、韩国等许多工业发达国家也受到普遍重视。

目前，国内的食品超高压技术研究还处于起步阶段，注重于食品灭菌、大分子变性的研究，如果蔬汁超高压灭菌、高压糊化淀粉等，虽取得一定的研究成果，但还没有成熟的超高压技术可投入到食品行业生产中。

（三）超高压技术的应用领域

目前有关超高压处理技术的研究和应用集中在两方面：

1. 在食品保藏中的应用

在这方面主要研究超高压的杀菌、灭酶作用。从研究的结果看，压力达到100MPa以上对非芽孢菌即有杀灭作用，但对细菌的芽孢，压力则需要达到800MPa以上，并使酶产生不可逆失活。在较低的压力下，可采用其他处理方法与超高压处理相结合，这样，既可以尽量保持超高压处理的特点，也可以使该处理技术更为有效和方便。

2. 修饰、改变食品有关特性中的应用

在这方面主要研究超高压对食品理化性质的影响。对超高压处理技术的研究发现，超高

压对与食品风味、色泽有关的小分子以及维生素等没有太大影响，同时可以改变蛋白质、多糖、脂类等食品（生物）大分子的理化特性，如蛋白质的变性、脂肪的结晶和淀粉的糊化等。

目前超高压处理对淀粉性质影响的研究主要集中在以下三个方面：一是采用较低的压力处理淀粉（＜300MPa），使淀粉处于未糊化状态；二是采用高压来处理干淀粉；三是采用较高的压力（＞400MPa）处理淀粉乳，研究处理后淀粉性质的变化，一般我们所指的超高压处理即是指第三种情况。

（四）超高压处理的特点

与传统的热处理相比，超高压处理具有无可比拟的优点：首先，它能在常温或较低温度下达到杀菌、灭酶的作用，与传统的热处理相比，减少了由于高热处理引起的食品营养成分和色、香、味的损失或劣化；其次，由于传压速度快、均匀、不存在压力梯度，超高压处理不受食品的大小和形状的影响，使得超高压处理过程较为简单；此外，这一技术耗能也较少，处理过程中只需要在升压阶段以液压式高压泵加压，而恒压和降压阶段则不需要输入能量。

二、超高压技术对淀粉改性的原理

糊化作用是淀粉化学中的重要概念，淀粉糊化后所形成的淀粉糊的性质和应用特性是淀粉在工业中应用的核心和基础。糊化作用的本质是淀粉中有序和无序状态的淀粉分子间和分子内氢键断裂，分散于水中的过程，加热促进这一过程。一定的温度是糊化的必要条件，一般把偏光十字消失的温度称为糊化温度。不同来源的淀粉，糊化温度不同。淀粉在糊化时吸收一定的热量，称为糊化焓。一般来讲，对氢键具有破坏性的因素，如强的氢键切断试剂或溶液（如二甲基亚砜、液氨、强碱等）均可促进淀粉的糊化作用，甚至使其在常温下进行糊化作用。

高压可使淀粉的氢键受到影响，文献报道氢键的 $\Delta V_{\circ}$ 在 $-2\sim4cm^2/mol$，根据

$$\left(\frac{\alpha \Delta G_{\circ}}{\alpha P}\right)T=\Delta V_{\circ}$$

可知 $\Delta V_{\circ}>0$，则压力增大，$\Delta G_{\circ}$ 也增大，将不利于正反应；$\Delta V_{\circ}<0$，则压力增大，$\Delta G_{\circ}$ 减小，将有利于正反应方向。即高压对氢键的断裂和形成均有影响。具体表现为压力提高到一定程度可使淀粉糊化作用、改变结晶结构、糊的流变特性及变色特性等均将发生变化。这种淀粉在超高压条件下导致的氢键断裂和形成是淀粉超高压改性的核心和基础。

三、超高压技术装备

（一）高压处理装置分类

高压处理装置主要由高压容器、加压装置及辅助装置构成。

1. 按加压方式分类

按加压方式分，高压处理装置有直接加压式和间接加压式两类。在直接加压式高压处理装置中，高压容器与加压气缸呈上下配置，在加压气缸向下的冲程运动中，活塞将容器内的压力介质压缩产生高压，使物料受到高压处理。在间接加压式处理装置中，高压容器与加压

装置分离，用增压机产生高压水，然后通过高压配管将高压水送至高压容器，使物料受到高压处理。

2. 按放置位置分类

按高压容器的放置位置进行分类，可将高压容器分为立式和卧式两种。相对于卧式，立式高压处理设备占地面积小，但物料的装卸需要专门装置；与此相反，使用卧式高压处理设备，物料的进出较为方便，但占地面积大。

（二）淀粉高压加工装置

淀粉高压加工装置结构如图 5-83 所示。油泵 11 向高压容器 6 加入压力介质——变压器油和特种煤油的混合液体，该泵可直接将压力增加到 800MPa。若需要更高压力，开动油泵 1，将压力机主体活塞 7 连同高压容器 6 升起，使容器活塞 4 进入高压腔内，这样在容器内即可产生直到 1000MPa 的工作压力。容器内的静流体压力由贴在容器外壁（环向）上的应变片测量并连续记录。

淀粉试验样品高压处理前与水按一定比例配成均质溶液后，装入乳胶套进行多层包装，再装入高压腔内。高压容器加压至一定值后，保压一定时间，然后快速卸压，取出样品，进行相应性质的分析测定。

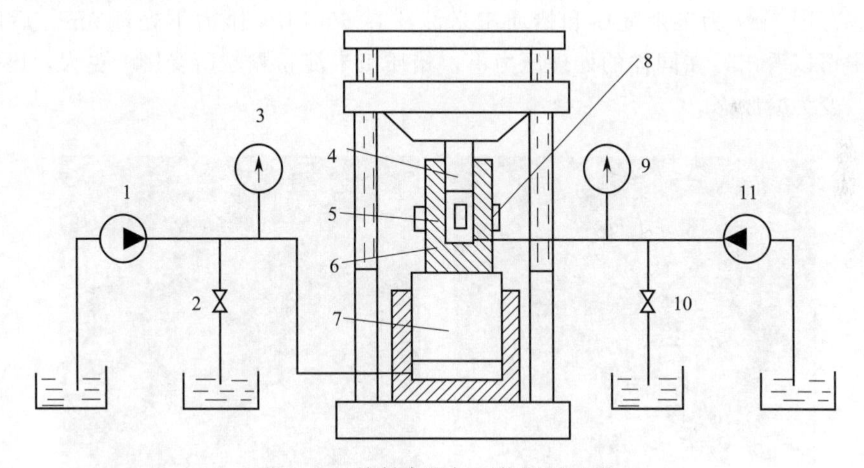

图 5-83　淀粉高压加工装置原理图

1，11—油泵；2，10—卸压阀；3，9—压力表；4—高压容器活塞；
5—岩石样品；6—高压容器；7—压力机活塞；8—应变片

四、超高压处理对淀粉性质的影响

（一）超高压处理对淀粉颗粒特性的影响

淀粉颗粒在高压处理过程中颗粒特性的变化情况与淀粉种类、压力大小及介质性质有关。

一般来讲，在 200MPa 以下的压力处理，对淀粉颗粒的影响较小，不同种类的淀粉基本都能保持其原来的颗粒状态，同时，颗粒的偏光也不受影响。随着压力的升高，不同淀粉种类的颗粒状态存在一定差异。叶怀义等研究了 7 种淀粉（小麦淀粉、玉米淀粉、绿豆淀粉、藕粉、甘薯淀粉、木薯淀粉、马铃薯淀粉）在不同压力条件下颗粒偏光十字的变化情况。研究表明在处理压力小于200MPa时，7种淀粉的偏光十字均仍存在；当压力高于200MPa后，A-型和C-型淀粉的部分颗粒失去偏光十字，且压力越高失去越多；在达到400MPa后，几乎见不到具偏光十字的颗粒。而B-型淀粉（如马铃薯淀粉）在压力达到450MPa时仍有明显偏光十字，说明加压在200MPa以上时已部分破坏了A-型和C-型淀粉的结晶结构，而达到450MPa时对B-型淀粉结晶仍无明显影响。但关于压力对不同淀粉颗粒特性的影响，国内外研究结果并不完全一致，如刘延奇等研究高压对玉米淀粉颗粒结构的影响时发现，采用400MPa压力处理5min后，淀粉颗粒的偏光十字几乎保持不变，这表明该压力处理对玉米淀粉（A-型结晶结构）的影响不大。经500MPa压力处理5min后，部分淀粉颗粒开始溶胀，其偏光十字也从中心部位开始变得模糊起来，淀粉核心部位开始出现少量裂缝，600MPa处理后，图片上已经看不到有偏光十字存在，表明此时玉米淀粉颗粒已经充分吸水溶胀，淀粉颗粒内部的结晶结构被完全破坏。上述差异可能与处理条件不同有关（如设备条件及淀粉乳水分含量等）。

若对干淀粉颗粒进行超高压处理，即使压力高达600MPa以上，对淀粉颗粒也无影响。这说明，淀粉在高压状态下的糊化过程与水分含量有密切关系。在对淀粉乳进行超高压处理时，随着处理压力的升高，淀粉颗粒膨胀程度增大，颗粒逐渐失去原有的形态，逐渐呈凝胶态，即向糊化状态过渡。在超过600MPa以上的压力，不同结晶类型的淀粉都呈现不同程度的糊化状态。图5-84为玉米淀粉和蜡质玉米淀粉在690MPa压力下处理5min后的颗粒状态，从图中可以看出，在同样的处理压力下，蜡质玉米淀粉颗粒所受影响更大，已完全失去颗粒状态，变为凝胶态。

图5-84　玉米淀粉和蜡质玉米淀粉经超高压处理后的SEM图片

左上、左下分别为玉米淀粉、蜡质玉米淀粉，左下、右下为经过690MPa压力处理5min后样品同样地，对于B型结晶结构的马铃薯淀粉，经600MPa以上压力处理后，颗粒状态也发生改变，图5-85为马铃薯淀粉经600MPa压力处理后颗粒形貌的变化情况。

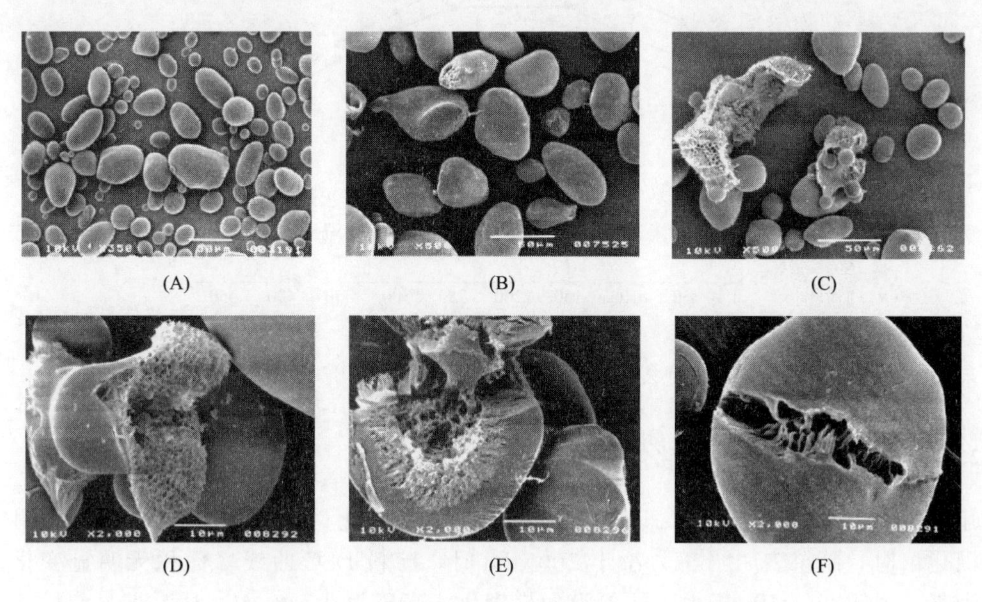

图5-85 马铃薯淀粉经超高压处理后的SEM图片

（A）马铃薯原淀粉；（B）600MPa处理2min；（C）600MPa处理3min；

（D）～（F）为600MPa压力处理3min后的马铃薯颗粒内部细致结构

从图5-85可以看出，在超高压条件下，大部分淀粉颗粒发生严重的变形，而且随着处理时间的延长，颗粒受损程度加大，600MPa压力处理3min后，部分颗粒已经向凝胶态转变。图5-85（D）表明，马铃薯淀粉具有相对平滑的表面，在高压下，颗粒破碎是沿着Y轴方向进行的，这使我们可以细致地观察颗粒内部结构。颗粒的外部较致密，而内部则呈细纤维状，可能为颗粒的半结晶部分，但颗粒的总体结构是与构成颗粒的结晶区和非结晶区都有关系的。图5-85（E）进一步给出了颗粒的内部细节，将经高压处理的淀粉颗粒切开后，可以看到，颗粒内存在两个完全不同的区域，外部是致密的结构，可抵御热、压力的冲击，这可能是马铃薯淀粉对酶及高压具有抗性的物理基础，构成外部区域的可能是支链淀粉的高分子量部分，而颗粒的内部区域则与外部完全不同，为凝胶态的网状结构，存在较大的空间，而且从四周向中心延伸。

（二）超高压处理对淀粉糊化特性的影响

1. 不同压力处理对糊化温度的影响

叶怀义等研究了不同淀粉在超高压处理下糊化特性的变化情况。结果表明，压力对7种淀粉的糊化温度均有影响。糊化温度的变化趋势与淀粉种类关系不大，与压力的范围有关。压力的范围可分三段：小于150MPa、150～250MPa、大于250MPa。当压力小于150MPa时，随压力升高糊化温度升高，压力在150～250MPa时，糊化温度变化不大，为一水平线，当压力大于250MPa时，糊化温度随压力的升高而降低，降低的程度与压力不呈直线关系，而是压力越高，糊化温度降低越多。图5-86为小麦淀粉和马铃薯淀粉糊化温度随压力变化而变化的情况。

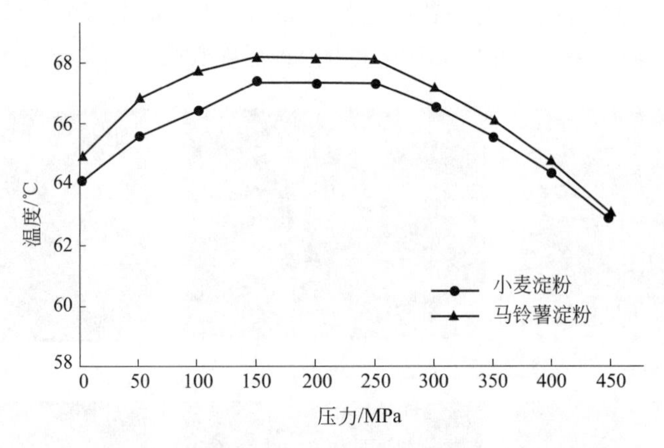

图5-86　小麦淀粉和马铃薯淀粉糊化温度与压力的关系

2. 不同压力处理对淀粉糊化焓的影响

叶怀义等研究了在450MPa以下压力条件下淀粉糊化焓的变化。在采用DSC测定淀粉的糊化焓时，结果表明当压力小于200MPa时，淀粉DSC曲线峰面积无明显变化，糊化度为零，说明200MPa压力下淀粉没发生糊化；当压力达300MPa时，小麦淀粉、藕淀粉的DSC曲线峰面积明显减小，糊化焓减小，表明压力为300MPa时，淀粉已部分糊化，糊化度分别为7.9%和9.5%。随处理压力升高，糊化度也升高；压力为450MPa时，上述两种淀粉的糊化度分别为74.9%和63.1%。而马铃薯淀粉情况则不同，即使在压力达450MPa时，DSC曲线峰面积仍无明显变化，糊化焓不减小，糊化度为零，玉米淀粉与马铃薯淀粉相近。绿豆淀粉DSC曲线和糊化焓的变化接近于小麦淀粉，甘薯淀粉和木薯淀粉的变化情况接近于藕淀粉。DSC分析的结果和显微观察结果相符，即压力对7种淀粉的影响大致可分为三类：对小麦、绿豆淀粉影响最大；对甘薯、木薯、藕淀粉的影响较小；对马铃薯、玉米淀粉的影响最小，几乎不影响，这可能与各种淀粉颗粒特定的晶体结构有关。

W. Błaszczak等研究了马铃薯淀粉在600MPa下处理2～3min后淀粉焓变情况。结果表明，与原淀粉相比，超高压处理淀粉的焓变温度（T_o、T_p、T_c）降低，焓值明显降低，但处理时间对温度影响较小。具体结果见表5-27。

表5-27　马铃薯原淀粉和超高压处理淀粉DSC参数

处理条件	T_o/℃	T_p/℃	T_c/℃	ΔH/(J/g)
马铃薯原淀粉	65.04	70.08	77.17	15.96
超高压2min	57.47	64.19	71.00	5.55
超高压3min	58.79	65.70	72.57	4.31

3. 压力及保压时间对淀粉糊化度的影响

马成林等研究了不同压力及保压时间对玉米淀粉（淀粉∶水=1∶2，室温）糊化度的影响。结果表明：在压力低于100MPa时淀粉根本不发生糊化；压力为300MPa和500MPa时，即使保压时间无限延长，糊化也不会达到100%；而在700MPa时，保压2min即可使

86.8%玉米淀粉糊化，保压 5min 可使玉米淀粉 100%糊化。

B. A. Bauer 等也研究了保压时间对淀粉糊化度及电导率的影响，图 5-87 为木薯淀粉在 530MPa 压力下，保压不同时间后糊化度及电导率的变化情况。从图中可以看出，随着处理时间的延长，淀粉的糊化度逐渐提高，在前 1h 的保压处理过程中糊化度变化比较明显，电导率也基本与糊化度呈现相同的变化趋势。从图中也可看出，保压时间超过 1h 后，糊化度提高很缓慢，在 4h 左右时，完全糊化。这也说明，相对压力变化而言，保压时间的变化对淀粉糊化影响较小。

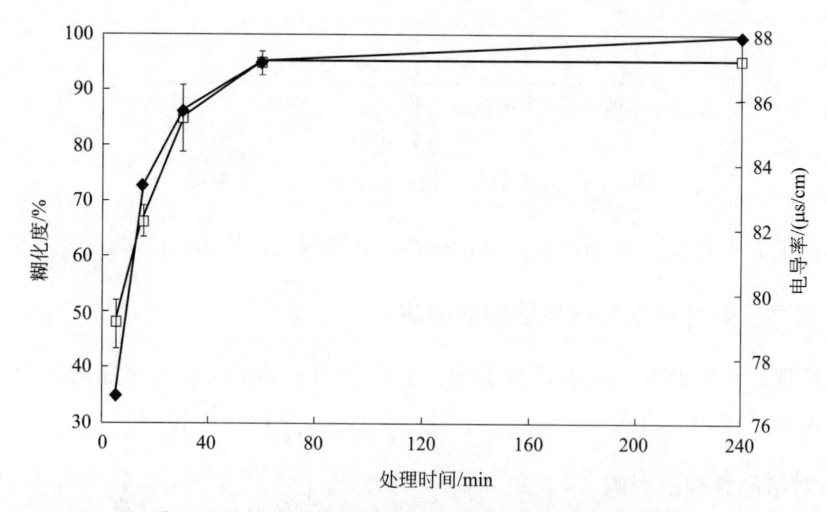

图 5-87　保压时间对木薯淀粉糊化度和电导率的影响

4. 超高压处理对淀粉糊化动力学特性的影响

左春柽等对玉米淀粉高压糊化动力学特性进行了初步探讨。通过计算玉米淀粉高压糊化的动力学参数，他们认为，压力和热处理使淀粉糊化的反应同属一级反应，压力升高可使活化分子数量明显增加，从而提高反应速度。并根据已有的热糊化动力学理论提出了保压时间与淀粉糊化度的动力学关系式为：

$$\ln(1-\alpha)=-K_{\alpha}t$$

式中　α——糊化度，%；

K_{α}——糊化速率常数，min^{-1}；

t——保压时间，min。

实验条件：淀粉/水=1/2。

叶怀义等对小麦淀粉高压糊化动力学特性进行了研究。他们采用 DSC 测定了不同压力下处理不同时间的 10%小麦淀粉乳的糊化度，计算了小麦淀粉压力糊化反应动力学参数。结果表明：小麦淀粉的加压糊化为一级反应，分别在 300MPa、400MPa 和 500MPa 压力下其糊化速率常数分别为 0.36、0.45 和 0.55。糊化速率常数和压力的关系可表示为：

$$\ln K_{\alpha}=-\Delta V\cdot P/RT+K_{0}$$

式中　ΔV——活化体积，mm^{3}/g；

K_{α}——糊化速率常数，min^{-1}；

P——压力，MPa；

R——气体常数，J/(mol·K)；

T——开氏温度，K。

小麦淀粉糊化速率常数 K_{α}-P 关系图见图 5-88。

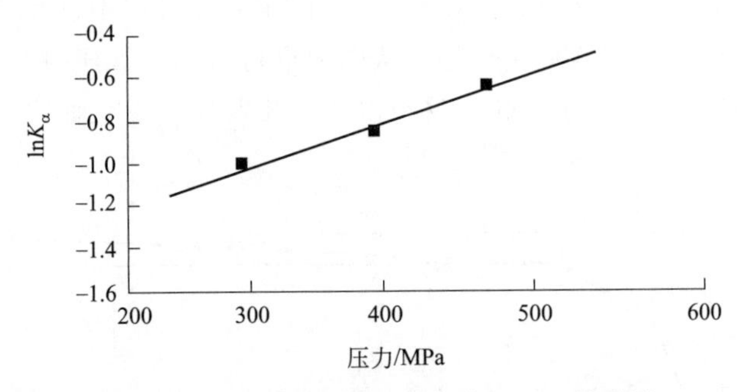

图 5-88　小麦淀粉糊化速率常数 K_{α}-P 关系图

小麦淀粉压力糊化反应在 300～450MPa 压力范围内 ΔV 值为 7.9mm^3/g。

（三）超高压处理对淀粉结晶结构的影响

超高压处理对淀粉结晶结构会产生影响，其与压力的高低、淀粉结晶的类型、加压时淀粉悬浮液的含水量等因素有关。

1. 压力对结晶结构的影响

叶怀义等将 10%小麦淀粉悬浮液经 100MPa、200MPa、300MPa、400MPa 和 450MPa 压力处理 1h 后测定，通过对 X 射线衍射图谱的分析发现小麦淀粉是典型的 A 型结晶结构，加热处理的小麦淀粉在 X 射线衍射图上无明显的峰值，即加热处理已使淀粉结晶结构完全破坏。加压处理时，压力小于 200MPa 时，除衍射强度略有降低外，衍射图谱没有明显变化。压力大于 300MPa 时，衍射图谱发生明显变化，衍射峰强度减小，但仍保持原来的 A 型，400MPa 加压后，衍射峰 3a、4a、4b、6a 强度减弱，说明 A 型晶型破坏，但在 1a 出现衍射峰，450MPa 加压后，衍射峰 3a、4a、4b、6a 显著减弱，4a、4b 合并为一个峰，1a 衍射强度增强形成弱的 B 型晶型。

2. 不同类型淀粉结晶结构的变化

H. Kotapo 等研究了不同类型淀粉在粉末及淀粉乳状态下，超高压处理时结晶结构和类型的变化。结果发现无论何种结晶类型的淀粉，在粉末状态或在乙醇悬液状态下进行超高压处理时，对结晶结构几乎没有影响，只是特征峰强度有所降低。在用 690MPa 压力对粉末状态或在乙醇悬液状态下淀粉样品进行处理时，粉末态淀粉 X 射线衍射峰强度较乙醇悬液状态下低 10%～18%，这说明，在乙醇悬液状态下淀粉对高压的承受力强，这可能是因为对淀粉来说，乙醇不是增塑剂，具有容积填充作用，能稳定淀粉的结晶结构。图 5-89 为玉米淀粉在粉末、乙醇悬液及淀粉乳状态下，超高压处理后的 X 射线衍射图谱。

从图 5-89 也可以看出，淀粉乳经超高压处理后，结晶结构发生变化，从 A 型向 B 型转化，而且结晶结构的变化受含水量影响，含水量增高，A 型结构受破坏程度加大。其他 A 型结晶结构的淀粉受超高压处理后的结晶结构变化情况与玉米淀粉相似。

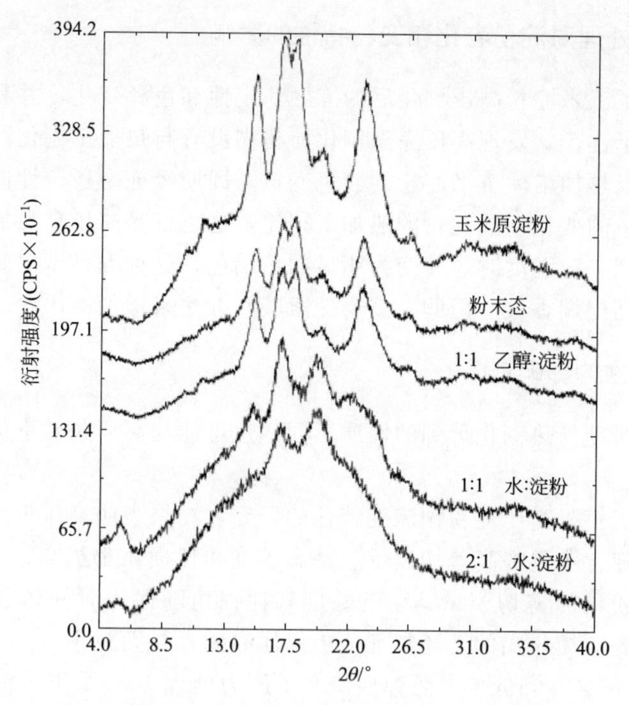

图 5-89　超高压处理对玉米淀粉结晶结构的影响

而对于B型结晶结构的淀粉来说（典型的是马铃薯淀粉、高直链玉米淀粉），超高压处理对其影响较小，图5-90为马铃薯淀粉经过超高压处理后结晶结构的变化情况。从图中可以看出，在经过690MPa超高压处理后，马铃薯淀粉的结晶结构基本未发生变化，仍为B型结晶结构，而且水分含量对其结晶度的影响也非常小。

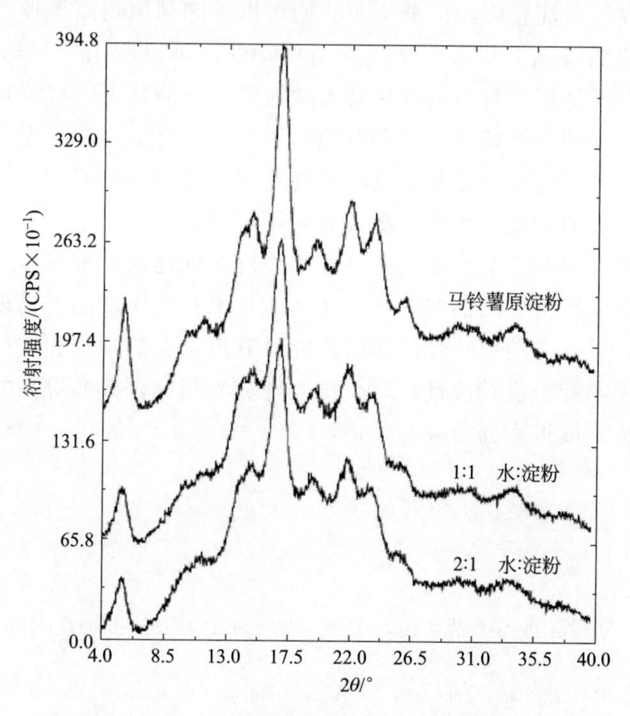

图 5-90　超高压处理对马铃薯淀粉结晶结构的影响

（四）超高压处理对淀粉老化和变色特性的影响

马成林等研究了玉米淀粉高压糊化后的冻融稳定性和色泽变化，并和热糊化淀粉的老化特性和色泽变化做了比较。发现高压完全糊化淀粉糊没有与热加工糊化淀粉糊相同的老化现象。同时，高压不像热加工使玉米淀粉的颜色变黄。即使经冻融稳定性试验，水分散失后的海绵状淀粉也无颜色的变化。同淀粉的热加工相比，这也许是高压食品加工中的一个不足之处。因为淀粉加热到一定温度时，转变为明显的黄褐色。这种颜色不仅刺激食欲、美观，而且重要的是产生食品焦煳香气。因此，需要探索其它办法来增加高压食品的颜色要求。

（五）流变特性的影响

高压获得的淀粉糊与热糊化得到的性质不同，这可能与高压条件下淀粉颗粒的膨胀受到限制有关。

张守勤等进行了玉米高压淀粉糊流变特性的研究。结果表明高压玉米淀粉糊的流变学特性具有如下规律：随含水量提高剪切模量、动态黏度和耗损角都提高；在小于90Hz的低频波作用下，高压淀粉糊的剪切模量、动态黏度和耗损角随保压时间延长而增加；在100Hz的剪切波作用下，高压淀粉糊的上述特征值随保压时间延长而减小。

Stolt等通过测量黏性和低变形黏弹性研究了压力处理10%黏玉米淀粉分散体系的流变学特性。在450MPa压力下处理110min黏度系数都不超过7Pa·s，然而在550MPa压力下处理5～10min，黏度系数就能达到20Pa·s。储能模量的测试结果与黏度系数的结果完全相同，这说明过度的压力会削弱凝胶结构。

五、超高压处理淀粉的应用展望

通过上述对超高压对淀粉影响的分析，我们可以考虑利用超高压技术对淀粉进行有目的的改性。如非结晶或低结晶淀粉，由于其易消化特性，可以应用于婴幼儿食品或老年食品中。另外，利用超高压处理淀粉不易老化及冻融稳定性好的特点，可将其应用于冷冻食品及流体半流体食品中，起到质构调整、增稠及稳定作用。还可应用超高压处理技术制备功能性淀粉，如微晶淀粉等。通过控制淀粉的结晶结构比例，增加淀粉的功能特性，使不同结晶度的淀粉产物应用于不同的领域或对象，扩大其应用范围。

随着我国经济的发展和生活水平的提高，人们对饮食健康的重视程度越来越高，具有特殊用途的保健食品越来越得到人们的青睐。超高压技术及高压食品的出现也使应用超高压技术对淀粉进行改性并提高其功能特性应用的研究具有更重要的理论和实用价值。

采用超高压处理对淀粉进行改性，与化学改性淀粉相比，具有更高的安全性，符合食品工业未来的发展趋势，值得大力研究与推广。

参考文献

[1] BŁASZCZAK W, VALVERDE S, FORNAL J. Effect of high pressure on the structure of potato starch[J]. Carbohydrate Polymers, 2005, 59 (03): 377-383.

[2] BAUER B A, KNORR D. Electrical conductivity: A new tool for the determination of high hydrostatic pressure-induced starch gelatinisation[J]. Innovative Food Science & Emerging Technologies, 2004, 5 (04): 437-442.

[3] KATOPO H, SONG Y, JANE J. Effect and mechanism of ultrahigh hydrostatic pressure on the structure and properties of starches[J]. Carbohydrate Polymers, 2002, 47 (03): 233-244.
[4] 刘延奇，李昌文，赵光远，等．超高压对玉米淀粉颗粒结构的影响研究[J]. 农产品加工，学刊，2006，10：44-46.
[5] 刘延奇，周婧琦．超高压处理对淀粉的影响研究进展[J]. 食品科技，2006，8：56-59.
[6] 马成林，左春柽，张守勤，等．高压对玉米淀粉糊化度影响的研究[J]. 农业工程学报，1997，13 (01)：172-176.
[7] 马成林，左春柽，张守勤，等．玉米淀粉高压糊化动力学的初步探讨[J]. 农业工程学报，1997，13 (01)：177-180.
[8] 马成林，左春柽，张守勤，等．玉米高压糊化淀粉的老化特性和变色性质[J]. 农业工程学报，1997，13 (02)：203-205.
[9] 叶怀义，邵延文，徐倩．高压对玉米淀粉糊化特性的影响[J]. 食品科学，1997，18 (10)：33-34.
[10] 叶怀义，杨素玲，徐倩．高压对淀粉粒结晶结构的影响[J]. 中国粮油学报，2000，15 (06)：24-28.
[11] 叶怀义，杨素玲，叶暾旻．高压对淀粉糊化特性的影响[J]. 中国粮油学报，2000，15 (01)：10-13.
[12] 张守勤，马成林，左春柽，等．玉米淀粉微晶结构在加热和高压作用下的变化[J]. 农业工程学报，1997，13 (02)：168-171.

第十一节 超声波改性淀粉

一、超声波概述

超声波是频率大于 20kHz 的声波，一般所指的超声波，频率范围在 $2\times(10^4\sim10^9)$Hz 之间。超声波与普通声波相比有一些突出的特点，如由于频率高，因而传播的方向性较强，设备的几何尺寸较小；传播过程中，介质质点振动加速度非常大；在液体介质中，强度达到一定值后会产生空化现象。正是这些特点决定了其在各种领域中都有相当广泛的用途。

超声波在介质中主要产生两种形式的振荡，即横向振荡（横波）和纵向振荡（纵波），前者只能于固体中产生，后者在固、液、气体中均可产生。超声波在液体内的作用主要来自超声波的热作用、机械作用和空化作用。超声处理技术在食品工业中主要用于辅助提取、干燥、过滤、分离等，在国外已经形成了一个巨大的产品市场。超声波加工设备结构简单，参数容易控制，操作方便，运行成本低，不会造成环境污染，而且易于实现自动化、连续化，因此，具有极大的应用潜力。基于超声食品加工技术的诸多优点，超声处理被认为是食品加工过程最有潜力和发展前途的一种新技术。

二、超声波对淀粉改性的原理

超声波处理可以使淀粉等高聚物发生降解，这主要依靠两方面的作用。一是由于超声加速了溶剂分子与聚合物分子之间的摩擦，从而引起 C—C 键断裂，该过程一般称作机械性断键；另一方面则是由于超声的空化效应而引致大分子物质自由基氧化还原反应，该反应所产生的高温高压环境导致了键断裂。

（一）超声波机械性断键作用

超声波机械性断键作用是由于物质的质点在超声波中具有极高运动加速度，产生激烈而快速变化的机械运动，分子在介质中随着波动的高速振动及剪切力作用而降解。

（二）超声波引起自由基氧化还原反应

当声波在媒介中传播时，若声强足够大，液体所受到的负压也足够大，媒质分子间平均距离就会增大，超过极限距离后，会破坏液体结构的完整性，造成空穴。水分子或反应分子进入空穴及其周围进行热裂解反应，生成氢氧自由基或其它活性自由基，并由此引起自由基的增殖，从而促进氧化还原等各种反应的进行。这些空穴破碎时会产生局部性高压和剧烈温度变化，为自由基的产生提供能量。溶剂类型不同，形成的自由基也不相同，所造成超声波的反应结果也不相同。

超声波降解高分子的作用机制中，自由基和热效应对低分子量物质效果较好，而对于高分子量物质则以机械效应效果更为显著，并且效应随分子量的增加而增强。

许多淀粉科学家提出淀粉分子的束模型。当超声波处理淀粉时，其机械剪切力作用于淀粉分子束模型的连接点，这也是它的最弱结合点。Jackson等用中等强度的超声波处理淀粉发现能增加淀粉的水溶性，而高强度的超声波会降解支链淀粉。

三、超声化学反应器

超声波发生器是有声波参与并在其作用下进行化学反应的容器或系统，它是实现声化学反应的场所。从声波的产生与引入方式上看，大体存在四种声化学反应器。一种是液哨反应器，该反应器主要利用机械方法产生功率超声，其结构简单、操作可靠、效率也较高，但所产生扰动频率为10^4～10^5 Hz，且在大多数情况下难以在流体中形成高强扰动；另外三种都是利用机电效应来产生超声波，它们是超声清洗机式的槽式反应器、声变幅杆浸入式反应器及杯式反应器。它们的工作原理是将相应频率的电振荡转变为辐射器的机械振动，一般能产生高频率和高强度的超声波。

（一）液哨反应器

液哨反应器在工业上应用很广，在实验室中则适于用来处理液-液反应体系。液哨式超声波反应器主要用于乳化和均化处理，它与机电效应产生超声波反应器最重要的区别在于它是在媒质内由机械喷气冲击波簧片哨产生超声，而不是从外部把换能器产生的超声波引入媒质内。液哨反应器基本设计如图5-91所示。

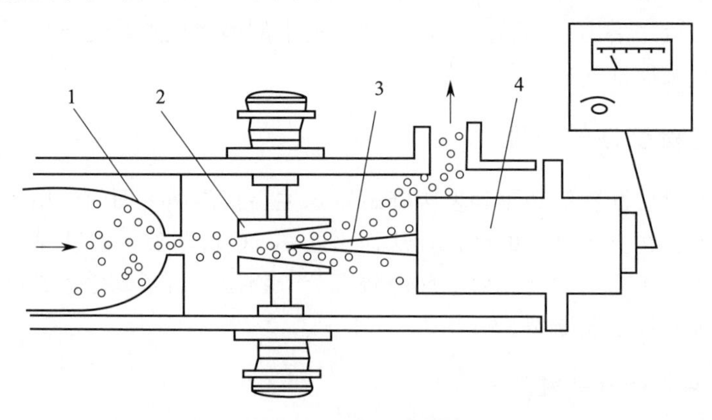

图5-91　液哨反应器

1—小孔；2—调节器；3—簧片；4—共振器

簧片到小孔的距离是固定的，最大声强可通过调节器改变射流的形状来取得。最新的设计还使用了共振块，当其发生共振时，就可以使簧片产生更强的空化效应。液哨技术的显著优点是可用于处理液体媒质，因而可在生产流程中进行在线处理，易于实现连续自动化。

（二）槽式反应器

槽式超声波反应器分为分体式（即发生器与水槽、换能器分开）和整体式（即发生器与水槽、换能器为一体，不锈钢水槽底部有若干固定在底部的换能器），具体结构见图 5-92。槽式超声波反应器的主要优点是设备造价低廉，不会因空化腐蚀而造成对反应液体的污染问题，实验室普遍采用。

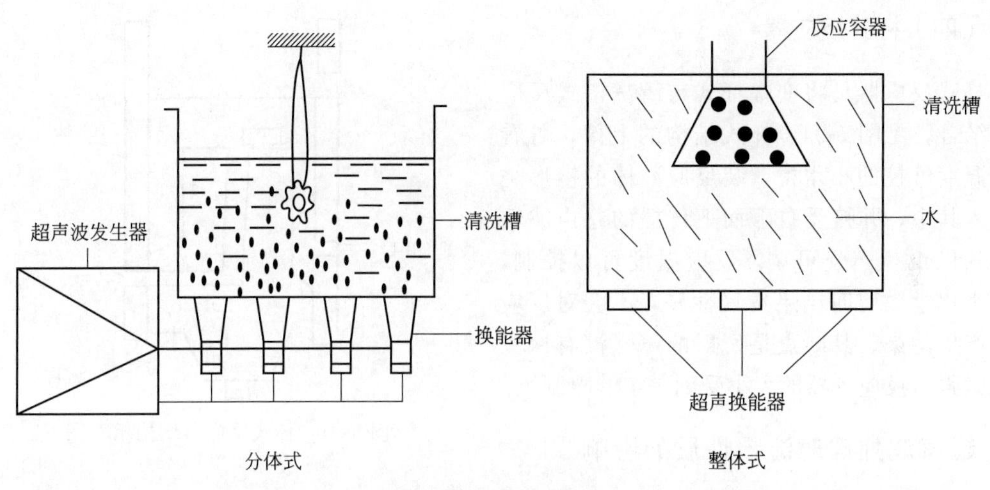

图 5-92 槽式反应器

（三）探头式（声变幅杆浸入式反应器）

这是一种很有效的声化学反应器，其声强可达数百 W/cm^2。因为探头直接进入反应液中发射超声波，所以能量损耗很低（图 5-93）。

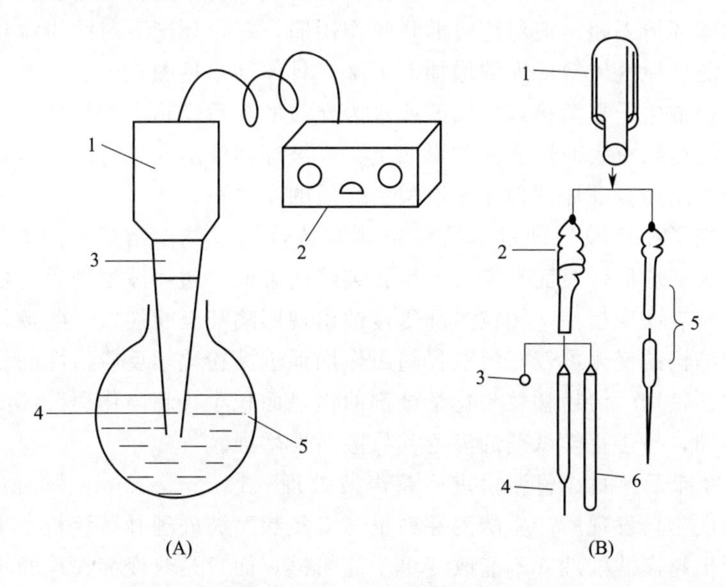

图 5-93 声变幅杆浸入式反应器及探头结构示意

（A）声变幅杆浸入式反应器：1—换能器；2—发生器；3—变幅杆；4—端部；5—反应容器

（B）可拆卸的探头：1—换能器；2—发生器；3—可替换端；4—线形尖端；5—阶梯形尖端；6—延长杆

就探头而言，目前多设计为可拆卸的。这样可以根据所需要的声强大小随时选用大小合适的探头。此外，探头的发射段也设计成可拆卸的，这样，当探头被空化严重腐蚀后，只需要更换端部，而不必更换价格昂贵的整个探头。

声变幅杆浸入式反应器的优点是声强可调，可获得较高的声强，缺点是反应液体的温度难以控制，探头表面受空化腐蚀可能造成对反应液体的污染。在实验室提取和化学反应时常采用此种设备。

（四）杯式反应器

杯式反应器是将变幅杆式与清洗槽式反应器相结合，见图5-94。杯式结构的上部，可看成是温度可控的小水槽，装反应液体的锥形烧瓶置入其中，并接受自下而上传播的超声波辐照。其优点是声强可调，反应温度可以控制，研究声化学效应时结果重复性好，不会对反应流体产生污染。其缺点是发射的声强没有探头浸入式强，反应容器的大小受到一定的限制。

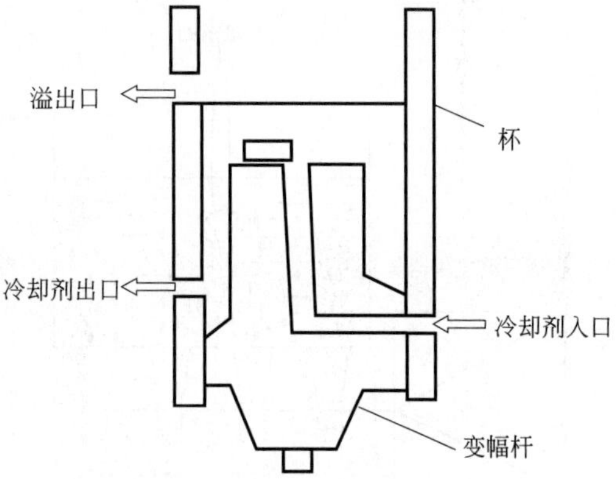

图5-94　杯式反应器结构示意图

四、超声波处理对淀粉性质的影响

（一）超声波处理对淀粉颗粒形态的影响

Degoris等研究了不同气体环境下，超声波处理对淀粉颗粒形貌的影响。结果表明，超声波处理造成马铃薯淀粉颗粒外表面产生圆锥形坑洞的破损，且破损程度随处理时间的延长而增加，随淀粉浓度的增加而下降，不同的气体环境对超声波处理淀粉的颗粒形貌有显著的影响。氢气环境下能形成较多深的坑洞，在空气或氧气环境下产生的深坑少，但有广泛的表面损伤，二氧化碳环境下超声波对淀粉的降解作用弱，真空环境下对淀粉粒几乎无作用。另外，坑洞的大小随环境气体溶解度的增加而下降。具体结果见图5-95。

张永和采用扫描电子显微镜观察以酸或水为介质的淀粉经超声波处理后的表面结构，发现超声波处理的淀粉颗粒表面形成圆锥形凹坑，其破坏程度随处理时间的延长而增强，且以水为介质的淀粉被超声波破坏的程度比以酸为介质的淀粉小。

赵奕玲等研究了超声波处理对木薯淀粉颗粒特性的影响，结果见图5-96。由图可见，木薯原淀粉团粒为圆球形，表面平滑，无小孔裂缝或破面。超声波处理后淀粉中受侵蚀的颗粒增多，部分颗粒表面变粗糙，颗粒内部受侵蚀出现凹陷甚至断裂，一些颗粒露出内部层状结构。淀粉颗粒结构的变化可较好地解释超声作用促进淀粉化学反应活性的提高。原淀粉颗粒结晶区分子排列紧密，淀粉颗粒与化学试剂的接触面积小，超声作用破坏淀粉颗粒表面和内部，表面积增加，易于化学试剂的渗透，反应活性增强。

Azhar等对冷冻干燥的甘薯淀粉进行超声波处理（15min、30min、45min、60min）后作为β-淀粉酶的底物，发现所产生的麦芽糖量与未经超声波处理甘薯淀粉产生的麦芽糖量无显著差异，推断出超声波处理并不能改变单个淀粉链，而只是改变淀粉粒的结构。

（二）超声波处理对淀粉分子量的影响

超声波处理淀粉，能使其分子量降低，且分子量趋于某一特定范围，同时使淀粉粒粒径

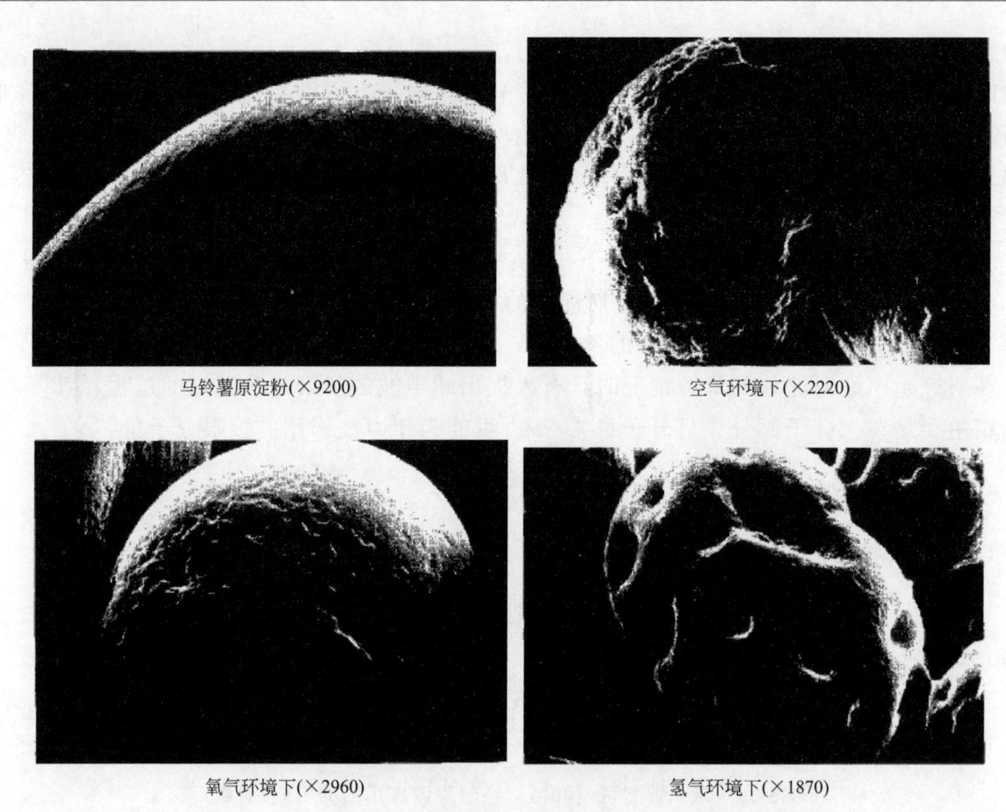

图 5-95　不同气体环境下超声波处理后淀粉的颗粒形态

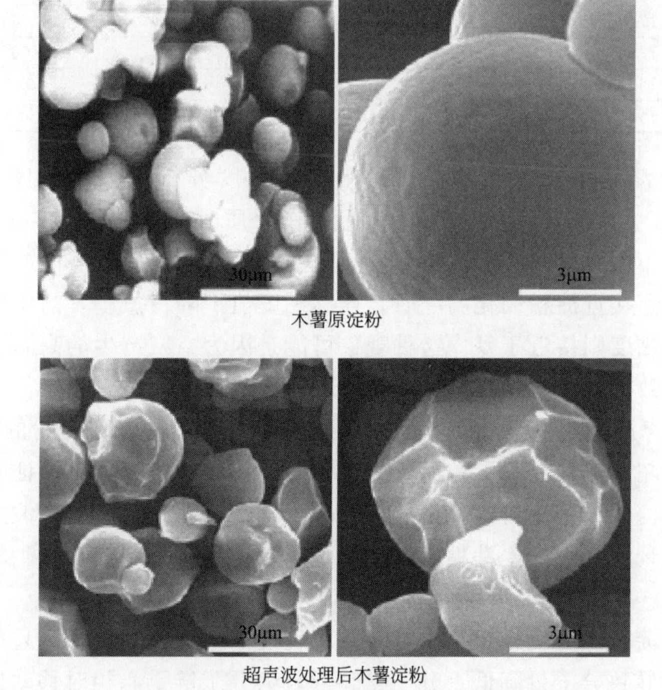

图 5-96　超声波处理对木薯淀粉颗粒形态的影响

减小。早在 1933 年，Szalay 就应用 720kHz 超声波对淀粉溶液进行处理，应用淀粉与碘作用的颜色来推断超声波对淀粉分子的降解能力。

Isono等用超声波处理以水为介质的蜡质玉米淀粉，发现淀粉的数均平均分子量降低，表面超声波对淀粉产生了降解作用，且在糊化温度或之上降解速度最快，高频率的超声波也会加快降解速度。在长时间的超声处理后，数均分子量趋于一个固定值，分子量分布在一个相对窄的范围。

Seguchi等用超声波分别处理悬浮于90%二甲基亚砜（DMSO）溶液中的小麦淀粉0～2700s。通过测定总糖发现处理2700s后淀粉的平均分子量由最初的25×10^4降为（1～2）×10^4，凝胶过滤色谱分析发现呈单一的色谱峰，说明降解后淀粉的分子链比较集中。

在研究超声波对淀粉的降解情况时，有人提出超声波的解聚是非随机的过程，其降解天然糊精主要是在大分子部分，且分子量4×10^4可能为超声波作用的极限分子量。

（三）超声波处理对淀粉糊性质的影响

1. 对黏度特性的影响

超声波处理能迅速使淀粉液黏度降低，其黏度值随处理时间的延长而减小，用酸作为介质时，黏度下降趋势明显增大。

玉米淀粉经超声波处理后，其淀粉糊黏度采用快速黏度分析仪（RVA）分析后，黏度有降低趋势，且其黏度值随超声波处理时间及淀粉乳浓度增加而减少，具体结果见表5-28。

表5-28 玉米淀粉乳（40%）经超声波作用后的RVA参数

处理时间/min	峰值黏度/cP	最低黏度/cP	衰减值/cP	最终黏度/cP	回生值/cP	峰值时间/min
0	1817	864	953	2017	1153	4.8878
5	1718	818	900	1882	1064	4.8222
15	1710	806	904	1813	1007	4.8559
30	1679	840	839	1794	954	4.8233
45	1581	803	778	1752	949	4.8233

Ison等对玉米淀粉进行超声波处理，用快速黏度分析仪测其黏度，5min后黏度由2017cP降至1882cP，45min达到1752cP；用酸作介质时5min后黏度由2000cP以上降至1300～1400cP。在不同温度下进行超声波处理糯米淀粉，淀粉糊的布拉班德连续黏度显著降低，且作用温度愈接近淀粉糊化温度时，连续黏度值下降得愈多，当作用温度等于或大于糊化温度时，连续黏度则接近于零。这种现象可能是因为空穴产生的高温使水分流失，淀粉无法充分糊化而导致的。

Azhar等用超声波在1～2℃下处理马铃薯淀粉30min，马铃薯淀粉的黏度降低得最快，他们认为这是由于超声波对淀粉颗粒而不是淀粉分子作用的结果。为了证明这一结论，他们对冷冻干燥的甘薯淀粉分别进行15min、30min、45min、60min的超声波处理，然后作为β-淀粉酶的底物，发现所产生的麦芽糖量与未经超声波处理的甘薯淀粉产生的麦芽糖量无明显差异。

超声波处理后淀粉黏度较原淀粉黏度有较大程度的降低。这是由于超声波处理后淀粉大分子链降解，从而导致分子量降低。分子量越低，大分子链重心相对移动比较容易，体现为浆液的黏度降低。

超声波处理后淀粉的黏度热稳定性有较大程度的提高。这与处理过程中，大分子链降解的同时，部分地产生交联以及大分子链上引入其他基团有关。

超声波处理的淀粉，无论是其黏度的降低程度，还是黏度的热稳定性的提高程度，都随超声波作用时间的延长而增加，这与大分子链的降解和交联有关。

2. 对其他性质的影响

李坚斌等考察了超声波处理马铃薯淀粉糊的流变性质，实验表明不同超声波处理时间的马铃薯淀粉糊均呈假塑性流体特征，符合幂定律 $\tau=k\cdot\gamma^m$。超声波处理马铃薯淀粉糊的表观黏度随着剪切速率的升高而降低，具有剪切变稀现象。超声波处理时间对马铃薯淀粉糊的表观黏度有较大的影响，在相同的剪切速率下，随着超声处理时间的增长，马铃薯淀粉糊的表观黏度降低；超声波处理后马铃薯淀粉糊的剪切稀化程度随马铃薯淀粉含量的增大而增强；在 25℃、6％的原马铃薯淀粉和超声波处理后的马铃薯淀粉糊均具有触变性，随着超声处理时间的增长，触变性有所降低，但变化不明显。

（四）超声波处理对淀粉结构的影响

赵奕玲等研究了超声波处理对木薯淀粉结构的影响，测定了处理前后木薯淀粉的红外图谱与 X 射线衍射图谱（见图 5-97）。从红外图谱上看超声波处理后淀粉与原淀粉相比无明显差异，各特征基团的吸收峰位置、形状与原淀粉相差不大，没有新的吸收峰出现，仍具有原有官能团，说明超声波未破坏淀粉的原有基本结构，没有新的化合物产生。但通过计算超声处理前后淀粉的红外结晶指数，发现经超声处理后淀粉的红外结晶指数下降，从未经处理时的 1.8278 下降到 1.5734，说明超声波破坏了淀粉结晶结构，无定形结构增加是造成部分吸收峰强度降低和淀粉反应活性改善的根本原因。

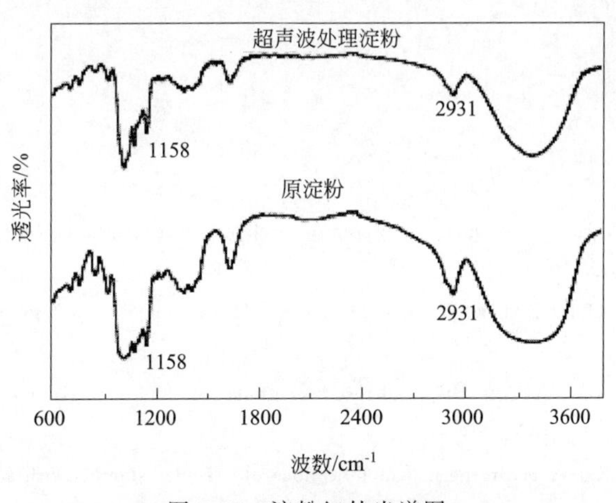

图 5-97　淀粉红外光谱图

通过对处理前后 X 射线衍射图谱的分析发现，超声波处理后淀粉仍保持原淀粉的晶型，淀粉经超声波作用后，其尖峰衍射特征强度减弱，在 17°处衍射峰强度下降尤为显著，晶体的晶格有序化程度逐渐降低。可见超声波破坏了淀粉结晶结构，降低了淀粉结晶度，这与红外结晶指数计算结果一致。但超声波对淀粉的损坏程度还不足以使其晶型发生改变。

五、超声波改性淀粉的应用

超声波对高聚物的降解反应所产生的有利方面是产生分子量分布窄的聚合物。例如，如果合成过程的最后一步是声化过程，它可以使分子量分布很窄。这一技术可望首先在由淀粉生产分子量适中的糊精，以作血浆的代用品方面得到应用。利用超声波对淀粉反应活性的影响，制备出常规方法难以制备出的特种变性淀粉。

超声波改性的淀粉可用于纺织中，效果理想。由于淀粉在轻纱上浆中往往与 PVA 等化学浆料混合使用，因此其与 PVA 的混溶性是一个重要指标。将经过超声波处理的淀粉与原淀粉分别与 PVA 按 1∶1 的比例配成一定浓度的液体，经加热糊化，在室温下静置 48h 后发现经超声波处理的淀粉与 PVA 的混溶性优于原淀粉。

另外，淀粉经超声波处理后，其大分子链断裂而导致分子量降低，使得浆膜强度、断裂伸长率降低，但水溶性增加。这表明浆膜的吸湿性增加，从而使得浆膜变得比较柔软，导致耐磨性有所提高。

将淀粉配成浓度为 2%的溶液，经加热糊化制成浆膜，在 Instron 电子强力仪上测得浆膜的各项性能指标如表 5-29 所示。

表 5-29　浆膜的物理机械性能

项目	原淀粉	超声波处理淀粉
厚度/μm	50	50
浆膜强度/cN	573.9	402.0
伸长/mm	0.55	0.44
重量磨损率/%	2.52	1.99
水溶性/mg	40℃ 63.0,70℃ 17.6	40℃ 55.0,70℃ 13.0

美国、日本和加拿大的科学家利用超声波对淀粉黏结剂有促进作用的特点，生产单面波纹纸板，并已申报专利。

参考文献

[1] AZHAR A, HAMDY M K. Sonication effect on potato starch and sweet potato powder[J]. Journal of Food Science, 1979, 44 (03): 801-804.

[2] DEGORIS M, GALLANT D, BALDO P, et al. The effects of ultrasound on starch grains. Ultrasonics. 1974, 5: 129-131.

[3] ISONO Y, KUMAGAI T, WATANABE T. Ultrasonic degradation of waxy rice starch[J]. Bioscience, Biotechnology and Biochemistry, 1994, 58 (10): 1799-1802.

[4] JACOBS H, DELCOUR J A. Hydrothermal modifications of granular starch, with retention of the granular strue ture: A review[J]. Journal of Agricultural and Food Chemistry, 1998, 46 (08): 2895-2905.

[5] SEGUCHI M, HIGASA T, MORI T. Study of wheat starch structures by sonication treatment[J]. Cereal Chemistry, 1994, 71: 636-636.

[6] 付陈梅．超声波对淀粉降解及其性质影响[J]. 粮食与油脂，2002，12：31-32.

[7] 李坚斌．超声波处理下马铃薯淀粉糊的流变学特性[J]. 华南理工大学学报（自然科学版），2006，34（03）：90-94.

[8] 林建萍．超声波在淀粉变性上的应用[J]. 上海纺织科技，2002，(04)：22-23.

[9] 罗登林，丘泰球，卢群．超声波技术及应用（Ⅰ）-超声波技术[J]. 日用化学工业，2005，35（05）：323-326.

[10] 徐正康，罗发兴，罗志刚．超声波在淀粉制品中的应用[J]. 粮油加工与食品机械，2004，12：60-64.

[11] 张永和．超声波降解作用对淀粉性质之影响[J]. 食品工业（台），2001，33（06）：19-311.

[12] 赵奕玲．超声波对木薯淀粉性质及结构的影响[J]. 过程工程学报，2007，7（06）：1138-1143.

第十二节　电离辐射改性淀粉

一、电离辐射概述

食品辐射射源大致可分为 3 种：γ 射线、X 射线及电子束。辐射时能量以电磁波的形式透过物体，当物质中的分子吸收辐射能时，会激活成离子或自由基，故辐射又称为物质的离子化。此时会引起化学键断裂，使物质内部结构发生变化。

（一）电离辐射的基本物理学原理

有一定动能的带电粒子，把能量传给核外电子，使其成为自由电子，此现象称为电离。若轨道电子获得的能量不足以使其成为自由电子，而只能从低能级跃迁到高能级的轨道上，这个过程叫做激发。对于食品体系的辐射，一般仅涉及食品组分中原子的外层电子，所以激发和电离的效应是化学效应和生物学效应。图 5-98 为激发与电离过程的示意。

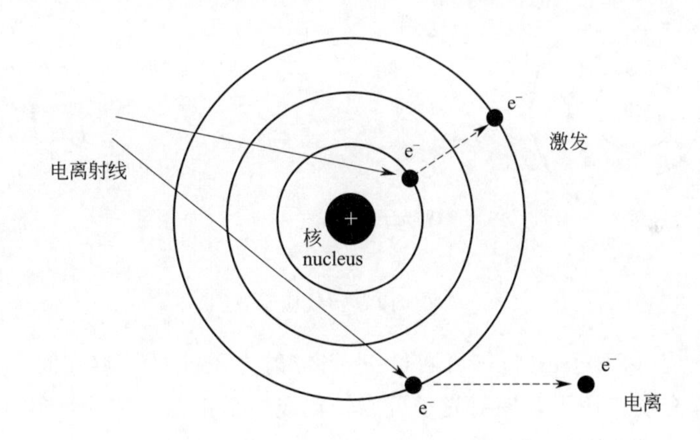

图 5-98　高能电子的激发与电离

（二）辐射的种类及与物质的相互作用

辐射可以分两大类：一类为电磁辐射；另一类为微粒辐射，统称为电离辐射。在众多的电离辐射中主要有 2 种用于淀粉改性，即电磁辐射产生的 γ 射线和微粒辐射产生的电子束。其中 γ 射线辐射处理淀粉无论从研究的深广度还是应用的普及程度都远超电子束处理，所以，本节主要探讨 γ-射线辐射处理对淀粉性质的影响及应用。

1. 电磁辐射

X 射线和 γ 射线主要通过光电效应、康普顿散射和电子对效应损失其能量。

（1）光电效应　光子将能量全部交给轨道内层电子，使其脱离原子自由运动，而光子本身则被原子吸收，这样的过程称为光电效应（Photoelectric effect）。过程原理如图 5-99 所示。

（2）康普顿散射　1923 年，美国物理学家康普顿在研究 X 射线通过实物物质发生散射

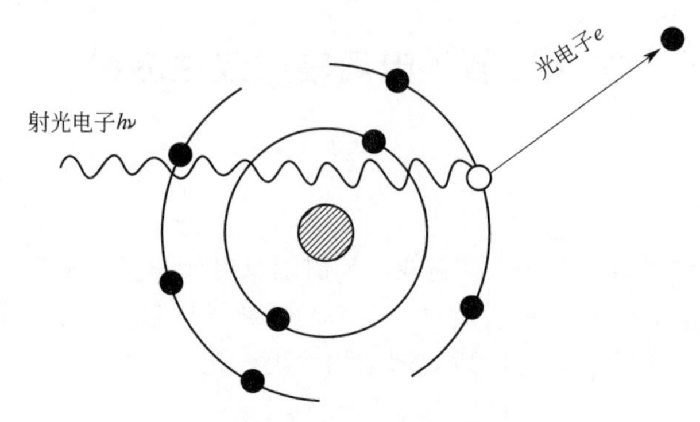

图 5-99 光电效应示意图

的实验时，发现了一个新的现象，即散射光中除了有原波长 λ_0 的 X 光外，还产生了波长 $\lambda > \lambda_0$ 的 X 光，其波长的增量随散射角的不同而变化，这种现象称为康普顿效应（Compton Effect）（图 5-100）。

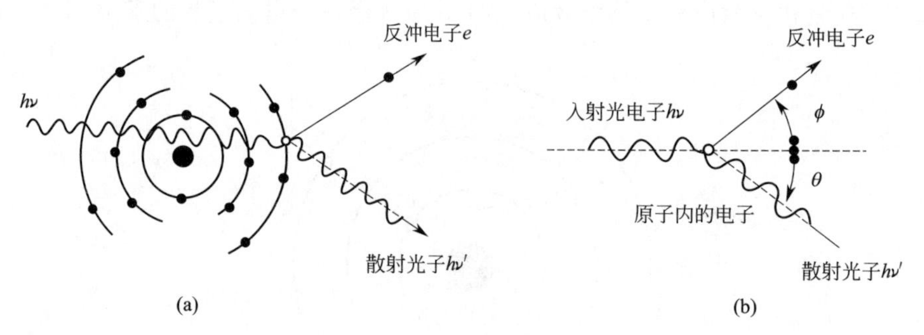

图 5-100 康普顿效应示意图

（3）电子对效应（Electron pair effect） 当辐射光子能量足够高时，在它从原子核旁边经过时，在核库仑场作用下，辐射光子可能转化成一个正电子和一个负电子，这种过程称作电子对效应，其原理如图 5-101 所示。

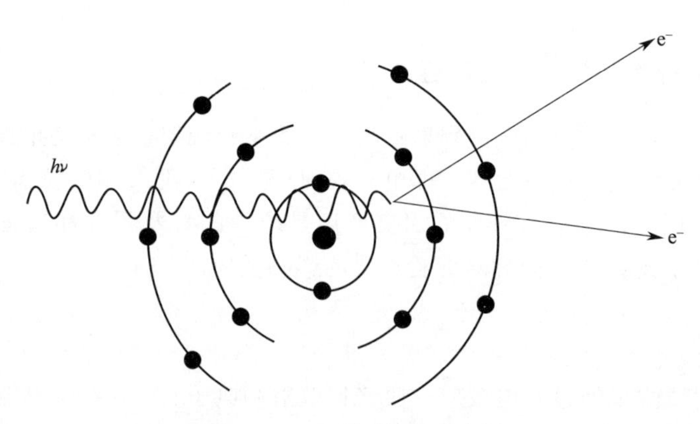

图 5-101 电子对效应示意图

2. 电子束辐射

利用电子加速器产生一定能量电子束的辐照装置，称为电子加速器辐照装置。由该装置产生的电子束速度快、能量高。带电粒子在与物质的相互作用过程中损失能量，主要有三个过程：非弹性碰撞，韧致辐射，弹性散射。

二、辐射改性淀粉的机理

（一）水和水溶液的辐射化学反应

γ射线辐射处理淀粉后会引起淀粉分子结构的改变及化学键的断裂。Sujka等研究表明，淀粉经辐射处理后，由于引起糖苷键的随机断裂，直链淀粉及支链淀粉分子量降低，淀粉结构及物化特性发生改变。辐射对淀粉的影响取决于淀粉种类、淀粉水分含量及辐射处理条件（辐射剂量、辐射频率、温度等）。其中水的电离会产生羟自由基及水合电子。水的解离产物如式(12-1) 所示。

$$H_2O \longrightarrow \cdot OH, e_{aq}^-, \cdot H, H_2, H_2O_2, H_3O^+ \tag{12-1}$$

当水受到射线辐照，接受辐射能以后，首先沿粒子经迹发生电离和激发，如式(12-2) 所示：

$$H_2O \xrightarrow{h\nu} H_2O^+ + e^- \quad H_2O \xrightarrow{h\nu} H_2O^{\cdot} \tag{12-2}$$

水离子自由基 H_2O^+ 与水分子发生离子分子反应生成 H_3O^+ 和 $OH^{\cdot}$，如式(12-3) 所示：

$$H_2O^+ + H_2O \longrightarrow H_3O^+ + OH^{\cdot} \tag{12-3}$$

激发水分子有部分解离为氢原子和 $OH^{\cdot}$，如式(12-4) 所示：

$$H_2O^* \longrightarrow H^* + OH^{\cdot} \tag{12-4}$$

$OH^{\cdot}$ 是具有极强氧化性质的氧化剂。同时生成的还有水合电子（e_{aq}^-），水合电子由一个电子及其周围的4个（或6个、8个）水分子包围组成，这个被水分子团包围着的裸露电子化学性质十分活泼，是很强的还原剂。与水合电子接近的水分子受其影响最终分解成H·和OH·自由基。

因此，水的辐解反应过程实际上形成了3种自由基，即氧化性极强的羟基OH·，还原性极强的水合电子和H·自由基。以上三种自由基具有极强的氧化还原性质，能导致各种反应，并形成新的分子，两个OH·可以生成 H_2O_2，两个H·自由基可以结合生成 H_2。以上水的辐解产物中 H_2、H_2O_2 称为分子产物，而OH·、H·、e_{aq}^- 称为自由基产物。

（二）辐射改性淀粉的可能机制

当含水淀粉被辐照后，产生的辐射效应可由淀粉成分直接吸收辐射能引起，也可由淀粉中水吸收辐射能后产生的活性粒子（OH·、H·、e_{aq}^-）等引起。前者引起的作用称为直接作用，后者引起的作用称为间接作用。水是淀粉中的主要成分之一，由于电离辐射与物质相互作用无选择性，因此水的电离、激发作用要远多于淀粉体系中的其他成分，因而，其他成分通过水的辐解而受到的间接影响可能大于辐射的直接影响。当淀粉含水量较低时，间接作用仍然是可观的或者是主要作用，对于干燥体系，直接作用是主要过程。食品工业用淀粉一般含有10%～20%的水，因而采用γ射线辐射处理淀粉后，会产生直接及间接两种作用，会导致淀粉发生降解及交联反应。Bhat等总结了辐射对淀粉影响的可能机制，具体如图5-102所示。

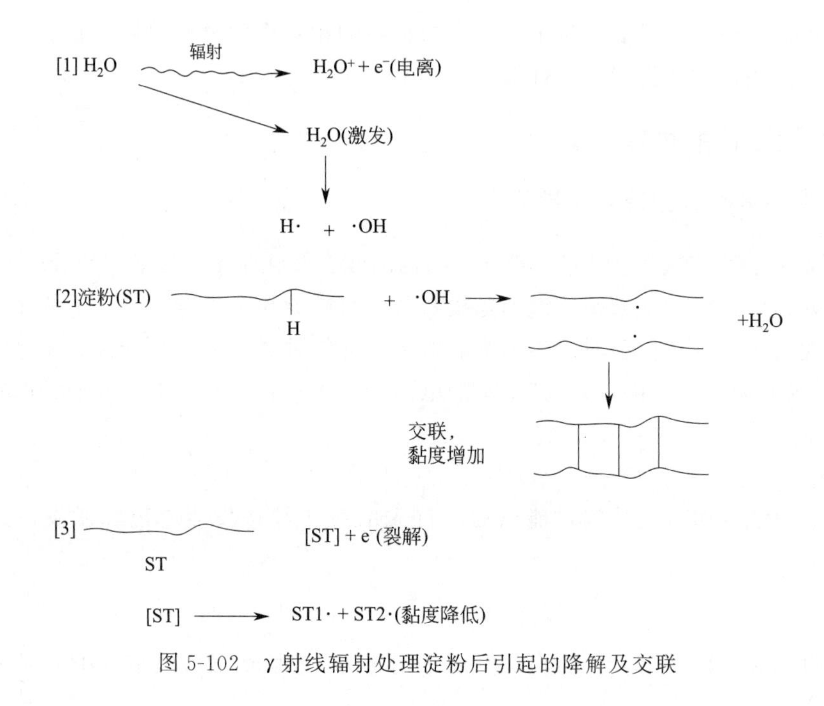

图 5-102　γ 射线辐射处理淀粉后引起的降解及交联

三、辐射处理对淀粉性质的影响

对淀粉改性处理主要有物理、化学、酶法及复合改性四种。很多改性方法工艺复杂、成本高且耗时较多，而辐射处理对淀粉进行改性则具有成本低、基本无环境污染的特点。与通常采用的物理及化学改性相比，辐射处理无需添加化学试剂，工艺条件易于控制，成本低，可以在一定程度上弥补传统改性方法的不足。γ 射线辐射处理是目前采用最多的淀粉辐射改性技术，属于电离辐射，处理后物料不升温。国内外普遍采用^{60}Co 或^{137}Cs-γ 射线处理淀粉。

（一）辐射处理对淀粉颗粒形貌的影响

辐射处理对淀粉颗粒形貌的分析，可以通过普通光学显微镜、偏光显微镜、扫描电镜或透射电镜进行。大部分研究者发现，辐射处理前后淀粉的颗粒形貌并未发生大的变化；也有一些研究表明，辐射处理后，淀粉的偏光十字减弱，变得模糊；还有一些研究发现，淀粉颗粒表面出现裂缝，体积变小。这些差异主要是由于淀粉来源、辐射剂量、辐射频率以及水分含量不同引起的。Cieśla 等研究辐射处理对马铃薯淀粉颗粒形貌的结果表明，即使采用 600kGy 的高剂量处理，对马铃薯淀粉的颗粒形貌也无较大影响。Chung 等研究了辐射处理对马铃薯和白豆淀粉颗粒形貌的影响（图 5-103），结果发现，B 型结晶结构的马铃薯淀粉较 C 型结晶结构的白豆淀粉受辐射影响小。从图 5-103 可以看出，马铃薯原淀粉经辐射处理后，颗粒表面并未发生明显变化，但是，相对于 10kGy 的低剂量（E）处理，50kGy 的高剂量（F）辐射会使淀粉颗粒的偏光十字变模糊，白豆淀粉的偏光显微镜照片也显示了类似的结果。但是，分析白豆淀粉的 SEM 照片会发现，10kGy 的低剂量辐射就会使白豆淀粉颗粒表面出现裂纹，而剂量提高到 50kGy 则会对颗粒造成进一步破坏，表现为更多颗粒出现裂缝。Raffi 等推断，10kGy 剂量的辐射对 B 型淀粉的影响相当于 125℃ 处理 1h，他们的研究表明 B 型结晶结构的淀粉较 A 型淀粉受热处理影响小，而 C 型结晶结构则介于 A 型和 B 型之间。

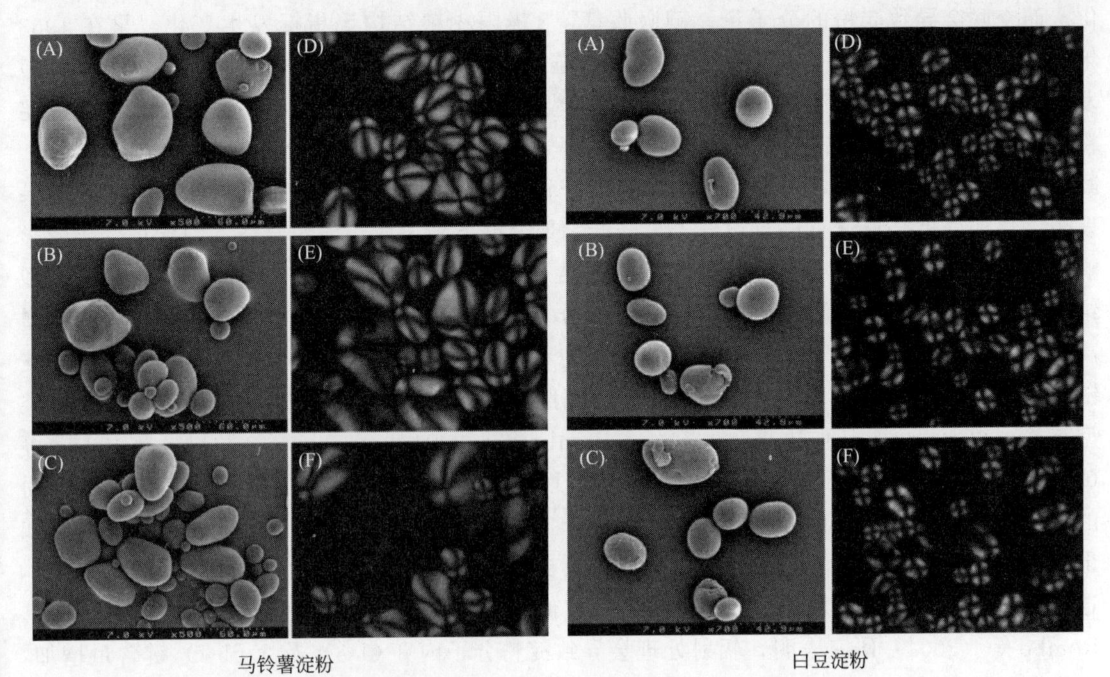

图 5-103　辐射处理对马铃薯及白豆淀粉颗粒及偏光十字的影响

[(A)～(C) 为扫描电镜照片，(D)～(F) 为偏光显微镜照片；(A) 和 (D) 辐射剂量为 0kGy，(B) 和 (E) 辐射剂量为 10kGy，(C) 和 (F) 辐射剂量为 50kGy]

（二）辐射处理对淀粉结晶及热焓特性的影响

宽角 X 射线衍射分析表明，大部分谷物淀粉是 A 型结晶结构，根茎类及高直链玉米淀粉属于 B 型结晶结构，豆类淀粉一般是介于 A 型及 B 型之间的 C 型结晶结构。大部分研究结果表明，γ 射线处理不会改变淀粉的结晶类型，但是会降低淀粉的相对结晶度。Gul 等采用 0.4～10kGy 的辐射剂量处理小麦淀粉，结果表明，辐射处理后小麦淀粉依然呈现 A 型结晶结构，但相对结晶度随辐射剂量的提高而降低。DSC 图谱的结果显示，对 T_o、T_p、T_c、ΔH 基本无影响，部分样品在 5kGy 的辐射剂量下，糊化温度有所提高；Kong 等采用 1～9kGy 的辐射剂量处理小麦淀粉，结果表明，随着辐射剂量提高到 7kGy，结晶度小幅提高，但是 9kGy 的剂量处理反而会使结晶度降低。T_o、T_p、T_c、ΔH 也有所降低，但幅度不大。Liu 等研究了 1～500kGy 剂量的辐射处理对玉米淀粉结晶及热焓特性的影响，对结晶结构及结晶度的影响所得结论与其他研究者类似。FTIR 分析表明，结晶结构的有序性受到一定程度影响。在 20kGy 以下的辐射剂量，对玉米淀粉热焓特性无影响，但是辐射剂量高于 50kGy 后，T_o、T_p、T_c、ΔH 都显著降低。Singh 等研究了辐射处理对 B 型结晶结构马铃薯淀粉的影响，结果表明，辐射处理会使结晶峰强度降低。DSC 图谱分析表明，辐射处理后淀粉糊化温度及糊化焓都有所增加。

（三）辐射处理对淀粉化学结构的影响

从图 5-103 辐射处理对淀粉改性的可能机制可以看出，辐射处理会导致淀粉发生降解及交联，降解会引起淀粉中还原糖含量、羧基含量、直链淀粉及支链淀粉含量、pH等发生变化。而交联会导致淀粉的分子量、碘吸收值、β极限糊精结构等指标发生变化。早在1963年，Greenwood等就报道了辐射处理导致直链淀粉及支链淀粉降解；Chaudhry等（1973）发现，辐射处理使直链淀粉碘吸收值、β极限糊精含量、平均链长降低，但是会导致支链淀粉碘吸收值、β极限糊精含量提高。Sokhey等（1993）发现，辐射处理引起支链淀粉降解。凝胶排阻色谱结果表明，降解后的小分子组分和直链淀粉部分融合在一起。大部分研究结果表明，辐射处理会导致直链淀粉分子量降低、聚合度下降。而辐射对直链淀粉含量变化的影响，则与淀粉的结晶类型有关。大部分研究结果表明，辐射处理后，A型结晶结构及C型结晶结构的淀粉中直链淀粉含量下降，而部分B型结晶结构的淀粉中直链淀粉含量反而增高。Bashir等（2017）发现B型结晶结构的淀粉辐射处理后直链淀粉含量的增加是由于支链淀粉侧链降解导致的。但是淀粉被γ射线辐照后，直链淀粉含量的变化除了与淀粉结晶类型有关，很大程度上还取决于辐射剂量。Rombo等（2004）、Singh等（2011）及Polesi等（2016）的研究指出，低剂量的辐射处理，往往导致支链淀粉侧链脱支，产生类似直链淀粉的短直链分子，这些短直链淀粉可以和碘复合，从而表现为表观直链淀粉含量升高；但是如果采用较高的辐射剂量，则会导致直链淀粉及支链淀粉都降解，产生很多更短链淀粉分子，这些短链淀粉无法与碘复合，导致采用碘吸收值的方法测得的直链淀粉及碘吸收值均降低。Rombo等（2004）研究表明，辐射处理会导致淀粉分子内β（1-3）及β（1-4）键含量增加，说明辐射处理引发了转糖苷作用，尤其在高剂量辐射时更为显著，这也部分揭示了辐射处理降低淀粉消化性的原因。辐射处理还会引发淀粉分子发生接枝共聚反应，这在合成新型聚合物、开发新的生物质材料以及药物递送系统方面具有重要用途。辐射处理引发的接枝共聚反应相比于传统的化学合成方式具有很大的优势，辐射处理不需要添加催化剂及其他添加剂，简便易行、反应效率高，通过调整辐射剂量即可调控淀粉分子交联及接枝共聚的程度。

（四）辐射处理对淀粉糊性质的影响

淀粉糊的性质包括膨胀力（胀润力）、直链淀粉的析出性、溶解性、冻融稳定性、透明度以及凝胶特性等。Ashwar等研究了辐射处理对碱提大米淀粉物化特性的影响。结果表明，辐射处理后所有大米淀粉样品的膨胀力随辐射剂量（0～20kGy）的提高而逐渐降低。膨胀力反映的是淀粉的持水能力，主要取决于支链淀粉组分。淀粉经过辐射处理后，膨胀力降低，这可能是因为辐射使支链淀粉的侧链断裂引起的。Kerf等研究发现，淀粉经辐射处理后，支链淀粉含量显著降低。辐射处理后，淀粉膨胀力的降低使其更易加热糊化，因为支链淀粉断裂使颗粒更容易崩解。Kerf等也分析了辐射处理对直链淀粉析出及淀粉吸水性的影响。结果表明，直链淀粉的析出量随辐射剂量的增加而提高。这与辐射导致的淀粉降解有关。Adzahan等的研究也证实了这一点。辐射处理后，淀粉的吸水性提高，这与Gani等报道的结论一致。辐射处理对淀粉溶解性的影响，大部分研究者的结论比较一致，即辐射处理提高淀粉的溶解性。这是由于辐射处理导致淀粉分子降解，产生更多低分子量组分，从而提高其溶解性。冻融稳定性或淀粉的析水性（Syneresis）在一定程度上与淀粉的老化特性密切相关。Gani等分析了辐射处理对莲藕淀粉析水性的影响。结果表明，随着辐射剂量的提高，莲藕淀粉析水性逐渐降低，Srichuwong等分析认为，这主要是由辐射导致的表观直链淀粉含量降低引起的。Chung等（2010）以及Yu等（2007）的研究结果亦证实了上述结论。

Chung等研究了辐射处理对玉米淀粉糊流变学特性的影响。RVA分析表明，玉米淀粉经辐射处理后，糊的峰值黏度、最终黏度及回值都显著降低，具体见图5-104。MacArthur等（1984）、Bao等（2005）、Lee等（2006）及Yu等（2007）研究辐射处理对淀粉糊流变特性的影响也得到了类似结论。峰值黏度的降低主要是因为辐射导致直链淀粉及支链淀粉分子降解引起的。回值和最终黏度的降低与析出的直链淀粉的重新聚合有关，是老化程度降低的表现，这与后续通过DSC测定老化度的结果一致。

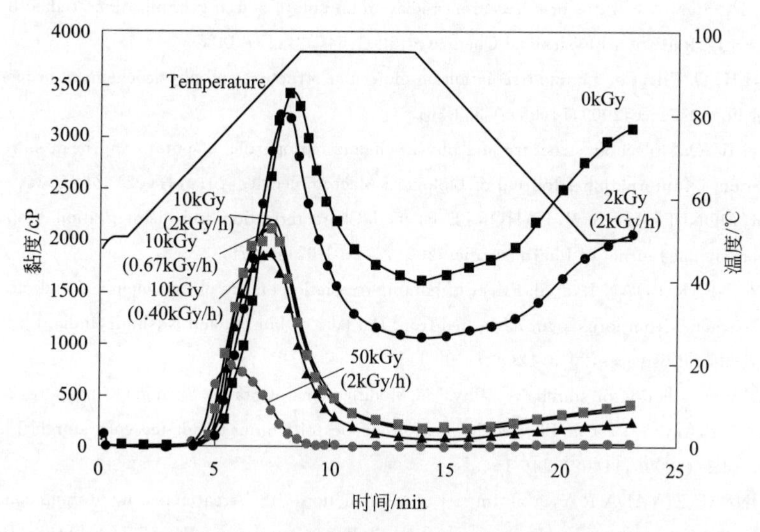

图5-104　玉米淀粉辐射处理的RVA曲线

（五）辐射处理对淀粉消化特性的影响

辐射处理对淀粉消化性的影响不同研究者所得结论存在一定分歧。Lee等（2013）研究了辐射处理对抗性淀粉形成的影响。结果表明，辐射剂量及辐射频率对RDS、SDS及RS含量有很大影响。降低辐射剂量频率会降低RDS含量并提高RS含量；高射照剂量及低频率会进一步提高RS含量，在实际应用中可以生产高RS含量的食品基料。Lu等（2012）等研究了辐射处理对马铃薯淀粉物化特性及消化性的影响。结果表明，两种品质的马铃薯淀粉经辐射处理后，总游离葡萄糖含量增加。DSC及糊性质分析表明，相变温度及糊化温度降低，辐射处理后淀粉结晶度下降，导致辐射处理后RS含量降低。

四、辐射改性淀粉的应用前景

γ-射线辐射作为淀粉改性的一种物理方法，具有经济、环保、高效、可行的优点。它较之传统的化学法不仅能耗少、工艺简单，而且污染小、符合未来环保的趋势。淀粉颗粒的化学组成具有非均质性，除主要组成部分直链淀粉、支链淀粉及少量中间级分外，还含有蛋白质、脂类、灰分、水分等组分。另外，淀粉颗粒是由结晶区及不定形区构成的二相结构化合物。淀粉的这种复杂结构，使其在受到射线辐射时，由于辐射处理不具有选择性，从而使其对淀粉结构及性质的影响具有一定的不确定性和复杂性。在实际应用中，应充分考虑淀粉原料的特性及辐射处理条件的选择，结合改性的目的，以获得最佳的改性效果。

参考文献

[1] ASHWAR B A, SHAH A, GANI A, et al. Effect of gamma irradiation on the physicochemical properties of alkali-extracted rice starch[J]. Radiation Physics & Chemistry, 2014, 99: 37-44.

[2] BAO J, AO Z, JANE J. Characterization of physical properties of flour and starch obtained from gamma-irradiated white rice[J]. Starch-Stärke, 2005, 57 (10): 480-487.

[3] CIEŚLA K,ELIASSON A C. Influence of gamma radiation on potato starch gelatinization studied by differential scanning calorimetry[J]. Radiation Physics and Chemistry,2002,64(02):137-148.

[4] CHUNG H J,LIU Q. Effect of gamma irradiation on molecular structure and physicochemical properties of corn starch[J]. Journal of Food Science,2009,74(05):C353-361.

[5] CHUNG H J,LIU Q. Molecular structure and physicochemical properties of potato and bean starches as affected by gamma-irradiation[J]. International Journal of Biological Macromolecules,2010,47(02):214-222.

[6] DE KERF M,MONDELAERS W,LAHORTE P,et al. Characterisation and disintegration properties of irradiated starch[J]. International Journal of Pharmaceutics,2001,221(01-02):69-76.

[7] GANI A,GAZANFAR T,JAN R,et al. Effect of gamma irradiation on the physicochemical and morphological properties of starch extracted from lotus stem harvested from Dal lake of Jammu and Kashmir,India[J]. Journal of the Saudi Society of Agricultural Sciences,2013,12(02):109-115.

[8] KONG X. Gamma irradiation of starch[M]. Physical Modifications of Starch. Springer,Singapore,2018:63～96.

[9] LEE Y J,KIM S Y,LIM S T,et al. Physicochemical properties of gamma-irradiated corn starch[J]. Preventive Nutrition and Food Science,2006,11(02):146-154.

[10] LU Z H,DONNER E,YADA R Y,et al. Impact of γ-irradiation,CIPC treatment,and storage conditions on physicochemical and nutritional properties of potato starches[J]. Food Chemistry,2012,133(04):1188-1195.

[11] MACARTHUR L A,D'APPOLONIA B L. Gamma radiation of wheat 2 Effects of low-dosage radiations on starch properties[J]. Cereal Chemistry,1984,61(04):321-326.

[12] ROMBO G O,TAYLOR J R N,MINNAAR A. Irradiation of maize and bean flours:effects on starch physicochemical properties[J]. Journal of the Science of Food and Agriculture,2004,84(04):350-356.

[13] SINGH S,SINGH N,EZEKIEL R,et al. Effects of gamma-irradiation on the morphological,structural,thermal and rheological properties of potato starches[J]. Carbohydrate Polymers,2011,83(04):1521-1528.

[14] SUJKA M,CIEŚLA K,JAMROZ J. Structure and selected functional properties of gamma-irradiated potato starch[J]. Starch-Stärke,2015,67(11-12):1002-1010.

[15] YU Y,WANG J. Effect of γ-ray irradiation on starch granule structure and physicochemical properties of rice[J]. Food Research International,2007,40(02):297-303.

[16] ZHANG Y,XU S. Effects of amylose/amylopectin starch on starch-based superabsorbent polymers prepared by γ-radiation[J]. Starch-Stärke,2017,69(01-02):1500294.

[17] 施培新．食品辐照加工原理与技术[M]. 北京：中国农业科学技术出版社，2004.

[18] 张喻，谭兴和，熊兴耀，等．γ-射线辐照对淀粉特性影响研究进展[J]. 粮油食品科技，2011，19(06)：9-11.

第六章 现代分析技术在淀粉研究中的应用

淀粉是食品工业中重要的基础原料，也是人类碳水化合物的重要来源，近年来国内外的科技工作者对淀粉进行了广泛深入的研究，随着研究的深入，传统的分析手段已无法满足淀粉科学研究的需要，一些在其他学科，尤其是高分子物理学科研究中运用的一些现代分析技术在淀粉研究中逐渐获得应用。采用这些现代分析技术可以分析淀粉的组成和结构、平均分子量及链长分布、聚集态的结构和性质以及淀粉的热力学性质等。本章将集中介绍现代分析技术在淀粉研究中的应用。

第一节 微观结构分析技术在淀粉研究中的应用

一、光学显微镜在淀粉研究中的应用

对淀粉颗粒微观结构的分析是淀粉科学基础研究领域的重要内容，对淀粉颗粒形貌的观察有助于揭示淀粉在改性过程中的反应机制，进而对取代部位及取代均匀度的变化过程进行有效控制，实现定位改性，从而更有效地达到改性目的及控制最终的改性效果。淀粉颗粒微观结构分析中使用的光学显微镜主要包括普通生物光学显微镜及偏光显微镜两种。前者可以用于观察淀粉颗粒的大小及性状、颗粒的脐点位置以及轮纹结构等颗粒特性；后者可以分析颗粒偏光十字的构成、位置及变化状态。淀粉颗粒是二相结构的天然高分子，在偏光显微镜下具有双折射现象，在颗粒的脐点处可以看到偏光十字。这是因为淀粉颗粒内部存在结晶区和不定形区的缘故，在结晶区淀粉分子链有序排列，而无定形区分子链是无序排列的，二者在密度和折射率上存在差别，产生各向异性现象，从而在偏振光通过淀粉颗粒时形成了偏光十字。任何改变淀粉颗粒结晶区及不定形区结构的因素，都会对偏光特性产生影响，从而可以通过偏光显微镜分析偏光十字的变化间接推知不同理化因素对颗粒结构的影响。

（一）普通光学显微镜在淀粉研究中的应用

Mishra 等通过光学显微镜分析了玉米淀粉、马铃薯淀粉及木薯淀粉的颗粒特性，结果

如图6-1所示。通过在光学显微镜下观察淀粉颗粒的形态和大小可以初步区分淀粉的来源及种类，从图6-1(a)可以看出，玉米淀粉呈多角形，颗粒大小在3.6～14.3μm（平均12.2μm）；而大部分马铃薯淀粉颗粒是椭圆形，少数呈球形，大小在14.3～53.6μm；木薯淀粉颗粒大小为7.1～25.0μm，但是它的颗粒形态呈圆形，少数颗粒具有不规则截断结构。在图6-1中除了可以观察到颗粒大小及形态，还可以观察到不同淀粉颗粒的脐点位置，一般认为淀粉颗粒是以脐点为核心开始合成的。从图中可以看出，玉米淀粉及木薯淀粉的脐点在颗粒中心，为一黑点或短线形态，而马铃薯淀粉的脐点则是点状，位于偏心的椭圆状小头一端。另外，还可以在马铃薯淀粉上观察到明显的同心圆状的轮纹结构。

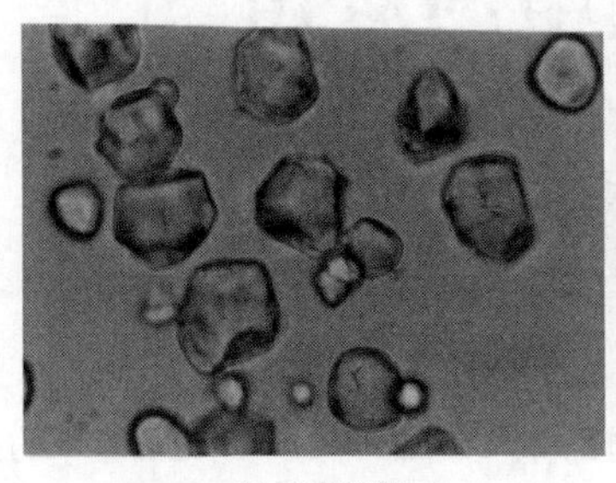
(a) 玉米淀粉

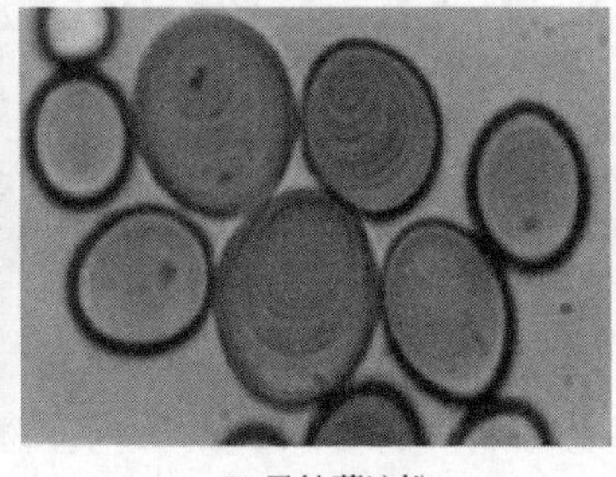
(b) 马铃薯淀粉

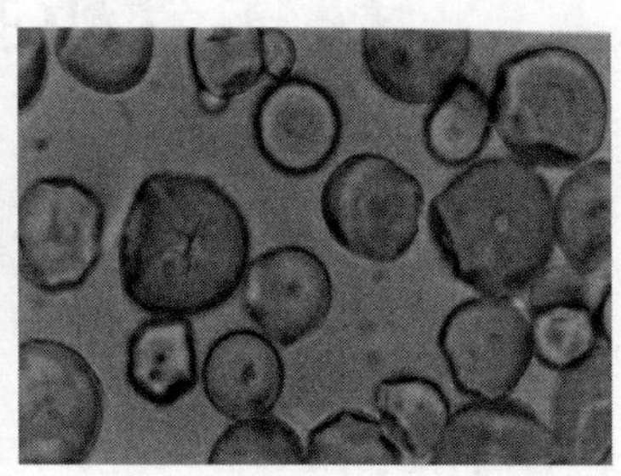
(c) 木薯淀粉

图6-1　三种淀粉的颗粒特征

国内张本山等通过普通光学显微镜研究了马铃薯、木薯、玉米淀粉及相应的交联改性淀粉的结构与形貌特征。通过光学显微镜分析了3种原淀粉颗粒的脐点、轮纹等结构及整体形貌；用三氯氧磷作交联剂，对这些原淀粉进行了交联改性等相关处理，使观察结果更为清晰明确。结果表明，马铃薯、木薯和玉米的淀粉都有脐点和轮纹，还给出了各淀粉颗粒的形状及结构特征简图，提出了马铃薯和木薯淀粉颗粒首端和尾端的概念。

（二）偏光显微镜在淀粉研究中的应用

双折射性是晶体的基本特征，而淀粉是具有结晶结构的高聚物，具有双折射的特性，所以可以用偏光显微镜分析淀粉颗粒双折射现象。在实际应用过程中，往往通过对淀粉颗粒偏光十字的有无、存在位置、结构变化来分析其结晶结构的特点及变化过程。在科研实践中，有时候会配合普通光学显微镜或相差显微镜一起观察颗粒结构及偏光十字的变化情况。

Jiang等采用偏光显微镜结合相差显微镜分析了高直链玉米淀粉（GEMS0067）颗粒偏光十字的特性。该淀粉含有高达32%的细长颗粒，远高于其他种类高直链玉米淀粉及普通玉米淀粉。通过对其颗粒进行偏光及相差显微镜分析，发现存在4种类型的偏光十字（图6-2）。大部分球形颗粒具有一个偏光十字，这与普通玉米淀粉类似；而细长型颗粒具有3种类型的偏光十字，1型偏光十字呈现出几个偏光十字重叠［图6-2(A)中(b)～(d)］；2型偏光十字存在一个或几个偏光十字在一个颗粒内，颗粒其他部位存在较模糊的偏光十字或根本观察不到偏光十字［图6-2(A)中(e)、(f)］；3型偏光十字在颗粒内很模糊或观察不到［图6-2(A)中(g)、(h)］。

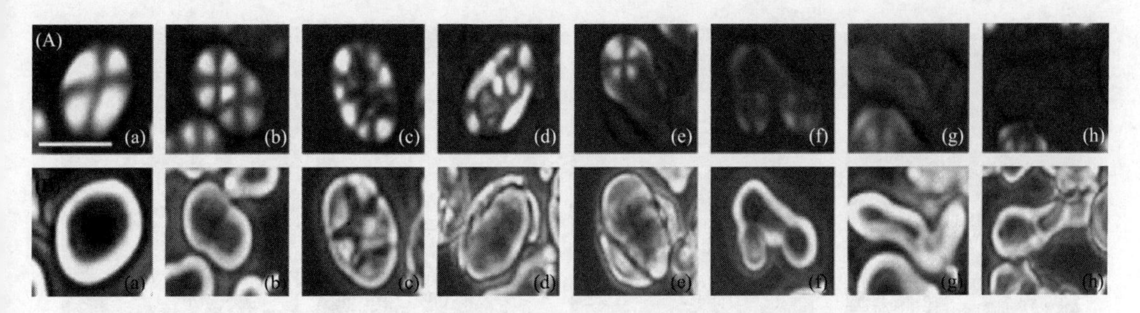

图 6-2　GEMS0067 淀粉偏光及相差显微镜照片

（A）偏光显微镜照片；（B）相差显微镜照片；（a）—具有单一偏光十字的球形颗粒；（b）～（d）—具有重叠的多个偏光十字（1 型）；（e）和（f）—具有 1 个或几个偏光十字，部分颗粒偏光十字模糊甚至不可见（2 型）；（g）和（h）—颗粒边缘可见模糊的或无偏光十字（3 型）

二、扫描电子显微镜在淀粉研究中的应用

光学显微镜分辨率有限，因此主要用于对颗粒形貌的初步观察。在淀粉微观结构分析上应用最为广泛的是扫描电子显微镜（scanning electron microscope，SEM）。第一台扫描电子显微镜于 1942 年在英国研制成功，并于 1965 年进入商业应用。在淀粉研究中应用扫描电镜主要有以下几方面的优点：

（1）试样制备方法简便　在淀粉表面喷涂一层金属薄膜即可观察其表面形貌。

（2）景深长、视野大　在放大 100 倍时，景深可达 1mm，即使放大 1 万倍时，景深还可达 1μm。

（3）分辨率高　扫描电镜的放大倍数低至几十倍，高至几十万倍，仍可得到清晰的图像。

（4）可对试样进行综合分析和动态观察　把扫描电镜和 X 射线衍射分析及热焓分析相结合，可在观察微观形貌的同时分析其化学成分和晶体结构的变化。

下面简要介绍目前扫描电镜在淀粉研究中的主要应用领域。

（一）淀粉颗粒形貌的观察

主要用来观察淀粉的微观颗粒结构。因为淀粉颗粒的直径一般为 5～50μm，因此 SEM 很适合用于淀粉颗粒的直观研究，其照片富有立体感、清晰度高，几乎和我们肉眼直接观察物体相似，不仅可以用于对原淀粉颗粒进行细致观察，而且可以用于研究淀粉经物理、化学变化后的颗粒表面微观结构以及酶与微生物作用于淀粉后颗粒形态的变化情况。

图 6-3 为黑豆淀粉经过猪胰 α-淀粉酶轻度水解前后的 SEM 照片。从图中可以看出，黑豆淀粉的颗粒呈圆形或卵圆形，大小在 5～37.5μm 之间，淀粉颗粒表面非常光滑，经过 α-淀粉酶轻度水解后，颗粒表面状态发生了一些变化，表现为颗粒表面变得粗糙，出现一些圆盘形的凹陷，并且不同颗粒表面的损伤程度有一定差异。

（二）观察淀粉与其他成分的相互作用

淀粉是重要的食品工业基础原料，在食品加工过程中会与其他成分发生相互作用，生成各种复合物以及与其他成分共同构成结构物质。采用扫描电镜可对该过程的变化情况进行

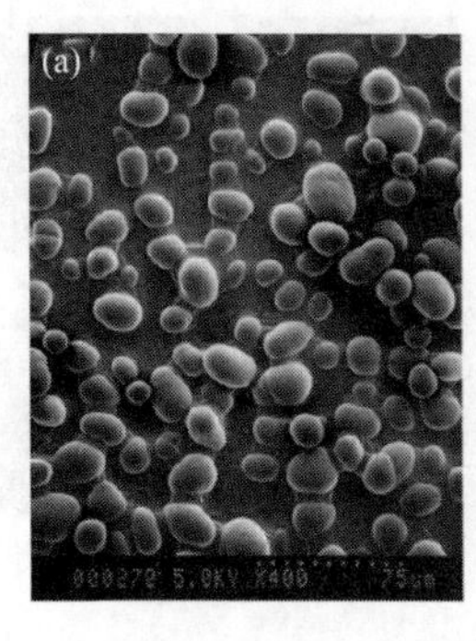

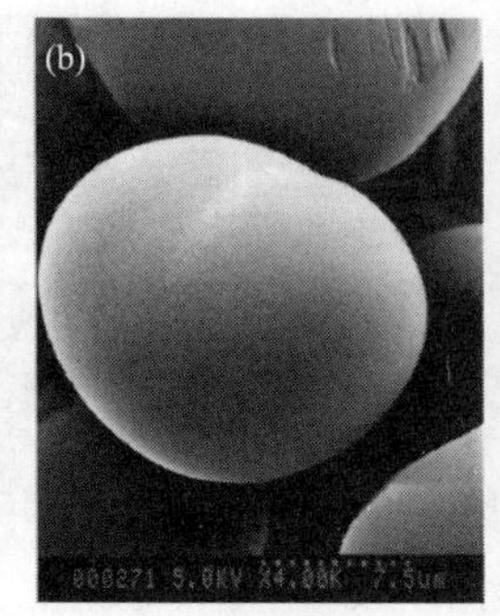

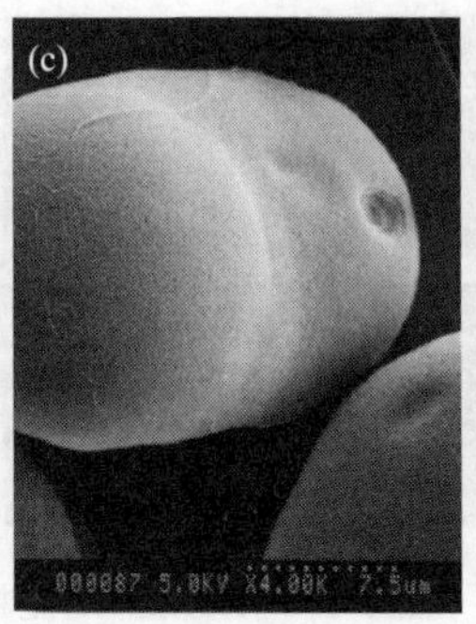

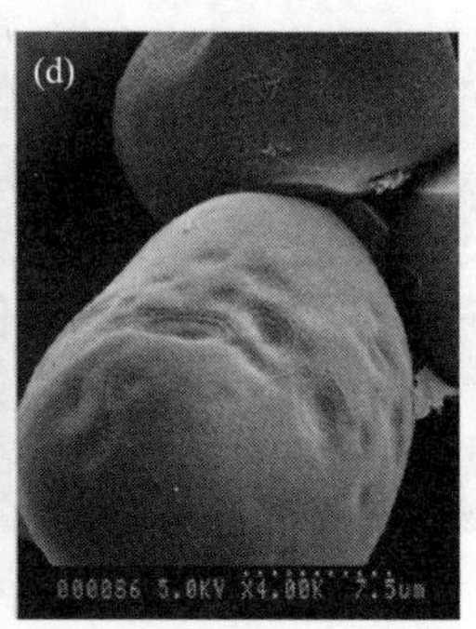

图 6-3 α-淀粉酶水解前后黑豆淀粉颗粒的 SEM 照片

(a)，(b)—黑豆原淀粉；(c)，(d)—酶处理后的淀粉

分析。

图 6-4 为普通面包和添加瓜尔豆胶后面包的 SEM 照片。从图中可以看出，对照样的面包，小麦淀粉颗粒分散在面筋网络结构中，二者联系相对松散，但在添加了瓜尔豆胶的面包中，淀粉颗粒被紧密地包裹在面筋和瓜尔豆胶形成的网络结构中，这说明在面团的搅拌和成型过程中，瓜尔豆胶紧密地与淀粉颗粒和面筋网络联系在一起，结构较为致密。

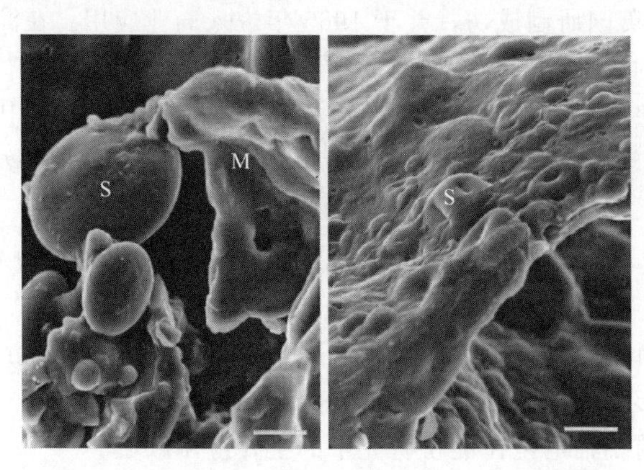

图 6-4 普通面包和添加瓜尔豆胶的面包 SEM 照片

S—淀粉颗粒；M—面筋网络

（三）研究淀粉及其复合物的降解特性

利用扫描电镜不仅可以分析不同淀粉、淀粉-脂质复合物等的降解特性，而且可以对不同淀粉酶类的作用方式进行分析，从而在对淀粉进行酶法改性时，为淀粉原料及酶的选择提供理论依据。图 6-5 为西米淀粉与不同种类的类脂形成复合物后的降解情况。西米淀粉及其与不同类脂形成复合物后经酶作用 8h 后的显微照片显示，原淀粉经过酶处理后，在表面形成较深的圆形空洞，部分淀粉颗粒甚至失去了原来的形态，但降解作用并不均一，在同一视野中还有未降解的颗粒，在原淀粉中被降解的颗粒约占 30%。但淀粉与类脂形成复合物后，其对酶的抵抗作用增强，淀粉-GMS 样品中被降解的颗粒百分比为 30.4%，与原淀粉基本相同，淀粉-LPC 和淀粉-GMM 样品被降解的百分比分别为 21.1%和 23%，较原淀粉有所降低，但酶降解后形成的空洞尺寸则没有大的差异。

图 6-6 为不同种类的淀粉经不同淀粉酶作用后的扫描电镜照片，从中可以看出不同淀粉

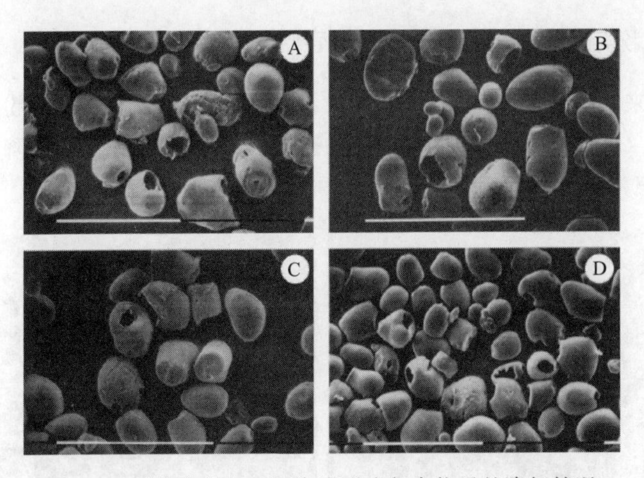

图 6-5　西米淀粉与不同类脂形成复合物后的降解情况

（A）原淀粉；（B）淀粉-LPC（溶血卵磷脂）；（C）淀粉-GMM（单十四酰甘油酯）；（D）淀粉-GMS（单硬脂酸甘油酯）

酶作用方式的差异及淀粉对酶敏感性的差异。不同种类的淀粉酶作用模式不同，其中 α-淀粉酶较 β-淀粉酶作用效率高，α-淀粉酶在作用于玉米、大米和小麦淀粉时，同时具有向心的和离中的水解能力，但对马铃薯淀粉则只有离中的水解能力。而 β-淀粉酶则对淀粉颗粒作用缓慢。这种降解方式的差异可供淀粉酶法改性时原料和酶选择时的参考。

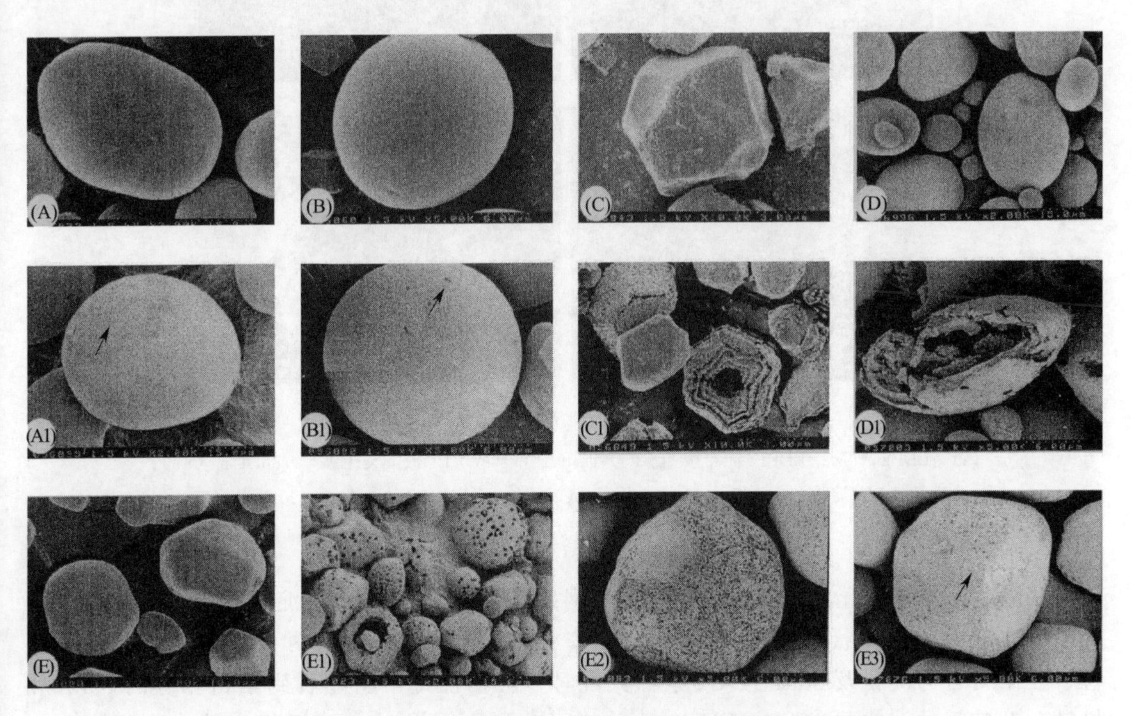

图 6-6　不同淀粉酶对不同淀粉的降解过程

［（A）、（B）、（C）、（D）、（E）分别为马铃薯淀粉、甘薯淀粉、大米淀粉、小麦淀粉、玉米淀粉；（A1）、（B1）、（C1）、（D1）、（E1）为经 BAA（解淀粉芽孢杆菌 α-淀粉酶）处理后的淀粉颗粒；（E2）、（E3）分别为经 BCB（蜡状芽孢杆菌 β-淀粉酶）和 SBB（大豆 β-淀粉酶）处理过的淀粉颗粒］

（四）研究淀粉与其他高聚物的共混相容性

扫描电镜可用来观察和分析淀粉基共混材料的相容性，图6-7为淀粉及其改性后形成的淀粉邻苯二甲酸酯（stath）与低密度聚乙烯（LDPE）共混制备生物可降解材料时，不同配比共混后的SEM照片。

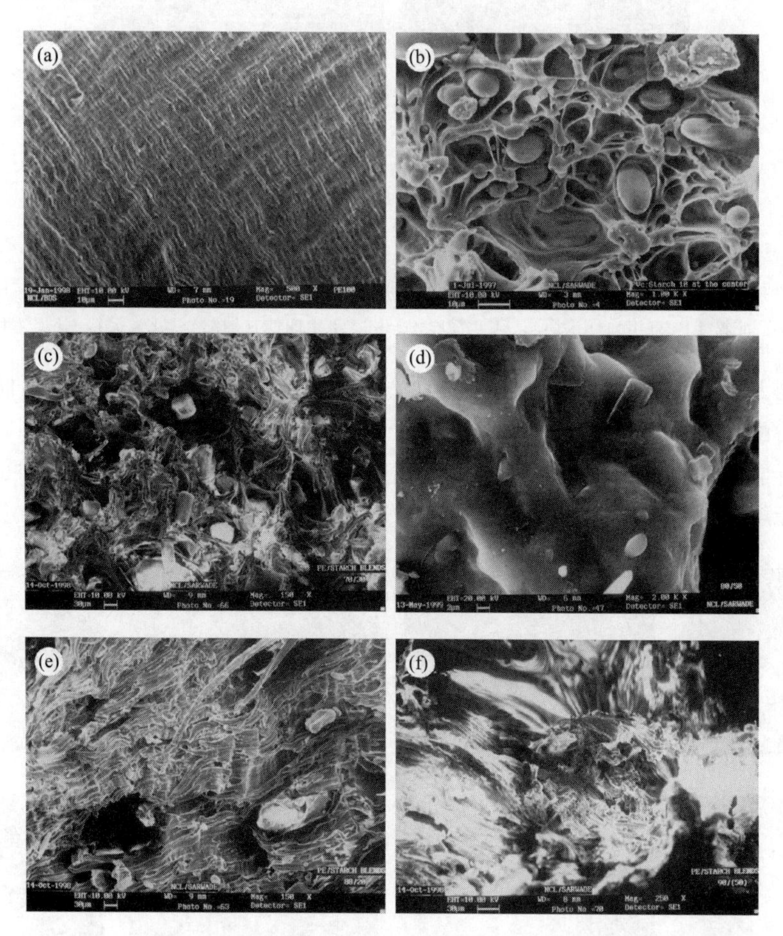

图6-7　LDPE与淀粉及stath共混过程SEM照片

(a)—LDPE；(b)—LDPE/淀粉按70/30共混（A3）；(c)—LDPE/stath按70/30共混（E3）；(d)—LDPE/淀粉/stath按80/10/10共混（C2）；(e)—LDPE/stath按80/20共混（E2）；(f)—LDPE/stath按90/10共混（E1）

从图6-7中可以看出，LDPE为连续的网络结构，而LDPE与淀粉按A3条件共混时则明显表现为相分离状态；LDPE与stath按E3条件共混时，则两相的相容性有很大改善；当LDPE与淀粉及stath按C2条件共混时，可在视野中明显看到紧密相容的stath和松散分散其间的淀粉颗粒；LDPE与stath按E2配比共混时，两相相容性大大提高；而LDPE与stath按E1配比共混时，则两相完全相容，形成的共聚物具有良好的拉伸性能与生物可降解性。

三、透射电子显微镜在淀粉研究中的应用

透射电子显微镜（transmission electron microscope，TEM）的结构包括照明系统、成

像系统、观察记录系统。TEM具有较高的分辨率，但其也有局限性，即样品必须被切成薄层，一般为100nm以下，以利于电子束透过。另外，为获得对比效果，通常需要对样品进行蚀刻或染色。目前TEM主要用于观察淀粉颗粒内部的构造，如采用TEM观察淀粉的生长环，为了使生长环更为明显，一般采用蚀刻的方法。通过蚀刻可以看出，这些在交替区域出现的生长环不同程度地对蚀刻（采用酸、碱以及酶）有抵抗作用。

Gllant D等采用TEM对细菌α-淀粉酶酶解淀粉的切片观察，看到酶对相交替的无定形区和结晶区作用的敏感性不同，被酶作用过的部位呈锯齿状。Gisela Richardson等采用TEM研究不同木素磺酸盐对淀粉糊化冷却后形成凝胶网络结构的影响，TEM照片见图6-8。

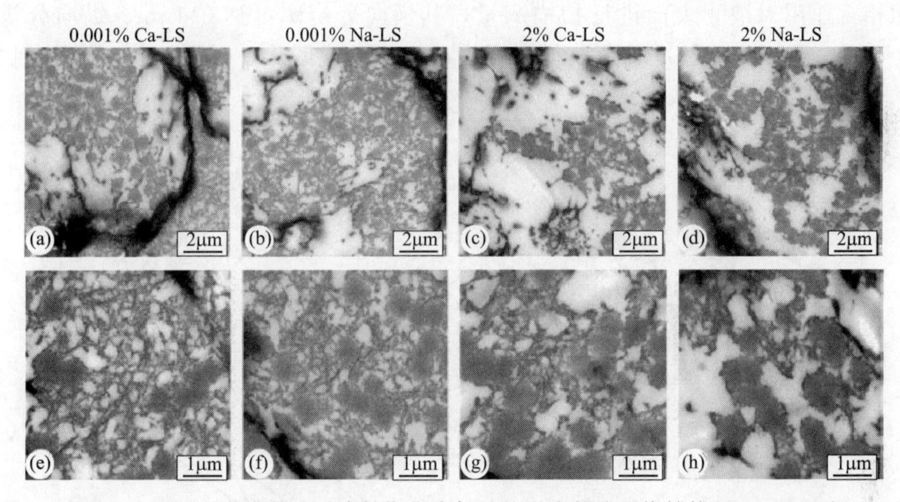

图6-8　不同木素磺酸盐对淀粉糊化冷却后的形成凝胶网络结构的TEM照片

图6-8为添加不同木素磺酸盐的玉米淀粉凝胶在97℃加热30min，然后在4℃冷却1h后的TEM照片。从图中可以看出，在低浓度（0.01%）添加时，钠盐和钙盐都对淀粉形成的凝胶网络结构影响较小[图6-8(a)、(b)、(e)、(f)]，而在较高浓度（2%）时，则不同盐类对凝胶的影响程度存在差异，钠盐对凝胶的破坏作用较大，而钙盐相对较小[图6-8(c)、(d)、(g)、(h)]。

Gisela Richardson等同时研究了Na^+和Ca^{2+}对淀粉凝胶网络的影响。结果表明，Na^+对凝胶网络的形成有破坏作用，而Ca^{2+}则促进凝胶结构的形成，同时也说明，离子状态和相应盐的添加对淀粉凝胶的影响作用不同。

但在淀粉颗粒微观形态的观察和分析中，TEM的使用不如SEM和后面介绍的AFM普遍。

四、原子力显微镜在淀粉研究中的应用

淀粉颗粒微观结构的研究是淀粉科学基础研究的重要领域。对其结构的揭示有助于人们了解淀粉在化学改性过程中的反应机制，进而对淀粉分子的取代部位和取代均匀度进行有效的控制，实现定位改性，最终达到控制改性的程度和方式、生产所需要的相关改性产品的目的，具有十分重要的理论和实践意义。

目前，对淀粉颗粒结构的分析虽然做了大量的研究工作，但仍未彻底搞清其真正的微观结构，这在一定程度上与淀粉颗粒的复杂结构有关，但更主要的是受到研究设备和研究方法

的限制。

在通常条件下，受环境限制和淀粉颗粒容易吸水特性的影响，淀粉颗粒的SEM图像较平滑，通过SEM得出的是淀粉颗粒的轮廓像，很难获得表面的细微结构。采用原子力显微镜（atomic force microscope，AFM）观察，能够很好地提高分辨率，获得清晰的细微结构，在淀粉颗粒微观结构分析方面具有良好的应用前景。

（一）AFM的工作原理

AFM是在扫描隧道显微镜（STM）的基础上发展起来的，是基于量子力学理论中的隧道效应。它使用一个尖锐的探针扫描试样的表面，通过检出及控制微传感探针与被测样表面之间力的相互作用对被测表面进行扫描测量，其横向分辨率可达0.1nm、纵向分辨率可达0.01nm。因此，AFM能够准确地获得被测表面的形貌或图像。AFM对物体表面扫描原理见图6-9。

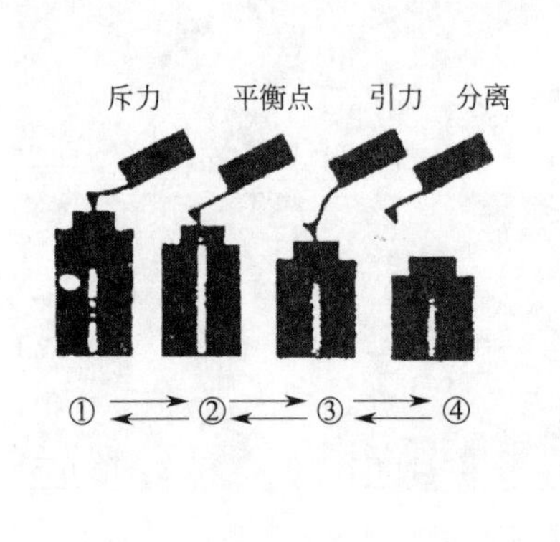

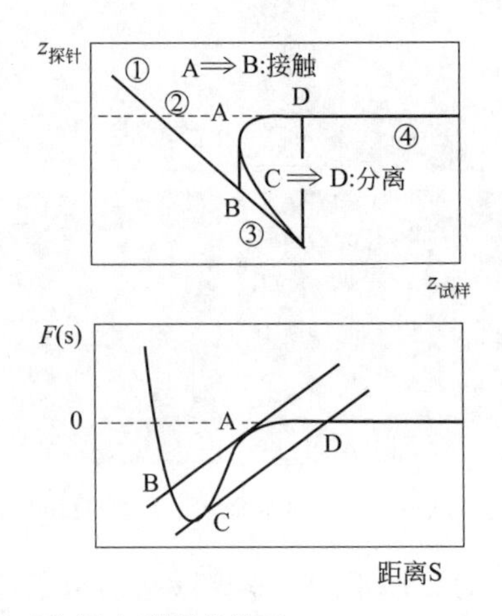

图6-9 AFM探针-试样间的相互作用力及距离关系

如图6-9所示，①是当探针接近试样表面时，引力首先被检测到（A点）；②是探针与试样接触（B点）以后，斥力将增加，其增加的速率与试样表面的力学性质、表面相互作用以及探针的几何形状等有关；③是最后引力完全被抵消而斥力成为主要作用力；④是当探针从斥力区域逐渐离开试样表面时，可以观察到最大黏附力（C点），直到探针完全离开试样表面。原子力显微镜的工作区域可在斥力区或引力区。

（二）AFM的仪器结构

原子力显微镜主要由检测系统、扫描系统和反馈控制系统组成，图6-10为其工作原理示意图。

AFM依靠扫描器控制对样品扫描的精度，扫描器中装有压电转换器，压电装置在*X*、*Y*、*Z*三个方向上精确控制样品或探针的位置。AFM有两种基本的反馈模式：力恒定方式（constant-force mode），设置样品与针尖之间作用力恒定，记录*X*、*Y*方向扫描时*Z*方向扫描器的移动来获得样品的表面形态；高度恒定方式（constant-height mode），针尖相对于样品的高度一定，记录扫描器在*Z*方向的运动而成像。

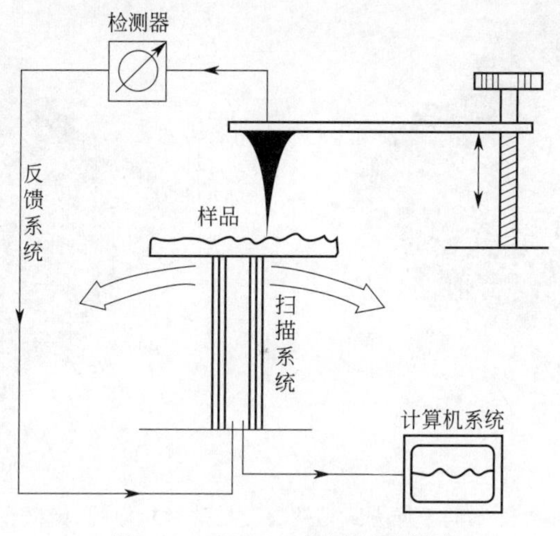

图 6-10 AFM 工作原理示意图

（三） AFM 的成像模式

原子力显微镜的成像模式可分为“接触模式”“非接触模式”和“轻敲模式”三种，它们成像工作模式示意见图 6-11。

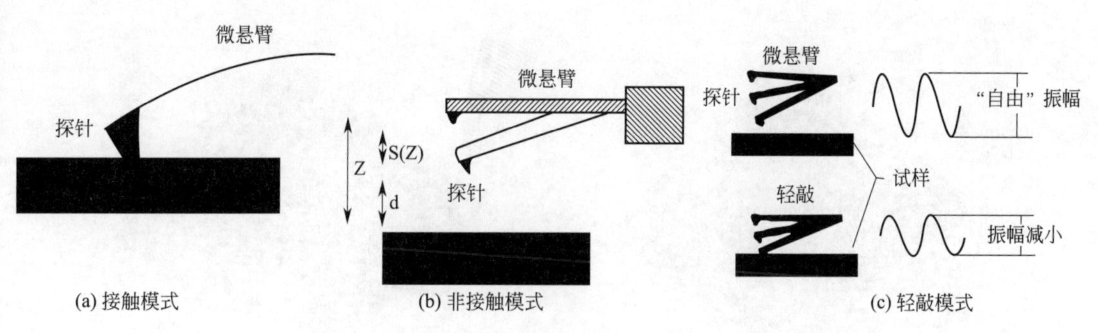

图 6-11 AFM 成像工作模式示意图

接触模式（contact mode）指探针与试样相互接触，相互作用力位于 F-S 曲线的斥力区；非接触模式（non-contact mode）指探针与试样保持一定的空间距离，相互作用力位于 F-S 曲线的引力区；轻敲模式（tapping mode）指悬臂在 Z 方向上驱动共振，并记录 Z 方向扫描器的移动而成像，针尖与样品可以接触，也可以不接触，适用于易形变的软质样品。轻敲模式可有效地防止样品对针尖的黏滞现象和针尖对样品的损坏，并能获得真实反映形貌的图像。

（四） AFM 在淀粉研究中的应用

1. 研究淀粉颗粒表面结构

Joanna Szymońska 等研究了不同干燥及冷冻方式对马铃薯淀粉颗粒形貌的影响。图 6-12 为不同干燥方式马铃薯淀粉的颗粒形貌 AFM 照片，从图中可以看出，风干方式处理的马铃薯淀粉表面形成一些波状起伏，而烘箱干燥的马铃薯淀粉由于干燥过程中水分大量散失，表面出现大量的空洞，说明不同干燥方式对淀粉颗粒形貌的影响存在差异。

上述两种干燥方式处理的马铃薯淀粉，经液氮冷冻处理后，表面形态变化大不相同。烘

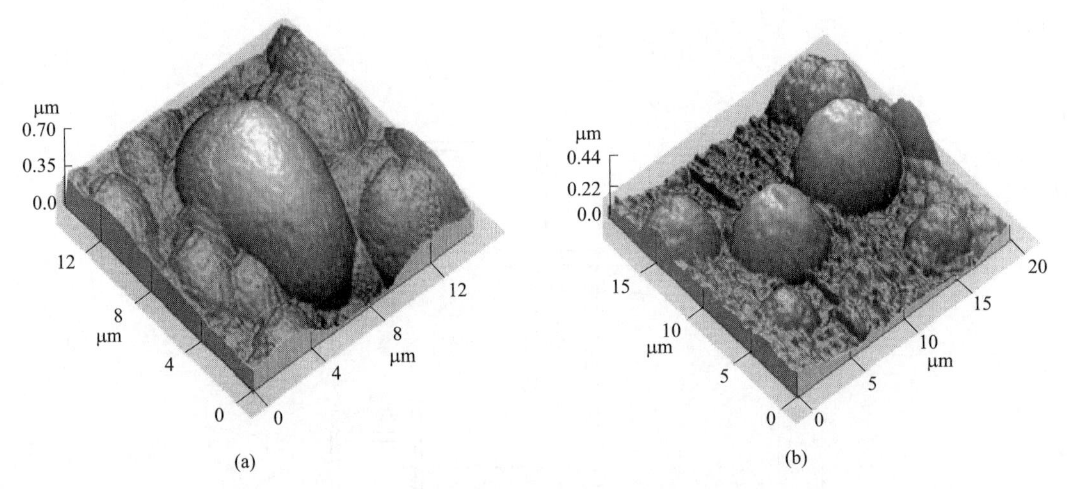

图 6-12　不同干燥方式马铃薯淀粉的颗粒形貌 AFM 照片

（a）风干方式处理（13%水分，质量分数）；（b）烘箱干燥（5%水分，质量分数）

箱干燥处理的马铃薯淀粉，由于水分含量很低，所以液氮冷冻处理后，表面形态变化不大，而风干处理的马铃薯淀粉经液氮冷冻处理后，表面形态发生很大变化，处理后的 AFM 照片见图 6-13。从图中可以看出，颗粒表面具有光泽，并发生聚集［图 6-13(a)］，同时颗粒表面出现环状突起，突起的大小为 500nm 左右，深度为 40～70nm［图 6-13(b)］。

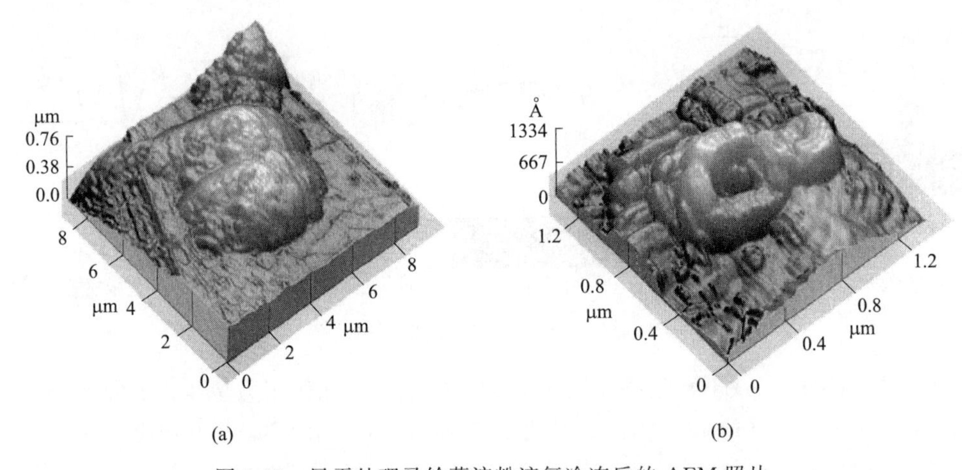

图 6-13　风干处理马铃薯淀粉液氮冷冻后的 AFM 照片

而将烘箱干燥的淀粉在水相中冷冻处理后，得到了与液氮处理相似的效果，但聚集状态更明显，环状结构更为清晰。Krok F 等也研究了不同干燥方式处理马铃薯淀粉以及后续的冷冻处理对颗粒表面形态的影响，得出了类似的结论。

2. 研究淀粉的分子链结构

郭云昌利用 AFM 对淀粉样品溶液进行观测，发现原淀粉、直链淀粉、羧甲基淀粉存在着可观测、分离的链，链的长度可达微米级，直径为 10～20nm。同时观察到支链淀粉在溶液中呈现糜状和菊花状的显微结构，而链淀粉在溶液中为螺旋或线形构型。安红杰利用 AFM 测量了淀粉中各种链的数据，各种链的链径既有微米水平，也有纳米水平。大多数纳米水平的链以双螺旋形式存在，链径为 2.2nm，同时还存在葡萄糖单链，平均链径为

0.5nm 左右。图 6-14(a) 是淀粉颗粒糊化程度较轻的条件下观测到的较大的链，测得此链的宽度为 274nm，高度为 69.31nm。图 6-14(b) 为较细的淀粉分子链，经测定其宽度为 104.1nm，高度为 4.82nm。McIntire 等用非接触式 AFM 观察了直链淀粉的纳米结构，发现直链淀粉分子在水溶液中分散较好，在 75 个淀粉分子中，平均等高线长为 230.7nm，标准偏差为 100.9nm。

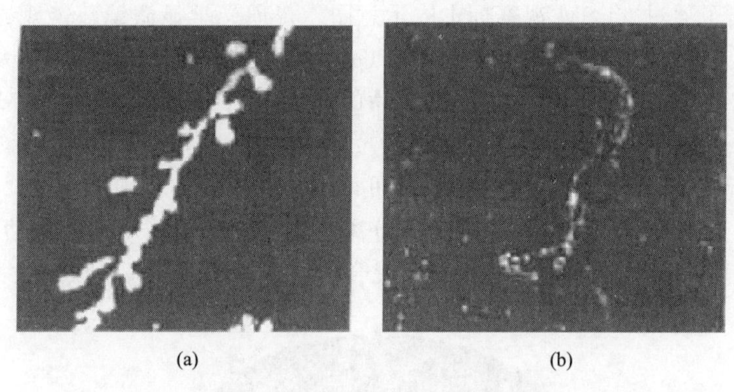

图 6-14　淀粉溶液中的分子链

3. 研究淀粉分子的内部结构

Andrew A Baker 等利用 AFM 研究了玉米淀粉颗粒的内部结构，玉米淀粉颗粒切片的 AFM 图像显示了淀粉颗粒内辐射状聚集结构。从图像可看到淀粉颗粒中心部分的核区（脐）有序性稍差。将淀粉粒用温和的酸处理，除去淀粉颗粒中的非晶部分，则清楚地给出较小的微粒子（blocklets）结构，大小约为 10～30nm。具体见图 6-15。

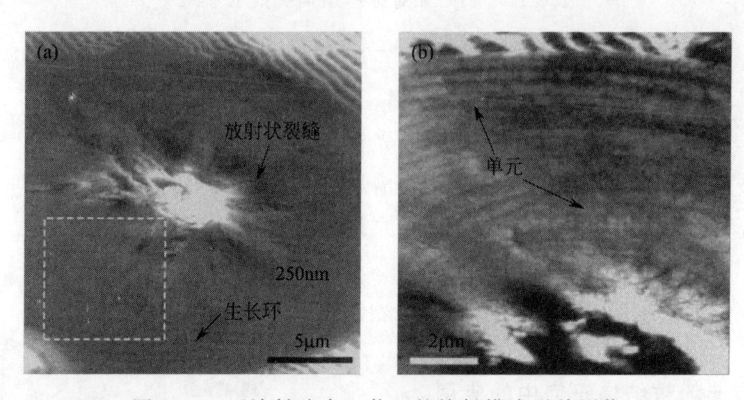

图 6-15　近淀粉脐中心截面的接触模式形貌图像

(a) 突起的中心有放射状裂缝；(b) 跨越生长环的微粒子（blocklets），环距约 450nm

五、激光共聚焦扫描显微镜在淀粉研究中的应用

激光共聚焦扫描显微镜（confocal laser scanning microscope，CLSM）是 20 世纪 80 年代发展起来的一种激光扫描、计算机自动化分析与显微镜技术相结合的图像分析仪器，它能利用生物体自身或体内特定的一些物质经过染料标记后被激光激发后可以发出荧光，激发荧光通过显微镜的光学系统及有关光学元件，输送到光电倍增管，光学信号经进一步处理，转换成样品图像。它有效排除了非焦平面信息，提高了分辨率及对比度，具有图像清晰、特异

性高、敏感性强、三维重建、空间定位、精确定量、断层扫描、无损伤切片等优点。激光共聚焦扫描显微镜已在形态学、生物学、材料学和地质学等领域获得广泛的应用。国外将其应用于淀粉的研究已有很多报道，而我国的相关研究才刚刚起步。

（一） CLSM的工作原理

图6-16给出了通过CLSM观察标本的示意图，普通光学显微镜只能观察一个光学切面的结构信息，而CLSM可以通过一定的步长（μm范围）移动设备光平面，从而对有一定厚度的样品实现多个光学切面的观察，得到样品的三维重组图像。通过CLSM不但能揭示样品的内部结构，还可以提供样品的立体数据。可将重组的图像旋转，进而观察样品的不同侧面。CLSM还能够观测含水状态下的样品，可以在不改变溶剂性质的情况下观察隔离蛋白质多糖的水相微观结构，能够原位跟踪如相分离、聚结、聚集、凝固、增溶等过程动力学，以及特异设计过程，如样品的加热、冷却或混合，还能够在显微镜下模拟食品的加工过程。

图6-16　CLSM对标本结构观察示意图

CLSM显微镜采用激光做光源，激光束经照明针孔，由分光镜反射至物镜，并聚焦于样品上，对标本内焦平面上每一点进行扫描，然后，激发出的荧光经原入射光路直接反射回到分光镜，通过探测针孔时先聚焦，聚焦后的光波被光电倍增管探测收集，并将信号输送到计算机。具体成像原理如图6-17所示。

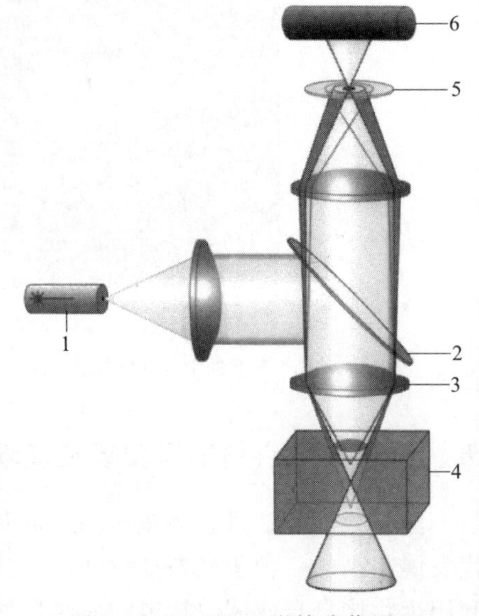

图6-17　CLSM显微镜成像原理

1—激光；2—分光镜；3—物镜；4—标本；5—照明针孔；6—光电倍增管

（二） CLSM在淀粉研究中的应用

1. CLSM在淀粉粒结构研究中的应用

Huber等用汞溴红对淀粉进行处理，然后用100%乙醇脱水，用CLSM观测处理过的样品。从图像可以看到玉米淀粉颗粒微观结构并不均一，这可能是因为颗粒表面孔及颗粒内通道的分布不均，这样在化学改性时就会出现反应的不均匀性。这也可以从染料通过表面孔、通道侧面渗入的过程可以看出来。染料借助通道进一步进入中心腔［图6-18(b)］。

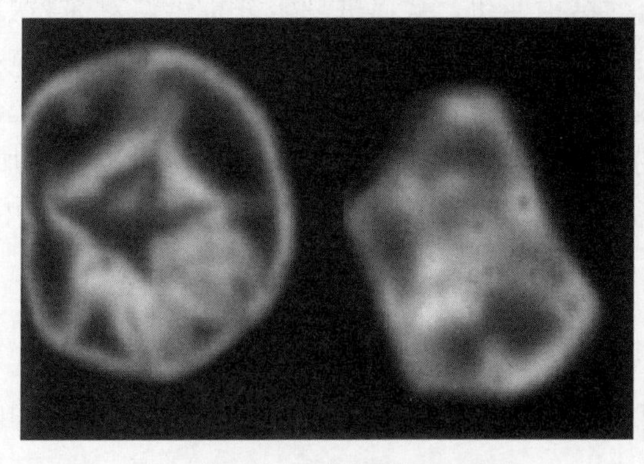

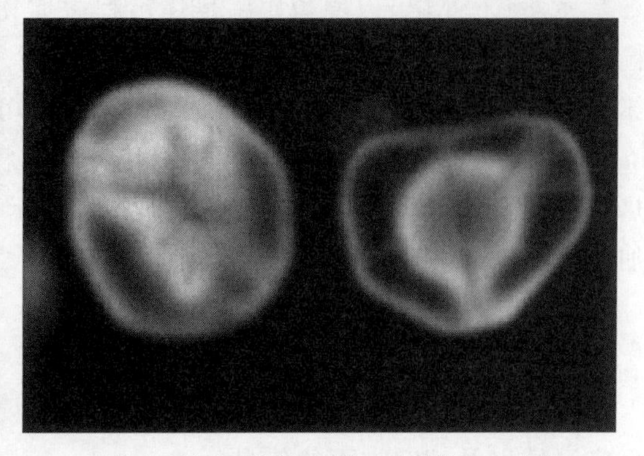

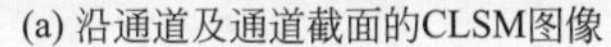

(a) 沿通道及通道截面的CLSM图像　　(b) 沿中央腔及通道侧面连接中央腔的CLSM图像

图 6-18　CLSM 下玉米淀粉颗粒内通道及中央腔的构造

2. CLSM 在淀粉糊化和凝沉研究中的应用

Markus 等用酸性品红对小麦面中的蛋白质进行染色，然后用 CLSM 观察面团及后续制备的面包产品中蛋白质、淀粉及酵母的分布。从图 6-19(a) 面团的 CLSM 照片中可以清楚地看到，淀粉以颗粒状态分布在蛋白质构成的网络结构中（面筋网络），并且面团中蛋白质和淀粉的分布是不均匀的。图 6-19(b) 为刚制备好的面包内部结构的 CLSM 照片，从图中可以看出，蛋白质构成的面筋网络已经充分扩展，白色亮点为酸性品红染色后的酵母菌，暗部区域为糊化膨胀的淀粉，与面团状态有所不同的是，此时视野中已经几乎无法看到完整的淀粉颗粒，这是因为绝大部分淀粉已经糊化，从而失去颗粒结构或过度膨胀不易观察。在对刚制备好的面包及老化面包（20℃，放置 7d）的分析中，Markus 等发现，老化面包的淀粉分子排列更为有序，不易染色，这是由于老化形成的结晶构造不易被染料渗透导致的。

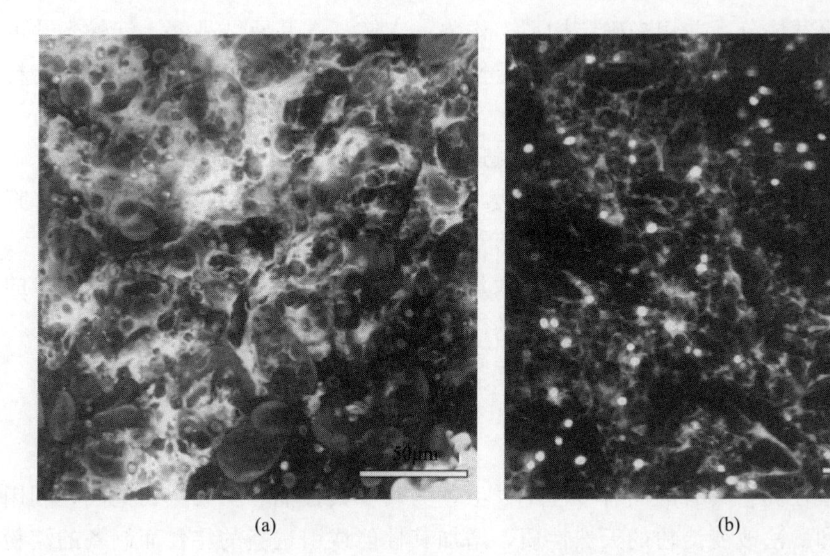

图 6-19　CLSM 下小麦面团及面包中淀粉及蛋白质网络的构成

（a）小麦面团的 CLSM 图像；（b）新鲜面包的 CLSM 图像

另外CLSM可以原位跟踪焙烤过程中淀粉的结构变化，从而进一步分析烘焙对淀粉颗粒的影响。传统光学显微镜一般不能用于含水样品的观测，若对样品进行干燥，则可能会破坏其性质，比如淀粉的糊化和凝沉过程，而CLSM能够对含水状态的样品进行观测。Nagano等用CLSM研究了瓜尔多胶对糊化玉米淀粉颗粒结构的影响，从CLSM图像可以看出加热对淀粉粒的膨胀性几乎没有影响，图像显示淀粉粒形状变化不大，还可以看出糊化过程中加或不加瓜尔多胶对淀粉粒径几乎没有影响。

3. CLSM在改性淀粉研究中的应用

改性淀粉和淀粉基材料是淀粉应用的主要方面之一，CLSM能观测出其结构，定位其反应区域以及其它方面的信息。

Gray利用反射激光共聚焦扫描显微镜（R-CLSM）观察用银离子标记过的淀粉粒，由此定位了淀粉粒中的反应区域，研究了反应条件对蜡质玉米淀粉粒取代基位置的影响。结果表明，反应条件影响摩尔取代水平和颗粒内反应均一性。在CLSM图像中，通过对比pH、温度、膨胀-抑制性盐的类型和浓度等不同条件下银离子在淀粉粒中的分布和荧光强度，可以看出淀粉粒中的反应区域，也可以反映出各个条件对反应的影响程度。

第二节　光谱分析技术在淀粉研究中的应用

光谱分析可分为吸收光谱（如紫外、红外吸收光谱）、发射光谱（如荧光光谱）以及散射光谱（如拉曼光谱）三种基本类型，在淀粉研究中最常用的是红外光谱和紫外吸收光谱。

一、红外光谱在淀粉研究中的应用

红外光谱是检测高分子物质组成与结构的最重要方法之一，其已经广泛地用来鉴别高聚物，定量地分析化学成分，并用来确定构型、构象、支链、端基及结晶度。红外光谱可对有机化合物的结构，特别是官能团进行对应的定性分析，这对淀粉衍生物及各种变性淀粉的结构分析有较大意义。

在用红外光谱研究淀粉及其各种衍生物时还应注意以下两方面的问题。

（1）样品制备时必须保证样品的纯度，尽可能去除样品中的各种未反应完全的原料试剂，反应中产生的副产物以及反应中所用的溶剂或添加剂。

（2）淀粉及各种衍生物的分子链中常有大量的重复单元，在红外图谱中都是相似的，因此图谱解析时必须参考其他分析方法所得到的结果。

红外光谱分析在淀粉研究中的应用刚刚起步，主要集中在以下几个方面。

（一）变性淀粉反应过程的研究

变性淀粉是指在淀粉具有的固有特性基础上，为改善其性能和扩大应用范围，利用物理方法、化学方法和酶法改变淀粉的天然性质，增加其性能或引进新的特性而制备的淀粉衍生物。其种类较多，如预糊化、酸解、氧化、酯化、醚化、交联、接枝共聚等，利用红外光谱可判断引入的基团是否与淀粉多糖长链上的羟基相连接，从而分析原淀粉与变性淀粉在结构上的区别。如在羧甲基淀粉的制备过程中，比较原淀粉和羧甲基淀粉的红外光谱图，发现后

者在 $1160cm^{-1}$、$1090cm^{-1}$ 处出现醚键特征吸收峰，$1610cm^{-1}$ 处出现—COO^- 特征吸收峰，证明产物为目的物 CMS。

（二）不同处理方式对淀粉结构的影响

红外光谱可用来分析不同的加工处理过程对淀粉分子结构的影响，比如微波、冷冻、辐射、挤压、微细化等处理过程对淀粉分子结构的影响可在一定程度上通过红外光谱作初步判断。

（三）淀粉水解产物的分子结构鉴别

在淀粉水解产物的结构分析中，红外吸收光谱有助于确定淀粉糖分子的构型以及制备样品和已知标样在化学结构上是否一致。

二、紫外-可见光谱在淀粉研究中的应用

紫外-可见光谱中，紫外区域有强吸收的通常是带有共轭烯烃及芳香族基团的化合物，对一些变性淀粉的官能团鉴别有一定价值，其中有较大应用价值的是通过碘与直链淀粉形成各种有色复合物来研究淀粉中直链淀粉的链长或分子大小。淀粉和碘复合物的生色反应中，不同的颜色对应着不同的最大吸收波长，因此，通过分析淀粉和经酸或酶轻度水解得到的样品的淀粉-碘复合物紫外-可见吸收光谱图，检测其最大吸收波长的变化来判别和控制淀粉的水解程度。

图 6-20 为原淀粉、可溶性淀粉和经酸或酶轻度水解得到的样品的淀粉-碘复合物紫外-可见吸收光谱图。由图中可见，原淀粉的 λ_{max} 为 595～600nm，可溶性淀粉的 λ_{max} 为 585～590nm，其他经酸、酶处理的淀粉，随 DE 值增加，DP_n 减小，其 λ_{max} 逐渐减小。因此，可通过淀粉-碘复合物紫外-可见吸收光谱 λ_{max} 的变化情况判别淀粉的水解程度。

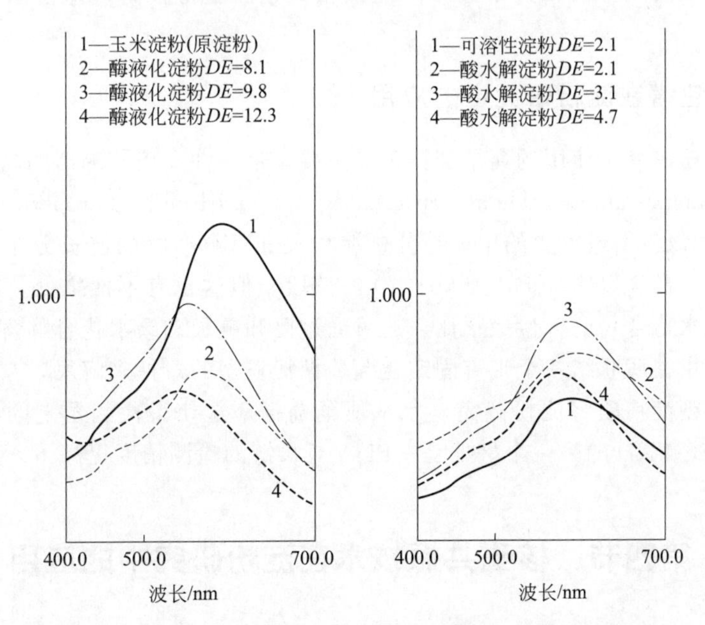

图 6-20　各种淀粉样品的淀粉-碘复合物紫外-可见吸收光谱

第三节　色谱分析技术在淀粉研究中的应用

色谱法根据分析原理不同可分为气相色谱、高效液相色谱、离子交换色谱、凝胶色谱以及亲和色谱等。在淀粉分析中最常用的是高效液相色谱、凝胶渗透色谱和离子交换色谱。

一、高效液相色谱在淀粉研究中的应用

高效液相色谱（HPLC）主要应用在淀粉糖的定性与定量分析上。淀粉糖的主要成分一般为葡萄糖、麦芽糖、低聚糖和糊精等。传统的 *DE* 值测定无法区分液体葡萄糖和高麦芽糖，而应用 HPLC 可对这两种糖进行较好的定性与定量分析。

二、凝胶渗透色谱在淀粉研究中的应用

凝胶渗透色谱（gel permeation chromatography，GPC），又称体积排阻色谱，是利用多孔填料柱将溶液中的高分子按体积大小分离的一种色谱技术。凝胶色谱柱的分级机理是：分子尺寸较大的分子渗透进入多孔填料孔洞中的概率较小，即保留时间较短而首先洗脱出来；尺寸较小的分子则容易进入填料孔洞而且滞留时间较长从而较后洗脱出来。由此得出分子大小随保留时间（或保留体积）变化的曲线，即分子量分布的色谱图。凝胶渗透色谱主要用于测定淀粉分子量的分布和支链结构及聚合降解过程。

淀粉是高分子化合物，其分子量很大，直链淀粉平均为5万～20万，支链淀粉平均为20万～600万。即使用酸或酶适当降解，其分子量仍十分巨大。普通的测定方法有很大的局限性，而用 GPC 法测定分子量分布对了解各种淀粉的性质，控制淀粉的降解程度有重要意义。

黄立新等用凝胶渗透色谱法测定了谷类、薯类、豆类等14个不同品种淀粉的分子量分布。结果表明，不同品种淀粉分子量分布差别很大，散度都较高；即使同种淀粉，来源不同，也有差别。

三、离子交换色谱在淀粉研究中的应用

目前，在淀粉研究中使用的离子交换色谱主要是带脉冲安培检测器的高效阴离子交换色谱（high-performance anion-exchange chromatography with pulsed ampero-metric detection，HPAEC-PAD），该色谱最主要的用途是分析淀粉及其降解产物的链长分布。其可大大提高单链间的分辨率，最高可区分 DP 为50～70的链段。但这也有不便之处，因为电流检测的结果不直接与碳水化合物的含量成正比，这可通过已知链长和碳水化合物含量的样品进行校正。也可通过在主柱后联结一个带有固定化葡萄糖淀粉酶的短柱来解决，在进入脉冲电流检测器之前，葡萄糖淀粉酶将淀粉链完全水解成葡萄糖，这使得检测器上的响应值与链长无关。使用 HPAEC-PAD 的另一个好处是，PDA 对长链的检测精度提高了。

第四节　核磁共振技术在淀粉研究中的应用

核磁共振（nuclear magnetic resonance，NMR）波谱实际上也是一种吸收光谱，其来源于原子核能级间的跃迁。核磁共振按其测定对象可分为碳谱和氢谱等，现在固体高分子

NMR 已发展成研究高分子结构和性质的有力工具。

目前，NMR 技术在淀粉研究中主要应用在以下几个方面：

一、淀粉老化的研究

利用 NMR 还可以进行淀粉老化的分析，横向极化和磁角度旋转技术提高了固相域 NMR 谱的灵敏度。Smits 等利用这一技术研究了经冷冻干燥的糊化马铃薯淀粉的 ^{1}H 谱和 ^{13}C 的 CP/MAS 谱图，成功地解释了淀粉所处状态和老化程度。

由于液相中质子的弛豫时间高于固相中质子的弛豫时间，可利用脉冲 NMR 的自由感应衰减（FID）信号，将固相与液相中的质子相对量算出来，并以此表征淀粉糊的糊化度或回生度。

二、淀粉体系中水分的含量和动力学特性研究

近年来随着 NMR 技术的日益完善，利用纵向弛豫、横向弛豫及自旋回波和自由感应衰减曲线等可以成功地研究淀粉粒中的水含量和水的动力学性质。

三、淀粉糖分析研究

在淀粉众多衍生物中，有许多产物的化学结构十分类似，这些相似物用红外光谱无法区别，而用 ^{13}C-NMR 就能明确区别其结构的微小差异。同时用 ^{13}C-NMR 谱还可对麦芽糖和异麦芽糖等同分异构体做出准确判断。

四、取代反应方式研究

通过对羧甲基木薯淀粉 HNMR 谱的详细分析和峰的定位，发现峰 C、D、E、F、G、H、I 和 J 分别是由 β-无水葡萄糖单元 C3、α-无水葡萄糖单元和 β-无水葡萄糖单元 C2、α-无水葡萄糖单元 C3、β-无水葡萄糖单元和 α-无水葡萄糖单元 C6 上羧甲基取代而产生的。通过对图谱（见图 6-21）进一步分析还可得到无水葡萄糖单元中 C2、C3 和 C6 的羧甲基化反应顺序为 C6＞C2＞C3。

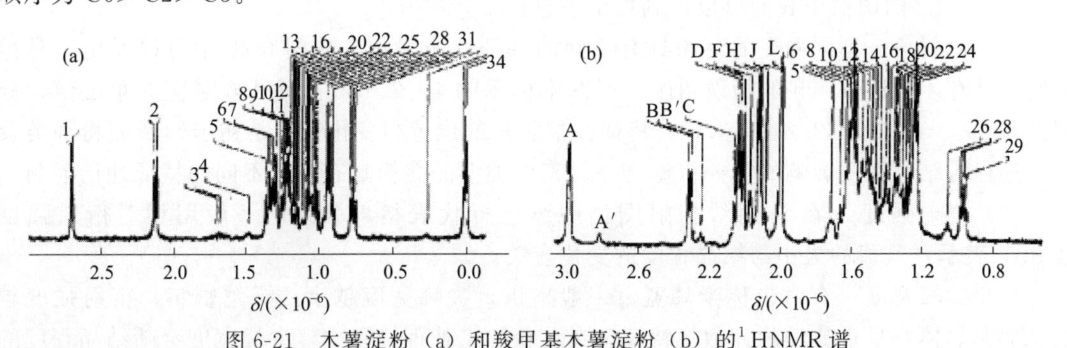

图 6-21　木薯淀粉（a）和羧甲基木薯淀粉（b）的 ^{1}HNMR 谱

第五节　X 射线衍射技术在淀粉研究中的应用

X 射线衍射是物质分析鉴定，尤其是研究分析鉴定固体物质的最有效、最普遍的方法。X 射线衍射的波长正好与物质微观结构中的原子、离子间的距离（一般为 1～10Å）相当，所以它能被晶体衍射。借助晶体物质的衍射图是迄今为止最有效能直接“观察”到物质微观

结构的实验手段。

X射线衍射法主要用于研究淀粉的聚集状态，也就是淀粉的结晶性，这是前面所介绍的研究方法所不能测定的淀粉的特性。淀粉是由许多形状、大小不一的颗粒所组成，分为结晶区和无定形区。也有人把介于结晶和非晶之间的结构称为亚微晶。

1934年，Katz首先用X射线衍射研究淀粉的结晶特性，他根据X射线衍射图谱把淀粉分为A、B、C三种形态。一般来说谷类淀粉多属A型，薯类淀粉多属B型，而根茎和豆类淀粉则属于介于二者之间的C型。

目前，X射线衍射技术在淀粉研究中主要用于判定淀粉的结晶类型和品种以及淀粉在物理化学处理过程中的晶型变化特性。

一、X射线衍射图谱的分析方法

图6-22为马铃薯淀粉的X射线衍射图谱，其属于B型结晶结构，其他结晶类型淀粉的X射线衍射图谱分析方法与此类似。

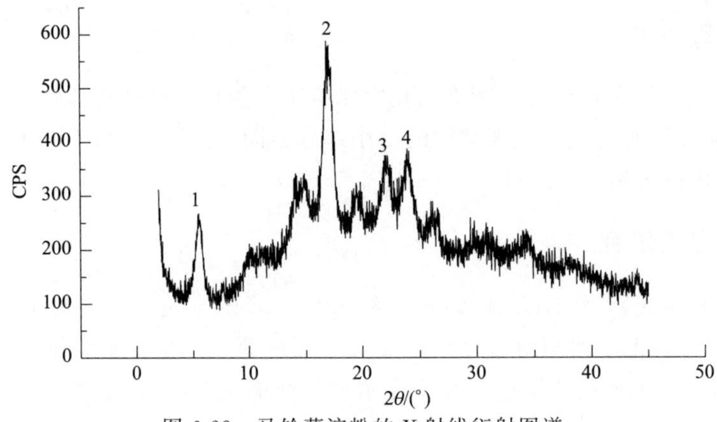

图6-22　马铃薯淀粉的X射线衍射图谱

从图6-22的图谱中我们可以得到以下信息：

（1）衍射角　不同种类的淀粉具有不同的特征性衍射角，从图6-22中可以看出，马铃薯淀粉具有4个比较明显的衍射角度，即图中标示的1、2、3、4特征峰对应的角度值，分别是5.59°、17.2°、22.2°和24.0°。特征性衍射角的位置与变化情况是初步判断淀粉种类及加工过程对结晶性质影响的重要依据之一。其他类型的淀粉具有各自不同的特征性衍射角。

（2）衍射强度　在X射线衍射图谱中纵坐标代表衍射强度，一般用相对衍射强度（CPS）表示，其值的大小与结晶程度的变化有关。

（3）尖峰宽度　有时也称半峰宽，一般来讲，尖峰宽度越小，峰越密集，衍射强度越高，而非晶体则呈现典型的弥散峰特征。在淀粉加工处理过程中，尖峰宽度会随结晶程度的变化而变化，从而可在一定程度上反映结晶度的变化情况。

（4）相对衍射强度　相对衍射强度一般用I/I_{max}来表示，其中I_{max}代表衍射图谱中最强峰的衍射强度值（CPS），以该强度为100%，其他峰强度与之相比较，所得比值为相对衍射强度，用百分比表示。

（5）结晶度　这是X衍射图谱中的重要指标，该值可直接反映被测物结晶程度的大小，一般该值用百分比表示。目前，一些X射线衍射仪可在测定的同时给出结晶度大小，很多情况下，需要根据X射线衍射图谱进行分析计算。

二、结晶度的计算方法

根据晶体X射线衍射的Bragg方程及Schrrer方程可知晶体的X射线衍射特征是，当晶体为单晶或由较大颗粒单晶组成的多晶体系时，呈现较强的尖锐衍射晶峰。当多晶体系是由线度很小的微晶组成时，呈现非晶的弥散衍射峰。在非晶态中，最近邻的原子有规律地排列，次近邻的原子可能还部分地有规则排列，但其他近邻的原子分布就完全无规则了。根据非晶X射线衍射的Bragg方程及近似Schrrer方程可知非晶体只能表现出弥散衍射特征。对于同种类型的非晶体，尽管成分和性质差别很大，得到的非晶衍射峰的形状和峰位几乎都是一样的，仅在相当狭小的范围内变化。非晶衍射峰的峰形可近似地看成是对称的。这种非晶衍射峰峰形及峰位的稳定性和形状的近似对称性，为淀粉X射线衍射图中结晶区与非晶区的划分提供了可能。在结晶高聚物分子结构中，既包含了结晶部分，同时也包含了非晶部分。

淀粉是一种天然多晶聚合物，是结晶相与非晶相两种物态的混合物，淀粉及淀粉衍生物结晶度的大小直接影响着淀粉产品的应用性能。淀粉及淀粉衍生物结晶性质及结晶度大小的研究近年来备受研究者的关注。X射线衍射法是测量结晶度的最常用方法之一，它的基本依据是在粉末多晶混合物中，某相的衍射强度与该相在混合物中的含量有对应关系，通常含量越高衍射强度越大。通过测定结晶和非晶部分的累积衍射强度 I_c 和 I_a，就可以计算出绝对结晶度的大小。根据X射线定量相分析的绝对结晶度计算公式有：

$$X_c = I_c/(I_c + KI_a) \tag{6-1}$$

式中，X_c 为绝对结晶度；I_c 为结晶相的累积衍射强度；I_a 为非晶相的累积衍射强度；K 为常数，且与实验条件、测量的角度范围、晶态和非晶态密度的比值以及对X射线的吸收程度等有关，而与 X_c 无关，精确计算时由实验确定。

对于不同淀粉样品，假设结晶结构中结晶相和非结晶相对X射线的吸收程度是相同的，即忽略吸收作用以及实验条件等对测定结果的影响，这时 K 值近似等于1，那么淀粉绝对结晶度公式演变为

$$X_c = I_c/(I_c + I_a) \tag{6-2}$$

根据式(6-2)，只要在未知样品的X射线衍射图中确定出晶相、非晶相以及背底所对应的区域并对各区域进行积分，求出晶相和非晶相的累积衍射强度 I_c 和 I_a，就可计算出绝对结晶度。以上为淀粉X射线衍射图中结晶度的计算方法。对应具体图谱的区域及计算如图6-23所示。其中C代表的区域为微晶区，S代表的区域为亚微晶区，A代表的区域为非晶区。

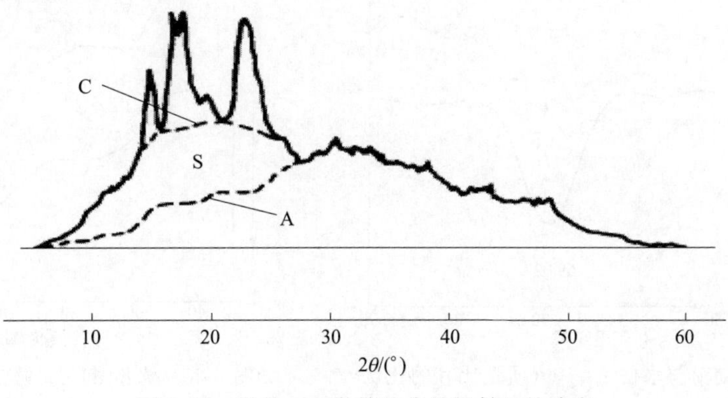

图6-23　微晶、亚微晶及非晶衍射区的确定

对于上述不规则图形中结晶度的计算可采用两种方法，一种是采用积分仪计算，另一种是采用面积称重法进行计算。

第六节　热分析技术在淀粉研究中的应用

一、差示扫描量热分析

差示扫描量热仪（Differential scanning calorimetry，DSC）分析技术是指在程序控制温度下，连续测定物质发生物态转化过程中的热效应，根据所获得的 DSC 曲线来确定和研究物质发生相转化的起始和终止温度、吸热和放热的热效应以及整个过程中的物态变化规律。DSC 分析技术现已广泛应用于淀粉科学的研究中，运用其分析淀粉在物理化学变化过程中的相变及热力学特性。

图 6-24 为玉米淀粉与水按 1∶10（质量比）的比例混合后的 DSC 图谱，从图谱中可以得出相变（糊化）的起始温度 T_o、峰值温度 T_p 和终止温度 T_c 以及相变过程中的焓变 ΔH。目前 DSC 技术在淀粉研究中主要应用在以下几个方面：

（一）运用 DSC 技术研究淀粉的糊化性质

淀粉糊化即淀粉颗粒在水中因受热吸水膨胀，分子间和分子内氢键断裂，淀粉分子扩散的过程。在此过程中伴随的能量变化在 DSC 图谱上表现为吸热峰。通过考察图谱上峰形、峰位置和峰面积的变化情况，可以了解淀粉糊化的动态过程，分析测定淀粉的糊化温度及糊化焓。

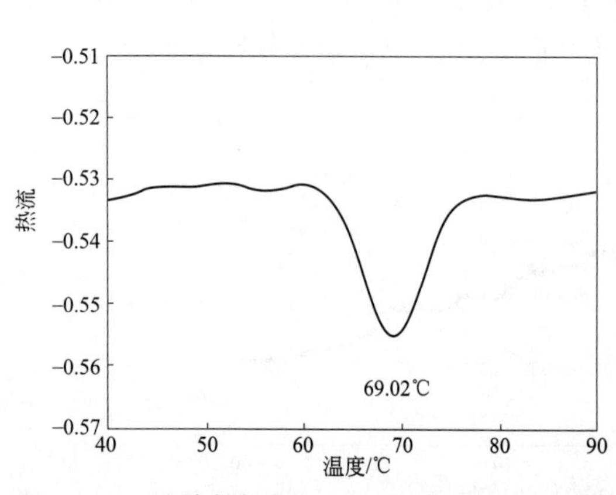

图 6-24　玉米淀粉与水按 1∶10（质量比）的比例混合后的 DSC 图谱

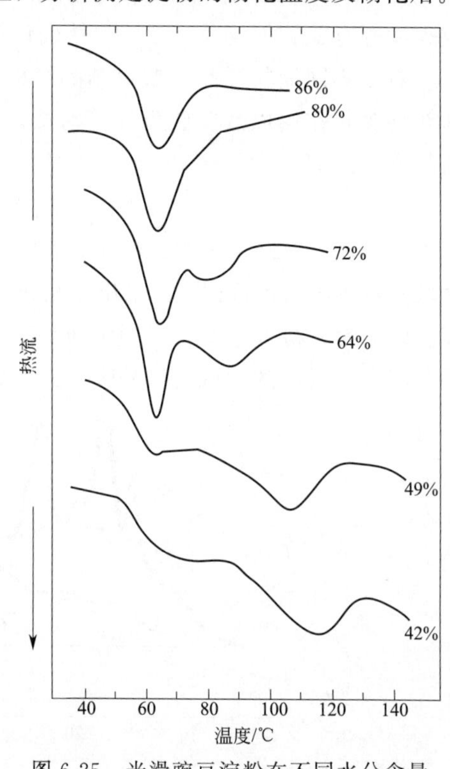

图 6-25　光滑豌豆淀粉在不同水分含量条件下的 DSC 图谱

图 6-25 为不同水分含量的豌豆淀粉的 DSC 图谱，淀粉乳浓度从上到下依次为 19.0%、26.6%、37.0%、45.6%、60.8%和 67.5%。从图中可以看出，在高水分含量条件下，淀粉糊化（相变）过程仅仅对应一个对称吸热峰。随着水分含量的逐渐下降，吸热峰的峰面积逐渐减少，同时在较高的温度下开始出现第二个吸热峰，并且随着水分含量的进一步下降，第二个峰向着更高的温度方向移动。产生上述现象的解释之一是，当体系中存在过量水时淀粉颗粒中的无定形相由于与结晶相连接，在其发生水合/溶胀的同时伴随着微晶的融化，形成第一个吸热峰，当水分含量不足以使该过程完成时，余下未融化的微晶就在高温下融化，形成第二个吸热峰。

（二）运用 DSC 技术研究淀粉的老化特性

糊化后的淀粉在 DSC 分析中不出现吸热峰，但当淀粉分子重排回生后便形成很多结晶结构，要破坏这些晶体结构，使淀粉分子重新熔融，则必须外加能量。因此，回生后的淀粉在 DSC 图谱中应出现吸热峰，其峰的大小随淀粉回生程度的增加而增大，这就可以估测淀粉的老化程度。

（三）运用 DSC 技术研究淀粉的玻璃化相变

玻璃化相变是影响大分子聚合物物理性质的一种重要相变特性。它是无定形聚合物的特征，是一个二级相变过程。在低温下，聚合物长链中的分子是以随机的方式呈“冻结”状态的。如果给聚合物以热量（即加热），则长链中的分子开始运动，当能量足够大时，分子间发生相对滑动，致使聚合物变得有黏性、柔韧，呈橡胶态，这一变化过程即被称为玻璃化相变。淀粉作为一种半结晶半无定形的聚合物，也具有玻璃化相变，在相变过程中，其热学性质如比热、比容等都发生了明显的变化，用 DSC 能快速而准确地检测这些量的变化，并研究结晶度、水分含量等因素对玻璃化转变温度（T_g）的影响。与其它方法相比，DSC 是测定淀粉的玻璃化转变温度的更有效方法。

图 6-26 为玉米淀粉在不同湿热处理条件下 T_g 变化的 DSC 图谱，分别在 25%和 30%的水分含量、120℃条件下处理 1h。从图中可以看出，处理后淀粉的 T_g 较原淀粉有所降低。

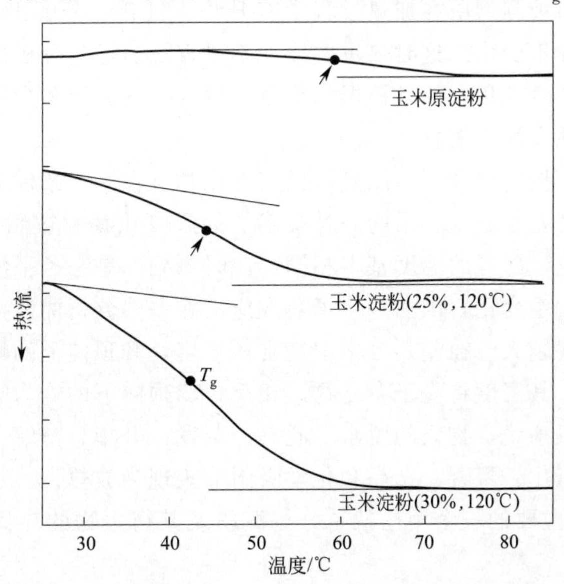

图 6-26　不同湿热处理条件对玉米淀粉 T_g 影响的 DSC 图谱

（四）研究淀粉与脂类的相互作用

采用 DSC 可分析直链淀粉与脂类形成复合物的情况，图 6-27 为直链淀粉-脂类相互作用的 DSC 示意图，从图中可看出二者大体的形成过程，另外还可看出该过程具有两个吸热峰，第一个吸热峰为淀粉的糊化吸热峰，而在 80～120℃范围内有另外一个吸热峰，该峰为淀粉-脂类复合物所形成的吸热峰，该峰的有无及位置的变化可作为该复合物的有无及变化程度的参考依据。

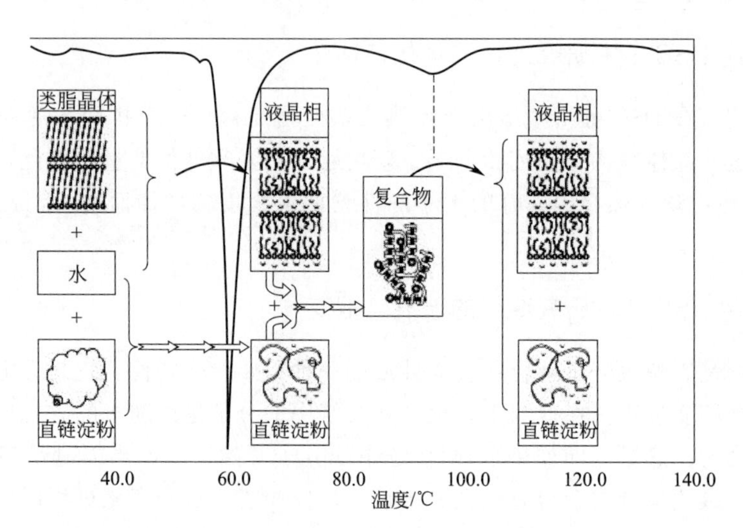

图 6-27　直链淀粉-脂类形成复合物过程的示意

二、热重/差热分析

热重法所用的仪器是热天平，它的基本原理是，样品重量变化所引起的天平位移量转化成电磁量，这个微小的电磁量经过放大器放大后，送入记录仪记录，而电磁量的大小正比于样品的重量变化量。当被测物质在加热过程中有升华、气化、分解出气体或失去结晶水时，被测的物质质量就会发生变化。这时热重曲线就不是直线。通过分析热重曲线，就可以知道被测物质在多少度时产生变化，并且根据失重量可以计算失去了多少物质，可以得到样品的热变化所产生的热物性方面的信息。

差热分析是在程序控制温度下，测量试样与参比物（在测定条件下不产生任何热效应的惰性物质）之间的温度差及温度关系的一种技术。如果参比物和被测物质的热容大致相同，而被测物质又无热效应，两者的温度基本相同，此时测到的是一条平滑的直线，该直线称为基线。一旦被测物质发生变化，因而产生了热效应，在差热分析曲线上就会有峰出现。热效应越大，峰的面积也就越大。在差热分析中通常还规定，峰顶向上的峰为放热峰，它表示被测物质的焓变小于零，其温度将高于参比物。相反，峰顶向下的峰为吸收峰，则表示试样的温度低于参比物。一般来说，物质的脱水、脱气、蒸发、升华、分解、还原、相的转变等表现为吸热，而物质的氧化、聚合、结晶和化学吸附等表现为放热。

热重/差热分析最主要的一个用途就是分析淀粉及其衍生物的热稳定性，同时也可用来分析热解过程动力学。

图 6-28 为羟丙基-β-环糊精（HP-β-CD）标样与实验室制制备的样品及 β-环糊精的 DTA

和 TGA 图谱。从 DTA 曲线上看，β-CD 的热分解吸热峰值温度在 334℃左右，制备 HP-β-CD 与标样 HP-β-CD 的热分解吸热峰位置相近，峰值温度分别在 367℃和 366℃左右，可以说明实验室制备的 HP-β-CD 与标样 HP-β-CD 的主体成分一致。结合三者的 TGA 曲线可以看出，改性后的热分解温度比 β-CD 大概高 32℃，改性改善了 β-CD 的热稳定性。

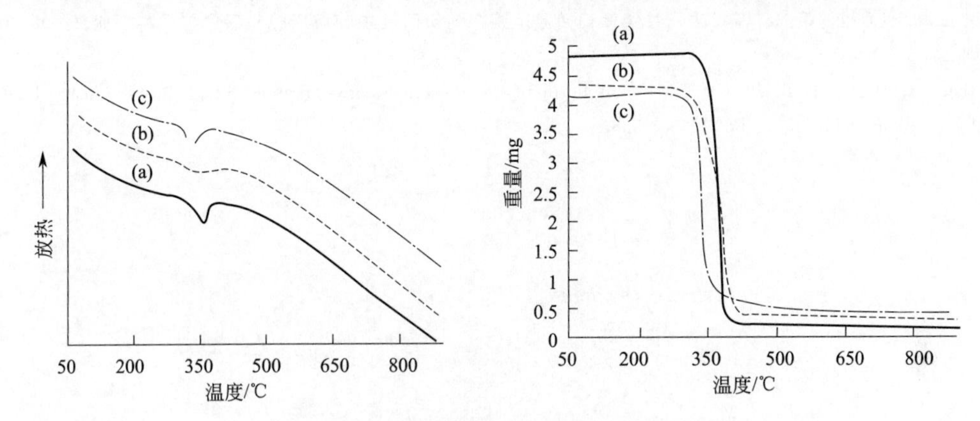

图 6-28　改性环糊精的 DTA 和 TGA 图谱

（a）HP-β-CD 标样；（b）制备的 HP-β-CD；（c）β-CD

参考文献

[1] 张利娜，薛奇，莫志深等．高分子物理近代研究方法[J]．武汉：武汉大学出版社，2003．

[2] Zhou Y，et al，Relationship between α-amylase degradation and the structure and physicochemical properties of legume starches[J]. Carbohydrate Polymers，2004（57）：299-317.

[3] R. Cui，C. G. Oates. The effect of amylase-lipid complex formation on enzyme susceptibility of sago starch[J]. Food Chemistry，1999（65）：417-425.

[4] Elif Sarikaya et al. Comparison of degradation abilities of α-and β-amylases on raw starch granules[J]. Process Biochemistry，2000（35）：711-715.

[5] P. D. Ribotta，et al. Effect of emulsifier and guar gum on micro structural，rheological and baking performance of frozen bread dough[J]. Food Hydrocolloids，2004（18）：305-313.

[6] C. S. Brennan，et al. Effects of guar galactomannan on wheat bread microstructure and on the In vitro and In vivo digestibility of starch in bread[J]. Journal of Cereal Science，1996（24）：151-160.

[7] I. M. Thakore，et al. Studies on biodegradability，morphology and thermomechanical properties of LDPE/modified starch blends[J]. European Polymer Journal，2001（37）：151-160.

[8] Andrew A. Baker，et al. Internal structure of the starch granule revealed by AFM[J]. Carbohydrate Research，2001（330）：249-256.

[9] F. Krok，et al. Non-contact AFM investigation of influence of freezing process on the surface structure of potato starch granule[J]. Applied Surface Science，2000（157）：382-386.

[10] Joanna Szymońska，et al. Deep-freezing of potato starch[J]. International Journal of Biological Macromolecules，2000（27）：307-314.

[11] Gisela Richardson，et al. Effects of Ca-and Na-lignosulfonate on starch gelatinization and network formation[J]. Carbohydrate Polymers，2004（57）：369-377.

[12] Fredrik Tufvesson，et al. Formation of Amylose-Lipid Complexes and Effects of Temperature Treatment. Part 1. Monoglycerides[J]. Starch/Stärke，2003（55）：61-71.

[13] 袁超，金征宇，檀亦兵．羟丙基-β-环糊精的热稳定性及分解动力学[J]．中国粮油学报，2007，22（3）：59-61.

［14］ 姚杰，尤宏，包正，等．羧甲基木薯淀粉的取代方式研究[J]. 分析化学，2005，33（2）：201-206.

［15］ 赵凯，张守文，杨春华，等．现代分析技术在淀粉研究中的应用[J]. 粮油食品科技，2004，12（6）：49-50.

［16］ Sangeetha Mishra，T. Rai. Morphology and functional properties of corn，potato and tapioca starches[J]. Food Hydrocolloids，2006（20）：557-566.

［17］ 张本山，刘培玲．几种淀粉颗粒的结构与形貌特征[J]. 华南理工大学学报（自然科学版），2005（06）：68-73.

［18］ 张二娟，何小维，黄强，等．激光共聚焦扫描显微镜在淀粉研究中的应用[J]. 粮食与饲料工业，2008（09）：15-17.

［19］ Jiang H，Horner H T，Pepper T M，et al. Formation of elongated starch granules in high-amylose maize[J]. Carbohydrate Polymers，2010，（80）：533-538.